山东省普通高等教育一流教材
名师名校新形态通识教育系列教材

山东大学数学学院
f Mathematics · Shandong University
态 系 列 教 材

高等数学

慕课版（下册）第2版

王鹏辉 张天德 黄宗媛 主编
闫保英 吕洪波 孙钦福 副主编

人民邮电出版社
北 京

图书在版编目（CIP）数据

高等数学 ：慕课版. 下册 / 王鹏辉，张天德，黄宗媛
主编. -- 2版. -- 北京：人民邮电出版社，2024.2
名师名校新形态通识教育系列教材
ISBN 978-7-115-62159-7

Ⅰ．①高… Ⅱ．①王… ②张… ③黄… Ⅲ．①高等数
学－高等学校－教材 Ⅳ．①O13

中国国家版本馆CIP数据核字(2023)第120380号

内 容 提 要

本书根据高等学校非数学类专业"高等数学"课程的教学要求和教学大纲编写而成，内容体现了新工科理念与国际化的深度融合．本书在编写中结合了山东大学数学团队多年的教学经验，同时借鉴了国内外优秀教材的特点．全书分为上、下两册，下册主要内容为无穷级数、向量代数与空间解析几何、多元函数微分学及其应用、重积分及其应用、曲线积分与曲面积分．每节配有不同层级难度的同步习题，每章最后有对应知识的MATLAB程序实例和核心知识点的思维导图，并配有不同层级难度的总复习题．

本书可作为高等学校非数学类专业"高等数学"课程的教材，也可作为报考硕士研究生的人员和科技工作者学习高等数学知识的参考书．

◆ 主　　编　王鹏辉　张天德　黄宗媛
　　副 主 编　闫保英　吕洪波　孙钦福
　　责任编辑　孙　澍
　　责任印制　王　郁　陈　犇
◆ 人民邮电出版社出版发行　　北京市丰台区成寿寺路 11 号
　　邮编　100164　　电子邮件　315@ptpress.com.cn
　　网址　https://www.ptpress.com.cn
　　北京市鑫霸印务有限公司印刷
◆ 开本：787×1092　1/16
　　印张：16　　　　　　　　　2024 年 2 月第 2 版
　　字数：388 千字　　　　　　2025 年 1 月北京第 5 次印刷

定价：52.00 元

读者服务热线：(010)81055256　印装质量热线：(010)81055316
反盗版热线：(010)81055315
广告经营许可证：京东市监广登字 20170147 号

目录

09

第9章　多元函数微分学及其应用

10

第10章　重积分及其应用

11

第 11 章 曲线积分与曲面
积分

附录　用 MATLAB 绘制二维图形

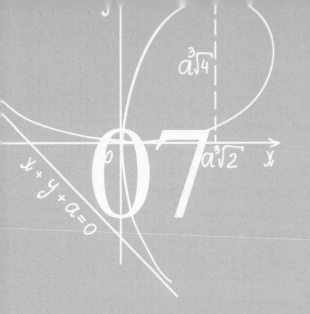

第 7 章

无穷级数

无穷级数简称为级数，它是高等数学的一个重要组成部分，它是表示函数、研究函数的性质、解微分方程及进行近似计算的一种工具. 本章首先介绍常数项级数的概念及其敛散性的判别方法，然后讨论函数项级数（主要是幂级数和傅里叶级数），并着重讨论把函数展开成幂级数和傅里叶级数的条件与方法，进而介绍幂级数和傅里叶级数在函数逼近理论中的地位与作用，为幂级数和傅里叶级数在工程技术中的应用打下基础.

本章导学

■ 7.1 常数项级数的概念与性质

7.1.1 常数项级数的基本概念

1. 常数项级数的定义

我们先来看两个具体问题.

例如，《庄子·天下篇》中提到"一尺之棰，日取其半，万世不竭"，也就是说一根长为一尺的木杖，每天截去剩下的一半，这样的过程可以无限制地进行下去. 如果把每天截下的那一部分的长度"加"起来，就是

延伸微课

$$\frac{1}{2}+\frac{1}{2^2}+\frac{1}{2^3}+\cdots+\frac{1}{2^n}+\cdots,$$

这就是一个"无穷多个数求和"的例子. 不难理解，前 n 天截下来的长度的总和

$$s_n=\frac{1}{2}+\frac{1}{2^2}+\frac{1}{2^3}+\cdots+\frac{1}{2^n},$$

随着天数 n 不断增大，其不断地接近于杖长 1（尺）. 用我们学过的极限知识来处理，可得到 $\lim_{n\to\infty}s_n=1$，即"无穷多个数求和"的结果是 1.

再如

$$1+2+3+\cdots+n+\cdots,$$

这也是一个"无穷多个数求和"的例子，记

$$s_n=1+2+3+\cdots+n.$$

容易得到，随着 n 无限增大，s_n 也无限增大. 用我们学过的极限知识来处理，可得到 $\lim_{n\to\infty}s_n=+\infty$，

即"无穷多个数求和"的结果是$+\infty$，因此这个"无穷多个数求和"的结果不存在.

从上面的两个例子可以得到这样的启示：一方面"无穷多个数求和"的结果可能存在，也可能不存在；另一方面，我们可以利用极限来处理"无穷多个数求和"的问题. 因此，"无穷多个数求和"不能简单地沿用有限个数相加的概念，而必须建立它自身的概念.

如果给定一个数列$u_1,u_2,u_3,\cdots,u_n,\cdots$，则表达式

$$u_1+u_2+u_3+\cdots+u_n+\cdots$$

叫作(常数项)无穷级数，简称(常数项)级数，记作$\sum\limits_{n=1}^{\infty}u_n$，即

$$\sum_{n=1}^{\infty}u_n=u_1+u_2+u_3+\cdots+u_n+\cdots, \tag{7.1}$$

其中$u_1,u_2,u_3,\cdots,u_n,\cdots$叫作级数的项，$u_1$叫作级数的首项，级数的第$n$项$u_n$叫作级数的通项或一般项.

无穷级数的定义只是形式上表达了无穷多个数相加的"和"，怎样理解这个"和"呢？联系前面的"截杖问题"，我们可以从有限项的和出发，观察它们的变化趋势，由此来理解无穷多个数相加的"和"的含义.

2. 常数项级数的敛散性

级数$\sum\limits_{n=1}^{\infty}u_n$的前$n$项和叫作级数的部分和，记为$s_n$，即

$$s_n=u_1+u_2+u_3+\cdots+u_n=\sum_{i=1}^{n}u_i. \tag{7.2}$$

当n依次取$1,2,3,\cdots$时，它们构成一个新的数列

$$s_1=u_1,s_2=u_1+u_2,s_3=u_1+u_2+u_3,\cdots,$$
$$s_n=u_1+u_2+u_3+\cdots+u_n,\cdots,$$

称为部分和数列，记为$\{s_n\}$.

根据这个数列有没有极限，我们引入级数式(7.1)收敛与发散的概念.

定义 7.1 若级数$\sum\limits_{n=1}^{\infty}u_n$的部分和数列$\{s_n\}$收敛于$s$，即$\lim\limits_{n\to\infty}s_n=s$，则称级数$\sum\limits_{n=1}^{\infty}u_n$收敛，其和为$s$，也称级数$\sum\limits_{n=1}^{\infty}u_n$收敛于$s$，记为$\sum\limits_{n=1}^{\infty}u_n=s$.

若级数的部分和数列$\{s_n\}$极限不存在，则称级数$\sum\limits_{n=1}^{\infty}u_n$发散.

级数和s与部分和s_n的差称为级数$\sum\limits_{n=1}^{\infty}u_n$的余项，记为$r_n$，即

$$r_n=s-s_n=u_{n+1}+u_{n+2}+\cdots.$$

用部分和s_n替代级数和s所产生的误差就是余项r_n的绝对值，即误差是$|r_n|$.

由级数定义可知，研究级数的敛散性就是研究其部分和数列是否有极限，因此，级数的敛散性问题是一种特殊的数列极限问题.

例 7.1 判别级数$\sum\limits_{n=1}^{\infty}\dfrac{1}{n(n+1)}$的敛散性.

解 因为$u_n=\dfrac{1}{n(n+1)}=\dfrac{1}{n}-\dfrac{1}{n+1}$，所以该级数的前$n$项部分和

$$s_n = \frac{1}{1 \cdot 2} + \frac{1}{2 \cdot 3} + \cdots + \frac{1}{n(n+1)} = \left(1 - \frac{1}{2}\right) + \left(\frac{1}{2} - \frac{1}{3}\right) + \cdots + \left(\frac{1}{n} - \frac{1}{n+1}\right) = 1 - \frac{1}{n+1},$$

而 $\lim\limits_{n \to \infty} s_n = \lim\limits_{n \to \infty} \left(1 - \frac{1}{n+1}\right) = 1$，由定义知该级数收敛，其和为 1.

例 7.2 无穷级数

$$\sum_{n=1}^{\infty} aq^{n-1} = a + aq + aq^2 + \cdots + aq^{n-1} + \cdots \tag{7.3}$$

叫作几何级数(又称为等比级数). 其中，首项 $a \neq 0$，q 称为级数的公比. 试讨论几何级数的敛散性.

解 如果公比 $q \neq 1$，那么部分和

$$s_n = \sum_{k=1}^{n} aq^{k-1} = a + aq + aq^2 + \cdots + aq^{n-1} = \frac{a(1-q^n)}{1-q}.$$

(1) 当 $|q| < 1$ 时，因为 $\lim\limits_{n \to \infty} q^n = 0$，所以 $\lim\limits_{n \to \infty} s_n = \frac{a}{1-q}$，从而该级数收敛，其和为 $\frac{a}{1-q}$.

(2) 当 $|q| > 1$ 时，因为 $\lim\limits_{n \to \infty} q^n = \infty$，所以 $\lim\limits_{n \to \infty} s_n = \infty$，从而该级数发散.

(3) 当 $|q| = 1$ 时，分为以下两种情况.

① 若 $q = 1$，则 $s_n = na \to \infty (n \to \infty)$，该级数发散.

② 若 $q = -1$，则部分和

$$s_n = \begin{cases} a, & \text{当 } n \text{ 为正奇数时,} \\ 0, & \text{当 } n \text{ 为正偶数时.} \end{cases}$$

因此，$\lim\limits_{n \to \infty} s_n$ 不存在，该级数发散.

综上所述，当 $|q| < 1$ 时，几何级数式(7.3)收敛且和为 $\frac{a}{1-q}$；当 $|q| \geqslant 1$ 时，几何级数式(7.3)发散.

例 7.3 证明调和级数

$$\sum_{n=1}^{\infty} \frac{1}{n} = 1 + \frac{1}{2} + \frac{1}{3} + \cdots + \frac{1}{n} + \cdots \tag{7.4}$$

发散.

证明 **方法①** 由不等式 $\ln(1+x) < x(x>0)$ 得，调和级数式(7.4)的部分和

$$s_n = \sum_{k=1}^{n} \frac{1}{k} = 1 + \frac{1}{2} + \frac{1}{3} + \cdots + \frac{1}{n}$$

$$> \ln(1+1) + \ln\left(1+\frac{1}{2}\right) + \ln\left(1+\frac{1}{3}\right) + \cdots + \ln\left(1+\frac{1}{n}\right)$$

$$= \ln 2 + \ln \frac{3}{2} + \ln \frac{4}{3} + \cdots + \ln \frac{1+n}{n} = \ln\left(2 \cdot \frac{3}{2} \cdot \frac{4}{3} \cdot \cdots \cdot \frac{1+n}{n}\right)$$

$$= \ln(1+n),$$

即 $s_n > \ln(1+n)$，则 $\lim\limits_{n \to \infty} s_n$ 不存在，故调和级数 $\sum_{n=1}^{\infty} \frac{1}{n}$ 发散.

方法② 用反证法证明.

假设调和级数 $\sum\limits_{n=1}^{\infty}\dfrac{1}{n}$ 收敛，记其部分和为 s_n，并设 $\lim\limits_{n\to\infty}s_n=s$，于是 $\lim\limits_{n\to\infty}s_{2n}=s$.

一方面，$\lim\limits_{n\to\infty}(s_{2n}-s_n)=s-s=0$；另一方面，

$$s_{2n}-s_n=\frac{1}{n+1}+\frac{1}{n+2}+\frac{1}{n+3}+\cdots+\frac{1}{n+n}>\frac{1}{n+n}+\frac{1}{n+n}+\frac{1}{n+n}+\cdots+\frac{1}{n+n}$$

$$=\frac{n}{n+n}=\frac{1}{2}.$$

由极限的保号性知，$\lim\limits_{n\to\infty}(s_{2n}-s_n)\geqslant\dfrac{1}{2}$，矛盾，故调和级数 $\sum\limits_{n=1}^{\infty}\dfrac{1}{n}$ 发散.

例7.4 甲、乙两个人进行比赛，每局比赛甲获胜的概率为 $p(0<p<1)$，乙获胜的概率为 $q(p+q=1)$，如果一个选手连赢两局，那么该选手就成为整个比赛的胜者，比赛终止；否则，比赛继续进行. 分析甲获得整场比赛胜利的所有可能进程，并求甲最后成为胜利者的概率.

解 首先分析甲获得整个比赛胜利的所有可能进程：

甲甲、甲乙甲甲、甲乙甲乙甲甲、甲乙甲乙甲乙甲甲……

或者

乙甲甲、乙甲乙甲甲、乙甲乙甲乙甲甲……

那么，甲最后成为胜利者的概率为下列级数的和

$$(pp+pqpp+pqpqpp+\cdots)+(qpp+qpqpp+qpqpqpp+\cdots).$$

这是两个等比数的和. 这两个等比级数的公比为 pq. 由于 $pq<1$，因此它们的和为 $\dfrac{p^2}{1-pq}+\dfrac{qp^2}{1-pq}=\dfrac{p^2(1+q)}{1-pq}$，甲最后成为胜利者的概率为 $\dfrac{p^2(1+q)}{1-pq}$.

7.1.2 收敛级数的基本性质

由于级数 $\sum\limits_{n=1}^{\infty}u_n$ 的敛散性取决于级数相应的部分和数列 $\{s_n\}$ 的极限是否存在，因此利用极限的有关性质，可得到收敛级数的一些基本性质.

1. 收敛级数的性质

性质7.1 若级数 $\sum\limits_{n=1}^{\infty}u_n$ 收敛于和 s，则级数 $\sum\limits_{n=1}^{\infty}ku_n$ 也收敛，其和为 ks（k 为常数）. 即收敛级数的每一项同乘一个常数后，所得到的新级数仍收敛.

证明 设级数 $\sum\limits_{n=1}^{\infty}u_n$ 与级数 $\sum\limits_{n=1}^{\infty}ku_n$ 的部分和分别为 s_n 与 σ_n，则

$$\sigma_n=ku_1+ku_2+\cdots+ku_n=ks_n,$$

故

$$\lim_{n\to\infty}\sigma_n=\lim_{n\to\infty}ks_n=ks.$$

所以，级数 $\sum\limits_{n=1}^{\infty}ku_n$ 收敛，其和为 ks.

推论 如果级数 $\sum\limits_{n=1}^{\infty}u_n$ 发散，当 $k\neq0$ 时，级数 $\sum\limits_{n=1}^{\infty}ku_n$ 也发散.

性质 7.2 如果级数 $\sum\limits_{n=1}^{\infty} u_n$，$\sum\limits_{n=1}^{\infty} v_n$ 分别收敛于和 s,σ，则级数 $\sum\limits_{n=1}^{\infty}(u_n \pm v_n)$ 也收敛，且其和为 $s \pm \sigma$. 即两个收敛级数逐项相加或相减，所得到的新级数仍收敛.

证明 设级数 $\sum\limits_{n=1}^{\infty} u_n$，$\sum\limits_{n=1}^{\infty} v_n$，$\sum\limits_{n=1}^{\infty}(u_n \pm v_n)$ 的部分和分别为 s_n,σ_n,δ_n，则

$$\begin{aligned}\delta_n &= (u_1 \pm v_1) + (u_2 \pm v_2) + \cdots + (u_n \pm v_n) \\ &= (u_1 + u_2 + \cdots + u_n) \pm (v_1 + v_2 + \cdots + v_n) \\ &= s_n \pm \sigma_n.\end{aligned}$$

因为

$$\lim_{n \to \infty}\delta_n = \lim_{n \to \infty}s_n \pm \lim_{n \to \infty}\sigma_n = s \pm \sigma,$$

所以级数 $\sum\limits_{n=1}^{\infty}(u_n \pm v_n)$ 收敛，其和为 $s \pm \sigma$.

例 7.5 判别级数 $\sum\limits_{n=1}^{\infty}\dfrac{2+(-1)^{n-1}}{3^n}$ 是否收敛，若收敛，求其和.

解 由几何级数得

$$\sum_{n=1}^{\infty}\frac{1}{3^n} = \frac{\dfrac{1}{3}}{1-\dfrac{1}{3}} = \frac{1}{2}, \quad \sum_{n=1}^{\infty}\frac{(-1)^{n-1}}{3^n} = \frac{\dfrac{1}{3}}{1+\dfrac{1}{3}} = \frac{1}{4},$$

所以级数 $\sum\limits_{n=1}^{\infty}\dfrac{2+(-1)^{n-1}}{3^n}$ 收敛，其和为

$$s = \sum_{n=1}^{\infty}\frac{2+(-1)^{n-1}}{3^n} = \sum_{n=1}^{\infty}\frac{2}{3^n} + \sum_{n=1}^{\infty}\frac{(-1)^{n-1}}{3^n} = 2\sum_{n=1}^{\infty}\frac{1}{3^n} + \frac{1}{4} = \frac{5}{4}.$$

推论 如果级数 $\sum\limits_{n=1}^{\infty} u_n$ 收敛，$\sum\limits_{n=1}^{\infty} v_n$ 发散，则级数 $\sum\limits_{n=1}^{\infty}(u_n \pm v_n)$ 发散.

此推论利用反证法即可证得.

【即时提问 7.1】 两个发散的级数逐项相加，所得到的新级数一定发散吗？

性质 7.3 在级数中去掉、加上或改变有限项，不会改变级数的敛散性.

证明 我们只需要证明"在级数的前面部分去掉或加上有限项，不会改变级数的敛散性".因为其他情形(即在级数中任意去掉、加上或改变有限项的情形)都可以看成在级数的前面部分先去掉有限项，然后加上有限项的结果.

设将级数

$$u_1 + u_2 + \cdots + u_k + u_{k+1} + \cdots + u_{k+n} + \cdots$$

的前 k 项去掉，则得到新级数

$$u_{k+1} + u_{k+2} + \cdots + u_{k+n} + \cdots.$$

新级数的部分和为

$$\sigma_n = u_{k+1} + u_{k+2} + \cdots + u_{k+n} = s_{k+n} - s_k,$$

其中 s_{k+n} 是原来级数前 $k+n$ 项的和. 因为 s_k 是常数，所以当 $n \to \infty$ 时，σ_n 与 s_{k+n} 或者同时具有极限，或者同时没有极限.

类似地，可以证明在级数的前面加上有限项，不会改变级数的敛散性.

性质 7.4 如果级数 $\sum\limits_{n=1}^{\infty} u_n$ 收敛，则在不改变其各项次序的情况下，对该级数的项任意添加括号后所形成的级数仍收敛，且和不变.

证明 设级数 $\sum\limits_{n=1}^{\infty} u_n$ 的前 n 项部分和为 s_n，和为 s，在不改变其各项次序的情况下，任意添加括号后所得级数为

$$(u_1+\cdots+u_{n_1})+(u_{n_1+1}+\cdots+u_{n_2})+\cdots+(u_{n_{k-1}+1}+\cdots+u_{n_k})+\cdots \tag{7.5}$$

记级数式(7.5)的前 k 项部分和为 σ_k，则

$$\sigma_1=s_{n_1},\sigma_2=s_{n_2},\cdots,\sigma_k=s_{n_k},\cdots,$$

因此，级数式(7.5)的部分和数列 $\{\sigma_k\}$ 为级数 $\sum\limits_{n=1}^{\infty} u_n$ 的部分和数列 $\{s_n\}$ 的一个子数列 $\{s_{n_k}\}$，从而有

$$\lim_{k\to\infty}\sigma_k=\lim_{k\to\infty}s_{n_k}=\lim_{n\to\infty}s_n=s,$$

所以级数式(7.5)收敛于 s.

推论 如果加括号后所形成的级数发散，则原级数也发散.

注 收敛级数去掉括号后可能发散，发散的级数加括号后可能收敛. 例如，级数

$$(1-1)+(1-1)+(1-1)+\cdots+(1-1)+\cdots$$

是收敛的，但去掉括号后得到的级数 $1-1+1-1+1-1+\cdots+1-1+\cdots$ 是发散的.

由于无穷级数涉及无穷多项求和的问题，因此根据以上性质，只有收敛的无穷级数求和时可以添加括号、提取公因子，对于发散级数是不能够进行的.

2. 级数收敛的必要条件

定理 7.1 如果级数 $\sum\limits_{n=1}^{\infty} u_n$ 收敛，则它的一般项 u_n 趋于零，即 $\lim\limits_{n\to\infty} u_n=0$.

证明 设级数的部分和为 s_n，其和为 s，有 $u_n=s_n-s_{n-1}$，则

$$\lim_{n\to\infty}u_n=\lim_{n\to\infty}(s_n-s_{n-1})=\lim_{n\to\infty}s_n-\lim_{n\to\infty}s_{n-1}=s-s=0.$$

计算机可视化

注 定理 7.1 中 $\lim\limits_{n\to\infty} u_n=0$ 是级数 $\sum\limits_{n=1}^{\infty} u_n$ 收敛的必要条件，但非充分条件. 如果级数 $\sum\limits_{n=1}^{\infty} u_n$ 收敛，则 $\lim\limits_{n\to\infty} u_n=0$；若 $\lim\limits_{n\to\infty} u_n=0$，级数 $\sum\limits_{n=1}^{\infty} u_n$ 可能发散，如调和级数 $\sum\limits_{n=1}^{\infty} \dfrac{1}{n}$ 是发散的，然而 $\lim\limits_{n\to\infty} u_n=\lim\limits_{n\to\infty}\dfrac{1}{n}=0$；但若 $\lim\limits_{n\to\infty} u_n\neq 0$，则级数 $\sum\limits_{n=1}^{\infty} u_n$ 一定发散. 因此，判别级数敛散性时，首先考察级数是否满足 $\lim\limits_{n\to\infty} u_n=0$，如果这个条件不满足，则级数发散；如果这个条件满足，再用其他方法判定其敛散性.

例 7.6 判别级数 $\dfrac{1}{2}+\dfrac{1}{\sqrt{2}}+\dfrac{1}{\sqrt[3]{2}}+\cdots+\dfrac{1}{\sqrt[n]{2}}+\cdots$ 的敛散性.

解 由于 $\lim\limits_{n\to\infty} u_n=\lim\limits_{n\to\infty}\dfrac{1}{\sqrt[n]{2}}=1\neq 0$，因此级数 $\dfrac{1}{2}+\dfrac{1}{\sqrt{2}}+\dfrac{1}{\sqrt[3]{2}}+\cdots+\dfrac{1}{\sqrt[n]{2}}+\cdots$ 发散.

例 7.7 患有某种疾病的病人每天要服用一种特定药物. 该药物在体内的清除速率正比于体内的药量. 一天(24h)大约有 10% 的药物被清除. 假设每天给某病人 0.05mg 的维持剂量，试估

算该病人如此长期服用该药物，体内的药物总量是多少?

解 给该病人 0.05mg 的初始剂量. 一天后，0.05mg 药物的 10% 被清除，其体内将残留 $(0.90)(0.05)$mg 药量；在第二天末，其体内将残留 $(0.90)(0.90)(0.05)$mg 药量；如此下去，第 n 天末，其体内残留的药量为 $(0.90)^n(0.05)$mg.

现要确定药物在该病人体内的累积残留量. 我们注意到，在第二次给药时，该病人体内的药量为第二次的剂量 0.05mg 加上第一次给药此时在其体内的残留量 $(0.90)(0.05)$mg；在第三次给药时，该病人体内的药量为第三次给药的剂量 0.05mg 加上第一次给药此时在其体内的残留量 $(0.90)^2(0.05)$mg 和第二次给药此时在其体内的残留量 $(0.90)(0.05)$mg；在任何一次重新给药时，该病人体内的药量为此次给药的剂量 0.05mg 加上以前历次给药此时在其体内的残留量.

每一次重新给药时该病人体内的药量是下列几何级数的部分和：

$$0.05+(0.90)(0.05)+(0.90)^2(0.05)+(0.90)^3(0.05)+\cdots.$$

这个级数的和为 $\dfrac{a}{1-q}=\dfrac{0.05}{1-0.90}=\dfrac{0.05}{0.10}=0.5$. 因此，该病人长期每天服用 0.05mg 的药物，其体内的药物总量将达到 0.5mg.

同步习题 7.1

基础题

1. 回答下列问题.

(1) 若级数 $\displaystyle\sum_{n=1}^{\infty} u_n$ 发散，k 为一常数，则级数 $\displaystyle\sum_{n=1}^{\infty} ku_n$ 一定发散吗? 请举例说明.

(2) 若级数 $\displaystyle\sum_{n=1}^{\infty} a_n$ 发散，级数 $\displaystyle\sum_{n=1}^{\infty} b_n$ 收敛，则级数 $\displaystyle\sum_{n=1}^{\infty} (a_n+b_n)$ 是发散还是收敛?

(3) 若级数 $\displaystyle\sum_{n=1}^{\infty} a_n$ 与 $\displaystyle\sum_{n=1}^{\infty} b_n$ 都发散，则级数 $\displaystyle\sum_{n=1}^{\infty} (a_n+b_n)$ 一定发散吗? 请举例说明.

(4) 若级数 $\displaystyle\sum_{n=1}^{\infty} (a_n+b_n)$ 收敛，则级数 $\displaystyle\sum_{n=1}^{\infty} a_n$ 与 $\displaystyle\sum_{n=1}^{\infty} b_n$ 是否都收敛?

2. 写出下列级数的一般项.

(1) $1+\dfrac{1}{2}+\dfrac{1}{4}+\dfrac{1}{8}+\cdots.$

(2) $\dfrac{2}{1}-\dfrac{3}{2}+\dfrac{4}{3}-\dfrac{5}{4}+\cdots.$

(3) $\dfrac{1}{2}+\dfrac{1}{1+2^3}+\dfrac{1}{1+3^3}+\dfrac{1}{1+4^3}+\cdots.$

(4) $\dfrac{1}{\ln 2}+\dfrac{1}{2\ln 3}+\dfrac{1}{3\ln 4}+\cdots.$

3. 写出下列级数的前 5 项.

(1) $\displaystyle\sum_{n=1}^{\infty} \dfrac{(-1)^n+1}{n}.$

(2) $\displaystyle\sum_{n=1}^{\infty} \dfrac{2n-1}{2^n}.$

(3) $\displaystyle\sum_{n=1}^{\infty} (\sqrt{n+1}-\sqrt{n}).$

4. 判别下列级数的敛散性.

(1) $a,a,a,a,\cdots(a\neq 0).$

(2) $\displaystyle\sum_{n=1}^{\infty} \left[\dfrac{1}{2^n}+\dfrac{(-1)^n}{7^n}\right].$

(3) $\sum\limits_{n=1}^{\infty}\sqrt{\dfrac{n+1}{2n-1}}$.   (4) $\sum\limits_{n=1}^{\infty}\sin\dfrac{n\pi}{2}$.

5. 已知级数前 n 项的部分和 s_n，求出级数的一般项与级数和.

(1) $s_n=\dfrac{n}{n+1}$.   (2) $s_n=\arctan n$.

6. 判别下列级数的敛散性.

(1) $\left(\dfrac{1}{2}+\dfrac{1}{3}\right)+\left(\dfrac{1}{2^2}+\dfrac{1}{3^2}\right)+\left(\dfrac{1}{2^3}+\dfrac{1}{3^3}\right)+\cdots+\left(\dfrac{1}{2^n}+\dfrac{1}{3^n}\right)+\cdots$.

(2) $\dfrac{1}{1\cdot 4}+\dfrac{1}{4\cdot 7}+\dfrac{1}{7\cdot 10}+\cdots+\dfrac{1}{(3n-2)(3n+1)}+\cdots$.

提高题

1. 判别下列级数的敛散性，如果收敛，求出其和.

(1) $\sum\limits_{n=1}^{\infty}\left[\dfrac{1}{3^n}+(-1)^{n-1}\dfrac{3}{2^{n-1}}\right]$.   (2) $\sum\limits_{n=1}^{\infty}\left[\dfrac{3}{(n+1)(n+2)}+\left(1+\dfrac{1}{n}\right)^{-n}\right]$.

2. 已知 $\sum\limits_{n=1}^{\infty}(-1)^{n-1}a_n=2$，$\sum\limits_{n=1}^{\infty}a_{2n-1}=5$，求级数 $\sum\limits_{n=1}^{\infty}a_n$ 的和.

3. 设有两条抛物线 $y=nx^2+\dfrac{1}{n}$ 和 $y=(n+1)x^2+\dfrac{1}{n+1}$，并设它们交点的

横坐标的绝对值为 a_n.

微课：同步习题 7.1
提高题 3

(1) 求这两条抛物线所围成的平面图形的面积 S_n.

(2) 求级数 $\sum\limits_{n=1}^{\infty}\dfrac{S_n}{a_n}$ 的和.

7.2 常数项级数的审敛法

对于一个常数项级数，我们主要关心以下两个问题：一是级数是否收敛？二是如果级数收敛，其和是多少？若级数是发散的，那么第二个问题就不存在了，所以第一个问题更为重要. 在 7.1 节中，我们通过级数敛散性的定义和收敛级数的性质来判断一些特殊级数的敛散性，但对于一般的级数，采用这种方法往往是比较困难的. 因此，我们需要寻求判断级数敛散性的简单而有效的方法. 为了寻求这种方法，我们先从简单的一类常数项级数——正项级数找到突破口，进而寻求一般项级数敛散性的判别方法.

7.2.1 正项级数及其审敛法

1. 正项级数

定义 7.2 若级数 $\sum\limits_{n=1}^{\infty}u_n$ 的每一项都是非负的，即 $u_n\geqslant 0(n=1,2,\cdots)$，则称级数 $\sum\limits_{n=1}^{\infty}u_n$ 为正项级数.

对于正项级数 $\sum\limits_{n=1}^{\infty} u_n$，由于 $u_n \geq 0$，因此部分和 $s_n = s_{n-1} + u_n \geq s_{n-1}$，部分和数列 $\{s_n\}$ 是单调递增数列. 若部分和数列 $\{s_n\}$ 有界，根据单调有界原理，可知部分和数列 $\{s_n\}$ 的极限一定存在，此时正项级数收敛. 反之，若正项级数收敛，则部分和数列 $\{s_n\}$ 的极限存在，从而部分和数列 $\{s_n\}$ 一定有界. 因此，我们可以得到正项级数收敛的一个充要条件.

定理 7.2 正项级数 $\sum\limits_{n=1}^{\infty} u_n$ 收敛的充分必要条件是它的部分和数列 $\{s_n\}$ 有界.

由定理 7.2 可知，如果正项级数的部分和数列 $\{s_n\}$ 无界，则级数 $\sum\limits_{n=1}^{\infty} u_n$ 一定发散，且 $s_n \to +\infty\ (n \to \infty)$，即 $\sum\limits_{n=1}^{\infty} u_n = +\infty$.

2. 正项级数的审敛法

根据定理 7.2，可得到关于正项级数的一个基本的审敛法.

定理 7.3（比较审敛法） 设有两个正项级数 $\sum\limits_{n=1}^{\infty} u_n$ 及 $\sum\limits_{n=1}^{\infty} v_n$，而且 $u_n \leq v_n (n = 1, 2, \cdots)$.

（1）如果级数 $\sum\limits_{n=1}^{\infty} v_n$ 收敛，则级数 $\sum\limits_{n=1}^{\infty} u_n$ 也收敛.

（2）如果级数 $\sum\limits_{n=1}^{\infty} u_n$ 发散，则级数 $\sum\limits_{n=1}^{\infty} v_n$ 也发散.

证明 设级数 $\sum\limits_{n=1}^{\infty} u_n$ 与 $\sum\limits_{n=1}^{\infty} v_n$ 的部分和分别为 s_n 与 σ_n，由于 $u_n \leq v_n (n = 1, 2, \cdots)$，因此 $s_n \leq \sigma_n$.

（1）若级数 $\sum\limits_{n=1}^{\infty} v_n$ 收敛，设其和为 σ，则 $s_n \leq \sigma_n \leq \sigma$，即正项级数 $\sum\limits_{n=1}^{\infty} u_n$ 的部分和数列 $\{s_n\}$ 有界，故级数 $\sum\limits_{n=1}^{\infty} u_n$ 也收敛.

（2）若级数 $\sum\limits_{n=1}^{\infty} u_n$ 发散，则部分和 s_n 必趋于无穷大，由于 $s_n \leq \sigma_n$，从而级数 $\sum\limits_{n=1}^{\infty} v_n$ 的部分和 σ_n 也趋于无穷大，故级数 $\sum\limits_{n=1}^{\infty} v_n$ 也发散.

由于级数的每一项同乘不为零的常数和改变级数的前面有限项不影响其敛散性，因此我们可得如下推论.

推论 设 $\sum\limits_{n=1}^{\infty} u_n$ 和 $\sum\limits_{n=1}^{\infty} v_n$ 都是正项级数，且存在自然数 N，使当 $n \geq N$ 时有 $u_n \leq k v_n (k > 0)$ 成立. 如果级数 $\sum\limits_{n=1}^{\infty} v_n$ 收敛，则级数 $\sum\limits_{n=1}^{\infty} u_n$ 收敛；如果级数 $\sum\limits_{n=1}^{\infty} u_n$ 发散，则级数 $\sum\limits_{n=1}^{\infty} v_n$ 发散.

例 7.8 级数

$$\sum_{n=1}^{\infty} \frac{1}{n^p} = 1 + \frac{1}{2^p} + \frac{1}{3^p} + \cdots + \frac{1}{n^p} + \cdots \tag{7.6}$$

称为 p 级数，试讨论其敛散性，其中常数 $p > 0$.

解 当 $p = 1$ 时，p 级数式（7.6）为调和级数，故级数发散.

当 $0 < p < 1$ 时，由于 $\dfrac{1}{n} < \dfrac{1}{n^p}$，而级数 $\sum\limits_{n=1}^{\infty} \dfrac{1}{n}$ 发散，所以 p 级数式（7.6）发散.

当 $p>1$ 时，此时有

$$\frac{1}{n^p}=\int_{n-1}^{n}\frac{1}{n^p}\mathrm{d}x\leqslant\int_{n-1}^{n}\frac{1}{x^p}\mathrm{d}x=\frac{1}{p-1}\left[\frac{1}{(n-1)^{p-1}}-\frac{1}{n^{p-1}}\right]\ (n=2,3,\cdots).$$

对于级数 $\sum\limits_{n=2}^{\infty}\left[\dfrac{1}{(n-1)^{p-1}}-\dfrac{1}{n^{p-1}}\right]$，其部分和

$$s_n=\left(1-\frac{1}{2^{p-1}}\right)+\left(\frac{1}{2^{p-1}}-\frac{1}{3^{p-1}}\right)+\cdots+\left[\frac{1}{n^{p-1}}-\frac{1}{(n+1)^{p-1}}\right]=1-\frac{1}{(n+1)^{p-1}}.$$

因为 $\lim\limits_{n\to\infty}s_n=\lim\limits_{n\to\infty}\left[1-\dfrac{1}{(n+1)^{p-1}}\right]=1$，所以级数 $\sum\limits_{n=2}^{\infty}\left[\dfrac{1}{(n-1)^{p-1}}-\dfrac{1}{n^{p-1}}\right]$ 收敛. 从而根据定理 7.3 的推论可知，当 $p>1$ 时，p 级数式(7.6)收敛.

综上所述：当 $p>1$ 时，p 级数式(7.6)收敛；当 $0<p\leqslant 1$ 时，p 级数式(7.6)发散.

比较审敛法是判断正项级数敛散性的一个重要方法. 对于一个给定的正项级数，如果要用比较审敛法来判别其敛散性，则首先要通过观察，找到另一个已知敛散性的级数与其进行比较. 只有知道一些重要级数的敛散性，并加以灵活应用，才能熟练掌握比较审敛法. 目前，我们熟悉的重要的级数有几何级数、调和级数及 p 级数等.

例 7.9　利用比较审敛法判别例 7.1 中级数的敛散性.

　级数 $\sum\limits_{n=1}^{\infty}\dfrac{1}{n(n+1)}$ 的一般项 $u_n=\dfrac{1}{n(n+1)}$，且 $0<\dfrac{1}{n(n+1)}<\dfrac{1}{n^2}$. 级数 $\sum\limits_{n=1}^{\infty}\dfrac{1}{n^2}$ 是 $p=2$ 大于 1 的 p 级数，它是收敛的. 因此，级数 $\sum\limits_{n=1}^{\infty}\dfrac{1}{n(n+1)}$ 收敛.

为了应用上的方便，我们不加证明地给出比较审敛法的极限形式.

微课：定理 7.4 的证明

定理 7.4（比较审敛法的极限形式）　设 $\sum\limits_{n=1}^{\infty}u_n$ 和 $\sum\limits_{n=1}^{\infty}v_n$ 都是正项级数，且 $\lim\limits_{n\to\infty}\dfrac{u_n}{v_n}=l$.

(1) 如果 $0<l<+\infty$，则级数 $\sum\limits_{n=1}^{\infty}u_n$ 和 $\sum\limits_{n=1}^{\infty}v_n$ 同时收敛或同时发散.

(2) 如果 $l=0$，若级数 $\sum\limits_{n=1}^{\infty}v_n$ 收敛，则级数 $\sum\limits_{n=1}^{\infty}u_n$ 收敛；若级数 $\sum\limits_{n=1}^{\infty}u_n$ 发散，则级数 $\sum\limits_{n=1}^{\infty}v_n$ 发散.

(3) 如果 $l=+\infty$，若级数 $\sum\limits_{n=1}^{\infty}u_n$ 收敛，则级数 $\sum\limits_{n=1}^{\infty}v_n$ 收敛；若级数 $\sum\limits_{n=1}^{\infty}v_n$ 发散，则级数 $\sum\limits_{n=1}^{\infty}u_n$ 发散.

例 7.10　判别级数 $\sum\limits_{n=1}^{\infty}\sin\dfrac{1}{n}$ 的敛散性.

　因为 $\lim\limits_{n\to\infty}\dfrac{\sin\dfrac{1}{n}}{\dfrac{1}{n}}=1$，而级数 $\sum\limits_{n=1}^{\infty}\dfrac{1}{n}$ 发散，根据定理 7.4，级数 $\sum\limits_{n=1}^{\infty}\sin\dfrac{1}{n}$ 发散.

例 7.11　判别级数 $\sum\limits_{n=1}^{\infty}\ln\left(1+\dfrac{1}{n^2}\right)$ 的敛散性.

（解） $\lim\limits_{n\to\infty}\dfrac{\ln\left(1+\dfrac{1}{n^2}\right)}{\dfrac{1}{n^2}}=1$，而级数 $\sum\limits_{n=1}^{\infty}\dfrac{1}{n^2}$ 收敛，根据定理 7.4，级数 $\sum\limits_{n=1}^{\infty}\ln\left(1+\dfrac{1}{n^2}\right)$ 收敛.

例 7.12 判别下列级数的敛散性：

（1）$\sum\limits_{n=1}^{\infty}\dfrac{1}{\sqrt{n^2+n-5}}$ ；   （2）$\sum\limits_{n=1}^{\infty}\dfrac{3}{2^n-n}$.

（解）（1）$\lim\limits_{n\to\infty}\dfrac{\dfrac{1}{\sqrt{n^2+n-5}}}{\dfrac{1}{n}}=\lim\limits_{n\to\infty}\dfrac{n}{\sqrt{n^2+n-5}}=\lim\limits_{n\to\infty}\dfrac{1}{\sqrt{1+\dfrac{1}{n}-\dfrac{5}{n^2}}}=1$，而级数 $\sum\limits_{n=1}^{\infty}\dfrac{1}{n}$ 发散，根据定

理 7.4，可知级数 $\sum\limits_{n=1}^{\infty}\dfrac{1}{\sqrt{n^2+n-5}}$ 发散.

（2）$\lim\limits_{n\to\infty}\dfrac{\dfrac{3}{2^n-n}}{\dfrac{1}{2^n}}=\lim\limits_{n\to\infty}\dfrac{3\cdot 2^n}{2^n-n}=\lim\limits_{n\to\infty}\dfrac{3}{1-\dfrac{n}{2^n}}=3$，而级数 $\sum\limits_{n=1}^{\infty}\dfrac{1}{2^n}$ 收敛，根据定理 7.4，可知级数

$\sum\limits_{n=1}^{\infty}\dfrac{3}{2^n-n}$ 收敛.

用比较审敛法或其极限形式，都需要找到一个已知的参考级数做比较，这多少有些困难. 下面介绍的比值审敛法，可以利用级数自身的特点，来判别级数的敛散性.

定理 7.5（比值审敛法，达朗贝尔判别法） 设 $\sum\limits_{n=1}^{\infty}u_n$ 是正项级数，$\lim\limits_{n\to\infty}\dfrac{u_{n+1}}{u_n}=\rho$，则

（1）当 $\rho<1$ 时，级数 $\sum\limits_{n=1}^{\infty}u_n$ 收敛；

（2）当 $\rho>1$ 时，级数 $\sum\limits_{n=1}^{\infty}u_n$ 发散；

（3）当 $\rho=1$ 时，级数 $\sum\limits_{n=1}^{\infty}u_n$ 可能收敛，也可能发散.

（证明）（1）当 $\rho<1$ 时，取定 $\varepsilon>0$，使 $\rho+\varepsilon=r<1$. 由于 $\lim\limits_{n\to\infty}\dfrac{u_{n+1}}{u_n}=\rho$，根据极限定义，存在正整

数 N，当 $n\geqslant N$ 时，有 $\left|\dfrac{u_{n+1}}{u_n}-\rho\right|<\varepsilon$，于是

$$\frac{u_{n+1}}{u_n}<\rho+\varepsilon=r,$$

因此

$$u_{N+1}<ru_N,\ u_{N+2}<ru_{N+1}<r^2u_N,\cdots,\ u_{N+k}<ru_{N+k-1}<r^ku_N,\cdots.$$

因为 $r<1$，而 u_N 是常数，所以等比级数 $\sum\limits_{k=1}^{\infty}r^ku_N$ 是收敛的. 根据定理 7.3 的推论，可知级数

$\sum\limits_{n=1}^{\infty} u_n$ 收敛.

(2) 当 $\rho>1$ 时，取定 $\varepsilon>0$，使 $\rho-\varepsilon=r>1$. 由极限定义，存在正整数 N，当 $n\geqslant N$ 时，有 $\left|\dfrac{u_{n+1}}{u_n}-\rho\right|<\varepsilon$，于是

$$\frac{u_{n+1}}{u_n}>\rho-\varepsilon>1,$$

因此

$$u_{n+1}>u_n.$$

所以当 $n\geqslant N$ 时，级数的一般项逐渐增大，从而$\lim\limits_{n\to\infty}u_n\neq 0$，可知级数 $\sum\limits_{n=1}^{\infty} u_n$ 发散.

(3) 当 $\rho=1$ 时，级数可能收敛也可能发散，如 p 级数 $\sum\limits_{n=1}^{\infty}\dfrac{1}{n^p}$，不论 p 为何值时，都有

$$\lim_{n\to\infty}\frac{u_{n+1}}{u_n}=\lim_{n\to\infty}\left(\frac{n}{n+1}\right)^p=1,$$

但当 $p>1$ 时，p 级数收敛；当 $p\leqslant 1$ 时，p 级数发散. 所以当 $\rho=1$ 时，$\sum\limits_{n=1}^{\infty} u_n$ 可能收敛也可能发散.

例 7.13 判别下列级数的敛散性.

(1) $\sum\limits_{n=1}^{\infty}\dfrac{n}{2^{n-1}}$.　　　　　(2) $\sum\limits_{n=1}^{\infty}\dfrac{n^n}{n!}$.

解 (1) $\lim\limits_{n\to\infty}\dfrac{u_{n+1}}{u_n}=\lim\limits_{n\to\infty}\dfrac{\dfrac{n+1}{2^n}}{\dfrac{n}{2^{n-1}}}=\lim\limits_{n\to\infty}\left(\dfrac{n+1}{2^n}\dfrac{2^{n-1}}{n}\right)=\dfrac{1}{2}\lim\limits_{n\to\infty}\dfrac{n+1}{n}=\dfrac{1}{2}<1,$

根据定理 7.5 知，级数 $\sum\limits_{n=1}^{\infty}\dfrac{n}{2^{n-1}}$ 收敛.

(2) $\lim\limits_{n\to\infty}\dfrac{u_{n+1}}{u_n}=\lim\limits_{n\to\infty}\dfrac{\dfrac{(n+1)^{n+1}}{(n+1)!}}{\dfrac{n^n}{n!}}=\lim\limits_{n\to\infty}\left(\dfrac{n+1}{n}\right)^n=\lim\limits_{n\to\infty}\left(1+\dfrac{1}{n}\right)^n=e>1,$

根据定理 7.5 知，级数 $\sum\limits_{n=1}^{\infty}\dfrac{n^n}{n!}$ 发散.

例 7.14 判别级数 $\sum\limits_{n=1}^{\infty}\dfrac{1}{(2n-1)\cdot 2n}$ 的敛散性.

解 由于 $\lim\limits_{n\to\infty}\dfrac{u_{n+1}}{u_n}=\lim\limits_{n\to\infty}\dfrac{(2n-1)\cdot 2n}{(2n+1)\cdot(2n+2)}=1$，这时 $\rho=1$，因此比值审敛法失效，必须用其他方法来判别级数的敛散性.

因为 $\dfrac{1}{(2n-1)\cdot 2n}<\dfrac{1}{n^2}$，而级数 $\sum\limits_{n=1}^{\infty}\dfrac{1}{n^2}$ 收敛，所以由比较审敛法可知，所给级数收敛.

【即时提问 7.2】 如果正项级数 $\sum\limits_{n=1}^{\infty} u_n$ 收敛，是否一定可以得到$\lim\limits_{n\to\infty}\dfrac{u_{n+1}}{u_n}<1$ 呢？

定理 7.6（根值审敛法，柯西判别法） 设 $\sum\limits_{n=1}^{\infty} u_n$ 是正项级数，如果 $\lim\limits_{n\to\infty} \sqrt[n]{u_n} = \rho$，则

(1) 当 $\rho < 1$ 时，级数收敛；

(2) 当 $\rho > 1$ 时，级数发散；

(3) 当 $\rho = 1$ 时，级数可能收敛，也可能发散.

定理 7.6 的证明与定理 7.5 相仿，这里从略.

微课：定理 7.6
的证明

例 7.15 判别级数 $\sum\limits_{n=1}^{\infty} \dfrac{2+(-1)^n}{2^n}$ 的敛散性.

解 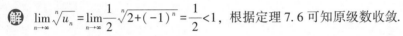 $\lim\limits_{n\to\infty}\sqrt[n]{u_n} = \lim\limits_{n\to\infty}\dfrac{1}{2}\sqrt[n]{2+(-1)^n} = \dfrac{1}{2} < 1$，根据定理 7.6 可知原级数收敛.

例 7.16 判别下列级数的敛散性：

(1) $\sum\limits_{n=1}^{\infty} \dfrac{1}{n^n}$.　　(2) $\sum\limits_{n=1}^{\infty} \dfrac{a^n}{n^p}$.

解 (1) $\lim\limits_{n\to\infty}\sqrt[n]{u_n} = \lim\limits_{n\to\infty}\dfrac{1}{n} = 0 < 1$，根据定理 7.6 知原级数收敛.

(2) $\lim\limits_{n\to\infty}\sqrt[n]{u_n} = \lim\limits_{n\to\infty}\dfrac{a}{(\sqrt[n]{n})^p} = a$，根据定理 7.6 知，

当 $a < 1$ 时原级数收敛；

当 $a > 1$ 时原级数发散；

当 $a = 1$ 时，原级数为 p 级数，$p > 1$ 时原级数收敛，$p \le 1$ 时原级数发散.

总之，当 $a < 1$ 或 $a = 1$ 但 $p > 1$ 时原级数收敛；当 $a > 1$ 或 $a = 1$ 但 $p \le 1$ 时原级数发散.

注 判别一个正项级数的敛散性，一般而言，可按以下思路进行考虑.

(1) 检查一般项，若 $\lim\limits_{n\to\infty} u_n \ne 0$，可判定级数发散；若 $\lim\limits_{n\to\infty} u_n = 0$，先试用比值审敛法. 如果比值审敛法失效，则用比较审敛法或根值审敛法.

(2) 用比值（根值）审敛法判定，当比值（根值）极限为 1 时，改用其他判别方法.

(3) 检查正项级数的部分和是否有界或判别部分和是否有极限.

定理 7.7（积分判别法） 设 $f(x)$ 为 $[1,+\infty)$ 上的非负减函数，则正项级数 $\sum\limits_{n=1}^{\infty} f(n)$ 与反常积分 $\int_1^{+\infty} f(x)\mathrm{d}x$ 同时收敛或同时发散.

证明 由于 $f(x)$ 在 $[1,+\infty)$ 上是非负减函数，对任何大于 1 的数 A，$f(x)$ 在区间 $[1,A]$ 上可积，从而有

$$f(n) \le \int_{n-1}^{n} f(x)\mathrm{d}x \le f(n-1), \quad n = 2,3,\cdots,$$

依次相加可得

$$\sum_{n=2}^{m} f(n) \le \sum_{n=2}^{m}\int_{n-1}^{n} f(x)\mathrm{d}x = \int_1^m f(x)\mathrm{d}x \le \sum_{n=2}^{m} f(n-1) = \sum_{n=1}^{m-1} f(n). \tag{7.7}$$

若反常积分 $\int_1^{+\infty} f(x)\mathrm{d}x$ 收敛，则由式 (7.7) 左边，对任何正整数 m，有

$$S_m = \sum_{n=1}^{m} f(n) \le f(1) + \int_1^m f(x)\mathrm{d}x \le f(1) + \int_1^{+\infty} f(x)\mathrm{d}x.$$

根据定理 7.2，正项级数 $\sum\limits_{n=1}^{\infty} f(n)$ 收敛.

反之，若正项级数 $\sum\limits_{n=1}^{\infty} f(n)$ 收敛，则由式 (7.7) 右边，对任一正整数 $m(>1)$，有

$$\int_1^m f(x)\,\mathrm{d}x \leqslant S_{m-1} \leqslant \sum_{n=1}^{\infty} f(n) = S.$$

因为 $f(x)$ 为非负减函数，所以对任何大于 1 的数 A，都有

$$0 \leqslant \int_1^A f(x)\,\mathrm{d}x \leqslant S_n < S,\ n \leqslant A \leqslant n+1.$$

可得反常积分 $\int_1^{+\infty} f(x)\,\mathrm{d}x$ 收敛.

用同样的方法，可以证明正项级数 $\sum\limits_{n=1}^{\infty} f(n)$ 与反常积分 $\int_1^{+\infty} f(x)\,\mathrm{d}x$ 同时发散.

例 7.17 利用积分判别法讨论 p 级数 $\sum\limits_{n=1}^{\infty} \dfrac{1}{n^p}$ 的敛散性.

解 考虑函数 $f(x) = \dfrac{1}{x^p}$，当 $p>0$ 时，$f(x)$ 在区间 $[1,+\infty)$ 上是非负减函数. 又反常积分 $\int_1^{+\infty} \dfrac{1}{x^p}\,\mathrm{d}x$ 当 $p>1$ 时收敛，当 $0<p\leqslant 1$ 时发散，由定理 7.7 知，级数 $\sum\limits_{n=1}^{\infty} \dfrac{1}{n^p}$ 当 $p>1$ 时收敛，当 $0<p\leqslant 1$ 时发散. 当 $p\leqslant 0$ 时，$\dfrac{1}{n^p} \nrightarrow 0$，级数 $\sum\limits_{n=1}^{\infty} \dfrac{1}{n^p}$ 发散.

综上可得，p 级数 $\sum\limits_{n=1}^{\infty} \dfrac{1}{n^p}$ 当且仅当 $p>1$ 时收敛.

例 7.18 讨论下列级数的敛散性.

(1) $\sum\limits_{n=2}^{\infty} \dfrac{1}{n(\ln n)^p}$.　　　(2) $\sum\limits_{n=3}^{\infty} \dfrac{1}{n\ln n(\ln\ln n)^p}$.

解 (1) 考虑反常积分 $\int_2^{+\infty} \dfrac{1}{x(\ln x)^p}\,\mathrm{d}x$，由于

$$\int_2^{+\infty} \dfrac{1}{x(\ln x)^p}\,\mathrm{d}x = \int_2^{+\infty} \dfrac{\mathrm{d}(\ln x)}{(\ln x)^p} = \int_{\ln 2}^{+\infty} \dfrac{\mathrm{d}u}{u^p},$$

级数 $\sum\limits_{n=1}^{\infty} \dfrac{1}{n^p}$ 当 $p>1$ 时收敛，当 $p\leqslant 1$ 时发散，根据定理 7.7 知，级数 $\sum\limits_{n=2}^{\infty} \dfrac{1}{n(\ln n)^p}$ 当 $p>1$ 时收敛，当 $p\leqslant 1$ 时发散.

(2) 考虑反常积分 $\int_3^{+\infty} \dfrac{1}{x\ln x(\ln\ln x)^p}\,\mathrm{d}x$，同样可得，级数 $\sum\limits_{n=3}^{\infty} \dfrac{1}{n\ln n(\ln\ln n)^p}$ 当 $p>1$ 时收敛，当 $p\leqslant 1$ 时发散.

上面我们讨论了正项级数的审敛法，本节我们还要继续讨论一般常数项级数敛散性的判别方法，这里所谓"一般常数项级数"是指级数的各项可以是正数、负数或零. 我们先来讨论一种特殊的级数——交错级数，然后讨论一般常数项级数.

7.2.2 交错级数及其审敛法

定义 7.3 数项级数

$$\sum_{n=1}^{\infty}(-1)^{n-1}u_n=u_1-u_2+u_3-u_4+\cdots+(-1)^{n-1}u_n+\cdots \tag{7.8}$$

或

$$\sum_{n=1}^{\infty}(-1)^{n}u_n=-u_1+u_2-u_3+u_4-\cdots+(-1)^{n}u_n+\cdots \tag{7.9}$$

其中 $u_n>0(n=1,2,\cdots)$，称为交错级数.

由常数项级数的性质可知，式(7.8)与式(7.9)的敛散性相同，所以我们只讨论式(7.8)的敛散性判别方法.

定理 7.8（莱布尼茨定理） 如果交错级数 $\sum_{n=1}^{\infty}(-1)^{n-1}u_n$ 满足条件

$(1)u_n\geqslant u_{n+1}>0(n=1,2,\cdots)$；

$(2)\lim\limits_{n\to\infty}u_n=0$，

则交错级数收敛，且其和 $s\leqslant u_1$，余项的绝对值 $|r_n|\leqslant u_{n+1}$.

证明 先证明前 $2n$ 项的和 s_{2n} 的极限存在. 为此，我们把 s_{2n} 写成两种形式：

$$s_{2n}=(u_1-u_2)+(u_3-u_4)+\cdots+(u_{2n-1}-u_{2n})$$

和

$$s_{2n}=u_1-(u_2-u_3)-(u_4-u_5)-\cdots-(u_{2n-2}-u_{2n-1})-u_{2n}.$$

根据条件(1)知所有括号中的差都是非负的. 由第一种形式可见数列 $\{s_{2n}\}$ 是单调增加的，由第二种形式可见 $s_{2n}<u_1$. 于是，根据单调有界数列必有极限知，

$$\lim\limits_{n\to\infty}s_{2n}=s\leqslant u_1.$$

又因为

$$s_{2n+1}=s_{2n}+u_{2n+1},$$

由条件(2)知 $\lim\limits_{n\to\infty}u_{2n+1}=0$，所以 $\lim\limits_{n\to\infty}s_{2n+1}=\lim\limits_{n\to\infty}(s_{2n}+u_{2n+1})=s$.

故 $\lim\limits_{n\to\infty}s_n=s$. 从而级数 $\sum_{n=1}^{\infty}(-1)^{n-1}u_n$ 收敛于和 s，且 $s\leqslant u_1$.

最后，不难看出余项的绝对值 $|r_n|=u_{n+1}-u_{n+2}+\cdots$，该式中右边也是个交错级数，它满足收敛的两个条件，所以其和小于级数的第一项，也就是说 $|r_n|\leqslant u_{n+1}$.

计算机可视化

例 7.19 判别级数

$$\sum_{n=1}^{\infty}(-1)^{n-1}\frac{1}{n}=1-\frac{1}{2}+\frac{1}{3}-\frac{1}{4}+\cdots+(-1)^{n-1}\frac{1}{n}+\cdots$$

的敛散性.

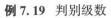 因为 $u_n=\dfrac{1}{n}$，$u_{n+1}=\dfrac{1}{n+1}$，而 $\dfrac{1}{n}>\dfrac{1}{n+1}$，$\lim\limits_{n\to\infty}u_n=\lim\limits_{n\to\infty}\dfrac{1}{n}=0$，所以级数 $\sum_{n=1}^{\infty}(-1)^{n-1}\dfrac{1}{n}$ 收敛.

例 7.20 判别级数

$$\sum_{n=1}^{\infty}(-1)^{n-1}\frac{n}{2^n}=\frac{1}{2}-\frac{2}{2^2}+\frac{3}{2^3}-\frac{4}{2^4}+\cdots+(-1)^{n-1}\frac{n}{2^n}+\cdots$$

的敛散性.

解 因为 $u_n = \dfrac{n}{2^n}$，$u_{n+1} = \dfrac{n+1}{2^{n+1}}$，所以 $u_n - u_{n+1} = \dfrac{n}{2^n} - \dfrac{n+1}{2^{n+1}} = \dfrac{n-1}{2^{n+1}} \geqslant 0$，从而 $u_n \geqslant u_{n+1}$. 又因为 $\lim\limits_{n\to\infty} u_n =$ $\lim\limits_{n\to\infty} \dfrac{n}{2^n} = 0$，所以级数 $\sum\limits_{n=1}^{\infty}(-1)^{n-1}\dfrac{n}{2^n}$ 收敛.

注 莱布尼茨定理中要求 u_n 单调递减的条件不是多余的. 例如，级数

$$1 - \frac{1}{5} + \frac{1}{2} - \frac{1}{5^2} + \cdots + \frac{1}{n} - \frac{1}{5^n} + \cdots$$

是发散的，虽然当 $n \to \infty$ 时，$u_{2n-1} = \dfrac{1}{n} \to 0$，$u_{2n} = \dfrac{1}{5^n} \to 0$，从而数列 $\{u_n\}$ 的一般项 $u_n \to 0$，但是 $u_{2n-1} > u_{2n}$，$u_{2n} < u_{2n+1}$，$\{u_n\}$ 不具有单调性. 同时，u_n 单调递减的条件也不是必要的. 例如，级数

$$1 - \frac{1}{2^2} + \frac{1}{3^3} - \frac{1}{4^2} + \cdots + \frac{1}{(2n-1)^3} - \frac{1}{(2n)^2} + \cdots$$

是收敛的，但其一般项 u_n 并不具有单调递减性. 以上说明了莱布尼茨定理是判别交错级数收敛的充分非必要条件.

7.2.3 绝对收敛和条件收敛

现在讨论一般常数项级数（也称任意项级数）$\sum\limits_{n=1}^{\infty} u_n$ 的敛散性，其中 $u_n(n=1,2,\cdots)$ 是任意实数.

定义 7.4 如果级数 $\sum\limits_{n=1}^{\infty} u_n$ 各项的绝对值所构成的正项级数 $\sum\limits_{n=1}^{\infty}|u_n|$ 收敛，则称级数 $\sum\limits_{n=1}^{\infty} u_n$ 绝对收敛；如果级数 $\sum\limits_{n=1}^{\infty} u_n$ 收敛，而级数 $\sum\limits_{n=1}^{\infty}|u_n|$ 发散，则称级数 $\sum\limits_{n=1}^{\infty} u_n$ 条件收敛.

例如，级数 $\sum\limits_{n=1}^{\infty}(-1)^{n-1}\dfrac{1}{n^2}$ 和级数 $\sum\limits_{n=1}^{\infty}(-1)^{n-1}\dfrac{1}{n}$，由莱布尼茨定理可知这两个级数是收敛的，它们的绝对值级数分别为 $\sum\limits_{n=1}^{\infty}\dfrac{1}{n^2}$ 和 $\sum\limits_{n=1}^{\infty}\dfrac{1}{n}$，而级数 $\sum\limits_{n=1}^{\infty}\dfrac{1}{n^2}$ 收敛，级数 $\sum\limits_{n=1}^{\infty}\dfrac{1}{n}$ 发散，所以级数 $\sum\limits_{n=1}^{\infty}(-1)^{n-1}\dfrac{1}{n^2}$ 绝对收敛，级数 $\sum\limits_{n=1}^{\infty}(-1)^{n-1}\dfrac{1}{n}$ 条件收敛. 绝对收敛和条件收敛是任意项级数收敛的两种不同方式，级数绝对收敛与级数收敛有以下重要关系.

定理 7.9 若级数 $\sum\limits_{n=1}^{\infty} u_n$ 绝对收敛，则级数 $\sum\limits_{n=1}^{\infty} u_n$ 一定收敛.

证明 令

$$v_n = \frac{1}{2}(u_n + |u_n|)(n=1,2,\cdots),$$

显然 $v_n \geqslant 0$ 且 $v_n \leqslant |u_n|(n=1,2,\cdots)$. 因为级数 $\sum\limits_{n=1}^{\infty}|u_n|$ 收敛，所以由比较审敛法知，级数 $\sum\limits_{n=1}^{\infty} v_n$ 收敛，从而级数 $\sum\limits_{n=1}^{\infty} 2v_n$ 也收敛. 而 $u_n = 2v_n - |u_n|$，由收敛级数的性质可知

$$\sum_{n=1}^{\infty} u_n = \sum_{n=1}^{\infty} 2v_n - \sum_{n=1}^{\infty} |u_n|,$$

所以级数 $\displaystyle\sum_{n=1}^{\infty} u_n$ 收敛.

注 对于任意项级数 $\displaystyle\sum_{n=1}^{\infty} u_n$,如果我们用正项级数审敛法判定级数 $\displaystyle\sum_{n=1}^{\infty}|u_n|$ 收敛,那么此级数一定收敛,这就使一大类级数的敛散性判定问题,转化成正项级数的敛散性判定问题.

例 7.21 证明:当 $\lambda>1$ 时,级数 $\displaystyle\sum_{n=1}^{\infty} \frac{\sin nx}{n^{\lambda}}$ 绝对收敛.

证明 因为 $\left|\dfrac{\sin nx}{n^{\lambda}}\right| \leqslant \dfrac{1}{n^{\lambda}}$,当 $\lambda>1$ 时,$\displaystyle\sum_{n=1}^{\infty} \frac{1}{n^{\lambda}}$ 收敛,所以级数 $\displaystyle\sum_{n=1}^{\infty}\left|\dfrac{\sin nx}{n^{\lambda}}\right|$ 收敛,从而级数

$\displaystyle\sum_{n=1}^{\infty} \frac{\sin nx}{n^{\lambda}}$ 绝对收敛.

一般来说,如果级数 $\displaystyle\sum_{n=1}^{\infty}|u_n|$ 发散,我们不能断定级数 $\displaystyle\sum_{n=1}^{\infty} u_n$ 也发散. 但是,如果我们用比值审敛法(或根值审敛法)判定级数 $\displaystyle\sum_{n=1}^{\infty}|u_n|$ 发散,那么我们可以断定级数 $\displaystyle\sum_{n=1}^{\infty} u_n$ 必定发散. 这是因为从 $\rho>1$ 可以推知 $\displaystyle\lim_{n\to\infty}|u_n| \neq 0$,从而 $\displaystyle\lim_{n\to\infty} u_n \neq 0$,所以级数 $\displaystyle\sum_{n=1}^{\infty} u_n$ 发散.

例 7.22 判别级数 $\displaystyle\sum_{n=1}^{\infty} (-1)^n \frac{1}{2^n}\left(1+\frac{1}{n}\right)^{n^2}$ 的敛散性.

解 由 $|u_n| = \dfrac{1}{2^n}\left(1+\dfrac{1}{n}\right)^{n^2}$,有 $\displaystyle\lim_{n\to\infty} \sqrt[n]{|u_n|} = \frac{1}{2}\lim_{n\to\infty}\left(1+\frac{1}{n}\right)^n = \frac{1}{2}\mathrm{e}>1$,可知 $\displaystyle\lim_{n\to\infty} u_n \neq 0$,因此

级数 $\displaystyle\sum_{n=1}^{\infty} (-1)^n \frac{1}{2^n}\left(1+\frac{1}{n}\right)^{n^2}$ 发散.

例 7.23 判别下列级数的敛散性(包括条件收敛和绝对收敛).

(1) $\displaystyle\sum_{n=1}^{\infty} \sin\frac{(-1)^n}{n^2}$.   (2) $\displaystyle\sum_{n=1}^{\infty} \frac{\cos n^2}{n^3}$.

解 (1)因为 $|u_n| = \left|\sin\dfrac{(-1)^n}{n^2}\right| \leqslant \dfrac{1}{n^2}$,而级数 $\displaystyle\sum_{n=1}^{\infty} \frac{1}{n^2}$ 收敛,所以级数 $\displaystyle\sum_{n=1}^{\infty} \sin\frac{(-1)^n}{n^2}$ 绝对

收敛.

(2)因为 $|u_n| = \left|\dfrac{\cos n^2}{n^3}\right| \leqslant \dfrac{1}{n^3}$,而级数 $\displaystyle\sum_{n=1}^{\infty} \frac{1}{n^3}$ 收敛,所以级数 $\displaystyle\sum_{n=1}^{\infty} \frac{\cos n^2}{n^3}$ 绝对收敛.

同步习题 7.2

 基础题

1. 用比较审敛法判别下列级数的敛散性.

(1) $\displaystyle\sum_{n=1}^{\infty} \sin\frac{\pi}{n^2}$.   (2) $\displaystyle\sum_{n=1}^{\infty} \frac{1+n}{1+n^2}$.

(3) $\displaystyle\sum_{n=1}^{\infty} \frac{1}{n\sqrt{1+n}}$.   (4) $\displaystyle\sum_{n=1}^{\infty} \frac{1}{\ln(1+n)}$.

(5) $\sum_{n=1}^{\infty} \frac{1}{n\sqrt[n]{n}}$.

2. 用比值审敛法判别下列级数的敛散性.

(1) $\sum_{n=1}^{\infty} \frac{5^n n!}{n^n}$.

(2) $\sum_{n=1}^{\infty} n\sin\frac{1}{2^n}$.

(3) $\sum_{n=1}^{\infty} \frac{3^n}{n \cdot 2^n}$.

(4) $\sum_{n=1}^{\infty} \frac{n}{e^n}$.

(5) $\sum_{n=1}^{\infty} \frac{(2n-1)!!}{3^n \cdot n!}$.

(6) $\sum_{n=1}^{\infty} \frac{(n!)^2}{(2n)!}$.

3. 用根值审敛法判别下列级数的敛散性.

(1) $\sum_{n=1}^{\infty} \left(\frac{n}{3n+1}\right)^n$.

(2) $\sum_{n=1}^{\infty} \left(\frac{n+1}{n \cdot 2^n}\right)^{n^2}$.

(3) $\sum_{n=1}^{\infty} \frac{3^n}{1+e^n}$.

(4) $\sum_{n=1}^{\infty} \frac{1}{[\ln(1+n)]^n}$.

4. 用积分判别法判别下列级数的敛散性.

(1) $\sum_{n=1}^{\infty} \frac{1}{n^2+1}$.

(2) $\sum_{n=1}^{\infty} \frac{n}{n^2+1}$.

5. 判别下列交错级数的敛散性.

(1) $\sum_{n=1}^{\infty} (-1)^{n-1}\frac{1}{\sqrt{n}}$.

(2) $\sum_{n=1}^{\infty} (-1)^{n-1}\frac{n}{3^{n-1}}$.

(3) $\sum_{n=1}^{\infty} (-1)^n \frac{n}{2n-1}$.

(4) $\sum_{n=2}^{\infty} (-1)^n \frac{1}{\ln n}$.

(5) $\sum_{n=2}^{\infty} \sin\left(n\pi+\frac{1}{\ln n}\right)$.

6. 判别下列级数的敛散性. 如果收敛, 是绝对收敛还是条件收敛?

(1) $\sum_{n=1}^{\infty} \frac{\sin\frac{n\pi}{5}}{2^n}$.

(2) $\sum_{n=1}^{\infty} \frac{(-1)^n 3^n}{n!}$.

(3) $\sum_{n=1}^{\infty} (-1)^n(\sqrt{n+1}-\sqrt{n})$.

(4) $\sum_{n=1}^{\infty} (-1)^{n-1}\frac{\sqrt{n}}{n+1}$.

7. 判别下列级数的敛散性.

(1) $\sum_{n=1}^{\infty} \sin\frac{\pi}{2^n}$.

(2) $\sum_{n=1}^{\infty} 2^n\sin\frac{\pi}{3^n}$.

(3) $\sum_{n=1}^{\infty} \frac{\sqrt{n+1}}{n}$.

(4) $\sum_{n=1}^{\infty} \left(1-\cos\frac{1}{n}\right)$.

提高题

1. 判别下列级数的敛散性.

(1) $\sum\limits_{n=1}^{\infty} \dfrac{n^2+1}{(2n^2-1)\cdot 2^n}$.

(2) $\sum\limits_{n=1}^{\infty} \dfrac{\left(1+\dfrac{1}{n}\right)^n}{e^n}$.

(3) $\sum\limits_{n=1}^{\infty} \dfrac{n+1}{n^k+2}$($k$ 为正整数).

(4) $\sum\limits_{n=1}^{\infty} \dfrac{x^n}{n^2}$.

2. 利用级数收敛的必要条件证明

$$\lim_{n\to\infty} \frac{n^n}{(n!)^2}=0.$$

微课：同步习题 7.2
提高题 3

3. 设 $a_n=\displaystyle\int_0^{\frac{\pi}{4}} \tan^n x\,\mathrm{d}x$.

(1) 求 $\sum\limits_{n=1}^{\infty} \dfrac{1}{n}(a_n+a_{n+2})$ 的值.

(2) 证明：对任意的常数 $\lambda>0$，级数 $\sum\limits_{n=1}^{\infty} \dfrac{a_n}{n^\lambda}$ 收敛.

7.3 幂级数

在前面两节中，我们主要讨论了常数项级数的敛散性问题. 但是在自然科学与工程技术中运用级数这一工具时，除了经常用到常数项级数，还经常用到各项为函数的级数——函数项级数. 在本节，我们将重点讨论一类特殊的函数项级数——幂级数.

7.3.1 函数项级数

给定一个定义在某区间 I 上的函数列

$$u_1(x), u_2(x), \cdots, u_n(x), \cdots,$$

则表达式

$$u_1(x)+u_2(x)+\cdots+u_n(x)+\cdots$$

叫作函数项无穷级数，简称函数项级数，记作 $\sum\limits_{n=1}^{\infty} u_n(x)$. 即

$$\sum_{n=1}^{\infty} u_n(x)=u_1(x)+u_2(x)+\cdots+u_n(x)+\cdots, \tag{7.10}$$

其中第 n 项 $u_n(x)$ 叫作函数项级数 $\sum\limits_{n=1}^{\infty} u_n(x)$ 的**通项**或**一般项**.

对于每一个确定的 $x_0 \in I$，相应地有一个常数项级数 $\sum\limits_{n=1}^{\infty} u_n(x_0)$，

$$\sum_{n=1}^{\infty} u_n(x_0)=u_1(x_0)+u_2(x_0)+\cdots+u_n(x_0)+\cdots. \tag{7.11}$$

因此，函数项级数式(7.10)是常数项级数的推广，常数项级数是函数项级数的特例. 函数项级数理论与常数项级数理论不同，它不仅要讨论每个形如式(7.11)的常数项级数的敛散性，更重要的是，还要研究由于 x 的变动而得到的许许多多常数项级数之间的关系.

函数项级数可能对某些 x 是收敛的，而对另一些 x 则是发散的. 例如，级数

$$\sum_{n=1}^{\infty} x^{n-1} = 1+x+x^2+\cdots+x^{n-1}+\cdots, \tag{7.12}$$

对于每一个固定的 x，它是一个几何级数，公比为 x，则当 $|x|<1$ 时，级数 $\sum_{n=1}^{\infty} x^{n-1}$ 收敛；当 $|x| \geqslant 1$ 时，级数 $\sum_{n=1}^{\infty} x^{n-1}$ 发散.

如果在定义域 I 上取定 $x=x_0$，使常数项级数 $\sum_{n=1}^{\infty} u_n(x_0)$ 收敛，那么称点 x_0 为函数项级数 $\sum_{n=1}^{\infty} u_n(x)$ 的**收敛点**；否则称点 x_0 为函数项级数 $\sum_{n=1}^{\infty} u_n(x)$ 的**发散点**. 函数项级数 $\sum_{n=1}^{\infty} u_n(x)$ 的所有收敛点组成的集合，即能使函数项级数收敛的 x 的全体，称为函数项级数的**收敛域**；所有发散点组成的集合称为**发散域**.

对于收敛域内的任意一个实数 x，函数项级数就变成了一个收敛的常数项级数，因而有一确定的和 s，其与 x 对应. 这样在函数项级数收敛域上，就确定了函数项级数的和是一个关于 x 的函数 $s(x)$，通常称此函数 $s(x)$ 为函数项级数的和函数. 和函数的定义域就是该函数项级数的收敛域，即

$$s(x) = \sum_{n=1}^{\infty} u_n(x) = u_1(x)+u_2(x)+\cdots+u_n(x)+\cdots.$$

函数项级数式(7.10)的前 n 项的部分和记为 $s_n(x)$，则在收敛域上有

$$\lim_{n\to\infty} s_n(x) = s(x).$$

记 $r_n(x) = s(x)-s_n(x)$，$r_n(x)$ 称为函数项级数 $\sum_{n=1}^{\infty} u_n(x)$ 的**余项**[当然，只有 x 在收敛域上，$r_n(x)$ 才有意义]，并且在收敛域上 $\lim_{n\to\infty} r_n(x) = 0$.

例 7.24 求级数 $\sum_{n=1}^{\infty} \dfrac{(-1)^n}{n}\left(\dfrac{1}{1+x}\right)^n$ 的收敛域.

解 由比值审敛法可知

$$\lim_{n\to\infty}\left|\frac{u_{n+1}(x)}{u_n(x)}\right| = \lim_{n\to\infty}\frac{n}{n+1}\cdot\frac{1}{|1+x|} = \frac{1}{|1+x|}.$$

(1) 当 $\dfrac{1}{|1+x|}<1$ 时，$|1+x|>1$，即 $x>0$ 或 $x<-2$，此时原级数绝对收敛.

(2) 当 $\dfrac{1}{|1+x|}>1$ 时，$|1+x|<1$，即 $-2<x<0$，此时原级数发散.

(3) 当 $\dfrac{1}{|1+x|}=1$ 时，$x=0$ 或 $x=-2$. 当 $x=0$ 时，原级数为 $\sum_{n=1}^{\infty} \dfrac{(-1)^n}{n}$，该级数收敛；当 $x=-2$ 时，原级数为 $\sum_{n=1}^{\infty} \dfrac{1}{n}$，该级数发散.

故原级数的收敛域为 $(-\infty,-2)\cup[0,+\infty)$.

对于一般的函数项级数 $\sum_{n=1}^{\infty} u_n(x)$，它的敛散性讨论起来十分复杂. 下面我们讨论一类较为

简单而应用上又比较方便的函数项级数——幂级数.

7.3.2 幂级数及其敛散性

1. 幂级数的概念

定义 7.5 函数项级数

$$a_0+a_1(x-x_0)+a_2(x-x_0)^2+\cdots+a_n(x-x_0)^n+\cdots \tag{7.13}$$

称为 $x-x_0$ 的幂级数,记作 $\sum_{n=0}^{\infty} a_n(x-x_0)^n$. 其中,$a_0,a_1,a_2,\cdots,a_n,\cdots$ 为常数,称为幂级数的系数.

特别地,当 $x_0=0$ 时,式(7.13)变为

$$a_0+a_1x+a_2x^2+\cdots+a_nx^n+\cdots,$$

称为 x 的幂级数,记作 $\sum_{n=0}^{\infty} a_nx^n$,即

$$\sum_{n=0}^{\infty} a_nx^n=a_0+a_1x+a_2x^2+\cdots+a_nx^n+\cdots. \tag{7.14}$$

对于形如式(7.13)的幂级数,如果做变换 $t=x-x_0$,就转换为形如式(7.14)的幂级数. 所以,我们重点讨论形如式(7.14)的幂级数.

2. 幂级数的敛散性

对于一个给定的幂级数,它的收敛域与发散域是怎样的呢?即 x 取数轴上哪些点时幂级数收敛,x 取哪些点时幂级数发散?

我们先看一个例子. 考察幂级数 $\sum_{n=1}^{\infty} \dfrac{x^n}{n}$,因为 $\lim_{n\to\infty}\left|\dfrac{u_{n+1}(x)}{u_n(x)}\right|=\lim_{n\to\infty}\dfrac{n}{n+1}\cdot|x|=|x|$,由比值审敛法可知,当 $|x|<1$ 时,幂级数 $\sum_{n=1}^{\infty} \dfrac{x^n}{n}$ 绝对收敛;当 $|x|>1$ 时,幂级数 $\sum_{n=1}^{\infty} \dfrac{x^n}{n}$ 发散. 当 $x=-1$ 时,幂级数 $\sum_{n=1}^{\infty} \dfrac{x^n}{n}=\sum_{n=1}^{\infty} \dfrac{(-1)^n}{n}$ 收敛;当 $x=1$ 时,幂级数 $\sum_{n=1}^{\infty} \dfrac{x^n}{n}=\sum_{n=1}^{\infty} \dfrac{1}{n}$ 发散,所以幂级数的收敛域为 $[-1,1)$. 又由前面的讨论可知幂级数 $\sum_{n=1}^{\infty} x^{n-1}$ 的收敛域为 $(-1,1)$. 幂级数 $\sum_{n=1}^{\infty} \dfrac{x^n}{n}$ 和 $\sum_{n=1}^{\infty} x^{n-1}$,其收敛域都是一个以原点为中心的区间. 事实上,这是幂级数 $\sum_{n=0}^{\infty} a_nx^n$ 收敛域的一个特性. 下面的阿贝尔定理刻画了幂级数收敛域的这个特性.

定理 7.10(阿贝尔定理) 如果幂级数 $\sum_{n=0}^{\infty} a_nx^n$ 在 $x=x_0(x_0\neq 0)$ 处收敛,则对所有满足不等式 $|x|<|x_0|$ 的 x,幂级数 $\sum_{n=0}^{\infty} a_nx^n$ 绝对收敛;如果幂级数 $\sum_{n=0}^{\infty} a_nx^n$ 在 $x=x_0$ 处发散,则对所有满足不等式 $|x|>|x_0|$ 的 x,幂级数 $\sum_{n=0}^{\infty} a_nx^n$ 发散.

证明 (1)若 x_0 是幂级数 $\sum_{n=0}^{\infty} a_nx^n$ 的收敛点,即级数

$$a_0+a_1x_0+a_2x_0^2+\cdots+a_nx_0^n+\cdots$$

收敛,则根据级数收敛的必要条件,可得

$$\lim_{n\to\infty} a_n x_0^n = 0.$$

从而数列 $\{a_n x_0^n\}$ 收敛, 其必有界, 即存在 $M>0$, 使

$$|a_n x_0^n| \leqslant M \quad (n=0,1,2,\cdots).$$

这样幂级数 $\sum\limits_{n=0}^{\infty} a_n x^n$ 的一般项的绝对值

$$|a_n x^n| = \left| a_n x_0^n \cdot \frac{x^n}{x_0^n} \right| = |a_n x_0^n| \cdot \left| \frac{x}{x_0} \right|^n \leqslant M \left| \frac{x}{x_0} \right|^n.$$

因为当 $|x| < |x_0|$ 时, 等比级数 $\sum\limits_{n=0}^{\infty} M \left| \frac{x}{x_0} \right|^n$ 收敛 $\left(公比 \left| \frac{x}{x_0} \right| < 1 \right)$, 根据定理 7.3 可知级数 $\sum\limits_{n=0}^{\infty} |a_n x^n|$ 收敛, 即 $\sum\limits_{n=0}^{\infty} a_n x^n$ 绝对收敛.

(2) 若幂级数 $\sum\limits_{n=0}^{\infty} a_n x^n$ 在 $x=x_0$ 处发散, 用反证法证明, 设有一点 x_1 满足 $|x_1| > |x_0|$, 且使幂级数 $\sum\limits_{n=0}^{\infty} a_n x_1^n$ 收敛, 则根据 (1) 的结论, 幂级数 $\sum\limits_{n=0}^{\infty} a_n x^n$ 在 $x=x_0$ 处应收敛, 这与假设矛盾, 定理得证.

显然, 所有的幂级数在 $x_0=0$ 处是收敛的.

定理 7.10 表明这样一个现象: 如果幂级数 $\sum\limits_{n=0}^{\infty} a_n x^n$ 在点 $x=x_0 \neq 0$ 处收敛, 则对于开区间 $(-|x_0|, |x_0|)$ 内的任何 x, 幂级数 $\sum\limits_{n=0}^{\infty} a_n x^n$ 绝对收敛; 如果幂级数 $\sum\limits_{n=0}^{\infty} a_n x^n$ 在点 $x=x_0 \neq 0$ 处发散, 则对于闭区间 $[-|x_0|, |x_0|]$ 以外的任何点 x (即 $x \notin [-|x_0|, |x_0|]$), 幂级数 $\sum\limits_{n=0}^{\infty} a_n x^n$ 发散. 这就说明, 除去两种极端情况 (收敛域仅为 $x=0$ 或为整个数轴) 外, 必存在一个分界点 $R(R>0)$, 使幂级数 $\sum\limits_{n=0}^{\infty} a_n x^n$ 在区间 $(-R,R)$ 内处处绝对收敛, 在区间 $[-R,R]$ 外处处发散, 在分界点 $x=R$ 和 $x=-R$ 处幂级数 $\sum\limits_{n=0}^{\infty} a_n x^n$ 可能是收敛的, 也可能是发散的. 综上所述, 我们可得到下面的推论.

推论 如果幂级数 $\sum\limits_{n=0}^{\infty} a_n x^n$ 不是仅在一点 $x_0=0$ 处收敛, 也不是在整个数轴上都收敛, 那么一定存在一个完全确定的正数 R, 当 $|x| < R$ 时, 幂级数绝对收敛; 当 $|x| > R$ 时, 幂级数发散; 当 $x=R$ 和 $x=-R$ 时, 幂级数可能收敛, 也可能发散.

正数 R 叫作幂级数 $\sum\limits_{n=0}^{\infty} a_n x^n$ 的**收敛半径**, 开区间 $(-R,R)$ 叫作幂级数 $\sum\limits_{n=0}^{\infty} a_n x^n$ 的**收敛区间**. 再由幂级数在 $x=R$ 和 $x=-R$ 处的敛散性就可以确定它的收敛域. 幂级数 $\sum\limits_{n=0}^{\infty} a_n x^n$ 的收敛域是 $(-R,R), [-R,R), (-R,R], [-R,R]$ 之一.

若幂级数 $\sum\limits_{n=0}^{\infty} a_n x^n$ 只在 $x=0$ 收敛, 则规定收敛半径 $R=0$; 若幂级数 $\sum\limits_{n=0}^{\infty} a_n x^n$ 对一切 x 都收敛, 则规定收敛半径 $R=+\infty$, 这时收敛域为 $(-\infty, +\infty)$.

【即时提问 7.3】 试分别讨论幂级数 $\sum\limits_{n=0}^{\infty} a_n x^n$ 在以下 3 种情况下，收敛半径 R 与 $|x_0|$ 的大小关系：(1) 在 $x = x_0$ 处收敛；(2) 在 $x = x_0$ 处发散；(3) 在 $x = x_0$ 处条件收敛.

讨论幂级数敛散性的问题主要在于收敛半径，下面给出幂级数的收敛半径的具体求法.

定理 7.11 设幂级数 $\sum\limits_{n=0}^{\infty} a_n x^n$ 的系数全不为零，a_n, a_{n+1} 为相邻两项系数，如果 $\lim\limits_{n\to\infty}\left|\dfrac{a_{n+1}}{a_n}\right| = \rho$ 或 $\lim\limits_{n\to\infty}\sqrt[n]{|a_n|} = \rho$，则幂级数的收敛半径为

$$R = \begin{cases} 0, & \rho = +\infty, \\ \dfrac{1}{\rho}, & \rho \neq 0, \\ +\infty, & \rho = 0. \end{cases}$$

证明 以 $\lim\limits_{n\to\infty}\left|\dfrac{a_{n+1}}{a_n}\right| = \rho$ 为例，来给出证明. 考察级数 $\sum\limits_{n=0}^{\infty}|a_n x^n|$ 的相邻两项之比

$$\left|\frac{a_{n+1}x^{n+1}}{a_n x^n}\right| = \left|\frac{a_{n+1}}{a_n}\right| |x|.$$

(1) 如果 $\lim\limits_{n\to\infty}\left|\dfrac{a_{n+1}}{a_n}\right| = \rho (\rho \neq 0)$ 存在，则根据比值审敛法可知，当 $\rho|x| < 1$，即 $|x| < \dfrac{1}{\rho}$ 时，级数 $\sum\limits_{n=0}^{\infty}|a_n x^n|$ 收敛，从而幂级数 $\sum\limits_{n=0}^{\infty}a_n x^n$ 绝对收敛；当 $\rho|x| > 1$，即 $|x| > \dfrac{1}{\rho}$ 时，级数 $\sum\limits_{n=0}^{\infty}|a_n x^n|$ 发散，从而幂级数 $\sum\limits_{n=0}^{\infty}a_n x^n$ 发散. 于是收敛半径 $R = \dfrac{1}{\rho}$.

(2) 如果 $\lim\limits_{n\to\infty}\left|\dfrac{a_{n+1}}{a_n}\right| = 0$，那么对于任何 $x \neq 0$，有

$$\left|\frac{a_{n+1}x^{n+1}}{a_n x^n}\right| = \left|\frac{a_{n+1}}{a_n}\right| |x| \to 0 (n \to \infty),$$

所以级数 $\sum\limits_{n=0}^{\infty}|a_n x^n|$ 收敛，从而幂级数 $\sum\limits_{n=0}^{\infty}a_n x^n$ 绝对收敛. 于是收敛半径 $R = +\infty$.

(3) 如果 $\lim\limits_{n\to\infty}\left|\dfrac{a_{n+1}}{a_n}\right| = +\infty$，那么对于除 $x = 0$ 外的其他一切 x 值，级数 $\sum\limits_{n=0}^{\infty}|a_n x^n|$ 发散，否则由定理 7.10 可知将有点 $x \neq 0$，使幂级数 $\sum\limits_{n=0}^{\infty}a_n x^n$ 收敛. 于是收敛半径 $R = 0$.

例 7.25 求幂级数 $1 + \dfrac{x}{2 \cdot 5} + \dfrac{x^2}{3 \cdot 5^2} + \cdots + \dfrac{x^n}{(n+1) \cdot 5^n} + \cdots$ 的收敛区间和收敛域.

解 因为

$$\rho = \lim_{n\to\infty}\left|\frac{a_{n+1}}{a_n}\right| = \lim_{n\to\infty}\left|\frac{\dfrac{1}{(n+2) \cdot 5^{n+1}}}{\dfrac{1}{(n+1) \cdot 5^n}}\right| = \lim_{n\to\infty}\frac{n+1}{5(n+2)} = \frac{1}{5},$$

所以幂级数的收敛半径 $R=\dfrac{1}{\rho}=5$，收敛区间是 $(-5,5)$.

在 $x=5$ 与 $x=-5$ 处，级数分别为 $1+\dfrac{1}{2}+\dfrac{1}{3}+\cdots+\dfrac{1}{n+1}+\cdots$ 与 $1-\dfrac{1}{2}+\dfrac{1}{3}-\dfrac{1}{4}+\cdots$，前者发散，后者收敛. 故幂级数的收敛域是 $[-5,5)$.

例 7.26 求幂级数 $\displaystyle\sum_{n=1}^{\infty}\dfrac{x^n}{n!}$ 的收敛区间.

解 因为

$$\rho=\lim_{n\to\infty}\left|\dfrac{a_{n+1}}{a_n}\right|=\lim_{n\to\infty}\dfrac{n!}{(n+1)!}=0,$$

所以幂级数的收敛半径 $R=+\infty$，从而它的收敛区间为 $(-\infty,+\infty)$.

例 7.27 求幂级数 $\displaystyle\sum_{n=1}^{\infty}n^n x^n$ 的收敛域.

解 因为

$$\rho=\lim_{n\to\infty}\left|\dfrac{a_{n+1}}{a_n}\right|=\lim_{n\to\infty}(n+1)\left(1+\dfrac{1}{n}\right)^n=+\infty,$$

所以幂级数的收敛半径 $R=0$，从而幂级数仅在 $x=0$ 处收敛，它的收敛域为 $\{x\mid x=0\}$.

例 7.28 求幂级数 $\displaystyle\sum_{n=0}^{\infty}\dfrac{(2n)!}{(n!)^2}x^{2n}$ 的收敛半径.

解 该幂级数缺少奇次幂的项，$a_{2n+1}=0$，定理 7.11 不能直接应用. 用比值审敛法来求收敛半径. 将该幂级数的一般项记为 $u_n(x)=\dfrac{(2n)!}{(n!)^2}x^{2n}$. 因为

$$\lim_{n\to\infty}\left|\dfrac{u_{n+1}(x)}{u_n(x)}\right|=\lim_{n\to\infty}\left|\dfrac{\dfrac{[2(n+1)]!}{[(n+1)!]^2}x^{2(n+1)}}{\dfrac{(2n)!}{(n!)^2}x^{2n}}\right|=\lim_{n\to\infty}\dfrac{(2n+2)(2n+1)}{(n+1)^2}x^2=4|x|^2,$$

当 $4|x|^2<1$，即 $|x|<\dfrac{1}{2}$ 时，幂级数收敛；当 $4|x|^2>1$，即 $|x|>\dfrac{1}{2}$ 时，幂级数发散，所以幂级数的收敛半径 $R=\dfrac{1}{2}$.

例 7.29 求幂级数 $\displaystyle\sum_{n=1}^{\infty}\dfrac{(x-1)^n}{2^n\cdot n}$ 的收敛域.

解 令 $t=x-1$，幂级数 $\displaystyle\sum_{n=1}^{\infty}\dfrac{(x-1)^n}{2^n\cdot n}$ 变为 $\displaystyle\sum_{n=1}^{\infty}\dfrac{t^n}{2^n\cdot n}$. 因为

$$\rho=\lim_{n\to\infty}\left|\dfrac{a_{n+1}}{a_n}\right|=\lim_{n\to\infty}\dfrac{2^n\cdot n}{2^{n+1}\cdot(n+1)}=\dfrac{1}{2},$$

所以收敛半径 $R=2$.

当 $t=2$ 时，幂级数 $\displaystyle\sum_{n=1}^{\infty}\dfrac{t^n}{2^n\cdot n}$ 成为 $\displaystyle\sum_{n=1}^{\infty}\dfrac{1}{n}$，此级数发散；当 $t=-2$ 时，幂级数 $\displaystyle\sum_{n=1}^{\infty}\dfrac{t^n}{2^n\cdot n}$ 成

为 $\sum\limits_{n=1}^{\infty} \dfrac{(-1)^n}{n}$，此级数收敛. 因此，级数 $\sum\limits_{n=1}^{\infty} \dfrac{t^n}{2^n \cdot n}$ 的收敛域为 $[-2,2)$. 因为 $-2 \leqslant x-1 < 2$，即 $-1 \leqslant x < 3$，所以原级数的收敛域为 $[-1,3)$.

7.3.3 幂级数的运算与和函数

设幂级数 $\sum\limits_{n=0}^{\infty} a_n x^n$ 和 $\sum\limits_{n=0}^{\infty} b_n x^n$ 的收敛区间分别为 $(-R_1, R_1)$ 与 $(-R_2, R_2)$，这里 $R_1 > 0, R_2 > 0$，并记 $R = \min\{R_1, R_2\}$，下面不加证明地给出两个幂级数的运算性质.

（1）**加减法** 两个收敛的幂级数相加（减）仍为收敛的幂级数，等于它们对应项的系数相加（减）作为系数的幂级数，其收敛半径为这两个收敛幂级数收敛半径的较小值，即

$$\sum_{n=0}^{\infty} a_n x^n \pm \sum_{n=0}^{\infty} b_n x^n = \sum_{n=0}^{\infty} (a_n \pm b_n) x^n, \quad -R < x < R.$$

（2）**乘法** 两个收敛的幂级数之积仍为收敛的幂级数，其收敛半径为这两个收敛幂级数收敛半径的较小值，即

$$\left(\sum_{n=0}^{\infty} a_n x^n\right) \cdot \left(\sum_{n=0}^{\infty} b_n x^n\right) = \sum_{n=0}^{\infty} c_n x^n, \quad -R < x < R,$$

其中 $c_n = a_0 b_n + a_1 b_{n-1} + \cdots + a_n b_0 = \sum\limits_{k=0}^{n} a_k b_{n-k}$.

（3）**除法** $\dfrac{\sum\limits_{n=0}^{\infty} a_n x^n}{\sum\limits_{n=0}^{\infty} b_n x^n} = \sum\limits_{n=0}^{\infty} c_n x^n$ $\left(\text{收敛域内} \sum\limits_{n=0}^{\infty} b_n x^n \neq 0\right)$，其中系数 c_n 可通过比较等式

$\left(\sum\limits_{n=0}^{\infty} b_n x^n\right) \cdot \left(\sum\limits_{n=0}^{\infty} c_n x^n\right) = \sum\limits_{n=0}^{\infty} a_n x^n$ 两边的系数来确定. 不过相除后所得的幂级数 $\sum\limits_{n=0}^{\infty} c_n x^n$ 的收敛区间可能比原来级数 $\sum\limits_{n=0}^{\infty} a_n x^n$ 和 $\sum\limits_{n=0}^{\infty} b_n x^n$ 的收敛区间小得多.

下面介绍幂级数和函数的性质.

性质 7.5 幂级数 $\sum\limits_{n=0}^{\infty} a_n x^n$ 的和函数 $s(x)$ 在其收敛域上一定连续.

性质 7.6 幂级数 $\sum\limits_{n=0}^{\infty} a_n x^n$ 的和函数 $s(x)$ 在其收敛区间 $(-R,R)$ 内可积，并有逐项积分公式

$$\int_0^x s(t)\,\mathrm{d}t = \int_0^x \left[\sum_{n=0}^{\infty} a_n t^n\right]\mathrm{d}t = \sum_{n=0}^{\infty} \int_0^x a_n t^n \mathrm{d}t = \sum_{n=0}^{\infty} \frac{a_n}{n+1} x^{n+1} \quad (|x| < R). \tag{7.15}$$

逐项积分后所得的幂级数和原幂级数有相同的收敛半径.

性质 7.7 幂级数 $\sum\limits_{n=0}^{\infty} a_n x^n$ 的和函数 $s(x)$ 在其收敛区间 $(-R,R)$ 内可导，并有逐项求导公式

$$s'(x) = \left(\sum_{n=0}^{\infty} a_n x^n\right)' = \sum_{n=0}^{\infty} (a_n x^n)' = \sum_{n=1}^{\infty} n a_n x^{n-1} \quad (|x| < R). \tag{7.16}$$

逐项求导后所得的幂级数和原幂级数有相同的收敛半径.

注 幂级数 $\sum\limits_{n=0}^{\infty} a_n x^n$ 与其逐项求导、逐项积分后得到的幂级数 $\sum\limits_{n=1}^{\infty} n a_n x^{n-1}$ 和 $\sum\limits_{n=0}^{\infty} \dfrac{a_n}{n+1} x^{n+1}$ 尽管有相同的收敛半径，但在收敛区间的端点敛散性未必相同，因此，它们的收敛域未必相同.

如 $\displaystyle\sum_{n=0}^{\infty} x^n$ 的收敛域为$(-1,1)$，逐项积分后得到的幂级数 $\displaystyle\sum_{n=0}^{\infty} \dfrac{x^{n+1}}{n+1}$ 的收敛域为$[-1,1)$.

例 7.30　求幂级数 $1+x+x^2+\cdots+x^n+\cdots$ 的和函数.

 解　这是公比 $q=x$ 的等比级数，它在$(-1,1)$内收敛，前 n 项的部分和 $s_n(x)=\dfrac{1-x^n}{1-x}$，

因此和函数

$$s(x)=\lim_{n\to\infty} s_n(x)=\lim_{n\to\infty}\frac{1-x^n}{1-x}=\frac{1}{1-x},$$

即

$$1+x+x^2+\cdots+x^n+\cdots=\frac{1}{1-x} \quad (-1<x<1).$$

下面几例都是利用逐项求导或逐项积分的方法来求幂级数的和函数.

例 7.31　求幂级数 $\displaystyle\sum_{n=1}^{\infty} \dfrac{x^n}{n}$ 的和函数.

 解　因为 $\rho=\lim_{n\to\infty}\left|\dfrac{a_{n+1}}{a_n}\right|=\lim_{n\to\infty}\dfrac{n}{n+1}=1$，所以幂级数的收敛半径 $R=\dfrac{1}{\rho}=1$. 又幂级数 $\displaystyle\sum_{n=1}^{\infty} \dfrac{x^n}{n}$ 在

$x=-1$处收敛，在 $x=1$ 处发散，故收敛域为$[-1,1)$.

在收敛域$[-1,1)$内，设所求幂级数的和函数为 $s(x)$，即 $s(x)=\displaystyle\sum_{n=1}^{\infty} \dfrac{x^n}{n}$. 显然 $s(0)=0$. 利用

性质 7.7[式(7.16)]，得

$$s'(x)=\left(\sum_{n=1}^{\infty}\frac{x^n}{n}\right)'=\sum_{n=1}^{\infty}\left(\frac{x^n}{n}\right)'=\sum_{n=1}^{\infty} x^{n-1}=\frac{1}{1-x},$$

所以和函数

$$s(x)=\int_0^x \frac{1}{1-t}\mathrm{d}t+s(0)=-\ln(1-x)=\ln\frac{1}{1-x},$$

即

$$\sum_{n=1}^{\infty}\frac{x^n}{n}=\ln\frac{1}{1-x}, x\in[-1,1).$$

计算机可视化

例 7.32　求幂级数 $\displaystyle\sum_{n=1}^{\infty} nx^{n-1}$ 的和函数.

 解　因为 $\rho=\lim_{n\to\infty}\left|\dfrac{a_{n+1}}{a_n}\right|=\lim_{n\to\infty}\dfrac{n+1}{n}=1$，所以幂级数的收敛半径 $R=\dfrac{1}{\rho}=1$. 在 $x=\pm1$ 时，幂级数

都发散，故幂级数的收敛域为$(-1,1)$.

在收敛域$(-1,1)$内，设所求幂级数的和函数为 $s(x)$，则 $s(x)=\displaystyle\sum_{n=1}^{\infty} nx^{n-1}$. 利用性质 7.6[式

(7.15)]，在$(-1,1)$内逐项积分，得

$$\int_0^x s(t)\mathrm{d}t=\int_0^x\left(\sum_{n=1}^{\infty} nt^{n-1}\right)\mathrm{d}t=\sum_{n=1}^{\infty}\int_0^x nt^{n-1}\mathrm{d}t=\sum_{n=1}^{\infty} x^n=\frac{x}{1-x}.$$

因此和函数

$$s(x)=\left[\int_0^x s(t)\,dt\right]'=\frac{1}{(1-x)^2},x\in(-1,1).$$

例 7.33 求幂级数 $\sum\limits_{n=1}^{\infty}\dfrac{x^{4n+1}}{4n+1}$ 的和函数.

解 这是缺项幂级数，由于

$$\lim_{n\to\infty}\left|\frac{u_{n+1}(x)}{u_n(x)}\right|=\lim_{n\to\infty}\frac{4n+1}{4n+5}|x|^4=|x|^4,$$

当 $|x|>1$ 时，幂级数发散；当 $|x|<1$ 时，幂级数收敛；当 $x=\pm1$ 时，幂级数都发散，故幂级数的收敛域为 $(-1,1)$.

设 $s(x)=\sum\limits_{n=1}^{\infty}\dfrac{x^{4n+1}}{4n+1}$，$s(0)=0$. 由于 $s'(x)=\sum\limits_{n=1}^{\infty}x^{4n}=\dfrac{x^4}{1-x^4}=-1+\dfrac{1}{1-x^4}$，

所以

$$s(x)=\int_0^x s'(t)\,dt+s(0)=-x+\frac{1}{4}\ln\frac{1+x}{1-x}+\frac{1}{2}\arctan x,x\in(-1,1).$$

例 7.34 假设银行的年存款利率为 5%，且以年复利计息. 某人一次性将一笔资金存入银行，若要保证自存入之日起，此人第 $n(n=1,2,3,\cdots)$ 年年末能从银行提取 n 万元，则其存入的资金至少是多少？

解 设此人第 1 年年末提取的 1 万元的现值为 a_1，则 $a_1+0.05a_1=1$，即 $a_1=\dfrac{1}{1.05}$；

第 2 年年末提取的 2 万元的现值为 a_2，则 $1.05^2 a_2=2$，即 $a_2=\dfrac{2}{1.05^2}$；

……

第 n 年年末提取的 n 万元的现值为 a_n，则 $1.05^n a_n=n$，即 $a_n=\dfrac{n}{1.05^n}$.

综上可知，此人存入的资金至少为

$$a_1+a_2+\cdots+a_n+\cdots=\frac{1}{1.05}+\frac{2}{1.05^2}+\cdots+\frac{n}{1.05^n}+\cdots（万元）.$$

考虑到

$$s(x)=\sum_{n=1}^{\infty}nx^n=x\sum_{n=1}^{\infty}nx^{n-1}=x\left(\sum_{n=1}^{\infty}x^n\right)'=x\left(\frac{x}{1-x}\right)'=\frac{x}{(1-x)^2},$$

则

$$\frac{1}{1.05}+\frac{2}{1.05^2}+\cdots+\frac{n}{1.05^n}+\cdots=s\left(\frac{1}{1.05}\right)=\frac{\dfrac{1}{1.05}}{\left(1-\dfrac{1}{1.05}\right)^2}=420（万元）.$$

同步习题 7.3

基础题

1. 选择题.

(1) 已知幂级数 $\sum\limits_{n=1}^{\infty} a_n(x+1)^n$ 在 $x=1$ 处收敛, 则该幂级数在 $x=-2$ 处 ( ).

A. 条件收敛　　　B. 绝对收敛　　　C. 发散　　　D. 无法确定敛散性

(2) 若级数 $\sum\limits_{n=1}^{\infty} a_n$ 条件收敛, 则 $x=\sqrt{3}$ 与 $x=3$ 依次为幂级数 $\sum\limits_{n=1}^{\infty} \dfrac{a_n}{n}(x-1)^n$ 的 ( ).

A. 收敛点、收敛点　　　　　　　B. 收敛点、发散点

C. 发散点、收敛点　　　　　　　D. 发散点、发散点

2. 填空题.

(1) 已知幂级数 $\sum\limits_{n=1}^{\infty} a_n x^n$ 的收敛半径 $R=3$, 则幂级数 $\sum\limits_{n=1}^{\infty} n a_n(x-1)^n$ 的收敛区间为

_____.

(2) 幂级数 $\sum\limits_{n=1}^{\infty} (-1)^{n-1} n x^{n-1}$ 在区间 $(-1,1)$ 内的和函数 $s(x)=$ _____.

(3) 已知级数 $\sum\limits_{n=1}^{\infty} \dfrac{n!}{n^n} e^{-nx}$ 的收敛域为 $(a,+\infty)$, 则 $a=$ _____.

3. 求下列幂级数的收敛区间.

(1) $\sum\limits_{n=0}^{\infty} \dfrac{2^n}{n^2+1} x^n$.

(2) $\sum\limits_{n=1}^{\infty} \dfrac{x^n}{\ln(n+1)}$.

(3) $\sum\limits_{n=1}^{\infty} \dfrac{(x-1)^n}{n \cdot 2^n}$.

(4) $\sum\limits_{n=1}^{\infty} \dfrac{x^{2n-1}}{2^n}$.

4. 求下列幂级数的收敛域.

(1) $\sum\limits_{n=0}^{\infty} \dfrac{2n+1}{n!} x^n$.

(2) $\sum\limits_{n=1}^{\infty} (-1)^{n-1} \dfrac{1}{n^2} x^{n-1}$.

(3) $\sum\limits_{n=1}^{\infty} \dfrac{(x-5)^n}{\sqrt{n}}$.

(4) $\sum\limits_{n=1}^{\infty} \dfrac{x^{2n+1}}{2n+1}$.

(5) $\sum\limits_{n=1}^{\infty} \dfrac{x^n}{n!}$.

(6) $\sum\limits_{n=1}^{\infty} n! \, x^n$.

5. 求下列幂级数的和函数.

(1) $\sum\limits_{n=1}^{\infty} (-1)^{n-1} n x^{n-1}$.

(2) $\sum\limits_{n=1}^{\infty} \dfrac{x^n}{n \cdot 4^n}$.

(3) $\sum\limits_{n=1}^{\infty} (2n+1) x^n$.

(4) $\sum\limits_{n=1}^{\infty} \left(\dfrac{1}{2n-1}-1\right) x^{2n-1}$.

提高题

1. 求下列幂级数的收敛域.

(1) $\displaystyle\sum_{n=0}^{\infty} \frac{x^n}{(2n)!!}$.

(2) $\displaystyle\sum_{n=1}^{\infty} \frac{3^n+(-2)^n}{n}(x+1)^n$.

2. 求下列幂级数的和函数.

(1) $\displaystyle\sum_{n=1}^{\infty} n(n+1)x^n$.

(2) $\displaystyle\sum_{n=1}^{\infty} \frac{x^{n+1}}{n(n+1)}$.

(3) $\displaystyle\sum_{n=0}^{\infty} (2n+1)x^{2n}$.

(4) $\displaystyle\sum_{n=0}^{\infty} \frac{x^{2n+2}}{(n+1)(2n+1)}$.

3. 求幂级数 $1+\displaystyle\sum_{n=1}^{\infty} (-1)^n \frac{x^{2n}}{2n}$ ($|x|<1$) 的和函数 $s(x)$ 及其极值.

4. 求幂级数 $\displaystyle\sum_{n=1}^{\infty} (-1)^{n+1}\frac{x^{2n-1}}{2n-1}$ ($x\in[-1,1]$) 的和函数，并求级数

$\displaystyle\sum_{n=1}^{\infty} \frac{(-1)^n}{2n-1}\left(\frac{1}{3}\right)^n$ 的和.

微课：同步习题 7.3
提高题 5(2)

5. 求下列级数的和.

(1) $\displaystyle\sum_{n=1}^{\infty} n\left(\frac{1}{2}\right)^{n-1}$.

(2) $\displaystyle\sum_{n=0}^{\infty} \frac{(-1)^n(n^2-n+1)}{2^n}$.

■ 7.4 函数的幂级数展开式

在函数项级数中，幂级数不仅结构简单，而且有很多特殊的性质. 在 7.3 节中，我们讨论了幂级数的敛散性及和函数. 一个幂级数在其收敛区间内是收敛于其和函数的，但在许多应用中，往往遇到的却是相反的问题：给定函数 $f(x)$，要判断它在某个区间内是否能"展开成幂级数". 也就是说，能否找到这样一个幂级数，它在某个区间内收敛，且其和函数恰好就是给定的函数 $f(x)$. 如果可以的话，我们就可以把函数 $f(x)$ 转化为幂级数来研究，这在理论上和计算上都有十分重要的意义.

7.4.1 泰勒级数

若函数 $f(x)$ 在 x_0 的某邻域 $U(x_0)$ 内具有直到 $n+1$ 阶的导数，则由泰勒公式可知，对任一 $x\in U(x_0)$，函数 $f(x)$ 可以表示为泰勒多项式 $P_n(x)$ 与拉格朗日型余项 $R_n(x)$ 之和，即

$$f(x)=f(x_0)+f'(x_0)(x-x_0)+\frac{f''(x_0)}{2!}(x-x_0)^2+\cdots+$$

$$\frac{f^{(n)}(x_0)}{n!}(x-x_0)^n+R_n(x), \tag{7.17}$$

其中 $R_n(x)=\dfrac{f^{(n+1)}(\xi)}{(n+1)!}(x-x_0)^{n+1}$，$\xi$ 介于 x_0 与 x 之间.

现在的问题是：一个函数 $f(x)$ 在某个区间内是否能表示成幂级数

$$a_0 + a_1(x-x_0) + a_2(x-x_0)^2 + \cdots + a_n(x-x_0)^n + \cdots. \tag{7.18}$$

如果一个函数在某个区间内可以表示成收敛的幂级数式(7.18)，且其和恰好是给定的函数 $f(x)$，我们就说函数 $f(x)$ 在该区间内能展开成幂级数，而这个幂级数在该区间内就表达了函数 $f(x)$. 那么，这就需要考虑以下 4 个问题.

(1) 函数 $f(x)$ 需要具备怎样的条件才能展开成幂级数？

(2) 系数 $a_n(n=0,1,2,\cdots)$ 如何确定？

(3) 函数 $f(x)$ 的幂级数展开式是否唯一？

(4) 怎样确定幂级数展开式的收敛半径？

下面来一一讨论这些问题.

假设函数 $f(x)$ 在 x_0 的某邻域 $U(x_0)$ 内能展开成幂级数式(7.18)，即有

$$f(x) = a_0 + a_1(x-x_0) + a_2(x-x_0)^2 + \cdots + a_n(x-x_0)^n + \cdots, x \in U(x_0), \tag{7.19}$$

则根据和函数的性质，可知 $f(x)$ 在 $U(x_0)$ 内具有任意阶导数. 对式(7.19)两边逐次求导得

$$f'(x) = a_1 + 2a_2(x-x_0) + 3a_3(x-x_0)^2 + \cdots + na_n(x-x_0)^{n-1} + \cdots,$$

$$f''(x) = 2a_2 + 3 \cdot 2a_3(x-x_0) + \cdots + n(n-1)a_n(x-x_0)^{n-2} + \cdots,$$

$$\cdots\cdots$$

$$f^{(n)}(x) = n!a_n + (n+1)n(n-1)\cdots3 \cdot 2a_{n+1}(x-x_0) + \cdots,$$

$$\cdots\cdots$$

在 $f(x)$ 的幂级数展开式(7.19)及其各阶导数中，令 $x=x_0$，得

$$a_0 = f(x_0), a_1 = f'(x_0), a_2 = \frac{f''(x_0)}{2!}, \cdots, a_n = \frac{f^{(n)}(x_0)}{n!}, \cdots. \tag{7.20}$$

这就表明，如果函数 $f(x)$ 有幂级数展开式(7.19)，那么该幂级数的系数 $a_n(n=0,1,2,\cdots)$ 必由公式(7.20)确定，即该幂级数必为

$$f(x_0) + f'(x_0)(x-x_0) + \frac{f''(x_0)}{2!}(x-x_0)^2 + \cdots + \frac{f^{(n)}(x_0)}{n!}(x-x_0)^n + \cdots$$

$$= \sum_{n=0}^{\infty} \frac{f^{(n)}(x_0)}{n!}(x-x_0)^n, \tag{7.21}$$

从而函数 $f(x)$ 展开成的幂级数为

$$f(x) = \sum_{n=0}^{\infty} \frac{f^{(n)}(x_0)}{n!}(x-x_0)^n, x \in U(x_0). \tag{7.22}$$

定义 7.6 如果函数 $f(x)$ 在点 x_0 的某邻域 $U(x_0)$ 内有定义，且具有任意阶导数，则函数 $f(x)$ 展开的幂级数即式(7.21)叫作函数 $f(x)$ 在点 x_0 处的**泰勒级数**，展开的式(7.22)叫作函数 $f(x)$ 在点 x_0 处的**泰勒展开式**.

【**即时提问 7.4**】 函数 $f(x)$ 的泰勒级数与 $f(x)$ 的泰勒展开式一样吗？二者有何联系？

由上面的讨论可知，如果函数 $f(x)$ 在 $U(x_0)$ 内能展开成幂级数，则这个幂级数展开式是唯一的，必为泰勒展开式，即式(7.22). 只要函数 $f(x)$ 在 $U(x_0)$ 内具有任意阶导数，就可以得到泰勒级数，即式(7.21). 函数写成泰勒级数即式(7.21)后是否收敛？如果收敛，是否收敛于函数 $f(x)$？

下面给出函数 $f(x)$ 在 $U(x_0)$ 内能展开成幂级数的条件.

定理 7.12（泰勒收敛定理） 如果函数 $f(x)$ 在点 x_0 的某邻域 $U(x_0)$ 内有任意阶导数，则函数 $f(x)$ 的泰勒级数 $\sum\limits_{n=0}^{\infty} \dfrac{f^{(n)}(x_0)}{n!}(x-x_0)^n$ 在 $U(x_0)$ 内收敛于 $f(x)$ 的充分必要条件是泰勒公式即式 (7.17) 中的余项 $R_n(x)$ 满足 $\lim\limits_{n\to\infty} R_n(x)=0$.

证明 必要性. 设 $f(x)$ 在 $U(x_0)$ 内能展开成泰勒级数 [式 (7.21)]，则其前 $n+1$ 项部分和 $s_{n+1}(x)=P_n(x)$. 又因为泰勒级数在 $U(x_0)$ 内收敛于 $f(x)$，则

$$\lim_{n\to\infty} s_{n+1}(x)=\lim_{n\to\infty} P_n(x)=f(x), x\in U(x_0).$$

$f(x)$ 在 $U(x_0)$ 内具有任意阶导数，其 n 阶泰勒公式即式 (7.17) 为 $f(x)=P_n(x)+R_n(x)$，则

$$\lim_{n\to\infty} R_n(x)=\lim_{n\to\infty}[f(x)-P_n(x)]=0, x\in U(x_0).$$

充分性. 若 $\lim\limits_{n\to\infty} R_n(x)=0, x\in U(x_0)$，由泰勒公式即式 (7.17)，得

$$P_n(x)=f(x)-R_n(x), x\in U(x_0),$$

且有 $\lim\limits_{n\to\infty} P_n(x)=f(x)-\lim\limits_{n\to\infty} R_n(x)=f(x), x\in U(x_0)$. 从而 $\lim\limits_{n\to\infty} s_{n+1}(x)=\lim\limits_{n\to\infty} P_n(x)=f(x)$，即 $f(x)$ 的泰勒级数 $\sum\limits_{n=0}^{\infty} \dfrac{f^{(n)}(x_0)}{n!}(x-x_0)^n$ 在 $U(x_0)$ 内收敛于 $f(x)$.

若函数 $f(x)$ 在点 x_0 的某邻域内有任意阶导数 $f^{(n)}(x)$，则 $\sum\limits_{n=0}^{\infty} \dfrac{f^{(n)}(x)}{n!}(x-x_0)^n$ 就是函数 $f(x)$ 的泰勒级数. 此级数是否在点 x_0 的某邻域内收敛，若收敛，其和函数是否是 $f(x)$？这需要用泰勒收敛定理来检查. 只有当级数 $\sum\limits_{n=0}^{\infty} \dfrac{f^{(n)}(x)}{n!}(x-x_0)^n$ 在点 x_0 的某邻域内收敛且收敛于 $f(x)$ 时，才可以说 $f(x)$ 在点 x_0 的某邻域内可展开成泰勒级数，并把 $f(x)$ 和它的泰勒级数用等号连接起来，即 $f(x)=\sum\limits_{n=0}^{\infty} \dfrac{f^{(n)}(x)}{n!}(x-x_0)^n$ 就是 $f(x)$ 的泰勒展开式.

特别地，将 $x_0=0$ 代入泰勒级数 [式 (7.21)] 中可得到幂级数

$$f(0)+f'(0)x+\frac{f''(0)}{2!}x^2+\cdots+\frac{f^{(n)}(0)}{n!}x^n+\cdots=\sum_{n=0}^{\infty}\frac{f^{(n)}(0)}{n!}x^n, \tag{7.23}$$

称为函数 $f(x)$ 的麦克劳林级数，即函数 $f(x)$ 在 $x_0=0$ 处的泰勒级数称为麦克劳林级数. 同理，若函数 $f(x)$ 在 $x_0=0$ 的某邻域 $(-r,r)$ 内能展开成 x 的幂级数，即当拉格朗日型余项趋于零时，称

$$f(x)=\sum_{n=0}^{\infty}\frac{f^{(n)}(0)}{n!}x^n, x\in(-r,r) \tag{7.24}$$

为函数 $f(x)$ 的麦克劳林展开式.

7.4.2 函数的幂级数展开

只要做适当的替换，就可把泰勒展开式转化为麦克劳林展开式，因此，我们着重讨论把函数展开成麦克劳林级数.

1. 直接展开法

直接展开法是依据概念和性质求出系数，进而求出泰勒展开式的方法.

要把函数 $f(x)$ 展开成 x 的幂级数，可以按照以下步骤进行.

(1)求出函数 $f(x)$ 的各阶导数 $f'(x),f''(x),\cdots,f^{(n)}(x),\cdots$. 如果在 $x=0$ 处某阶导数不存在，则停止运算，这时函数 $f(x)$ 不能展开成 x 的幂级数.

(2)求出函数 $f(x)$ 及各阶导数在 $x=0$ 处的值 $f(0),f'(0),f''(0),\cdots,f^{(n)}(0),\cdots$.

(3)写出 $f(x)$ 的麦克劳林级数

$$f(0)+f'(0)x+\frac{f''(0)}{2!}x^2+\cdots+\frac{f^{(n)}(0)}{n!}x^n+\cdots,$$

并求出收敛半径 R.

(4)在 $(-R,R)$ 内考察当 $n\to\infty$ 时，余项 $R_n(x)=\frac{f^{(n+1)}(\xi)}{(n+1)!}x^{n+1}$($\xi$ 介于 0 与 x 之间)是否趋于零. 若是，则函数 $f(x)$ 的麦克劳林级数收敛于 $f(x)$，麦克劳林级数即为函数 $f(x)$ 的幂级数展开式，即

$$f(x)=f(0)+f'(0)x+\frac{f''(0)}{2!}x^2+\cdots+\frac{f^{(n)}(0)}{n!}x^n+\cdots \quad (-R<x<R).$$

例 7.35 将函数 $f(x)=e^x$ 展开成 x 的幂级数.

解 因为 $f^{(n)}(x)=e^x(n=1,2,\cdots)$，所以 $f(0)=f^{(n)}(0)=1(n=1,2,\cdots)$. 可得麦克劳林级数为

$$f(x)=1+x+\frac{x^2}{2!}+\cdots+\frac{x^n}{n!}+\cdots,$$

易得其收敛半径 $R=+\infty$，因而此幂级数处处收敛.

对于任何有限的数 x 与 ξ(ξ 在 0 与 x 之间)，余项的绝对值为

$$R_n(x)=\left|\frac{f^{(n+1)}(\xi)}{(n+1)!}x^{n+1}\right|<e^{|x|}\cdot\frac{|x|^{n+1}}{(n+1)!}(\xi \text{ 在 0 与 } x \text{ 之间}).$$

因为 $e^{|x|}$ 有限，而 $\frac{|x|^{n+1}}{(n+1)!}$ 是收敛级数 $\sum_{n=0}^{\infty}\frac{|x|^{n+1}}{(n+1)!}$ 的一般项，所以 $\lim_{n\to\infty}\frac{|x|^{n+1}}{(n+1)!}=0$，从而余项满足 $\lim_{n\to\infty}R_n(x)=0$. 于是得到函数 $f(x)=e^x$ 的幂级数展开式为

$$e^x=1+x+\frac{x^2}{2!}+\cdots+\frac{x^n}{n!}+\cdots,x\in(-\infty,+\infty).$$

例 7.36 将函数 $f(x)=\sin x$ 展开成 x 的幂级数.

解 函数 $f(x)=\sin x$ 的各阶导数为

$$f^{(n)}(x)=\sin\left(x+n\cdot\frac{\pi}{2}\right)(n=1,2,\cdots),$$

$f^{(n)}(0)$ 顺序循环地取 $0,1,0,-1,\cdots(n=0,1,2,3,\cdots)$，于是得到麦克劳林级数

$$x-\frac{1}{3!}x^3+\frac{1}{5!}x^5-\cdots+(-1)^n\frac{1}{(2n+1)!}x^{2n+1}+\cdots,$$

它的收敛半径 $R=+\infty$，因而此幂级数处处收敛.

对于任何有限的数 x 与 ξ(ξ 在 0 与 x 之间)，余项的绝对值为

$$\mid R_n(x)\mid = \left|\frac{f^{(n+1)}(\xi)}{(n+1)!}x^{n+1}\right| = \left|\frac{\sin\left[\xi+(n+1)\dfrac{\pi}{2}\right]}{(n+1)!}x^{n+1}\right| \leqslant \frac{\mid x\mid^{n+1}}{(n+1)!}(\xi\text{ 在 }0\text{ 与 }x\text{ 之间}).$$

易得$\lim\limits_{n\to\infty}R_n(x)=0$. 因此，正弦函数的幂级数展开式为

$$\sin x = x - \frac{1}{3!}x^3 + \frac{1}{5!}x^5 - \cdots + (-1)^n\frac{1}{(2n+1)!}x^{2n+1} + \cdots, x\in(-\infty,+\infty).$$

同理，利用直接展开法还可得到函数$(1+x)^m(m\in\mathbf{R})$的幂级数展开式为

$$(1+x)^m = \sum_{n=0}^{\infty}\mathrm{C}_m^n x^n, x\in(-1,1). \tag{7.25}$$

其中，$\mathrm{C}_m^n = \dfrac{m(m-1)(m-2)\cdots(m-n+1)}{n!}$.

当m为正整数时，级数式(7.25)成为x的m次多项式，是代数学中的二项式定理，因此，该式叫作二项展开式. 特别地，有以下结论.

当$m=-1$时，$\dfrac{1}{1+x} = \sum\limits_{n=0}^{\infty}(-1)^n x^n, x\in(-1,1).$

当$m=\dfrac{1}{2}$时，$\sqrt{1+x} = 1 + \dfrac{1}{2}x - \dfrac{1}{2\cdot 4}x^2 + \dfrac{1\cdot 3}{2\cdot 4\cdot 6}x^3 - \dfrac{1\cdot 3\cdot 5}{2\cdot 4\cdot 6\cdot 8}x^4 + \cdots, x\in[-1,1].$

当$m=-\dfrac{1}{2}$时，$\dfrac{1}{\sqrt{1+x}} = 1 - \dfrac{1}{2}x + \dfrac{1\cdot 3}{2\cdot 4}x^2 - \dfrac{1\cdot 3\cdot 5}{2\cdot 4\cdot 6}x^3 + \dfrac{1\cdot 3\cdot 5\cdot 7}{2\cdot 4\cdot 6\cdot 8}x^4 - \cdots, x\in(-1,1].$

2. 间接展开法

前面函数$\mathrm{e}^x, \sin x, (1+x)^m$的幂级数展开式都是利用直接展开法求得的. 但这种方法不仅计算量大，而且研究余项也不容易. 下面介绍幂级数的间接展开法，就是利用已知函数的幂级数展开式，通过幂级数运算(如四则运算、逐项求导、逐项积分等)及变量代换等，获得所要求的幂级数展开式. 这种方法不但计算简便，而且可以避免研究余项. 由于幂级数展开式是唯一的，因此用间接展开法与直接展开法求得的幂级数展开式是一致的.

前面我们已经求出的幂级数展开式有

$$\mathrm{e}^x = \sum_{n=0}^{\infty}\frac{1}{n!}x^n, x\in(-\infty,+\infty), \tag{7.26}$$

$$\sin x = \sum_{n=0}^{\infty}\frac{(-1)^n}{(2n+1)!}x^{2n+1}, x\in(-\infty,+\infty), \tag{7.27}$$

$$\frac{1}{1+x} = \sum_{n=0}^{\infty}(-1)^n x^n, x\in(-1,1). \tag{7.28}$$

利用这3个展开式，可以求得更多函数的幂级数展开式. 如对式(7.28)两边从0到x积分，可得

$$\ln(1+x) = \sum_{n=0}^{\infty}\frac{(-1)^n}{n+1}x^{n+1} = \sum_{n=1}^{\infty}\frac{(-1)^{n-1}}{n}x^n, x\in(-1,1]. \tag{7.29}$$

对式(7.27)两边求导，可得

$$\cos x = \sum_{n=0}^{\infty}\frac{(-1)^n}{(2n)!}x^{2n}, x\in(-\infty,+\infty). \tag{7.30}$$

把式(7.26)中的 x 换成 $x\ln a$, 可得

$$a^{x} = \mathrm{e}^{x\ln a} = \sum_{n=0}^{\infty} \frac{(\ln a)^{n}}{n!} x^{n}, x \in (-\infty, +\infty).$$

把式(7.28)中的 x 换成 x^{2}, 可得

$$\frac{1}{1+x^{2}} = \sum_{n=0}^{\infty} (-1)^{n} x^{2n}, x \in (-1, 1).$$

对上式两边从 0 到 x 积分, 可得

$$\arctan x = \sum_{n=0}^{\infty} \frac{(-1)^{n}}{2n+1} x^{2n+1}, x \in [-1, 1].$$

式(7.26)、式(7.27)、式(7.28)、式(7.29)、式(7.30)等幂级数展开式经常会用到, 大家应熟记.

例 7.37 将函数 $f(x) = \ln\dfrac{1+x}{1-x}$ 展开成 x 的幂级数.

解 定义域为 $(-1, 1)$. 因为 $\ln\dfrac{1+x}{1-x} = \ln(1+x) - \ln(1-x)$, 根据式(7.29)知

$$\ln(1+x) = x - \frac{x^{2}}{2} + \frac{x^{3}}{3} + \cdots + (-1)^{n} \frac{x^{n+1}}{n+1} + \cdots, x \in (-1, 1],$$

所以

$$\ln(1-x) = -x - \frac{x^{2}}{2} - \frac{x^{3}}{3} - \cdots - \frac{x^{n+1}}{n+1} - \cdots, x \in [-1, 1),$$

从而

$$\ln\frac{1+x}{1-x} = 2\left(x + \frac{x^{3}}{3} + \cdots + \frac{x^{2n-1}}{2n-1} + \cdots\right), x \in (-1, 1).$$

例 7.38 将函数 $f(x) = \dfrac{1}{4-x}$ 展开成 $x+2$ 的幂级数.

解 $f(x) = \dfrac{1}{4-x} = \dfrac{1}{6} \times \dfrac{1}{1 - \frac{x+2}{6}}$, $\dfrac{1}{1-t} = \sum_{n=0}^{\infty} t^{n} (-1 < t < 1)$. 由 $-1 < \dfrac{x+2}{6} < 1$, 得 $-8 < x < 4$. 所以

$$\frac{1}{4-x} = \frac{1}{6}\left[1 + \frac{x+2}{6} + \frac{(x+2)^{2}}{6^{2}} + \cdots + \frac{(x+2)^{n}}{6^{n}} + \cdots\right] = \frac{1}{6} + \frac{x+2}{6^{2}} + \frac{(x+2)^{2}}{6^{3}} + \cdots + \frac{(x+2)^{n}}{6^{n+1}} + \cdots, x \in (-8, 4).$$

例 7.39 将 $\sin x$ 展开成 $x - \dfrac{\pi}{4}$ 的幂级数.

解 $\sin x = \sin\left[\dfrac{\pi}{4} + \left(x - \dfrac{\pi}{4}\right)\right] = \dfrac{1}{\sqrt{2}}\left[\cos\left(x - \dfrac{\pi}{4}\right) + \sin\left(x + \dfrac{\pi}{4}\right)\right]$,

在 $\cos x, \sin x$ 的麦克劳林展开式中以 $x - \dfrac{\pi}{4}$ 替代 x, 得

$$\cos\left(x - \frac{\pi}{4}\right) = 1 - \frac{1}{2!}\left(x - \frac{\pi}{4}\right)^{2} + \frac{1}{4!}\left(x - \frac{\pi}{4}\right)^{4} + \cdots, x \in (-\infty, +\infty),$$

$$\sin\left(x - \frac{\pi}{4}\right) = \left(x - \frac{\pi}{4}\right) - \frac{1}{3!}\left(x - \frac{\pi}{4}\right)^{3} + \frac{1}{5!}\left(x - \frac{\pi}{4}\right)^{5} + \cdots, x \in (-\infty, +\infty),$$

两式相加，再乘以 $\dfrac{1}{\sqrt{2}}$，即得

$$\sin x = \frac{1}{\sqrt{2}}\left[1+\left(x-\frac{\pi}{4}\right)-\frac{1}{2!}\left(x-\frac{\pi}{4}\right)^2-\frac{1}{3!}\left(x-\frac{\pi}{4}\right)^3+\cdots\right], x \in (-\infty,+\infty).$$

例 7.40 将函数 $f(x)=\dfrac{x}{2+x-x^2}$ 展开成 x 的幂级数.

解 $f(x)=\dfrac{x}{2+x-x^2}=\dfrac{x}{(x+1)(2-x)}=\dfrac{1}{3}\left(\dfrac{2}{2-x}-\dfrac{1}{1+x}\right)=\dfrac{1}{3}\cdot\dfrac{1}{1-\dfrac{x}{2}}-\dfrac{1}{3}\cdot\dfrac{1}{1+x}$

$$=\frac{1}{3}\sum_{n=0}^{\infty}\left(\frac{x}{2}\right)^n-\frac{1}{3}\sum_{n=0}^{\infty}(-1)^n x^n=\frac{1}{3}\sum_{n=0}^{\infty}\left[(-1)^{n+1}+\frac{1}{2^n}\right]x^n\,(\,|x|<1).$$

7.4.3 函数幂级数展开式的应用

如果函数可以展开成 x 的幂级数，这个幂级数在收敛域内就可以表达函数 $f(x)$. 有了函数的幂级数展开式，函数值就可近似地利用这个级数依据精确度的要求计算出来.

1. 求根式的近似值

例 7.41 计算 $\sqrt[5]{240}$ 的近似值，要求误差不超过 10^{-4}.

解 因为幂级数展开式

$$(1+x)^m = 1+mx+\frac{m(m-1)}{2!}x^2+\cdots+\frac{m(m-1)\cdots(m-n+1)}{n!}x^n+\cdots, x\in(-1,1),$$

而 $\sqrt[5]{240}=\sqrt[5]{243-3}=3\left(1-\dfrac{1}{3^4}\right)^{\frac{1}{5}}$，取 $m=\dfrac{1}{5},x=-\dfrac{1}{3^4}$，即得

$$\sqrt[5]{240}=3\left(1-\frac{1}{5}\cdot\frac{1}{3^4}-\frac{1\cdot4}{5^2\cdot2!}\cdot\frac{1}{3^8}-\frac{1\cdot4\cdot9}{5^3\cdot3!}\cdot\frac{1}{3^{12}}-\cdots\right).$$

取前两项的代数和作为 $\sqrt[5]{240}$ 的近似值，其误差（也叫截断误差）为

$$|r_2|=3\left(\frac{1\cdot4}{5^2\cdot2!}\cdot\frac{1}{3^8}+\frac{1\cdot4\cdot9}{5^3\cdot3!}\cdot\frac{1}{3^{12}}+\frac{1\cdot4\cdot9\cdot14}{5^4\cdot4!}\cdot\frac{1}{3^{16}}+\cdots\right)<3\cdot\frac{1\cdot4}{5^2\cdot2!}\cdot\frac{1}{3^8}\left(1+\frac{1}{3^4}+\frac{1}{3^{12}}+\cdots\right)$$

$$=\frac{6}{25}\cdot\frac{1}{3^8}\cdot\frac{1}{1-\dfrac{1}{3^4}}=\frac{1}{25\cdot27\cdot40}<\frac{1}{20\,000}.$$

于是取近似值为 $\sqrt[5]{240}\approx3\left(1-\dfrac{1}{5}\cdot\dfrac{1}{3^4}\right)$.

为了使"四舍五入"引起的误差（叫作舍入误差）与截断误差之和不超过 10^{-4}，计算时应取 5 位小数，然后四舍五入. 最后得 $\sqrt[5]{240}\approx2.992\,6$.

2. 求对数的近似值

例 7.42 计算 $\ln 2$ 的近似值，要求误差不超过 10^{-4}.

解 利用 $\ln(1+x)$ 的展开式，有

$$\ln 2=1-\frac{1}{2}+\frac{1}{3}-\frac{1}{4}+\cdots+(-1)^{n-1}\frac{1}{n}+\cdots.$$

该级数是交错级数，误差 $|r_n(x)| < \dfrac{1}{n+1}$，为保证 $|r_n(x)| < 10^{-4}$，须取 $n = 10\,000$ 项进行计算，这样计算量太大，因此需要一个收敛更快的级数来代替它. 考虑用 $\ln\dfrac{1+x}{1-x}$，由例 7.37 知

$$\ln\frac{1+x}{1-x} = \ln(1+x) - \ln(1-x) = 2\left(x + \frac{x^3}{3} + \cdots + \frac{x^{2n-1}}{2n-1} + \cdots\right), x \in (-1,1).$$

令 $\dfrac{1+x}{1-x} = 2$，得 $x = \dfrac{1}{3}$，所以

$$\ln 2 = 2\left(\frac{1}{3} + \frac{1}{3} \cdot \frac{1}{3^3} + \frac{1}{5} \cdot \frac{1}{3^5} + \frac{1}{7} \cdot \frac{1}{3^7} + \cdots\right).$$

取前 4 项作为 $\ln 2$ 的近似值，误差为

$$|r_4| = 2\left(\frac{1}{9} \cdot \frac{1}{3^9} + \frac{1}{11} \cdot \frac{1}{3^{11}} + \frac{1}{13} \cdot \frac{1}{3^{13}} + \cdots\right) \leqslant \frac{2}{3^{11}}\left(1 + \frac{1}{9} + \frac{1}{9^2} + \cdots\right) = \frac{1}{4 \cdot 3^9} < 10^{-4}.$$

所以取 $\ln 2 \approx 2\left(\dfrac{1}{3} + \dfrac{1}{3} \cdot \dfrac{1}{3^3} + \dfrac{1}{5} \cdot \dfrac{1}{3^5} + \dfrac{1}{7} \cdot \dfrac{1}{3^7}\right)$.

同样地，考虑舍入误差，计算时应取 5 位小数，

$$\frac{1}{3} \approx 0.333\,33,\ \frac{1}{3} \cdot \frac{1}{3^3} \approx 0.012\,35,\ \frac{1}{5} \cdot \frac{1}{3^5} \approx 0.000\,82,\ \frac{1}{7} \cdot \frac{1}{3^7} \approx 0.000\,07,$$

因此得 $\ln 2 \approx 0.693\,1$.

3. 求三角函数的近似值

例 7.43 计算 $\sin 10°$ 的近似值，要求误差不超过 10^{-6}.

解 首先把角度化成弧度，得 $10° = \dfrac{\pi}{18}$. 由 $\sin x$ 的幂级数展开式得

$$\sin\frac{\pi}{18} = \frac{\pi}{18} - \frac{1}{3!}\left(\frac{\pi}{18}\right)^3 + \frac{1}{5!}\left(\frac{\pi}{18}\right)^5 - \cdots + (-1)^{n-1}\frac{1}{(2n-1)!}\left(\frac{\pi}{18}\right)^{2n-1} + \cdots.$$

该级数是交错级数，取其前 3 项作为 $\sin\dfrac{\pi}{18}$ 的近似值，由莱布尼茨定理知此时误差

$$|r_3| < \frac{1}{7!}\left(\frac{\pi}{18}\right)^7 \approx \frac{1}{5\,040} \times (0.174\,533)^7 < 10^{-6},$$

满足近似的要求，所以

$$\sin 10° = \sin\frac{\pi}{18} \approx \frac{\pi}{18} - \frac{1}{3!}\left(\frac{\pi}{18}\right)^3 + \frac{1}{5!}\left(\frac{\pi}{18}\right)^5 \approx 0.173\,648.$$

4. 求积分的近似值

对于一些定积分，如果被积函数在积分区间上能够展开成幂级数，那么把这个幂级数逐项积分，用积分后的级数就可以算出定积分的近似值.

例 7.44 计算 $\displaystyle\int_0^1 \frac{\sin x}{x}\mathrm{d}x$ 的近似值，要求误差不超过 10^{-4}.

解 被积函数 $\dfrac{\sin x}{x}$ 在 $x=0$ 处无意义，但 $\lim\limits_{x \to 0}\dfrac{\sin x}{x} = 1$，$x = 0$ 是可去间断点，因此所求的积分

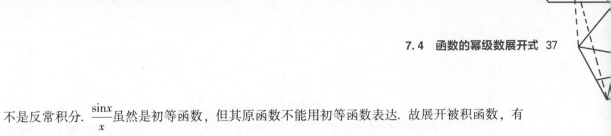

不是反常积分. $\dfrac{\sin x}{x}$ 虽然是初等函数，但其原函数不能用初等函数表达. 故展开被积函数，有

$$\frac{\sin x}{x} = \frac{1}{x}\left[x - \frac{x^3}{3!} + \frac{x^5}{5!} - \cdots + (-1)^{n-1}\frac{x^{2n-1}}{(2n-1)!} + \cdots \right]$$

$$= 1 - \frac{x^2}{3!} + \frac{x^4}{5!} - \cdots + (-1)^{n-1}\frac{x^{2n-2}}{(2n-1)!} + \cdots, x \in (-\infty, +\infty).$$

在区间 $[0,1]$ 上逐项积分，得

$$\int_0^1 \frac{\sin x}{x}\mathrm{d}x = \int_0^1 \left[1 - \frac{x^2}{3!} + \frac{x^4}{5!} - \cdots + (-1)^{n-1}\frac{x^{2n-2}}{(2n-1)!} + \cdots \right]\mathrm{d}x$$

$$= 1 - \frac{1}{3 \cdot 3!} + \frac{1}{5 \cdot 5!} - \cdots + (-1)^{n-1}\frac{1}{(2n-1) \cdot (2n-1)!} + \cdots.$$

由于第 4 项的绝对值 $\dfrac{1}{7 \cdot 7!} = \dfrac{1}{35\,280} < 10^{-4}$，因此取前 3 项之和即可满足近似的要求. 所以

$$\int_0^1 \frac{\sin x}{x}\mathrm{d}x \approx 1 - \frac{1}{3 \cdot 3!} + \frac{1}{5 \cdot 5!} \approx 0.946\,1.$$

例 7.45 距离地球表面高 h 处质量为 m 的物体受到的重力为 $F = \dfrac{mgR^2}{(R+h)^2}$，式中 R 为地球半径，g 为重力加速度.

（1）将 F 表示为 $\dfrac{h}{R}$ 的幂级数.

（2）当 h 远远小于地球半径 R 时，我们可以使用级数的第一项近似 F，即我们经常使用的表达式 $F \approx mg$. 使用交错级数估计，当近似式 $F \approx mg$ 的精确度在 0.01 以内时，求 h 的取值范围（选用 $R = 6\,400\mathrm{km}$）.

解 （1）因为 $\dfrac{1}{1+x} = \displaystyle\sum_{n=0}^{\infty} (-1)^n x^n (-1 < x < 1)$，将该式两边关于 x 求导可得

$$\frac{1}{(1+x)^2} = \sum_{n=1}^{\infty} (-1)^{n+1} n x^{n-1} (-1 < x < 1).$$

所以

$$F = \frac{mgR^2}{(R+h)^2} = mg \cdot \frac{1}{\left(1 + \dfrac{h}{R}\right)^2} = mg \sum_{n=1}^{\infty} (-1)^{n+1} n \left(\frac{h}{R}\right)^{n-1} \left(\left|\frac{h}{R}\right| < 1 \right).$$

（2）显然级数 $mg \displaystyle\sum_{n=1}^{\infty} (-1)^{n+1} n \left(\dfrac{h}{R}\right)^{n-1}$ 是交错级数，当我们使用级数的第一项近似 F 时，由定理 7.8 可知，误差 $|r_1| \leq u_2 = mg \cdot 2 \cdot \dfrac{h}{R}$. 当要求近似式 $F \approx mg$ 的精确度在 0.01 以内时，使 $2 \cdot \dfrac{h}{R} < 0.01$ 即可，解得 $h < \dfrac{0.01R}{2} = 32\mathrm{km}$. 因此，当 $h < 32\mathrm{km}$ 时，近似式 $F \approx mg$ 的精确度在 0.01 以内.

同步习题 7.4

 基础题

1. 将下列函数展开成 x 的幂级数，并求展开式成立的区间.

(1) $\dfrac{e^x - e^{-x}}{2}$.

(2) $\ln(a+x)$　$(a>0)$.

(3) $xa^x (a>0, a \neq 1)$.

(4) $\sin^2 x$.

(5) $(1+x)\ln(1+x)$.

(6) $\dfrac{x}{\sqrt{1+x^2}}$.

2. 将下列函数展开成 $x-2$ 的幂级数，并求展开式成立的区间.

(1) $\dfrac{1}{5-x}$.

(2) $\ln x$.

3. 将函数 $f(x) = \cos x$ 展开成 $x + \dfrac{\pi}{3}$ 的幂级数.

4. 将函数 $f(x) = \dfrac{1}{x^2 + 3x + 2}$ 展开成 $x+4$ 的幂级数.

5. 利用函数的幂级数展开式，求下列各数的近似值.

(1) $\ln 3$(误差不超过 10^{-4}).

(2) $\sqrt{e}$(误差不超过 10^{-3}).

(3) $\sqrt[9]{522}$(误差不超过 10^{-5}).

(4) $\cos 2°$(误差不超过 10^{-4}).

6. 利用被积函数的幂级数展开式，求下列定积分的近似值.

(1) $\displaystyle\int_0^{\frac{1}{2}} \dfrac{1}{1+x^4} dx$(误差不超过 10^{-4}).

(2) $\displaystyle\int_0^{\frac{1}{2}} \dfrac{\arctan x}{x} dx$(误差不超过 10^{-3}).

(3) $\displaystyle\int_0^1 e^{-x^2} dx$(误差不超过 10^{-3}).

(4) $\dfrac{2}{\sqrt{\pi}} \displaystyle\int_0^{\frac{1}{2}} e^{-x^2} dx$(误差不超过 10^{-4}).

提高题

1. 验证函数 $y(x) = 1 + \dfrac{x^3}{3!} + \dfrac{x^6}{6!} + \cdots + \dfrac{x^{3n}}{(3n)!} + \cdots$ $(-\infty < x < +\infty)$ 满足微分方程

$$y'' + y' + y = e^x,$$

并利用此结果求幂级数 $\displaystyle\sum_{n=0}^{\infty} \dfrac{x^{3n}}{(3n)!}$ 的和函数.

2. 将函数 $f(x)=\dfrac{1}{4}\ln\dfrac{1+x}{1-x}+\dfrac{1}{2}\arctan x-x$ 展开成 x 的幂级数，并求展开式成立的区间.

3. 将函数 $f(x)=\arctan\dfrac{1-2x}{1+2x}$ 展开成 x 的幂级数，并求级数 $\sum\limits_{n=0}^{\infty}\dfrac{(-1)^n}{2n+1}$ 的和.

微课：同步习题 7.4
提高题 3

4. 将 $\dfrac{\mathrm{d}}{\mathrm{d}x}\left(\dfrac{\mathrm{e}^x-1}{x}\right)$ 展开为 x 的幂级数，并求 $\sum\limits_{n=1}^{\infty}\dfrac{n}{(n+1)!}$ 的和.

5. 设 y 由隐函数方程 $\displaystyle\int_0^x \mathrm{e}^{-t^2}\mathrm{d}t=y\mathrm{e}^{-x^2}$ 确定.

(1) 证明：y 满足微分方程 $y'-2xy=1$.

(2) 把 y 展开成 x 的幂级数.

(3) 写出它的收敛域.

6. 将函数 $f(x)=\arccos x$ 展开成 x 的幂级数，写出收敛区间，并利用所得级数，导出一个求圆周率 π 的公式.

7.5 傅里叶级数

本节中我们将介绍另一类重要的函数项级数——傅里叶级数. 傅里叶级数是一种三角级数，它在电学、海洋潮汐研究及水文预报方面都有广泛的应用. 一个非正弦周期函数在什么条件下可以展开成傅里叶级数，展开后的收敛情况如何，这是本节主要研究的内容.

7.5.1 三角级数与三角函数系的正交性

1. 三角级数

在自然界和工程技术中，常遇到各种周期函数. 如单摆振动、音叉振动、弹簧振动等可用正弦函数

$$y(t)=A\sin(\omega t+\varphi)$$

来表示(简谐振动)，其中 $|A|$ 称为振幅，ω 称为角频率，φ 称为初相位. 简谐振动的周期是 $T=\dfrac{2\pi}{\omega}$. 又如电子学中的矩形脉冲电压随时间变化的函数为

$$u(t)=\begin{cases} E, & nT<t<nT+t_0, \\ 0, & nT+t_0<t<(n+1)T, \end{cases}$$

这是个非正弦的周期函数. 如何深入研究这种非正弦的周期函数呢？在 7.4 节中，我们将函数 $f(x)$ 展开成幂级数，在收敛域内用幂级数来表示函数 $f(x)$，这为函数的研究带来了很大的便利. 但幂级数没有周期性，周期函数展开成幂级数之后周期性体现不出来，所以用幂级数表达周期函数不合适. 那么能否将非正弦的周期函数展开成简单的周期函数(如三角函数)组成的级数呢？也就是说，将一个周期为 $T\left(=\dfrac{2\pi}{\omega}\right)$ 的函数 $f(t)$ 用一系列以 T 为周期的正弦函数 $A_n\sin(n\omega t+\varphi_n)$ 的和来表示，即

$$f(t)=A_0+\sum_{n=1}^{\infty}A_n\sin(n\omega t+\varphi_n),$$

其中 $A_0, A_n, \varphi_n(n=1,2,\cdots)$ 都是常数. 利用三角恒等式, 上式右边级数可变形为

$$A_0 + \sum_{n=1}^{\infty} (A_n \sin\varphi_n \cos n\omega t + A_n \cos\varphi_n \sin n\omega t).$$

令 $\dfrac{a_0}{2} = A_0, a_n = A_n \sin\varphi_n, b_n = A_n \cos\varphi_n$, 则得级数

$$\frac{a_0}{2} + \sum_{n=1}^{\infty} (a_n \cos n\omega t + b_n \sin n\omega t),$$

称为**三角级数**, 其中 $a_0, a_n, b_n(n=1,2,\cdots)$ 都是三角级数的系数. 令 $\omega t = x$, 则三角级数化为

$$\frac{a_0}{2} + \sum_{n=1}^{\infty} (a_n \cos nx + b_n \sin nx), \tag{7.31}$$

其中 $\cos nx, \sin nx(n=1,2,\cdots)$ 都是周期为 2π 的三角函数.

下面我们主要讨论以 2π 为周期的三角级数式(7.31).

与函数展开成幂级数类似, 对于以 2π 为周期的函数 $f(x)$ 能否展开成形如式(7.31)的三角级数, 需要解决以下两个问题.

(1)如果 $f(x)$ 能展开成三角级数式(7.31), 应如何确定系数 $a_0, a_n, b_n(n=1,2,\cdots)$? 展开式是否唯一?

(2) $f(x)$ 满足什么条件才能展开成三角级数式(7.31)?

为了进一步讨论上面的两个问题, 我们先介绍三角函数系的正交性.

2. 三角函数系的正交性

函数系

$$1, \cos x, \sin x, \cos 2x, \sin 2x, \cdots, \cos nx, \sin nx, \cdots \tag{7.32}$$

称为**三角函数系**.

性质 7.8 在三角函数系式(7.32)中, 任意两个不同函数的乘积在区间 $[-\pi,\pi]$ 上的定积分为零, 即

$$\int_{-\pi}^{\pi} \cos nx \, dx = 0, \quad n=1,2,\cdots,$$

$$\int_{-\pi}^{\pi} \sin nx \, dx = 0, \quad n=1,2,\cdots,$$

$$\int_{-\pi}^{\pi} \sin kx \cdot \cos nx \, dx = 0, \quad k,n=1,2,\cdots,$$

$$\int_{-\pi}^{\pi} \sin kx \cdot \sin nx \, dx = 0, \quad k,n=1,2,\cdots, \quad k \neq n,$$

$$\int_{-\pi}^{\pi} \cos kx \cdot \cos nx \, dx = 0, \quad k,n=1,2,\cdots, \quad k \neq n.$$

这个性质叫作三角函数系在区间 $[-\pi,\pi]$ 上的**正交性**.

性质 7.9 在三角函数系式(7.32)中, 任意一个函数(常数 1 除外)的平方在区间 $[-\pi,\pi]$ 上的积分都等于 π, 即

$$\int_{-\pi}^{\pi} \sin^2 nx \, dx = \int_{-\pi}^{\pi} \cos^2 nx \, dx = \pi, \quad n=1,2,\cdots.$$

性质 7.8 和性质 7.9 可通过直接计算定积分证得, 请读者自行验证.

7.5.2 周期为 2π 的函数展开成傅里叶级数

1. 傅里叶系数与傅里叶级数

运用三角函数系的正交性, 我们来讨论三角级数式(7.31)的和函数 $f(x)$ 与三角级数式(7.31)的系数 $a_0, a_n, b_n(n=1,2,\cdots)$ 之间的关系.

定理 7.13 设三角级数式(7.31)的和函数为 $f(x)$, 即

$$f(x) = \frac{a_0}{2} + \sum_{n=1}^{\infty}(a_n\cos nx + b_n\sin nx),\qquad(7.33)$$

且等式右边级数可以逐项积分, 则有

$$\begin{cases} a_n = \dfrac{1}{\pi}\displaystyle\int_{-\pi}^{\pi} f(x)\cos nx\,\mathrm{d}x, & n=0,1,2,\cdots, \\[2mm] b_n = \dfrac{1}{\pi}\displaystyle\int_{-\pi}^{\pi} f(x)\sin nx\,\mathrm{d}x, & n=1,2,\cdots. \end{cases}\qquad(7.34)$$

证明 由题意知, 函数 $f(x)$ 在 $[-\pi,\pi]$ 上可积. 在 $[-\pi,\pi]$ 上对式(7.33)两边同时积分, 由于式(7.33)右边级数可以逐项积分, 因此可得以下结论.

(1)由 $\displaystyle\int_{-\pi}^{\pi} f(x)\,\mathrm{d}x = \int_{-\pi}^{\pi}\frac{a_0}{2}\mathrm{d}x + \sum_{n=1}^{\infty}\left(\int_{-\pi}^{\pi}a_n\cos nx\,\mathrm{d}x + \int_{-\pi}^{\pi}b_n\sin nx\,\mathrm{d}x\right)$ 和三角函数系的正交性即得

$$\int_{-\pi}^{\pi} f(x)\,\mathrm{d}x = \int_{-\pi}^{\pi}\frac{a_0}{2}\mathrm{d}x = a_0\pi,$$

即 $a_0 = \dfrac{1}{\pi}\displaystyle\int_{-\pi}^{\pi} f(x)\,\mathrm{d}x$.

(2)令 k 为正整数, 式(7.33)两边同乘 $\cos kx$, 并在 $[-\pi,\pi]$ 上积分, 得

$$\int_{-\pi}^{\pi} f(x)\cos kx\,\mathrm{d}x = \frac{a_0}{2}\int_{-\pi}^{\pi}\cos kx\,\mathrm{d}x + \sum_{n=1}^{\infty}\left(a_n\int_{-\pi}^{\pi}\cos nx\cos kx\,\mathrm{d}x + b_n\int_{-\pi}^{\pi}\sin nx\cos kx\,\mathrm{d}x\right).$$

由三角函数系的正交性可知, 上式右边只在 $n=k$ 时不为零, 即

$$\int_{-\pi}^{\pi} f(x)\cos nx\,\mathrm{d}x = a_n\int_{-\pi}^{\pi}\cos^2 nx\,\mathrm{d}x = a_n\pi,$$

所以 $a_n = \dfrac{1}{\pi}\displaystyle\int_{-\pi}^{\pi} f(x)\cos nx\,\mathrm{d}x$, $n=1,2,\cdots$.

(3)同理, 式(7.33)两边同乘 $\sin kx$, 并在 $[-\pi,\pi]$ 上积分, 得

$$b_n = \frac{1}{\pi}\int_{-\pi}^{\pi} f(x)\sin nx\,\mathrm{d}x,\ n=1,2,\cdots.$$

综上所述, 式(7.34)得证.

式(7.33)称为傅里叶公式. 由式(7.34)所得的系数 $a_0, a_n, b_n(n=1,2,\cdots)$ 称为函数 $f(x)$ 的傅里叶系数, 将所得系数代入三角级数后所得的级数

$$\frac{a_0}{2} + \sum_{n=1}^{\infty}(a_n\cos nx + b_n\sin nx)$$

称为函数 $f(x)$ 的傅里叶级数.

由定理 7.13 可知，只要周期为 2π 的函数 $f(x)$ 在 $[-\pi,\pi]$ 上可积，则可由式 (7.34) 唯一地计算出函数 $f(x)$ 的傅里叶系数 $a_0, a_n, b_n (n=1,2,\cdots)$，从而写出函数 $f(x)$ 的傅里叶级数. 但函数 $f(x)$ 的傅里叶级数是否收敛于函数 $f(x)$？或者说函数 $f(x)$ 是否可以展开成傅里叶级数？这个问题需要进一步讨论. 我们记

$$f(x) \sim \frac{a_0}{2} + \sum_{n=1}^{\infty} (a_n \cos nx + b_n \sin nx). \tag{7.35}$$

下面我们将讨论函数 $f(x)$ 满足什么条件时，$f(x)$ 的傅里叶级数收敛于 $f(x)$. 我们给出收敛定理 (不加证明)，它给出了关于上述问题的一个重要结论.

2. 傅里叶级数的收敛性

定理 7.14（收敛定理，狄利克雷充分条件） 设 $f(x)$ 是周期为 2π 的周期函数. 如果 $f(x)$ 满足条件：

(1) 在一个周期内连续或只有有限个第一类间断点；

(2) 在一个周期内至多只有有限个极值点.

那么函数 $f(x)$ 的傅里叶级数收敛，并且当 x 是 $f(x)$ 的连续点时，级数收敛于 $f(x)$；当 x 是 $f(x)$ 的间断点时，级数收敛于 $\dfrac{f(x-0)+f(x+0)}{2}$；在 $x = \pm\pi$ 处，级数收敛于 $\dfrac{f(-\pi+0)+f(\pi-0)}{2}$.

该收敛定理中的条件 (1) 和条件 (2) 称为狄利克雷充分条件. 定理告诉我们，满足狄利克雷充分条件的函数在它的连续点处，傅里叶级数收敛于该点的函数值；在函数的间断点处，傅里叶级数收敛于该点的左、右极限的算术平均值，即

$$
\begin{aligned}
&\frac{a_0}{2} + \sum_{n=1}^{\infty} (a_n \cos nx + b_n \sin nx) \\
&= \begin{cases} f(x), & x \text{ 为 } f(x) \text{ 的连续点,} \\ \dfrac{f(x-0)+f(x+0)}{2}, & x \text{ 为 } f(x) \text{ 的第一类间断点.} \end{cases}
\end{aligned} \tag{7.36}
$$

由于在 $f(x)$ 的连续点处，$f(x) = \dfrac{f(x-0)+f(x+0)}{2}$，因此式 (7.36) 可写成

$$\frac{a_0}{2} + \sum_{n=1}^{\infty} (a_n \cos nx + b_n \sin nx) = \frac{f(x-0)+f(x+0)}{2}.$$

如果函数 $f(x)$ 的傅里叶级数收敛于 $f(x)$，就称 $f(x)$ 的傅里叶级数为 $f(x)$ 的**傅里叶展开式**，此时

$$f(x) = \frac{a_0}{2} + \sum_{n=1}^{\infty} (a_n \cos nx + b_n \sin nx), x \in C, \tag{7.37}$$

其中 $C = \left\{ x \,\middle|\, f(x) = \dfrac{f(x-0)+f(x+0)}{2} \right\}$.

易见，函数展开成傅里叶级数的条件比展开成幂级数的条件低得多.

例 7.46 设 $f(x)$ 是周期为 2π 的周期函数，它在 $[-\pi,\pi)$ 上的表达式为

$$f(x) = \begin{cases} x, & -\pi \leqslant x < 0, \\ 0, & 0 \leqslant x < \pi. \end{cases}$$

将 $f(x)$ 展开成傅里叶级数,并画出傅里叶级数的和函数的图形.

解 所给函数满足收敛定理的条件,它在点 $x=(2k+1)\pi(k=0,\pm1,\pm2,\cdots)$ 处不连续,在这些点处,$f(x)$ 的傅里叶级数收敛于

$$\frac{f(\pi-0)+f(-\pi+0)}{2}=\frac{0-\pi}{2}=-\frac{\pi}{2}.$$

在连续点 $x[x\neq(2k+1)\pi]$ 处,$f(x)$ 的傅里叶级数收敛于 $f(x)$.

计算傅里叶系数如下:

$$a_0=\frac{1}{\pi}\int_{-\pi}^{\pi}f(x)\,\mathrm{d}x=\frac{1}{\pi}\int_{-\pi}^{0}x\,\mathrm{d}x=\frac{1}{\pi}\cdot\frac{x^2}{2}\Big|_{-\pi}^{0}=-\frac{\pi}{2};$$

$$a_n=\frac{1}{\pi}\int_{-\pi}^{\pi}f(x)\cos nx\,\mathrm{d}x=\frac{1}{\pi}\int_{-\pi}^{0}x\cos nx\,\mathrm{d}x$$

$$=\frac{1}{\pi}\left(\frac{x\sin nx}{n}+\frac{\cos nx}{n^2}\right)\Big|_{-\pi}^{0}=\frac{1}{n^2\pi}(1-\cos n\pi)$$

$$=\begin{cases}\dfrac{2}{n^2\pi}, & n=1,3,5,\cdots,\\[2mm] 0, & n=2,4,6,\cdots;\end{cases}$$

$$b_n=\frac{1}{\pi}\int_{-\pi}^{\pi}f(x)\sin nx\,\mathrm{d}x=\frac{1}{\pi}\int_{-\pi}^{0}x\sin nx\,\mathrm{d}x$$

$$=\frac{1}{\pi}\left(-\frac{x\cos nx}{n}+\frac{\sin nx}{n^2}\right)\Big|_{-\pi}^{0}=-\frac{\cos n\pi}{n}$$

$$=\frac{(-1)^{n+1}}{n}(n=1,2,3,\cdots).$$

在 $f(x)$ 的连续点 $x[x\neq(2k+1)\pi(k=0,\pm1,\pm2,\cdots)]$ 处,$f(x)$ 的傅里叶级数展开式为

$$f(x)=-\frac{\pi}{4}+\left(\frac{2}{\pi}\cos x+\sin x\right)-\frac{1}{2}\sin 2x+\left(\frac{2}{3^2\pi}\cos 3x+\frac{1}{3}\sin 3x\right)-\frac{1}{4}\sin 4x+\cdots$$

$$=-\frac{\pi}{4}+\frac{2}{\pi}\sum_{n=1}^{\infty}\frac{1}{(2n-1)^2}\cos(2n-1)x+\sum_{n=1}^{\infty}(-1)^{n-1}\frac{1}{n}\sin nx,$$

其中 $-\infty<x<+\infty$, $x\neq(2k+1)\pi$, $k=0,\pm1,\pm2,\cdots$. 在函数 $f(x)$ 的间断点 $x=(2k+1)\pi(k=0,\pm1,\pm2,\cdots)$ 处,傅里叶级数收敛于 $-\frac{\pi}{2}$.

傅里叶级数的和函数的图形如图 7.1 所示.

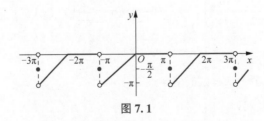

图 7.1

7.5.3 函数展开成正弦级数或余弦级数

若 $f(x)$ 是以 2π 为周期的奇函数，那么 $f(x)\cos nx$ 是奇函数，$f(x)\sin nx$ 是偶函数，则

$$\left.\begin{array}{l} a_n=0 \quad (n=0,1,2,\cdots), \\[2mm] b_n=\dfrac{2}{\pi}\displaystyle\int_0^\pi f(x)\sin nx\mathrm{d}x \quad (n=1,2,\cdots). \end{array}\right\} \tag{7.38}$$

因此，奇函数 $f(x)$ 展开成傅里叶级数时，只含有正弦项，此时的傅里叶级数称为**正弦级数**. 即正弦级数为

$$\sum_{n=1}^\infty b_n\sin nx. \tag{7.39}$$

若 $f(x)$ 是以 2π 为周期的偶函数，那么 $f(x)\sin nx$ 是奇函数，$f(x)\cos nx$ 是偶函数，则

$$\left.\begin{array}{l} a_n=\dfrac{2}{\pi}\displaystyle\int_0^\pi f(x)\cos nx\mathrm{d}x \quad (n=0,1,2,\cdots), \\[2mm] b_n=0 \quad (n=1,2,\cdots). \end{array}\right\} \tag{7.40}$$

因此，偶函数 $f(x)$ 展开成傅里叶级数时，只含有余弦项，此时的傅里叶级数称为**余弦级数**. 即余弦级数为

$$\frac{a_0}{2}+\sum_{n=1}^\infty a_n\cos nx. \tag{7.41}$$

例 7.47（脉冲矩形波） 矩形波用来表示电闸重复地断开和接通时的电流模型. 设脉冲矩形波的信号函数 $f(x)$ 是以 2π 为周期的周期函数（见图 7.2），它的表达式为

$$f(x)=\begin{cases} -1, & -\pi\leqslant x<0, \\ 1, & 0\leqslant x<\pi. \end{cases}$$

求此函数的傅里叶级数展开式.

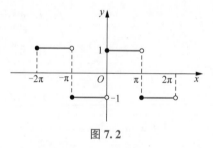

图 7.2

解 所给函数满足收敛定理的条件，它在点 $x=k\pi$

（$k=0,\pm1,\pm2,\cdots$）处不连续，由定理 7.14 易知此时 $f(x)$ 的傅里叶级数收敛于 $\dfrac{1+(-1)}{2}=0$. 在连续点 $x(x\neq k\pi)$ 处，$f(x)$ 的傅里叶级数收敛于 $f(x)$.

若不计 $x=k\pi(k=0,\pm1,\pm2,\cdots)$，则 $f(x)$ 是周期为 2π 的奇函数. 由式（7.38）得 $a_n=0(n=0,1,2,\cdots)$；而

$$\begin{aligned} b_n&=\frac{2}{\pi}\int_0^\pi f(x)\sin nx\mathrm{d}x=\frac{2}{\pi}\int_0^\pi \sin nx\mathrm{d}x \\[2mm] &=\frac{2}{\pi}\left(-\frac{\cos nx}{n}\right)\Big|_0^\pi=\frac{2}{n\pi}(1-\cos n\pi)=\frac{2}{n\pi}\big[1-(-1)^n\big] \\[2mm] &=\begin{cases} \dfrac{4}{n\pi}, & n=1,3,5,\cdots, \\[2mm] 0, & n=2,4,6,\cdots. \end{cases} \end{aligned}$$

计算机可视化

故 $f(x)$ 的傅里叶级数展开式为

$$f(x)=\frac{4}{\pi}\left[\sin x+\frac{1}{3}\sin 3x+\frac{1}{5}\sin 5x+\cdots+\frac{1}{2n-1}\sin(2n-1)x+\cdots\right],$$

其中 $-\infty < x < +\infty$，$x \neq k\pi$，$k = 0, \pm 1, \pm 2, \cdots$. 在函数 $f(x)$ 的间断点 $x = k\pi(k = 0, \pm 1, \pm 2\cdots)$ 处，傅里叶级数收敛于 0.

例 7.47 表明，脉冲矩形波可由一系列不同频率的正弦波叠加而成，随着 n 的增大，傅里叶级数的部分和逐渐逼近和函数 $f(x)$.

例 7.48 试将周期为 2π 的函数

$$f(x) = \begin{cases} -x, & -\pi \leqslant x < 0, \\ x, & 0 \leqslant x < \pi \end{cases}$$

展开成傅里叶级数，并画出傅里叶级数的和函数的图形.

解 所给函数满足收敛定理的条件，它在整个数轴上连续，因此，$f(x)$ 的傅里叶级数处处收敛于 $f(x)$. 由于 $f(x)$ 是偶函数，由式 (7.40) 得 $b_n = 0 (n = 1, 2, \cdots)$；而

$$a_0 = \frac{2}{\pi}\int_0^\pi f(x)\,\mathrm{d}x = \frac{2}{\pi}\int_0^\pi x\mathrm{d}x = \pi,$$

$$a_n = \frac{1}{\pi}\int_{-\pi}^\pi f(x)\cos nx\mathrm{d}x = \frac{2}{\pi}\int_0^\pi x\cos nx\mathrm{d}x$$

$$= \frac{2}{\pi}\left(\frac{x\sin nx}{n} + \frac{\cos nx}{n^2}\right)\bigg|_0^\pi$$

$$= \frac{2}{n^2\pi}(\cos n\pi - 1)$$

$$= \begin{cases} -\dfrac{4}{n^2\pi}, & n = 1, 3, 5, \cdots, \\ 0, & n = 2, 4, 6, \cdots. \end{cases}$$

计算机可视化

故 $f(x)$ 的傅里叶级数展开式为

$$f(x) = \frac{\pi}{2} - \frac{4}{\pi}\left[\cos x + \frac{1}{3^2}\cos 3x + \cdots + \frac{1}{(2n-1)^2}\cos(2n-1)x + \cdots\right]$$

$$= \frac{\pi}{2} - \frac{4}{\pi}\sum_{n=1}^\infty \frac{1}{(2n-1)^2}\cos(2n-1)x \quad (-\infty < x < +\infty).$$

傅里叶级数的和函数的图形如图 7.3 所示.

如果函数 $f(x)$ 只是在 $[-\pi, \pi]$ 上有定义，并且满足收敛定理的条件，那么 $f(x)$ 也可以展开成傅里叶级数. 事实上，我们可在区间 $[-\pi, \pi)$ 或 $(-\pi, \pi]$ 外补充函数 $f(x)$ 的定义，使 $f(x)$ 延拓成以 2π 为周期的函数 $F(x)$（此过程称为**周期延拓**），然后将

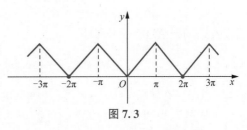

图 7.3

$F(x)$ 展开成傅里叶级数，最后限制 x 在 $(-\pi, \pi)$ 范围内，此时 $F(x) \equiv f(x)$. 这样就得到 $f(x)$ 的傅里叶级数展开式，根据收敛定理，在区间端点 $x = \pm\pi$ 处，级数收敛于 $\dfrac{f(-\pi + 0) + f(\pi - 0)}{2}$.

如果定义在 $[0, \pi]$ 上的函数 $f(x)$ 满足收敛定理的条件，则补充函数 $f(x)$ 在区间 $(-\pi, 0)$ 内的定义，使函数 $f(x)$ 成为 $(-\pi, \pi)$ 内的奇函数 $F(x)$（称为**奇延拓**）或偶函数 $F(x)$（称为**偶延拓**），然后将奇延拓（偶延拓）后的函数 $F(x)$ 展开成傅里叶级数，这个级数必定是正弦级数（余

弦级数). 再限制 x 在 $(0, \pi]$ 上，此时 $F(x) \equiv f(x)$，这样便得到 $f(x)$ 的正弦级数(余弦级数)展开式.

例 7.49 将函数 $f(x) = 1+x\ (0 \leqslant x \leqslant \pi)$ 分别展开为正弦级数和余弦级数.

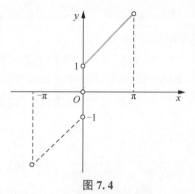

图 7.4

解 (1)将 $f(x)$ 展开成正弦级数.

将函数 $f(x)$ 奇延拓，如图 7.4 所示. 由式(7.38)得 $a_n = 0$ $(n = 0, 1, 2, \cdots)$；而

$$b_n = \frac{2}{\pi} \int_0^\pi f(x) \sin nx \, dx = \frac{2}{\pi} \int_0^\pi (1+x) \sin nx \, dx$$

$$= \begin{cases} \dfrac{2}{\pi} \cdot \dfrac{\pi+2}{n}, & n = 1, 3, 5, \cdots, \\[2mm] -\dfrac{2}{n}, & n = 2, 4, 6, \cdots. \end{cases}$$

计算机可视化

故 $f(x)$ 的正弦级数展开式为

$$f(x) = \frac{2}{\pi} \left[(\pi+2) \sin x - \frac{\pi}{2} \sin 2x + \frac{1}{3} (\pi+2) \sin 3x - \frac{\pi}{4} \sin 4x + \cdots \right], x \in (0, \pi).$$

在端点 $x = 0, x = \pi$ 处，$f(x)$ 不连续，级数的和显然为零(即级数收敛于 0)，但它不表示原来函数 $f(x)$ 的值.

(2)将 $f(x)$ 展开成余弦级数.

将函数 $f(x)$ 偶延拓，如图 7.5 所示. 由式(7.40)得 $b_n = 0$ $(n = 1, 2, \cdots)$；而

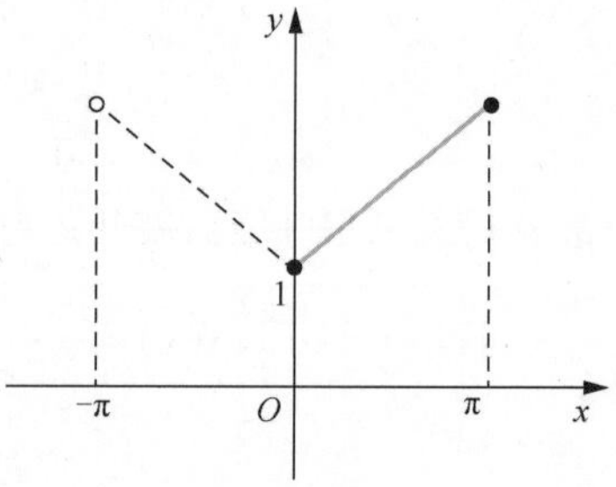

$$a_0 = \frac{2}{\pi} \int_0^\pi f(x) \, dx = \frac{2}{\pi} \int_0^\pi (1+x) \, dx = 2 + \pi,$$

$$a_n = \frac{2}{\pi} \int_0^\pi f(x) \cos nx \, dx = \frac{2}{\pi} \int_0^\pi (1+x) \cos nx \, dx$$

$$= \begin{cases} -\dfrac{4}{n^2 \pi}, & n = 1, 3, 5, \cdots, \\[2mm] 0, & n = 2, 4, 6, \cdots. \end{cases}$$

图 7.5

故 $f(x)$ 的余弦级数展开式为

$$f(x) = 1 + \frac{\pi}{2} - \frac{4}{\pi} \left(\cos x + \frac{1}{3^2} \cos 3x + \frac{1}{5^2} \cos 5x + \cdots \right), x \in [0, \pi].$$

注意，在端点 $x = 0, x = \pi$ 处，$f(x)$ 连续，因而函数 $f(x)$ 的余弦级数展开式收敛于函数 $f(x)$.

从例 7.49 可以看出，定义在 $[0, \pi]$ 上的函数展开成正弦级数或余弦级数时，不必写出延拓后的函数，只要按正、余弦级数系数公式即式(7.38)和式(7.40)计算系数，再代入正、余弦级数即可.

7.5.4 周期为 $2l$ 的函数展开成傅里叶级数

前面所讨论的都是周期为 2π 的周期函数展开成傅里叶级数，但在实际问题中所遇到的周期函数，它的周期不一定是 2π. 下面讨论周期为 $2l$ 的周期函数展开成傅里叶级数的问题.

设 $f(x)$ 是周期为 $2l$ 的周期函数，并且满足收敛定理的条件. 做变量代换，令 $x = \dfrac{l}{\pi} t$，则 $t =$

$\dfrac{\pi}{l}x$. 由 $-l \leqslant x \leqslant l$ 可知 $-\pi \leqslant t \leqslant \pi$,得

$$F(t) = f\left(\dfrac{l}{\pi}t\right) = f(x),$$

则 $F(t)$ 是以 2π 为周期的函数,且满足收敛定理的条件,$F(t)$ 在连续点处的傅里叶级数为

$$F(t) = \dfrac{a_0}{2} + \sum_{n=1}^{\infty} (a_n \cos nt + b_n \sin nt),$$

其中 $a_n = \dfrac{1}{\pi} \displaystyle\int_{-\pi}^{\pi} F(t) \cos nt \, dt (n=0,1,2,\cdots)$,$b_n = \dfrac{1}{\pi} \displaystyle\int_{-\pi}^{\pi} F(t) \sin nt \, dt (n=0,1,2,\cdots)$.

将变量 $t = \dfrac{\pi}{l}x$ 代入上式,注意 $f(x) = F(t)$,即得下面的定理.

定理 7.15 设周期为 $2l$ 的周期函数 $f(x)$ 满足收敛定理的条件,则它的傅里叶级数展开式为

$$f(x) = \dfrac{a_0}{2} + \sum_{n=1}^{\infty} \left(a_n \cos \dfrac{n\pi x}{l} + b_n \sin \dfrac{n\pi x}{l}\right) \quad (x \in C), \tag{7.42}$$

其中

$$\left.\begin{aligned} a_n &= \dfrac{1}{l} \int_{-l}^{l} f(x) \cos \dfrac{n\pi x}{l} dx (n=0,1,2,\cdots), \\ b_n &= \dfrac{1}{l} \int_{-l}^{l} f(x) \sin \dfrac{n\pi x}{l} dx (n=1,2,3,\cdots), \end{aligned}\right\} \tag{7.43}$$

$$C = \left\{x \,\middle|\, f(x) = \dfrac{f(x-0) + f(x+0)}{2}\right\}.$$

这就是周期为 $2l$ 的周期函数 $f(x)$ 在连续点处的傅里叶级数及其傅里叶级数系数的计算公式.

当 $f(x)$ 是以 $2l$ 为周期的奇函数时,它的傅里叶级数是**正弦级数**,即

$$f(x) = \sum_{n=1}^{\infty} b_n \sin \dfrac{n\pi x}{l} \quad (x \in C), \tag{7.44}$$

其中 $b_n = \dfrac{2}{l} \displaystyle\int_{0}^{l} f(x) \sin \dfrac{n\pi x}{l} dx (n=1,2,3,\cdots)$. \hfill (7.45)

当 $f(x)$ 是以 $2l$ 为周期的偶函数时,它的傅里叶级数是**余弦级数**,即

$$f(x) = \dfrac{a_0}{2} + \sum_{n=1}^{\infty} a_n \cos \dfrac{n\pi x}{l} \quad (x \in C), \tag{7.46}$$

其中 $a_n = \dfrac{2}{l} \displaystyle\int_{0}^{l} f(x) \cos \dfrac{n\pi x}{l} dx (n=0,1,2,\cdots)$. \hfill (7.47)

另外,若 x 是函数 $f(x)$ 的间断点,那么 $f(x)$ 的傅里叶级数收敛于 $\dfrac{f(x+0) + f(x-0)}{2}$.

【即时提问 7.5】 对于定义在 $[-l, l]$ 上的函数 $f(x)$,若其满足收敛定理的条件,该如何将其展开成傅里叶级数呢?定义在 $[0, l]$ 上的函数 $f(x)$,又该如何展开呢?

例 7.50 设 $f(x)$ 是以 4 为周期的函数,且在 $[-2, 2)$ 上的表达式为

$$f(x) = \begin{cases} 0, & -2 \leqslant x < 0, \\ h, & 0 \leqslant x < 2, \end{cases}$$

其中常数 $h \neq 0$. 将函数 $f(x)$ 展开成傅里叶级数，并画出傅里叶级数的和函数的图形.

解 函数 $f(x)$ 满足收敛定理的条件，且 $l=2$，由式（7.43）得

$$a_0 = \frac{1}{2}\int_{-2}^{2}f(x)\,dx = \frac{1}{2}\int_{0}^{2}h\,dx = h;$$

$$a_n = \frac{1}{2}\int_{-2}^{2}f(x)\cos\frac{n\pi x}{2}\,dx = \frac{1}{2}\int_{0}^{2}h\cos\frac{n\pi x}{2}\,dx$$

$$= \left(\frac{h}{n\pi}\sin\frac{n\pi x}{2}\right)\bigg|_{0}^{2} = 0 \quad (n=1,2,\cdots);$$

$$b_n = \frac{1}{2}\int_{-2}^{2}f(x)\sin\frac{n\pi x}{2}\,dx = \frac{1}{2}\int_{0}^{2}h\sin\frac{n\pi x}{2}\,dx = \begin{cases} \dfrac{2h}{n\pi}, & n=1,3,5,\cdots, \\ 0, & n=2,4,6,\cdots. \end{cases}$$

故 $f(x)$ 的傅里叶级数展开式为

$$f(x) = \frac{h}{2} + \frac{2h}{\pi}\left[\sin\frac{\pi x}{2} + \frac{1}{3}\sin\frac{3\pi x}{2} + \cdots + \frac{1}{2n-1}\sin\frac{(2n-1)\pi x}{2} + \cdots\right] \ (-\infty<x<+\infty, \ x\neq 0,\pm2,\pm4,\cdots).$$

傅里叶级数的和函数的图形如图 7.6 所示.

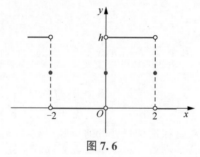

图 7.6

例 7.51 将函数 $f(x)=x-1, x\in[0,2]$ 展开为以 4 为周期的余弦级数.

解 函数 $f(x)$ 满足收敛定理的条件，先对 $f(x)$ 进行偶延拓，利用式（7.47）可得 $b_n=0(n=1,2,\cdots)$；而

$$a_0 = \frac{2}{l}\int_{0}^{2}f(x)\,dx = \int_{0}^{2}(x-1)\,dx = 0,$$

$$a_n = \frac{2}{l}\int_{0}^{2}f(x)\cos\frac{n\pi x}{l}\,dx$$

$$= \int_{0}^{2}(x-1)\cos\frac{n\pi x}{2}\,dx$$

$$= \left[\frac{2}{n\pi}(x-1)\sin\frac{n\pi x}{2} + \frac{4}{n^2\pi^2}\cos\frac{n\pi x}{2}\right]\bigg|_{0}^{2}$$

$$= \frac{4}{n^2\pi^2}\left[(-1)^n - 1\right] \quad (n=1,2,\cdots).$$

故 $f(x)$ 的余弦级数展开式为

$$f(x) = x-1 = -\frac{8}{\pi^2}\sum_{n=1}^{\infty}\frac{1}{(2n-1)^2}\cos\frac{(2n-1)\pi x}{2}, x\in[0,2].$$

同步习题7.5

 基础题

1. 下列函数 $f(x)$ 是以 2π 为周期的周期函数，它们在区间 $[-\pi,\pi)$ 上的表达式如下，试将各函数展开成傅里叶级数.

(1) $f(x)=3x^2+1(-\pi\leqslant x<\pi)$.

(2) $f(x)=\mathrm{e}^{2x}(-\pi\leqslant x<\pi)$.

(3) $f(x)=x(-\pi\leqslant x<\pi)$.

(4) $f(x)=\begin{cases}1, & -\pi\leqslant x<0, \\ 3, & 0\leqslant x<\pi.\end{cases}$

2. 将函数 $f(x)=\cos\dfrac{x}{2}(-\pi\leqslant x\leqslant\pi)$ 展开成傅里叶级数.

3. 将函数 $f(x)=2x^2(0\leqslant x\leqslant\pi)$ 分别展开成正弦级数和余弦级数.

4. 将下列周期函数展开成傅里叶级数，它们在一个周期内的表达式分别如下.

(1) $f(x)=\begin{cases}x, & -1\leqslant x<0, \\ 1+x, & 0\leqslant x<1.\end{cases}$ (2) $f(x)=\begin{cases}2x+1, & -3\leqslant x<0, \\ 1, & 0\leqslant x<3.\end{cases}$

5. 将函数 $f(x)=x-1(0\leqslant x\leqslant 2)$ 展开成以 2 为周期的傅里叶级数.

6. 设 $x^2=\displaystyle\sum_{n=0}^{\infty}a_n\cos nx(-\pi\leqslant x\leqslant\pi)$，求系数 a_2.

提高题

1. 将下列周期函数 $f(x)$ 展开成傅里叶级数，它们在一个周期内的表达式分别如下.

(1) $f(x)=\begin{cases}-1, & -\pi\leqslant x<0, \\ x^2+1, & 0\leqslant x<\pi.\end{cases}$ (2) $f(x)=\begin{cases}\mathrm{e}^x, & -\pi<x<0, \\ 1, & 0\leqslant x\leqslant\pi.\end{cases}$

2. 将函数 $f(x)=2+|x|(-1\leqslant x\leqslant 1)$ 展开成以 2 为周期的傅里叶级数，并由此求级数 $\displaystyle\sum_{n=1}^{\infty}\dfrac{1}{n^2}$ 的和.

微课：同步习题7.5
提高题2

3. 设函数 $f(x)$ 是以 2π 为周期的周期函数，它在 $[-\pi,\pi)$ 上的表达式为

$$f(x)=\begin{cases}-\dfrac{\pi}{2}, & -\pi\leqslant x<-\dfrac{\pi}{2}, \\[2mm] x, & -\dfrac{\pi}{2}\leqslant x<\dfrac{\pi}{2}, \\[2mm] \dfrac{\pi}{2}, & \dfrac{\pi}{2}\leqslant x<\pi,\end{cases}$$

将 $f(x)$ 展开成傅里叶级数.

4. 将函数 $f(x) = \mathrm{e}^x$ 在 $(-\pi, \pi)$ 内展开成傅里叶级数，并由此求级数 $\displaystyle\sum_{n=1}^{\infty} \frac{1}{1+n^2}$ 的和.

5. 将函数 $f(x) = 1 - x^2 (0 \leqslant x \leqslant \pi)$ 展开成余弦级数，并求级数 $\displaystyle\sum_{n=1}^{\infty} \frac{(-1)^{n-1}}{n^2}$ 的和.

7.6 用 MATLAB 解决级数问题

级数是高等数学的重要内容，其无论是在数学理论研究还是在科学技术应用中都是一个有力工具. 在 MATLAB 中，与级数相关的常用命令是"symsum"和"taylor"，分别用来求级数的和及将函数展开成泰勒多项式.

7.6.1 级数求和

MATLAB 提供的求级数命令为"symsum"，其调用格式为：

$$\mathrm{symsum(u,t,a,b)}.$$

这里，"symsum"是求和命令，"symsum(u,t,a,b)"的意义是 $\displaystyle\sum_{t=a}^{b} u$，其中 u 是包含符号变量 t 的表达式，是待求和级数的通项. 当 u 的表达式中只含一个变量时，参数 t 可省略.

由级数敛散性的定义可知，我们可以先对级数求和，根据和的存在与否来判断级数的敛散性.

例 7.52 判断级数 $\displaystyle\sum_{n=1}^{\infty} \frac{1}{n}$ 的敛散性.

解 输入以下命令.

```
>> syms n
>> S=symsum(1/n,n,1,inf)
S =
 Inf
```

运算结果为 ∞，从而级数 $\displaystyle\sum_{n=1}^{\infty} \frac{1}{n}$ 发散.

例 7.53 判断级数 $\displaystyle\sum_{n=1}^{\infty} (-1)^n \frac{1}{n}$ 的敛散性.

解 输入以下命令.

```
>> syms n
>> S=symsum((-1)^n*(1/n),n,1,inf)
S =
 -log(2)
```

微课：例 7.53

运算结果为常数，从而级数 $\displaystyle\sum_{n=1}^{\infty} (-1)^n \frac{1}{n}$ 收敛，且收敛于 $-\ln 2$.

例 7.54 求级数 $\sum\limits_{n=1}^{\infty}\dfrac{(2n)!}{(n!)^2}x^{2n}$ 的收敛域与和函数.

微课：例 7.54

解 输入以下命令.

```
>> syms n x
>> S = symsum( x^( 2 * n ) * sym( factorial( 2 * n ) )/( sym( factorial
( n ) ) )^2,n,1,inf)
S =
piecewise( abs(x)^2 <= 1/4 & ~x in {-1/2,1/2},1/( - 4 * x^2 + 1 )^(1/2) - 1)
```

运算结果为分段函数，且当 $|x|^2 \leqslant \dfrac{1}{4}$，即 $-\dfrac{1}{2} \leqslant x \leqslant \dfrac{1}{2}$ 时，和为 $\dfrac{1}{\sqrt{1-4x^2}}-1$，从而收敛域

为 $\left[-\dfrac{1}{2},\dfrac{1}{2}\right]$.

对于有些级数，使用"symsum"命令不能求得其和，从而也无法得知其敛散性. 此时，可使用 MATLAB 的数值计算功能进行处理.

7.6.2 将函数展开为幂级数

MATLAB 提供的求一元函数泰勒展开式的命令为"taylor"，其调用格式为：

$$\text{taylor}(f,x,a,'\text{Order}',k).$$

意义是关于变量 x 求函数 f 在 $x=a$ 处的 $k-1$ 阶泰勒展开式. 其中，若 a 缺省，则表示 $a=0$；若 k 缺省，则表示 $k=6$.

例 7.55 求 $\sin x$ 的 5 阶麦克劳林展开式.

微课：例 7.55

解 输入以下命令.

```
>> syms x
>> f =sin(x);
>> f5 =taylor( f )
f5 =
x^5/120 - x^3/6 + x
```

故 $\sin x$ 的 5 阶麦克劳林展开式为 $\dfrac{x^5}{120}-\dfrac{x^3}{6}+x$.

例 7.56 求 $\ln x$ 在 $x=1$ 处的 10 阶泰勒展开式.

微课：例 7.56

解 输入以下命令.

```
>> syms x
>> f =log( x );
>> f10 =taylor( f,x,1,'Order',11)
f10 =
x-(x-1)^2/2+(x-1)^3/3-(x-1)^4/4+(x-1)^5/5-(x-1)^6/6+(x-1)^7/7-(x-1)^8/8+
(x-1)^9/9-(x-1)^10/10-1
```

故 $\ln x$ 在 $x=1$ 处的 10 阶泰勒展开式为

$$x-1-\dfrac{(x-1)^2}{2}+\dfrac{(x-1)^3}{3}-\dfrac{(x-1)^4}{4}+\dfrac{(x-1)^5}{5}-\dfrac{(x-1)^6}{6}+\dfrac{(x-1)^7}{7}-\dfrac{(x-1)^8}{8}+\dfrac{(x-1)^9}{9}-\dfrac{(x-1)^{10}}{10}.$$

■ 第 7 章思维导图

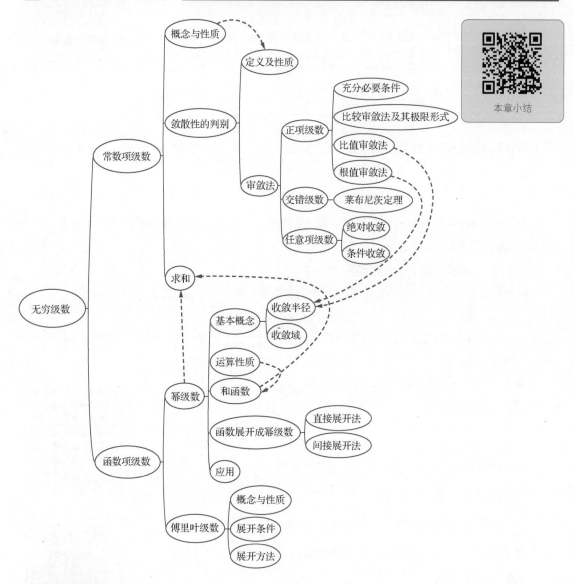

本章小结

中国数学学者

个人成就

数学家，中国科学院院士，中国科学院数学与系统科学研究院研究员，全国政协常委，中国科协副主席，国际工业与应用数学联合会主席. 袁亚湘在非线性优化计算方法、信赖域方法、拟牛顿方法、共轭梯度法等领域作出了突出贡献.

■ 袁亚湘

第7章总复习题·基础篇

1. 选择题：(1)~(5)小题，每小题4分，共20分，下列每小题给出的4个选项中，只有一个选项是符合题目要求的.

(1) 设 a 为常数，则级数 $\sum\limits_{n=1}^{\infty}(-1)^n\left(1-\cos\dfrac{a}{n^2}\right)$ (　　).

A. 发散　　　　　　　B. 绝对收敛

C. 条件收敛　　　　　D. 敛散性与 a 的取值有关

(2) 下列数项级数中发散的是(　　).

A. $\sum\limits_{n=1}^{\infty}(-1)^n\dfrac{1}{\sqrt{n}}$　　　　B. $\sum\limits_{n=1}^{\infty}\dfrac{1}{n\sqrt{n}}$

C. $\sum\limits_{n=1}^{\infty}\dfrac{1}{n+\sqrt{n}}$　　　　D. $\sum\limits_{n=1}^{\infty}\left(\dfrac{3}{\pi}\right)^n$

(3) 下列说法中，正确的是(　　).

A. 若正项级数 $\sum\limits_{n=1}^{\infty}a_n$ 发散，则 $a_n\geq\dfrac{1}{n}(n\geq\mathbf{N})$

B. 若级数 $\sum\limits_{n=1}^{\infty}(a_{2n-1}+a_{2n})$ 收敛，则级数 $\sum\limits_{n=1}^{\infty}a_n$ 收敛

C. 若级数 $\sum\limits_{n=1}^{\infty}a_n$ 收敛，则级数 $\sum\limits_{n=1}^{\infty}a_n^2$ 收敛

D. 若 $w_n<u_n<v_n(n\in\mathbf{N})$，级数 $\sum\limits_{n=1}^{\infty}v_n$，$\sum\limits_{n=1}^{\infty}w_n$ 都收敛，则级数 $\sum\limits_{n=1}^{\infty}u_n$ 收敛

(4) 如果幂级数 $\sum\limits_{n=0}^{\infty}a_nx^n$ 在 $x=-2$ 处条件收敛，那么该级数的收敛半径(　　).

A. 一定为2　　　　　B. 一定大于2

C. 一定小于2　　　　D. 不能确定

(5) 设 $u_n=\dfrac{a_n+|a_n|}{2},v_n=\dfrac{a_n-|a_n|}{2}$，则下列命题正确的是(　　).

A. 若 $\sum\limits_{n=1}^{\infty}a_n$ 条件收敛，则 $\sum\limits_{n=1}^{\infty}u_n$ 和 $\sum\limits_{n=1}^{\infty}v_n$ 都收敛

B. 若 $\sum\limits_{n=1}^{\infty}a_n$ 绝对收敛，则 $\sum\limits_{n=1}^{\infty}u_n$ 和 $\sum\limits_{n=1}^{\infty}v_n$ 都收敛

C. 若 $\sum\limits_{n=1}^{\infty}a_n$ 条件收敛，则 $\sum\limits_{n=1}^{\infty}u_n$ 和 $\sum\limits_{n=1}^{\infty}v_n$ 的敛散性都不能确定

D. 若 $\sum\limits_{n=1}^{\infty}a_n$ 绝对收敛，则 $\sum\limits_{n=1}^{\infty}u_n$ 和 $\sum\limits_{n=1}^{\infty}v_n$ 的敛散性都不能确定

2. 填空题：(6)~(10)小题，每小题4分，共20分.

(6) 设 $\lim\limits_{n\to\infty}a_n=a$，则级数 $\sum\limits_{n=1}^{\infty}(a_n-a_{n+1})$ 收敛于 _____.

(7) 幂级数 $\displaystyle\sum_{n=1}^{\infty} \frac{1}{\sqrt{n}}(x-2)^n$ 的收敛域为 _____.

(8) 函数 $f(x) = e^{-x^2}$ 关于 x 的幂级数展开式为 _____.

(9) 无穷级数 $\displaystyle\sum_{n=2}^{\infty} \frac{x^{n+1}}{n}$ 的和函数为 _____.

(10) 函数 $f(x) = \begin{cases} 1, & -2 \leqslant x \leqslant 0, \\ x, & 0 < x < 2 \end{cases}$ 以 4 为周期的傅里叶级数在 $x=2$ 处收敛于 _____.

3. 解答题: (11)~(16)小题,每小题 10 分,共 60 分. 解答时应写出文字说明、证明过程或演算步骤.

(11) 判定级数 $\displaystyle\sum_{n=1}^{\infty} \frac{(-1)^n}{n^p}$ 的敛散性. 若收敛,请说明是条件收敛还是绝对收敛.

(12) 判断级数 $\displaystyle\sum_{n=1}^{\infty} (-1)^n \frac{n}{n^2+1}$ 的敛散性. 若收敛,请说明是条件收敛还是绝对收敛.

(13) 求幂级数 $\displaystyle\sum_{n=2}^{\infty} \frac{1}{n-1} x^n$ 的收敛域与和函数.

(14) 将函数 $f(x) = \ln(1-x-2x^2)$ 展开成 x 的幂级数,并指出其收敛区间.

(15) 求级数 $\displaystyle\sum_{n=1}^{\infty} \frac{(-1)^n}{(2n-1)3^n}$ 的和.

(16) 将 $f(x) = \begin{cases} \dfrac{\pi-1}{2}x, & 0 \leqslant x \leqslant 1, \\ \dfrac{\pi-x}{2}, & 1 < x \leqslant \pi \end{cases}$ 展开成以 2π 为周期的正弦级数,并求级数 $\displaystyle\sum_{n=1}^{\infty} \frac{\sin^2 n}{n^2}$ 的和.

第7章总复习题 · 提高篇

1. 选择题: (1)~(5)小题,每小题 4 分,共 20 分. 下列每小题给出的 4 个选项中,只有一个选项是符合题目要求的.

(1) (2019104) 设 $\{u_n\}$ 是单调增加的有界数列,则下列级数中收敛的是( ).

A. $\displaystyle\sum_{n=1}^{\infty} \frac{u_n}{n}$　　　　　　　　B. $\displaystyle\sum_{n=1}^{\infty} (-1)^n \frac{1}{u_n}$

C. $\displaystyle\sum_{n=1}^{\infty} \left(1 - \frac{u_n}{u_{n+1}}\right)$　　　　D. $\displaystyle\sum_{n=1}^{\infty} (u_{n+1}^2 - u_n^2)$

(2) (2019304) 若级数 $\displaystyle\sum_{n=1}^{\infty} n u_n$ 绝对收敛,级数 $\displaystyle\sum_{n=1}^{\infty} \frac{v_n}{n}$ 条件收敛,则( ).

A. $\displaystyle\sum_{n=1}^{\infty} u_n v_n$ 条件收敛　　　　B. $\displaystyle\sum_{n=1}^{\infty} u_n v_n$ 绝对收敛

C. $\sum_{n=1}^{\infty} (u_n + v_n)$ 收敛   D. $\sum_{n=1}^{\infty} (u_n + v_n)$ 发散

(3)（2023105，2023305）已知 $a_n < b_n (n=1,2,\cdots)$，若级数 $\sum_{n=1}^{\infty} a_n$ 与 $\sum_{n=1}^{\infty} b_n$ 均收敛，则 "$\sum_{n=1}^{\infty} a_n$ 绝对收敛"是"$\sum_{n=1}^{\infty} b_n$ 绝对收敛"的（   ）.

A. 充分必要条件   B. 充分不必要条件

C. 必要不充分条件   D. 既不充分也不必要条件

(4)（2015104）若级数 $\sum_{n=1}^{\infty} a_n$ 条件收敛，则 $x = \sqrt{3}$ 与 $x = 3$ 依次为幂级数 $\sum_{n=1}^{\infty} na_n(x-1)^n$ 的（   ）.

A. 收敛点、收敛点   B. 收敛点、发散点

C. 发散点、收敛点   D. 发散点、发散点

(5)（2013104）设 $f(x) = \left| x - \dfrac{1}{2} \right|$，$b_n = 2\int_0^1 f(x) \sin n\pi x \, dx (n=1,2,\cdots)$，令 $s(x) = \sum_{n=1}^{\infty} b_n \sin n\pi x$，则 $s\left(-\dfrac{9}{4}\right) = ($ $)$.

A. $\dfrac{3}{4}$ B. $\dfrac{1}{4}$ C. $-\dfrac{1}{4}$ D. $-\dfrac{3}{4}$

2. 填空题：(6)~(10)小题，每小题 4 分，共 20 分.

(6)（2019104）幂级数 $\sum_{n=0}^{\infty} \dfrac{(-1)^n}{(2n)!} x^n$ 在 $(0, +\infty)$ 内的和函数 $s(x) = $ _____.

(7)（2023305）$\sum_{n=0}^{\infty} \dfrac{x^{2n}}{(2n)!} = $ _____.

(8)（2009304）幂级数 $\sum_{n=1}^{\infty} \dfrac{e^n - (-1)^n}{n^2} x^n$ 的收敛半径为 _____.

(9)（2008104）已知幂级数 $\sum_{n=0}^{\infty} a_n(x+2)^n$ 在 $x=0$ 处收敛，在 $x=-4$ 处发散，则幂级数 $\sum_{n=0}^{\infty} a_n(x-3)^n$ 的收敛域为 _____.

(10)（2023105）设 $f(x)$ 是周期为 2 的周期函数，且 $f(x) = 1 - x, x \in [0,1]$. 若 $f(x) = \dfrac{a_0}{2} + \sum_{n=1}^{\infty} a_n \cos n\pi x$，则 $a_{2n} = $ _____.

3. **解答题**：(11)~(16)小题，每小题 10 分，共 60 分. 解答时应写出文字说明、证明过程或演算步骤.

(11)(2017310)设 $a_0=1, a_1=0, a_{n+1}=\dfrac{1}{n+1}(na_n+a_{n-1})(n=1,2,3,\cdots)$，

微课：第7章
总复习题·提高篇(11)

$s(x)$ 为幂级数 $\sum\limits_{n=0}^{\infty}a_nx^n$ 的和函数.

①证明 $\sum\limits_{n=0}^{\infty}a_nx^n$ 的收敛半径不小于 1.

②证明 $(1-x)s'(x)-xs(x)=0\left[x\in(-1,1)\right]$，并求 $s(x)$ 的表达式.

(12)(2016110)已知函数 $f(x)$ 可导，且 $f(0)=1, 0<f'(x)<\dfrac{1}{2}$，设数

列 $\{x_n\}$ 满足 $x_{n+1}=f(x_n)(n=1,2,\cdots)$，证明：

①级数 $\sum\limits_{n=1}^{\infty}(x_{n+1}-x_n)$ 绝对收敛；

微课：第7章
总复习题·提高篇(12)

②$\lim\limits_{n\to\infty}x_n$ 存在，且 $0<\lim\limits_{n\to\infty}x_n<2$.

(13)(2022312)求 $\sum\limits_{n=0}^{\infty}\dfrac{(-4)^n+1}{4^n(2n+1)}x^{2n}$ 的收敛域及和函数 $s(x)$.

(14)(2014310)求幂级数 $\sum\limits_{n=0}^{\infty}(n+1)(n+3)x^n$ 的收敛域与和函数.

(15)(2013110)设数列 $\{a_n\}$ 满足条件 $a_0=3, a_1=1, a_{n-2}-n(n-1)a_n=0(n\geq2)$，$s(x)$ 是幂级数 $\sum\limits_{n=0}^{\infty}a_nx^n$ 的和函数.

①证明：$s''(x)-s(x)=0$.

②求 $s(x)$ 的表达式.

(16)(2007310)将函数 $f(x)=\dfrac{1}{x^2-3x-4}$ 展开成 $x-1$ 的幂级数，并指出其收敛区间.

本章即时提问答案

本章同步习题答案

本章总复习题答案

第 8 章
向量代数与空间解析几何

解析几何的基本思想是用代数的方法来研究几何问题，为了把代数运算引入几何，根本的做法就是把空间的几何结构进行系统的代数化. 向量是几何与代数相结合的有效工具，它在物理学、力学及工程技术中有广泛应用. 本章将在空间直角坐标系和向量知识的基础上，讨论空间平面与直线的方程及位置关系，建立空间曲面与曲线的概念，并介绍几种常见的曲面，为多元函数微积分的学习打下必要的基础.

本章导学

8.1 向量及其运算

8.1.1 空间直角坐标系

为了确定空间中点的位置，引入空间直角坐标系，如图 8.1 所示. 以空间中一定点 O 为原点，过定点 O，引 3 条互相垂直的数轴构成的坐标系，称为空间直角坐标系. 点 O 叫作坐标原点. 这 3 条数轴分别叫作 x 轴（横轴）、y 轴（纵轴）、z 轴（竖轴），统称为坐标轴. 其正向通常符合右手法则，3 个坐标轴两两决定一个平面，称为坐标面，分别记为 xOy，yOz，zOx 面，所以空间直角坐标系又称为 $Oxyz$ 直角系.

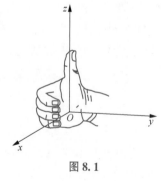

图 8.1

在空间直角坐标系中，3 个坐标平面将空间分为 8 个部分，每一部分叫作一个卦限，分别用 Ⅰ，Ⅱ，Ⅲ，Ⅳ，Ⅴ，Ⅵ，Ⅶ，Ⅷ表示，如图 8.2 所示. xOy 面上方的 4 个卦限按逆时针方向每转动角度 $\dfrac{\pi}{2}$，分别记为 Ⅰ，Ⅱ，Ⅲ，Ⅳ 卦限.

xOy 面下方的 4 个卦限按逆时针方向每转动角度 $\dfrac{\pi}{2}$，分别记为 Ⅴ，Ⅵ，Ⅶ，Ⅷ卦限.

我们知道，平面中的点与二维有序数组之间建立了一一对应关系. 同样地，在空间直角坐标系中，空间中的点与三维有序数组之间建立了一一对应关系.

设 M 为空间中的一点，过点 M 作 3 个平面分别垂直于 x 轴、y 轴、z 轴，依次交于 P,Q,R 3 点. 若这 3 点在 x 轴、y 轴、z 轴上的坐标分别为 x,y,z，则点 M 就唯一确定了一个有序三元数

组 (x,y,z). 反之, 已知有序数组 (x,y,z), 依次在 x 轴、y 轴、z 轴上找出坐标为 x,y,z 的 3 点 P,Q,R. 过点 P,Q,R 分别作平面垂直于其所在的轴, 这 3 个平面就唯一确定了一个点 M, 则有序数组 (x,y,z) 又唯一对应空间一点 M. 由此可见, 空间中的任意一点 M 都与三元有序数组 (x,y,z) 一一对应, 该数组 (x,y,z) 称为点 M 的坐标, 其中 x,y,z 分别称为点 M 的横坐标、纵坐标和竖坐标, 如图 8.3 所示.

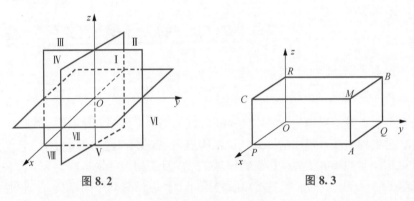

图 8.2　　　　　　　　　　　　　　图 8.3

坐标轴或坐标面上的点的坐标各具有一定的特征, 如图 8.3 所示, 如原点坐标为 $(0,0,0)$; 3 个坐标轴上 P,Q,R 3 点的坐标分别为 $(x,0,0),(0,y,0),(0,0,z)$; 3 个坐标面上 A,B,C 3 点的坐标分别为 $(x,y,0),(0,y,z),(x,0,z)$, 点 A,B,C 也称为点 M 在 3 个坐标面 xOy,yOz,zOx 内的投影.

8.1.2　空间两点间的距离

设 $M(x_1,y_1,z_1),N(x_2,y_2,z_2)$ 为空间两点, 则 M 与 N 之间的距离为
$$d=\sqrt{(x_2-x_1)^2+(y_2-y_1)^2+(z_2-z_1)^2}.$$

事实上, 过点 M 和 N 分别作垂直于坐标轴的平面, 这 6 个平面围成以 MN 为对角线的长方体, 如图 8.4 所示, M,P,Q 在 xOy 面的投影分别为 M_1,P_1,N_1. 由勾股定理得

计算机可视化

$$\begin{aligned}
|MN| &= \sqrt{|MQ|^2+|QN|^2}=\sqrt{|MP|^2+|PQ|^2+|QN|^2}\\
&= \sqrt{|M_1P_1|^2+|P_1N_1|^2+|QN|^2}\\
&= \sqrt{(x_2-x_1)^2+(y_2-y_1)^2+(z_2-z_1)^2}.
\end{aligned}$$

例 8.1　设 $A(1,1,1)$ 与 $B(2,3,4)$ 为空间两点, 求 A 与 B 两点间的距离 d.

解　由两点之间距离公式得
$$d=\sqrt{(1-2)^2+(1-3)^2+(1-4)^2}=\sqrt{14}.$$

例 8.2　在 z 轴上求与点 $A(3,5,-2)$ 和 $B(-4,1,5)$ 等距离的点 M.

解　由于所求的点 M 在 z 轴上, 因此点 M 的坐标可设为 $(0,0,z)$. 又由于
$$|MA|=|MB|,$$

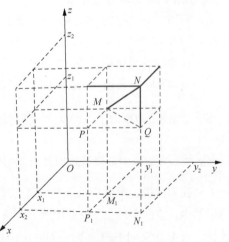

图 8.4

由空间两点间的距离公式，得

$$\sqrt{3^2+5^2+(-2-z)^2}=\sqrt{(-4)^2+1^2+(5-z)^2},$$

解得 $z=\dfrac{2}{7}$，即所求的点为 $M\left(0,0,\dfrac{2}{7}\right)$.

8.1.3 向量的概念

物理学中力、位移、力矩等，不仅有大小，而且有方向，这种既有大小又有方向的量，叫作向量(或矢量).

在数学上，我们用有向线段 $\overrightarrow{AB}$ 来表示向量，A 称为向量的起点，B 称为向量的终点；有向线段的长度表示向量的大小，有向线段的方向表示向量的方向. 通常用黑体字母 $\boldsymbol{a},\boldsymbol{b},\boldsymbol{c}$ 或带箭头的字母 $\vec{a},\vec{b},\vec{c}$ 来表示向量.

向量的大小称为向量的模，记作 $|\boldsymbol{a}|$ 或 $|\overrightarrow{AB}|$. 模为 1 的向量称为单位向量. 模为 0 的向量称为零向量，记作 $\boldsymbol{0}$，零向量的方向可以是任意的.

如果两个向量 $\boldsymbol{a}$ 和 $\boldsymbol{b}$ 的大小相等，且方向相同，则称向量 $\boldsymbol{a}$ 和 $\boldsymbol{b}$ 为相等向量，记作 $\boldsymbol{a}=\boldsymbol{b}$.

与向量 $\boldsymbol{a}$ 大小相等、方向相反的向量叫作 $\boldsymbol{a}$ 的负向量(或反向量)，记作 $-\boldsymbol{a}$.

两个非零向量，如果它们的方向相同(或相反)，则称这两个向量平行，又称两向量共线. 向量 $\boldsymbol{a}$ 与 $\boldsymbol{b}$ 平行，记作 $\boldsymbol{a}/\!/\boldsymbol{b}$.

设有 $k(k\geqslant 3)$ 个向量，当它们的起点放在同一点时，如果 k 个终点和公共起点在一个平面上，则称这 k 个向量共面.

8.1.4 向量的线性运算

1. 向量的加法

定义 8.1 对于向量 $\boldsymbol{a},\boldsymbol{b}$，任取一点 A 作为向量 $\boldsymbol{a}$ 的起点，作 $\overrightarrow{AB}=\boldsymbol{a}$，再以 B 为起点，作 $\overrightarrow{BC}=\boldsymbol{b}$，连接 AC，那么向量 $\overrightarrow{AC}$ 就表示 $\boldsymbol{a}$ 与 $\boldsymbol{b}$ 的和，记作 $\boldsymbol{a}+\boldsymbol{b}$. 该法则称为**三角形法则**，如图 8.5(a) 所示.

仿照力学上求合力的平行四边形法则，我们有向量相加的**平行四边形法则**. 当向量 $\boldsymbol{a}$ 和 $\boldsymbol{b}$ 不平行时，将向量 $\boldsymbol{a}$ 与 $\boldsymbol{b}$ 平移到同一起点 O，以这两个向量为邻边作平行四边形，从起点 O 到顶点 B 所作的向量 $\overrightarrow{OB}$ 为向量 $\boldsymbol{a}$ 与 $\boldsymbol{b}$ 的和，即 $\overrightarrow{OB}=\boldsymbol{a}+\boldsymbol{b}$，如图 8.5(b) 所示.

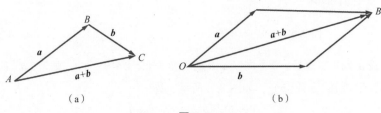

(a)   (b)

图 8.5

向量的加法满足以下运算法则.

(1)交换律：$\boldsymbol{a}+\boldsymbol{b}=\boldsymbol{b}+\boldsymbol{a}$.

(2)结合律：$(\boldsymbol{a}+\boldsymbol{b})+\boldsymbol{c}=\boldsymbol{a}+(\boldsymbol{b}+\boldsymbol{c})$.

（3）$a+0=a$.

2. 向量的减法

定义 8.2 向量 a 与 b 的负向量 $-b$ 的和，称为向量 a 与 b 的差，即

$$a-b=a+(-b).$$

特别地，当 $b=a$ 时，有 $a+(-a)=0$.

3. 数乘向量

定义 8.3 实数 λ 与向量 a 的乘积是一个向量，称为数乘向量，记作 λa. λa 的模是 $|\lambda||a|$，方向：当 $\lambda>0$ 时，λa 与 a 同向；当 $\lambda<0$ 时，λa 与 a 反向；当 $\lambda=0$ 时，$\lambda a=0$.

设 λ 和 μ 为实数，向量的数乘满足下列运算法则.

（1）结合律：$(\lambda\mu)a=\lambda(\mu a)$.

（2）分配律：$(\lambda+\mu)a=\lambda a+\mu a, \lambda(a+b)=\lambda a+\lambda b$.

向量的加法运算及数乘运算统称为向量的**线性运算**.

特别地，与 a 同方向的单位向量叫作 a 的单位向量，记作 e_a，即 $e_a=\dfrac{a}{|a|}$.

由于向量 λa 与 a 平行，因此我们常用数与向量的乘积来说明两个向量的平行关系.

定理 8.1 向量 a 与非零向量 b 平行的充分必要条件是存在唯一的实数 λ，使 $a=\lambda b$.

【即时提问 8.1】 非零向量与零相乘得数零吗？

8.1.5 向量的坐标

设 A 为空间中一点，过点 A 作 u 轴的垂线，垂足为 A'，则 A' 称为点 A 在 u 轴上的投影，如图 8.6 所示.

若 M 为空间直角坐标系中的一点，则点 M 在 x 轴、y 轴、z 轴上的投影分别为 P,Q,R，如图 8.7 所示.

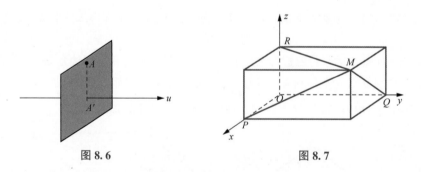

图 8.6　　　　　　　　　　图 8.7

一般地，设 a 为非零向量，θ 是向量 a,b 的夹角（规定 $0\leqslant\theta\leqslant\pi$），则把 $|b|\cos\theta$ 称为向量 b 在 a 上的投影，记为 $\mathrm{Prj}_a b$ 或 $(b)_a$，如图 8.8 所示，即

$$\mathrm{Prj}_a b=(b)_a=|b|\cos\theta.$$

由图 8.8 可知，向量 b 在 a 上的投影是有向线段 OP 的值，当 b 和 a 的夹角为锐角时，OP 的值为正；当 θ 为钝角时，OP 的值为负.

空间直角坐标系 $Oxyz$ 中，在 x 轴、y 轴、z 轴上各取一个与坐标轴同向的单位向量，依次记作 i,j,k，把它们称为**基本单位向量**或**基向量**. 任一向量都可以唯一地表示为 i,j,k 数乘之和.

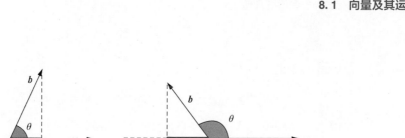

图 8.8

设 $M(x,y,z)$ 是空间任意一点，记 $\overrightarrow{OM}=\boldsymbol{r}$. 以 OM 为对角线、3 个坐标轴为棱作长方体，如图 8.9 所示，则

$$\boldsymbol{r}=\overrightarrow{OM}=\overrightarrow{OP}+\overrightarrow{PA}+\overrightarrow{AM}=\overrightarrow{OP}+\overrightarrow{OQ}+\overrightarrow{OR}.$$

设 $\overrightarrow{OP}=x\boldsymbol{i},\overrightarrow{OQ}=y\boldsymbol{j},\overrightarrow{OR}=z\boldsymbol{k}$，则

$$\boldsymbol{r}=x\boldsymbol{i}+y\boldsymbol{j}+z\boldsymbol{k}.$$

我们把上式称为向量 $\boldsymbol{r}$ 的坐标分解式，$x\boldsymbol{i},y\boldsymbol{j},z\boldsymbol{k}$ 称为向量 $\boldsymbol{r}$ 沿 3 个坐标轴方向的分向量，$\boldsymbol{i},\boldsymbol{j},\boldsymbol{k}$ 的系数组成的有序数组 (x,y,z) 叫作向量 $\boldsymbol{r}$ 的坐标，记为 $\boldsymbol{r}=\{x,y,z\}$.

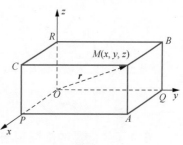

图 8.9

显然，式中的 x,y,z 是向量 $\boldsymbol{r}$ 分别在 x 轴、y 轴、z 轴上的投影. 因此，在空间直角坐标系中，向量 $\boldsymbol{r}$ 的坐标就是该向量在 3 个坐标轴上的投影组成的有序数组.

设 $\boldsymbol{r}=\overrightarrow{M_1M_2}$ 是起点为 $M_1(x_1,y_1,z_1)$、终点为 $M_2(x_2,y_2,z_2)$ 的任一向量，则

$$\begin{aligned}\boldsymbol{r}&=\overrightarrow{M_1M_2}=\overrightarrow{OM_2}-\overrightarrow{OM_1}=(x_2\boldsymbol{i}+y_2\boldsymbol{j}+z_2\boldsymbol{k})-(x_1\boldsymbol{i}+y_1\boldsymbol{j}+z_1\boldsymbol{k})\\&=(x_2-x_1)\boldsymbol{i}+(y_2-y_1)\boldsymbol{j}+(z_2-z_1)\boldsymbol{k}=a_x\boldsymbol{i}+a_y\boldsymbol{j}+a_z\boldsymbol{k}\\&=\{x_2-x_1,y_2-y_1,z_2-z_1\}=\{a_x,a_y,a_z\},\end{aligned}$$

即

$$\boldsymbol{r}=\{a_x,a_y,a_z\}=\{x_2-x_1,y_2-y_1,z_2-z_1\}.$$

特别地，$\boldsymbol{i}=\{1,0,0\},\boldsymbol{j}=\{0,1,0\},\ \boldsymbol{k}=\{0,0,1\}$.

设 $\boldsymbol{a}=\{a_x,a_y,a_z\},\boldsymbol{b}=\{b_x,b_y,b_z\}$，则由向量的线性运算性质可得

$$\boldsymbol{a}+\boldsymbol{b}=\{a_x+b_x,a_y+b_y,a_z+b_z\},$$
$$\boldsymbol{a}-\boldsymbol{b}=\{a_x-b_x,a_y-b_y,a_z-b_z\},$$
$$\lambda\boldsymbol{a}=\{\lambda a_x,\lambda a_y,\lambda a_z\}.$$

利用向量的坐标表示，向量的线性运算就归结为数的运算.

例 8.3 已知空间直角坐标系中的点 $M(4,3,2),N(5,4,3)$，求向量 $\overrightarrow{MN}$ 及 $\overrightarrow{NM}$ 的坐标.

解 由于向量的坐标是向量在坐标轴上的投影组成的有序数组，而向量的各投影为向量终点坐标与起点坐标对应分量的差，因此向量 $\overrightarrow{MN}$ 的坐标为 $\{1,1,1\}$，向量 $\overrightarrow{NM}$ 的坐标为 $\{-1,-1,-1\}$.

例 8.4（定比分点公式） 已知两点 $A(x_1,y_1,z_1)$ 和 $B(x_2,y_2,z_2)$，以及实数 $\lambda\neq-1$. 在直线 AB 上求点 $M(x,y,z)$，使 $\overrightarrow{AM}=\lambda\overrightarrow{MB}$.

解 因为 $\overrightarrow{AM} = \lambda \overrightarrow{MB}$，且

$$\overrightarrow{AM} = \{x-x_1, y-y_1, z-z_1\}, \overrightarrow{MB} = \{x_2-x, y_2-y, z_2-z\},$$

$$\lambda \overrightarrow{MB} = \{\lambda(x_2-x), \lambda(y_2-y), \lambda(z_2-z)\},$$

所以

$$x-x_1 = \lambda(x_2-x), y-y_1 = \lambda(y_2-y), z-z_1 = \lambda(z_2-z).$$

解得点 M 的坐标为

$$\left(\frac{x_1+\lambda x_2}{1+\lambda}, \frac{y_1+\lambda y_2}{1+\lambda}, \frac{z_1+\lambda z_2}{1+\lambda}\right).$$

当 $\lambda = 1$ 时，点 M 是有向线段 $\overrightarrow{AB}$ 的中点，此时点 M 的坐标为

$$\left(\frac{x_1+x_2}{2}, \frac{y_1+y_2}{2}, \frac{z_1+z_2}{2}\right).$$

8.1.6 向量的数量积与方向余弦

1. 向量的数量积

一质点在恒力 F 的作用下，由点 A 沿直线移到点 B，若力 F 与位移向量 $\overrightarrow{AB}$ 的夹角为 θ，则力 F 所做的功为

$$W = |F| \, |\overrightarrow{AB}| \cos\theta.$$

这个数 W 可看成由力向量 F 和位移向量 $\overrightarrow{AB}$ 按照上式运算得出的结果．由此引出向量的数量积的概念．

定义 8.4 向量 a, b 的模 $|a|, |b|$ 与 a, b 两个向量的夹角 $\langle a, b\rangle$（规定 $0 \leqslant \langle a, b\rangle \leqslant \pi$）的余弦的乘积，称为向量 a, b 的数量积（也称内积或点积），记作 $a \cdot b$，即

$$a \cdot b = |a||b| \cos\langle a, b\rangle.$$

于是，质点在力 F 的作用下产生位移 $\overrightarrow{AB}$ 所做的功可表示为 $W = F \cdot \overrightarrow{AB}$.

由数量积的定义可得数量积满足以下运算性质．

(1) 交换律：$a \cdot b = b \cdot a$.

(2) 分配律：$a \cdot (b+c) = a \cdot b + a \cdot c$.

(3) 结合律：$(\lambda a) \cdot b = \lambda(a \cdot b) = a \cdot (\lambda b)$.

(4) $a \cdot a = |a|^2$.

(5) $a \cdot b = 0 \Leftrightarrow a \perp b$.

(6) $|a \cdot b| \leqslant |a| \cdot |b|$.

特别地，有

$$i \cdot i = j \cdot j = k \cdot k = 1, i \cdot j = j \cdot k = k \cdot i = 0.$$

若向量 $a = x_1 i + y_1 j + z_1 k, b = x_2 i + y_2 j + z_2 k$，由数量积的运算性质直接计算得

$$a \cdot b = x_1 x_2 + y_1 y_2 + z_1 z_2,$$

这表明两向量的数量积等于它们对应坐标分量的乘积之和．

下面利用向量的直角坐标给出向量的模、两向量的夹角公式以及两向量垂直的充分必要条件．

设非零向量 $\boldsymbol{a}=\{x_1,y_1,z_1\}$，$\boldsymbol{b}=\{x_2,y_2,z_2\}$，则

（1）$|\boldsymbol{a}|=\sqrt{\boldsymbol{a}\cdot\boldsymbol{a}}=\sqrt{x_1^2+y_1^2+z_1^2}$；

（2）$\cos\langle\boldsymbol{a},\boldsymbol{b}\rangle=\dfrac{\boldsymbol{a}\cdot\boldsymbol{b}}{|\boldsymbol{a}||\boldsymbol{b}|}=\dfrac{x_1x_2+y_1y_2+z_1z_2}{\sqrt{x_1^2+y_1^2+z_1^2}\sqrt{x_2^2+y_2^2+z_2^2}}$；

（3）$\boldsymbol{a}\perp\boldsymbol{b}\Leftrightarrow x_1x_2+y_1y_2+z_1z_2=0$.

例 8.5 已知向量 $\boldsymbol{a}=\{3,-1,-2\}$，$\boldsymbol{b}=\{1,2,-1\}$，求 $\boldsymbol{a}\cdot\boldsymbol{b}$ 及 $\boldsymbol{a},\boldsymbol{b}$ 的夹角的余弦值.

解 由题意可知

$$\boldsymbol{a}\cdot\boldsymbol{b}=3\times1-1\times2+(-2)\times(-1)=3,$$

$$|\boldsymbol{a}|=\sqrt{3^2+(-1)^2+(-2)^2}=\sqrt{14},\quad|\boldsymbol{b}|=\sqrt{1^2+2^2+(-1)^2}=\sqrt{6},$$

则

$$\cos\langle\boldsymbol{a},\boldsymbol{b}\rangle=\frac{\boldsymbol{a}\cdot\boldsymbol{b}}{|\boldsymbol{a}||\boldsymbol{b}|}=\frac{3}{\sqrt{14}\times\sqrt{6}}=\frac{3}{2\sqrt{21}}.$$

2. 方向余弦

设非零向量 $\boldsymbol{a}=\overrightarrow{M_1M_2}$ 与 3 个坐标轴正向的夹角分别为 α,β,γ，称 α,β,γ 为向量 $\boldsymbol{a}$ 的**方向角**，如图 8.10 所示. 规定 $0\leqslant\alpha,\beta,\gamma\leqslant\pi$. 3 个方向角的余弦值 $\cos\alpha,\cos\beta,\cos\gamma$ 称为向量 $\boldsymbol{a}$ 的**方向余弦**.

设 $\boldsymbol{a}=\{a_x,a_y,a_z\}$，向量 $\boldsymbol{a}$ 的坐标就是其在坐标轴上的投影，即

$$a_x=|\overrightarrow{M_1M_2}|\cos\alpha=|\boldsymbol{a}|\cos\alpha,$$

$$a_y=|\overrightarrow{M_1M_2}|\cos\beta=|\boldsymbol{a}|\cos\beta,$$

$$a_z=|\overrightarrow{M_1M_2}|\cos\gamma=|\boldsymbol{a}|\cos\gamma.$$

又

$$|\boldsymbol{a}|=\sqrt{a_x^2+a_y^2+a_z^2},$$

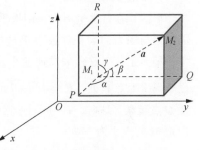

图 8.10

所以向量 $\boldsymbol{a}$ 的方向余弦为

$$\cos\alpha=\frac{a_x}{\sqrt{a_x^2+a_y^2+a_z^2}},\cos\beta=\frac{a_y}{\sqrt{a_x^2+a_y^2+a_z^2}},\cos\gamma=\frac{a_z}{\sqrt{a_x^2+a_y^2+a_z^2}},$$

这就是方向余弦的计算公式. 将以上 3 式平方后相加，可得

$$\cos^2\alpha+\cos^2\beta+\cos^2\gamma=1,$$

说明任何一个非零向量的方向余弦的平方和都等于 1，这是向量的方向余弦的一个重要性质.

向量 $\boldsymbol{a}$ 的单位向量 $\boldsymbol{e}_a=\dfrac{\boldsymbol{a}}{|\boldsymbol{a}|}$，可得

$$\boldsymbol{e}_a=\{\cos\alpha,\cos\beta,\cos\gamma\}.$$

由此可见，任何非零向量 $\boldsymbol{a}$ 的单位向量 $\boldsymbol{e}_a$ 的坐标等于 $\boldsymbol{a}$ 的 3 个方向余弦，这也是单位向量的一个性质.

例 8.6 已知两点 $M_1(2,2,\sqrt{2})$ 和 $M_2(1,3,0)$，求向量 $\overrightarrow{M_1M_2}$ 的模、方向余弦和方向角.

解 由题意可知

$$\overrightarrow{M_1M_2} = \{1-2,3-2,0-\sqrt{2}\} = \{-1,1,-\sqrt{2}\},$$

则 $\overrightarrow{M_1M_2}$ 的模为

$$|\overrightarrow{M_1M_2}| = \sqrt{(-1)^2+1^2+(-\sqrt{2})^2} = 2,$$

方向余弦为

$$\cos\alpha = -\frac{1}{2}, \cos\beta = \frac{1}{2}, \cos\gamma = -\frac{\sqrt{2}}{2},$$

方向角为

$$\alpha = \frac{2\pi}{3}, \beta = \frac{\pi}{3}, \gamma = \frac{3\pi}{4}.$$

8.1.7 向量的向量积与混合积

1. 向量的向量积

引例 在日常生活中，用扳手拧紧或拧松一个螺母时，螺母转动的效果与用力的大小、扳手手柄的长短及转动的方向有关，在力学中，用力矩这个概念来描述这个转动效果. 如图 8.11 所示，力 $\boldsymbol{F}$ 作用于扳手上点 P 处，$\boldsymbol{F}$ 与扳手 $\overrightarrow{OP}$ 的夹角为 θ，则扳手在力 $\boldsymbol{F}$ 的作用下绕 O 点转动，这时，$\boldsymbol{F}$ 对于顶点 O 的力矩可用一个向量 $\boldsymbol{M}$ 来表示，向量 $\boldsymbol{M}$ 的大小为

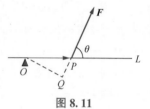

图 8.11

$$|\boldsymbol{M}| = |\overrightarrow{OP}||\boldsymbol{F}|\sin\langle\overrightarrow{OP},\boldsymbol{F}\rangle,$$

其中 $\boldsymbol{M}$ 的方向与 $\overrightarrow{OP}$ 及 $\boldsymbol{F}$ 都垂直，且 $\overrightarrow{OP},\boldsymbol{F},\boldsymbol{M}$ 符合右手法则.

这个实例说明，力 $\boldsymbol{F}$ 与向径 $\overrightarrow{OP}$ 可以确定一个新向量 $\boldsymbol{M}$. 这种由两个已知向量来确定另一向量的情况，在工程技术中常遇到. 抽去其实际意义，我们引入两向量的向量积的概念.

定义 8.5 设由两向量 $\boldsymbol{a},\boldsymbol{b}$ 的向量积确定的一个新向量 $\boldsymbol{c}$，$\boldsymbol{c}$ 满足下列条件.

（1）$|\boldsymbol{c}| = |\boldsymbol{a}||\boldsymbol{b}|\sin\langle\boldsymbol{a},\boldsymbol{b}\rangle$.

（2）$\boldsymbol{c}$ 同时垂直于向量 $\boldsymbol{a}$ 与 $\boldsymbol{b}$，即 $\boldsymbol{c}$ 垂直于向量 $\boldsymbol{a},\boldsymbol{b}$ 所决定的平面.

（3）$\boldsymbol{c}$ 的方向：按顺序 $\boldsymbol{a},\boldsymbol{b},\boldsymbol{c}$ 符合右手法则大拇指的指向，如图8.12 所示.

向量 $\boldsymbol{a}$ 与 $\boldsymbol{b}$ 的向量积（也称外积或叉积），记作 $\boldsymbol{a}\times\boldsymbol{b}$，即

$$\boldsymbol{c} = \boldsymbol{a}\times\boldsymbol{b}.$$

注 （1）两向量 $\boldsymbol{a}$ 与 $\boldsymbol{b}$ 的向量积 $\boldsymbol{a}\times\boldsymbol{b}$ 是一个向量，其模 $|\boldsymbol{a}\times\boldsymbol{b}|$ 的几何意义是：以 $\boldsymbol{a},\boldsymbol{b}$ 为邻边的平行四边形的面积.

（2）引例中，力 $\boldsymbol{F}$ 对顶点 O 的力矩 $\boldsymbol{M}$ 可表示为 $\boldsymbol{M} = \overrightarrow{OP}\times\boldsymbol{F}$.

对向量 $\boldsymbol{a},\boldsymbol{b}$ 及任意实数 λ，由向量积的定义可以推得以下性质.

（1）$\boldsymbol{a}\times\boldsymbol{a} = \boldsymbol{0}$.

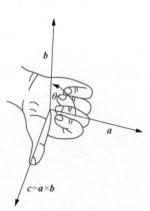

图 8.12

(2) 反交换律：$a \times b = -b \times a$.

(3) 分配律：$a \times (b+c) = a \times b + a \times c$，$(a+b) \times c = a \times c + b \times c$.

(4) 与数乘的结合律：$(\lambda a) \times b = \lambda(a \times b) = a \times (\lambda b)$.

由向量积的定义与性质，对于基本单位向量 i, j, k，有

$$i \times i = j \times j = k \times k = 0,$$

$$i \times j = k, j \times k = i, k \times i = j,$$

$$j \times i = -k, k \times j = -i, i \times k = -j.$$

由此可以推出向量 $a = \{x_1, y_1, z_1\}$ 和向量 $b = \{x_2, y_2, z_2\}$ 的向量积的坐标表示

$$a \times b = (x_1 i + y_1 j + z_1 k) \times (x_2 i + y_2 j + z_2 k)$$

$$= (y_1 z_2 - z_1 y_2) i - (x_1 z_2 - z_1 x_2) j + (x_1 y_2 - y_1 x_2) k.$$

为了便于记忆，借助线性代数中的二阶行列式及三阶行列式，有

$$a \times b = \begin{vmatrix} y_1 & z_1 \\ y_2 & z_2 \end{vmatrix} i - \begin{vmatrix} x_1 & z_1 \\ x_2 & z_2 \end{vmatrix} j + \begin{vmatrix} x_1 & y_1 \\ x_2 & y_2 \end{vmatrix} k = \begin{vmatrix} i & j & k \\ x_1 & y_1 & z_1 \\ x_2 & y_2 & z_2 \end{vmatrix}.$$

注 对于两个非零向量 $a = \{x_1, y_1, z_1\}, b = \{x_2, y_2, z_2\}$，有

$$a /\!/ b \Leftrightarrow a \times b = 0 \Leftrightarrow \frac{x_1}{x_2} = \frac{y_1}{y_2} = \frac{z_1}{z_2}.$$

例 8.7 已知向量 $a = \{3, -1, -2\}, b = \{1, 2, -1\}$，求 $a \times 2b$.

解 $a \times 2b = \{3, -1, -2\} \times \{2, 4, -2\} = \begin{vmatrix} i & j & k \\ 3 & -1 & -2 \\ 2 & 4 & -2 \end{vmatrix} = 10i + 2j + 14k$.

例 8.8 已知三角形 ABC 的顶点分别是 $A(1,1,1), B(1,2,3), C(2,3,4)$，求三角形 ABC 的面积.

解 由题意知，$\overrightarrow{AB} = \{0,1,2\}, \overrightarrow{BC} = \{1,1,1\}$，因此

$$\overrightarrow{AB} \times \overrightarrow{BC} = \begin{vmatrix} i & j & k \\ 0 & 1 & 2 \\ 1 & 1 & 1 \end{vmatrix} = -i + 2j - k = \{-1, 2, -1\}, \quad |\overrightarrow{AB} \times \overrightarrow{BC}| = \sqrt{6}.$$

根据向量积模的几何意义知，三角形 ABC 的面积为

$$S_{\triangle ABC} = \frac{1}{2} |\overrightarrow{AB} \times \overrightarrow{BC}| = \frac{\sqrt{6}}{2}.$$

2. 向量的混合积

定义 8.6 给定空间 3 个向量 a, b, c，如果先做前两个向量 a 与 b 的向量积，再做所得的向量与第 3 个向量 c 的数量积，最后得到的这个数叫作 3 向量 a, b, c 的混合积，记作

$$(a \times b) \cdot c = [abc].$$

下面仅给出混合积的坐标表示式，不再详细证明.

定理 8.2　如果 $a=x_1i+y_1j+z_1k, b=x_2i+y_2j+z_2k, c=x_3i+y_3j+z_3k$，那么

$$(a\times b)\cdot c = \begin{vmatrix} x_1 & y_1 & z_1 \\ x_2 & y_2 & z_2 \\ x_3 & y_3 & z_3 \end{vmatrix}.$$

注　(1) $[abc]=[bca]=[cab]$.

(2) 3 个向量 a,b,c 共面的充分必要条件是它们的混合积为零，即 $[abc]=0$.

(3) 混合积的几何意义：3 个不共面向量 a,b,c 的混合积的绝对值等于以 a,b,c 为棱的平行六面体的体积 V.

同步习题 8.1

基础题

1. 已知 $|a|=2, |b|=3, \langle a,b \rangle=\dfrac{2}{3}\pi$，求 $a\cdot b, (a-2b)\cdot(a+b), |a+b|$.

2. 已知两点 $A(4,0,5)$ 和 $B(7,1,3)$，求与 $\overrightarrow{AB}$ 同方向的单位向量.

3. 在 y 轴上求与点 $A(1,-4,7)$ 和 $B(5,6,5)$ 等距离的点 M.

4. 在空间直角坐标系中，设有 3 个点 $A(5,-4,1), B(3,2,1), C(2,-5,0)$，证明：$\triangle ABC$ 是直角三角形.

5. 设向量 $a=\{1,-2,-1\}, b=\{2,0,1\}$，求 $a\times b$ 的坐标.

6. 在空间直角坐标系中，设向量 $a=\{3,0,2\}, b=\{-1,1,-1\}$，求同时垂直于向量 a 与 b 的单位向量.

7. 已知 a,b,c 都是单位向量，且满足 $a+b+c=0$，求 $a\cdot b+b\cdot c+c\cdot a$.

8. 已知 $a=\{3,-2,1\}, b=\{2,1,2\}, c=\{3,-1,2\}$，判断向量 a,b,c 是否共面.

提高题

1. 在空间直角坐标系中，设有点 $A(4,-1,2), B(1,2,-2), C(2,0,1)$，求 $\triangle ABC$ 的面积.

2. 已知 3 个点 $M(1,1,1), A(2,2,1), B(2,1,2)$，求 $\angle AMB$.

3. 已知两个点 $A(4,\sqrt{2},1), B(3,0,2)$，求 $\overrightarrow{AB}$ 的坐标、模、方向余弦和方向角.

8.2 空间平面和直线

空间中的平面和直线是人们经常接触与应用的几何图形，下面将以向量为工具，建立空间平面和直线的方程，并解决有关位置关系方面的一些问题.

8.2.1 空间平面方程

1. 平面的点法式方程

在立体几何中我们知道，一个平面在空间的位置，可以由它的一条垂线和该平面上的一个定点所确定. 这条垂线的方向可以用一个与其平行的向量来表示，下面先给出如下定义.

定义 8.7 设 Π 是空间中的一个平面，如果非零向量 n 与平面 Π 垂直，则称向量 n 为平面 Π 的**法线向量**(简称平面的法向量).

显然，一个平面的法线向量不唯一，且法线向量与平面上的任何一个向量都垂直.

已知平面 Π 过一定点 $M_0(x_0,y_0,z_0)$，它的法线向量为 $n=\{A,B,C\}$，其中 A,B,C 不同时为零. 下面要建立平面 Π 的方程，就是寻求平面上任意一点所满足的关系式.

如图 8.13 所示，设 $M(x,y,z)$ 为平面 Π 上的任意一点，根据法线向量的定义得 $n \perp \overrightarrow{M_0M}$，所以

$$n \cdot \overrightarrow{M_0M} = 0.$$

由于 $\overrightarrow{M_0M} = \{x-x_0,y-y_0,z-z_0\}$，因此有

$$A(x-x_0)+B(y-y_0)+C(z-z_0) = 0. \qquad (8.1)$$

方程(8.1)对于平面上的所有点都成立，对于不在平面上的点则不成立，所以方程(8.1)唯一确定了这个平面. 我们称这个方程为过定点 $M_0(x_0,y_0,z_0)$、法线向量为 n 的平面 Π 的点法式方程.

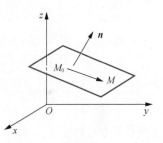

图 8.13

例 8.9 求过点 $M_0(1,1,2)$ 且垂直于向量 $n=\{2,-1,4\}$ 的平面方程.

解 由平面的点法式方程(8.1)，得所求平面方程为

$$2(x-1)-(y-1)+4(z-2) = 0,$$

整理得

$$2x-y+4z-9 = 0.$$

例 8.10 求过 3 个点 $M_1(2,-1,4),M_2(-1,3,-2),M_3(0,2,3)$ 的平面 Π 的方程.

解 **方法 ①** 所求平面 Π 的法向量同时垂直于 $\overrightarrow{M_1M_2}$ 与 $\overrightarrow{M_1M_3}$，因此可取 $\overrightarrow{M_1M_2}$ 与 $\overrightarrow{M_1M_3}$ 的向量积 $\overrightarrow{M_1M_2} \times \overrightarrow{M_1M_3}$ 为该平面的一个法向量 n，即

$$n = \overrightarrow{M_1M_2} \times \overrightarrow{M_1M_3}.$$

由于

$$\overrightarrow{M_1M_2} = \{-3,4,-6\},\overrightarrow{M_1M_3} = \{-2,3,-1\},$$

因此

$$\boldsymbol{n}=\overrightarrow{M_1M_2}\times\overrightarrow{M_1M_3}=\begin{vmatrix} \boldsymbol{i} & \boldsymbol{j} & \boldsymbol{k} \\ -3 & 4 & -6 \\ -2 & 3 & -1 \end{vmatrix}=14\boldsymbol{i}+9\boldsymbol{j}-\boldsymbol{k}.$$

于是所求平面 Π 的方程为

$$14(x-2)+9(y+1)-(z-4)=0,$$

化简得

$$14x+9y-z-15=0.$$

方法❷ 设点 $M(x,y,z)$ 为平面 Π 上任意一点，则 3 个向量 $\overrightarrow{M_1M}$, $\overrightarrow{M_1M_2}$, $\overrightarrow{M_1M_3}$ 共面. 根据定理 8.2 得，混合积 $[\overrightarrow{M_1M}\ \overrightarrow{M_1M_2}\ \overrightarrow{M_1M_3}]=0$，即

$$\begin{vmatrix} x-2 & y+1 & z-4 \\ -3 & 4 & -6 \\ -2 & 3 & -1 \end{vmatrix}=0,$$

化简得

$$14x+9y-z-15=0.$$

一般地，过不共线的 3 个点 $M_k(x_k,y_k,z_k)(k=1,2,3)$ 的平面方程为

$$\begin{vmatrix} x-x_1 & y-y_1 & z-z_1 \\ x_2-x_1 & y_2-y_1 & z_2-z_1 \\ x_3-x_1 & y_3-y_1 & z_3-z_1 \end{vmatrix}=0,$$

上式称为平面的三点式方程.

2. 平面的一般式方程

平面的点法式方程(8.1)可化为

$$Ax+By+Cz-(Ax_0+By_0+Cz_0)=0,$$

令 $D=-(Ax_0+By_0+Cz_0)$，得

$$Ax+By+Cz+D=0. \tag{8.2}$$

式(8.2)称为平面的一般式方程，其中 $\boldsymbol{n}=\{A,B,C\}$ 为平面的一个法向量.

空间中的平面和关于 x,y,z 的三元一次方程是一一对应的. 下面给出一些特殊的三元一次方程所表示的平面.

（1）当 $D=0$ 时，平面 $Ax+By+Cz=0$ 过原点.

（2）当 $A=0$ 时，平面 $By+Cz+D=0$ 的法向量 $\boldsymbol{n}=\{0,B,C\}$ 垂直于 x 轴，所以平面平行于 x 轴. 特别地，当 $D=0$ 时，平面 $By+Cz=0$ 表示过 x 轴的平面.

同理，平面 $Ax+Cz+D=0$ 和 $Ax+By+D=0$ 分别平行于 y 轴和 z 轴.

（3）当 $A=B=0$ 时，平面 $Cz+D=0$，即 $z=-\dfrac{D}{C}$，此平面既平行于 x 轴，又平行于 y 轴，即平行于 xOy 面. 同理，面 $Ax+D=0$ 和 $By+D=0$ 分别平行于 yOz 面和 zOx 面.

（4）当 $A=B=D=0$ 时，平面 $z=0$，即为 xOy 面. 同理，$x=0,y=0$ 分别为 yOz 平面和 zOx 面.

例 8.11 求过两点 $A(3,0,-2),B(-1,2,4)$ 且与 x 轴平行的平面方程.

解 **方法①** 由已知，所求平面的法向量同时与 $\overrightarrow{AB}$ 和 x 轴垂直，即法向量同时与 $\overrightarrow{AB}=\{-4,2,6\}$ 和 $\boldsymbol{i}=\{1,0,0\}$ 垂直. 因此，可取 $\overrightarrow{AB}\times\boldsymbol{i}$ 作为该平面的一个法向量.

$$\boldsymbol{n}=\overrightarrow{AB}\times\boldsymbol{i}=\begin{vmatrix} \boldsymbol{i} & \boldsymbol{j} & \boldsymbol{k} \\ -4 & 2 & 6 \\ 1 & 0 & 0 \end{vmatrix}=\begin{vmatrix} 2 & 6 \\ 0 & 0 \end{vmatrix}\boldsymbol{i}-\begin{vmatrix} -4 & 6 \\ 1 & 0 \end{vmatrix}\boldsymbol{j}+\begin{vmatrix} -4 & 2 \\ 1 & 0 \end{vmatrix}\boldsymbol{k}=0\boldsymbol{i}+6\boldsymbol{j}-2\boldsymbol{k}.$$

由平面的点法式方程得

$$0\cdot(x-3)+6(y-0)-2(z+2)=0,$$

整理得

$$3y-z-2=0.$$

方法② 设与 x 轴平行的平面方程为 $By+Cz+D=0$. 依题意点 $A(3,0,-2)$ 和点 $B(-1,2,4)$ 满足该方程，故有 $-2C+D=0,2B+4C+D=0$，解得

$$D=2C,B=-3C.$$

所以平面方程为

$$3y-z-2=0.$$

3. 平面的截距式方程

设平面过 3 个点 $A(a,0,0),B(0,b,0),C(0,0,c)(abc\neq0)$，如图 8.14 所示. 根据平面的三点式方程得

$$\begin{vmatrix} x-a & y & z \\ -a & b & 0 \\ -a & 0 & c \end{vmatrix}=0,$$

化简整理得

$$\frac{x}{a}+\frac{y}{b}+\frac{z}{c}=1. \tag{8.3}$$

式 (8.3) 称为平面的截距式方程，其中 a,b,c 分别称为平面在 x 轴、y 轴和 z 轴上的截距.

4. 两平面间的位置关系

两平面间的两个相邻二面角中的一个(如果两平面平行，夹角可以看成是零)称为空间两平面的夹角. 显然，这两个二面角中的一个等于两平面的法向量的夹角，如图 8.15 所示. 因此，我们有如下定义.

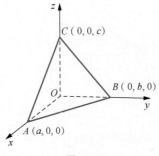

图 8.14

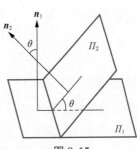

图 8.15

定义 8.8 两平面法向量的夹角 θ(通常指锐角或直角)称为两平面的夹角.

设有两个平面的方程分别为

$\Pi_1 : A_1x+B_1y+C_1z+D_1=0$　　$(A_1,B_1,C_1$ 不同时为零$)$,

$\Pi_2 : A_2x+B_2y+C_2z+D_2=0$　　$(A_2,B_2,C_2$ 不同时为零$)$,

则两平面的法向量分别为 $\boldsymbol{n}_1=\{A_1,B_1,C_1\}$ 和 $\boldsymbol{n}_2=\{A_2,B_2,C_2\}$,根据两向量夹角余弦的公式,平面 Π_1 和 Π_2 的夹角 θ 的余弦为

$$\cos\theta=|\cos\langle\boldsymbol{n}_1,\boldsymbol{n}_2\rangle|=\frac{|\boldsymbol{n}_1\cdot\boldsymbol{n}_2|}{|\boldsymbol{n}_1||\boldsymbol{n}_2|}=\frac{|A_1A_2+B_1B_2+C_1C_2|}{\sqrt{A_1^2+B_1^2+C_1^2}\sqrt{A_2^2+B_2^2+C_2^2}}. \tag{8.4}$$

式(8.4)就是两平面夹角的余弦公式.

例 8.12 求两平面 $x-y+2z-6=0$ 和 $2x+y+z-5=0$ 的夹角.

解 $\boldsymbol{n}_1=\{1,-1,2\}$,$\boldsymbol{n}_2=\{2,1,1\}$,根据公式(8.4),得

$$\cos\theta=\frac{|1\times2+(-1)\times1+2\times1|}{\sqrt{1^2+(-1)^2+2^2}\sqrt{2^2+1^2+1^2}}=\frac{1}{2}.$$

因此,两平面之间的夹角为 $\theta=\dfrac{\pi}{3}$.

当两个平面的法向量相互垂直或者相互平行时,这两个平面就相互垂直或相互平行. 根据两向量垂直或平行的条件,可以得到:

(1)两平面垂直 $\Leftrightarrow\boldsymbol{n}_1\cdot\boldsymbol{n}_2=0\Leftrightarrow A_1A_2+B_1B_2+C_1C_2=0$;

(2)两平面平行 $\Leftrightarrow\boldsymbol{n}_1/\!/\boldsymbol{n}_2\Leftrightarrow\dfrac{A_1}{A_2}=\dfrac{B_1}{B_2}=\dfrac{C_1}{C_2}\neq\dfrac{D_1}{D_2}$.

特别地,当 $\dfrac{A_1}{A_2}=\dfrac{B_1}{B_2}=\dfrac{C_1}{C_2}=\dfrac{D_1}{D_2}$ 时,两平面重合.

5. 点到平面的距离

在空间直角坐标系中,设点 $M_0(x_0,y_0,z_0)$ 是平面 $\Pi:Ax+By+Cz+D=0$ 外的一点,为求点 M_0 到 Π 的距离,在平面 Π 上任取一点 M_1,如图 8.16 所示,则点 M_0 到平面 Π 的距离为

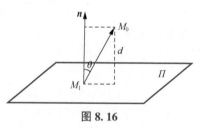

图 8.16

$$d=|\operatorname{Prj}_{\boldsymbol{n}}\overrightarrow{M_1M_0}|=\frac{|\overrightarrow{M_1M_0}\cdot\boldsymbol{n}|}{|\boldsymbol{n}|}=\frac{|Ax_0+By_0+Cz_0+D|}{\sqrt{A^2+B^2+C^2}}. \tag{8.5}$$

例 8.13 求点 $P(-2,1,-1)$ 到平面 $\Pi:2x-2y+z+3=0$ 的距离.

解 由点到平面的距离公式(8.5)得

$$d=\frac{|-2\times2+1\times(-2)+(-1)\times1+3|}{\sqrt{2^2+(-2)^2+1^2}}=\frac{4}{3}.$$

8.2.2　空间直线方程

1. 直线的点向式方程和参数方程

定义 8.9 如果一个非零向量 $\boldsymbol{s}$ 与直线 L 平行,则称向量 $\boldsymbol{s}$ 是直线 L 的一个方向向量. 任一方向向量的坐标称为该直线的一组方向数.

设 $M_0(x_0,y_0,z_0)$ 是直线 L 上的一个点，$s=\{m,n,p\}$ 为 L 的一个方向向量，下面求直线 L 的方程.

在直线 L 上任取点 $M(x,y,z)$，如图 8.17 所示，$\overrightarrow{M_0M}/\!/s$，所以两向量对应坐标成比例. $\overrightarrow{M_0M}$ 的坐标为 $\{x-x_0,y-y_0,z-z_0\}$，因此有

$$\frac{x-x_0}{m}=\frac{y-y_0}{n}=\frac{z-z_0}{p}. \qquad (8.6)$$

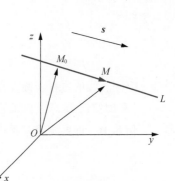

图 8.17

式(8.6)称为直线 L 的**点向式方程**(或叫作对称式方程).

由直线的点向式方程可以推导出直线的参数方程. 令

$$\frac{x-x_0}{m}=\frac{y-y_0}{n}=\frac{z-z_0}{p}=t,$$

得

$$\begin{cases} x=x_0+mt, \\ y=y_0+nt, \\ z=z_0+pt, \end{cases} \qquad (8.7)$$

方程组(8.7)称为直线 L 的**参数方程**.

例 8.14 求过点 $(4,-1,3)$ 且平行于直线 $\dfrac{x-3}{2}=\dfrac{y}{1}=\dfrac{z-1}{5}$ 的直线方程.

解 所求直线的方向向量为 $\{2,1,5\}$，因为过点 $(4,-1,3)$，根据点向式方程得所求直线方程为

$$\frac{x-4}{2}=\frac{y+1}{1}=\frac{z-3}{5}.$$

例 8.15 求与两平面 $\Pi_1:2x+2z=7$ 和 $\Pi_2:6x-9y+3z=11$ 都平行，并且过点 $M(4,3,-1)$ 的直线方程.

解 所求的直线与平面 Π_1 与 Π_2 都平行，即与 Π_1 和 Π_2 的法向量 n_1 和 n_2 都垂直，其中

$$n_1=\{2,0,2\},n_2=\{6,-9,3\},$$

因此可用 $n_1\times n_2$ 作为直线的一个方向向量. 又

$$n_1\times n_2=\begin{vmatrix} i & j & k \\ 2 & 0 & 2 \\ 6 & -9 & 3 \end{vmatrix}=6(3i+j-3k),$$

取 $s=\{3,1,-3\}$，于是所求直线方程为

$$\frac{x-4}{3}=\frac{y-3}{1}=\frac{z+1}{-3}.$$

2. 直线的一般式方程

空间直线 L 可以看成两个相交平面的交线. 如果两个不平行平面的方程为

$$\Pi_1:A_1x+B_1y+C_1z+D_1=0,$$

$$\Pi_2:A_2x+B_2y+C_2z+D_2=0,$$

则方程组

$$\begin{cases} A_1 x + B_1 y + C_1 z + D_1 = 0, \\ A_2 x + B_2 y + C_2 z + D_2 = 0 \end{cases} \tag{8.8}$$

表示空间直线的方程，称方程组(8.8)为直线 L 的一般式方程.

【即时提问8.2】 直线的一般式方程唯一吗?

例8.16 将直线的一般式方程

$$\begin{cases} 2x - y + 3z - 1 = 0, \\ 3x + 2y - z - 12 = 0 \end{cases}$$

化为点向式方程和参数方程.

解 先求直线上一点 M_0. 不妨设 $z = 0$，代入直线的一般式方程中得

$$\begin{cases} 2x - y - 1 = 0, \\ 3x + 2y - 12 = 0, \end{cases}$$

解得

$$x = 2, y = 3,$$

所以 $M_0(2, 3, 0)$ 为直线上的一点.

再求直线的一个方向向量 s. 由于直线与平面 $2x - y + 3z - 1 = 0$ 和 $3x + 2y - z - 12 = 0$ 的法向量 n_1，n_2 都垂直，其中 $n_1 = \{2, -1, 3\}$，$n_2 = \{3, 2, -1\}$，因此可用 $n_1 \times n_2$ 作为直线的一个方向向量 s.

$$s = n_1 \times n_2 = \begin{vmatrix} \boldsymbol{i} & \boldsymbol{j} & \boldsymbol{k} \\ 2 & -1 & 3 \\ 3 & 2 & -1 \end{vmatrix} = -5\boldsymbol{i} + 11\boldsymbol{j} + 7\boldsymbol{k},$$

即

$$s = \{-5, 11, 7\}.$$

于是，该直线的点向式方程为

$$\frac{x-2}{-5} = \frac{y-3}{11} = \frac{z}{7}.$$

令

$$\frac{x-2}{-5} = \frac{y-3}{11} = \frac{z}{7} = t,$$

得所给直线的参数方程为

$$\begin{cases} x = 2 - 5t, \\ y = 3 + 11t, \\ z = 7t. \end{cases}$$

3. 两直线的夹角

定义8.10 两空间直线的方向向量的夹角(通常指锐角或直角)称为两条直线的夹角. 如果两直线平行，夹角可以看作零.

设直线 L_1 与 L_2 的方程分别为

$$L_1: \frac{x-x_1}{m_1} = \frac{y-y_1}{n_1} = \frac{z-z_1}{p_1},$$

$$L_2: \frac{x-x_2}{m_2} = \frac{y-y_2}{n_2} = \frac{z-z_2}{p_2}.$$

它们的方向向量分别是 $\boldsymbol{s}_1 = \{m_1, n_1, p_1\}$，$\boldsymbol{s}_2 = \{m_2, n_2, p_2\}$，设它们的夹角为 θ，则有

$$\cos\theta = |\cos\langle \boldsymbol{s}_1, \boldsymbol{s}_2\rangle| = \frac{|\boldsymbol{s}_1 \cdot \boldsymbol{s}_2|}{|\boldsymbol{s}_1||\boldsymbol{s}_2|} = \frac{|m_1 m_2 + n_1 n_2 + p_1 p_2|}{\sqrt{m_1^2 + n_1^2 + p_1^2}\sqrt{m_2^2 + n_2^2 + p_2^2}}.$$

从而可求出 θ，并由此可得以下结论.

（1）$L_1 // L_2 \Leftrightarrow \dfrac{m_1}{m_2} = \dfrac{n_1}{n_2} = \dfrac{p_1}{p_2}$.

（2）$L_1 \perp L_2 \Leftrightarrow m_1 m_2 + n_1 n_2 + p_1 p_2 = 0$.

例 8.17 求两直线 $L_1: \dfrac{x-1}{1} = \dfrac{y}{-4} = \dfrac{z+3}{1}$ 和 $L_2: \begin{cases} x+y+2=0, \\ x+2z=0 \end{cases}$ 的夹角.

解 直线 L_1 的方向向量为 $\boldsymbol{s}_1 = \{1, -4, 1\}$，直线 L_2 的方向向量为

$$\boldsymbol{s}_2 = \begin{vmatrix} \boldsymbol{i} & \boldsymbol{j} & \boldsymbol{k} \\ 1 & 1 & 0 \\ 1 & 0 & 2 \end{vmatrix} = \{2, -2, -1\},$$

则两直线夹角的余弦为

$$\cos\theta = \frac{|1\times2 + (-4)\times(-2) + 1\times(-1)|}{\sqrt{1^2 + (-4)^2 + 1^2}\sqrt{2^2 + (-2)^2 + (-1)^2}} = \frac{1}{\sqrt{2}},$$

所以 $\theta = \dfrac{\pi}{4}$.

4. 直线与平面的夹角

定义 8.11 当直线与平面不垂直时，直线与它在平面上的投影之间的夹角 $\theta\left(0 \leqslant \theta < \dfrac{\pi}{2}\right)$，称为**直线与平面的夹角**. 当直线与平面垂直时，规定直线与平面的夹角为 $\dfrac{\pi}{2}$.

已知直线 $L: \dfrac{x-x_0}{m} = \dfrac{y-y_0}{n} = \dfrac{z-z_0}{p}$，平面 $\Pi: Ax+By+Cz+D=0$，则直线 L 的方向向量为 $\boldsymbol{s} = \{m, n, p\}$，平面 Π 的法向量为 $\boldsymbol{n} = \{A, B, C\}$. 设直线 L 的方向向量与平面 Π 的法向量之间的夹角为 φ，则 $\theta = \dfrac{\pi}{2} - \varphi$. 所以，

$$\sin\theta = |\cos\varphi| = \frac{|\boldsymbol{s} \cdot \boldsymbol{n}|}{|\boldsymbol{s}| \cdot |\boldsymbol{n}|} = \frac{|Am + Bn + Cp|}{\sqrt{m^2 + n^2 + p^2}\sqrt{A^2 + B^2 + C^2}}. \tag{8.9}$$

从而可求出 θ，并由此可得以下结论.

（1）$L \perp \Pi \Leftrightarrow \boldsymbol{s} // \boldsymbol{n} \Leftrightarrow \boldsymbol{s} \times \boldsymbol{n} = \boldsymbol{0} \Leftrightarrow \dfrac{m}{A} = \dfrac{n}{B} = \dfrac{p}{C}$.

（2）$L // \Pi \Leftrightarrow \boldsymbol{s} \cdot \boldsymbol{n} = 0 \Leftrightarrow Am + Bn + Cp = 0$.

例 8.18 求直线 $\begin{cases} x+y+3z=0, \\ x-y-z=0 \end{cases}$ 与平面 $x-y-z+1=0$ 的夹角.

解 直线的方向向量为 $\boldsymbol{s} = \{1,1,3\} \times \{1,-1,-1\} = \{2,4,-2\}$，平面的法向量为 $\boldsymbol{n} = \{1,-1,-1\}$，因为 $\boldsymbol{s} \cdot \boldsymbol{n} = 0$，所以直线与平面的夹角为 0.

同步习题8.2

基础题

1. 一平面通过两点 $M_0(1,1,1)$ 和 $M_1(0,1,-1)$，且垂直于平面 $x+y+z=0$，求该平面方程.

2. 求过直线 $\begin{cases} 3x-2y+2=0, \\ x-2y-z+6=0, \end{cases}$ 且与点 $(1,2,1)$ 的距离为 1 的平面方程.

3. 求平行于 z 轴，且过点 $M_1(1,0,1)$ 和 $M_2(2,-1,1)$ 的平面方程.

4. 一平面经过点 $P(1,1,1)$，$Q(-2,1,2)$，$R(-3,3,1)$，求此平面方程.

5. 求平面 $2x-3y-z+12=0$ 在 3 个坐标轴上的截距.

6. 判断直线 $L_1: \dfrac{x-2}{5}=\dfrac{y+1}{1}=\dfrac{z-1}{-3}$ 与 $L_2: \begin{cases} x=2, \\ y=1 \end{cases}$ 的位置关系.

7. 求点 $P(3,-1,2)$ 到直线 $\begin{cases} x+y-z+1=0, \\ 2x-y+z-4=0 \end{cases}$ 的距离.

8. 求点 $P(1,2,-1)$ 到直线 $\dfrac{x-1}{2}=\dfrac{y+1}{-1}=\dfrac{z-2}{3}$ 的距离.

9. 设直线 L 过两点 $A(-1,2,3)$ 和 $B(2,0,-1)$，求直线 L 的方程.

10. 求两个平行平面 $x-y+3z+1=0$ 与 $x-y+3z-5=0$ 之间的距离.

11. 将直线的一般式方程 $\begin{cases} 3x-2y+z+1=0, \\ 2x+y-z-2=0 \end{cases}$ 化为对称式方程及参数方程.

微课: 同步习题8.2
基础题 7

提高题

1. 求与平面 $x-4z=3$ 和 $2x-y-5z=1$ 的交线平行且过点 $(-3,2,5)$ 的直线方程.

2. 求过点 $(2,1,3)$ 且与直线 $\dfrac{x+1}{3}=\dfrac{y-1}{2}=\dfrac{z}{-1}$ 垂直相交的直线方程.

3. 求过点 $(3,1,-2)$ 且通过直线 $\dfrac{x-4}{5}=\dfrac{y+3}{2}=\dfrac{z}{1}$ 的平面方程.

4. 求过点 $(0,2,4)$ 且与两平面 $x+2z=1$，$y-3z=2$ 平行的直线方程.

5. 求过点 $M_1(3,0,0)$ 和 $M_2(0,0,1)$ 且与 xOy 平面成 $\dfrac{\pi}{3}$ 角的平面方程.

微课: 同步习题8.2
提高题2、提高题3

6. 设有平面 $\Pi: y+2z-2=0$ 和直线 $L: \begin{cases} 2x-y-2=0, \\ 3y-2z+2=0. \end{cases}$

(1) 求直线 L 和平面 Π 的交点坐标.

(2) 求过直线 L 且与平面 Π 垂直的平面方程.

7. 已知直线 L 过点 $M_0(-1,0,4)$，且与直线 $L_1: \begin{cases} x+2y-z=0, \\ x+2y+2z+4=0 \end{cases}$ 垂直，与平面 $\Pi: 3x-4y+z-10=0$ 平行，求直线 L 的方程.

8.3 空间曲面和曲线

8.3.1 空间曲面

在平面解析几何中，我们把任何平面曲线看作点的几何轨迹，并建立了平面曲线的方程. 在空间解析几何中，任何曲面也可以看作点的几何轨迹，由此可以建立空间曲面的方程.

定义 8.12 如果曲面 Σ 与方程 $F(x,y,z)=0$ 满足如下关系：

(1) 曲面 Σ 上每一点的坐标都满足方程 $F(x,y,z)=0$；

(2) 以方程 $F(x,y,z)=0$ 的解为坐标的点都在曲面 Σ 上.

则称方程 $F(x,y,z)=0$ 为曲面 Σ 的方程，而称曲面 Σ 为此方程的图形，如图 8.18 所示.

已知曲面的形状求曲面的方程，是研究曲面的基本问题之一，下面我们主要研究 3 个常见的曲面方程.

1. 球面

在空间中，到一定点的距离等于定长的点的集合叫作球面，其中定点为球心，定长为半径.

例 8.19 建立球心为点 $M_0(x_0,y_0,z_0)$、半径为 R 的球面方程，如图 8.19 所示.

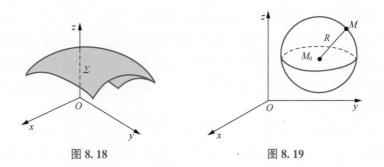

图 8.18　　　　　　图 8.19

解 设 $M(x,y,z)$ 是球面上任一点，则

$$|M_0M|=R,$$

即

$$\sqrt{(x-x_0)^2+(y-y_0)^2+(z-z_0)^2}=R,$$

两边平方，得

$$(x-x_0)^2+(y-y_0)^2+(z-z_0)^2=R^2. \tag{8.10}$$

这也就是说，球面上任意一点的坐标都满足方程(8.10)，而不在球面上的点的坐标一定不满足方程(8.10).

特别地，以坐标原点为球心、以 R 为半径的球面方程为

$$x^2+y^2+z^2=R^2.$$

将方程(8.10)展开得

$$x^2+y^2+z^2-2x_0x-2y_0y-2z_0z+x_0^2+y_0^2+z_0^2-R^2=0.$$

令 $A=-2x_0,B=-2y_0,C=-2z_0,D=x_0^2+y_0^2+z_0^2-R^2$，则有

$$x^2+y^2+z^2+Ax+By+Cz+D=0,$$

此方程称为球面的**一般方程**. 球面方程具有下列两个特点.

（1）它是 x,y,z 的二次方程，且方程中缺 xy,yz,zx 项.

（2）x^2,y^2,z^2 的系数相同且不为零.

例 8.20　方程 $x^2+y^2+z^2-4x+2y=0$ 表示怎样的曲面？

解　原方程可以改写为

$$(x-2)^2+(y+1)^2+z^2=5,$$

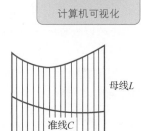

计算机可视化

所以方程表示球心在点 $(2,-1,0)$、半径为 $\sqrt{5}$ 的球面.

2. 柱面

用直线 L 沿空间一条曲线 C 平行移动所形成的曲面称为**柱面**.
动直线 L 称为柱面的**母线**，定曲线 C 称为柱面的**准线**，如图 8.20
所示.

我们仅讨论准线在坐标面上，母线平行于坐标轴的柱面方程.

例 8.21　分析方程 $x^2+y^2=R^2$ 表示怎样的曲面.

解　在 xOy 平面上，方程 $x^2+y^2=R^2$ 表示圆心在坐标原点、半径
为 R 的圆. 在空间直角坐标系中，由于该方程缺少竖坐标 z，这意味着

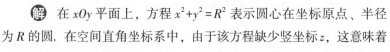

母线L

准线C

图 8.20

不论空间中点的竖坐标 z 怎么取，只要横坐标 x 和纵坐标 y 满足 $x^2+y^2=R^2$，这样的点都在曲面上.
即，凡是通过 xOy 面内圆 $x^2+y^2=R^2$ 上一点 $M_0(x,y,0)$ 且平行于 z 轴的直线 L 都在这个曲面上，
因此，这个曲面可以看作以 xOy 面上的圆 $x^2+y^2=R^2$ 为准线、以平行于 z 轴的直线 L 为母线的圆
柱面，如图 8.21 所示.

一般地，在空间直角坐标系中，方程中缺少 z，即 $f(x,y)=0$，表示准线在 xOy 面上、母线
平行于 z 轴的柱面；方程 $g(y,z)=0$ 表示准线在 yOz 面上、母线平行于 x 轴的柱面；方程 $h(z,x)=0$ 表示准线在 zOx 面上、母线平行于 y 轴的柱面.

常见的柱面，除了圆柱面 $x^2+y^2=R^2$，还有双曲柱面 $\dfrac{y^2}{b^2}-\dfrac{x^2}{a^2}=1$ [$a>0,b>0$，见图8.22（a）] 和

抛物柱面 $x^2=2py$ [$p>0$，见图8.22（b）].

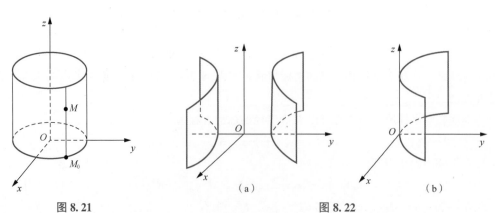

图 8.21　　　　　　　　　　（a）　　　　　　　　　（b）

图 8.22

3. 旋转曲面

一条平面曲线 C 绕同一平面内的一条定直线 L 旋转一周所形成的曲面称为旋转曲面. 曲线 C 称为旋转曲面的母线, 定直线 L 称为旋转曲面的旋转轴, 简称轴, 如图 8.23 所示.

下面我们讨论坐标轴为旋转轴的旋转曲面.

例 8.22 双曲线型冷却塔是电厂、核电站的循环水自然通风冷却的一种建筑物, 如图 8.24 所示. 试分析双曲线型冷却塔外表面的数学模型.

图 8.23

图 8.24

解 双曲线型冷却塔外表面可以看作 yOz 面上的曲线 C: $f(y,z)=0$ 绕 z 轴旋转而得到的旋转曲面, 如图 8.25 所示.

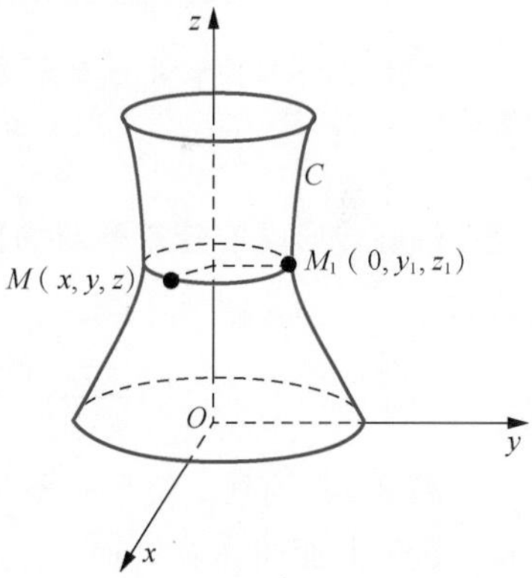

图 8.25

设 $M(x,y,z)$ 为旋转曲面上的任一点, 并假定点 M 是由曲线 C 上的点 $M_1(0,y_1,z_1)$ 绕 z 轴旋转到一定角度而得到的. 因而 $z=z_1$, 且点 M 到 z 轴的距离与点 M_1 到 z 轴的距离相等. 而点 M 到 z 轴的距离为 $\sqrt{x^2+y^2}$, 点 M_1 到 z 轴的距离为 $\sqrt{y_1^2}=|y_1|$, 即

$$y_1=\pm\sqrt{x^2+y^2}.$$

又因为点 M_1 在曲线 C 上, 因而 $f(y_1,z_1)=0$, 将上式代入得 $f(\pm\sqrt{x^2+y^2},z)=0$, 即旋转曲面上任一点 $M(x,y,z)$ 的坐标满足方程

$$f(\pm\sqrt{x^2+y^2},z)=0,$$

这就是所求旋转曲面的方程.

比如, yOz 面上的双曲线 C: $\dfrac{y^2}{a^2}-\dfrac{(z-c)^2}{b^2}=1(a>0,b>0,c>0)$ 绕 z 轴旋转而得到的旋转曲面方程为 $\dfrac{x^2+y^2}{a^2}-\dfrac{(z-c)^2}{b^2}=1$, 这就是常见的双曲线型冷却塔的数学模型.

由此可见, 在曲线 C 的方程 $f(y,z)=0$ 中将 y 换成 $\pm\sqrt{x^2+y^2}$, 便得到曲线 C 绕 z 轴旋转所形成的旋转曲面方程.

同理, 曲线 C 绕 y 轴旋转所形成的旋转曲面的方程为

$$f(y, \pm\sqrt{x^2+z^2}) = 0,$$

即将 $f(y,z)=0$ 中的 z 换成 $\pm\sqrt{x^2+z^2}$.

zOx 面内的曲线 $h(z,x)=0$ 绕 x 轴旋转所形成的旋转曲面的方程为

$$h(\pm\sqrt{y^2+z^2}, x) = 0,$$

即将 $h(z,x)=0$ 中的 z 换成 $\pm\sqrt{y^2+z^2}$.

反之，一个方程是否表示旋转曲面，只需看方程中是否含有两个变量的平方和.

如 yOz 面内的椭圆 $\dfrac{y^2}{b^2}+\dfrac{z^2}{c^2}=1$ 绕 z 轴旋转所得到的旋转曲面的方程为

$$\frac{x^2+y^2}{b^2}+\frac{z^2}{c^2}=1,$$

该曲面称为旋转椭球面.

【即时提问 8.3】 旋转曲面 $(z-a)^2=x^2+y^2$ 是怎样形成的？

例 8.23 将 yOz 面上的双曲线 $\dfrac{z^2}{c^2}-\dfrac{y^2}{b^2}=1$ 分别绕 z 轴和 y 轴旋转一周，求所形成的旋转曲面的方程.

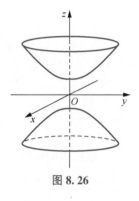

图 8.26

解 绕 z 轴旋转形成旋转双叶双曲面，如图 8.26 所示，其方程为

$$\frac{z^2}{c^2}-\frac{x^2+y^2}{b^2}=1.$$

绕 y 轴旋转形成旋转单叶双曲面，如图 8.27 所示，其方程为

$$\frac{x^2+z^2}{c^2}-\frac{y^2}{b^2}=1.$$

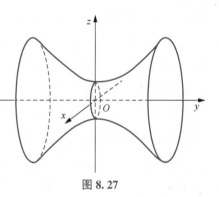

图 8.27

例 8.24 直线 L 绕另一条与 L 相交的直线旋转一周，所得旋转曲面叫作圆锥面. 两直线的交点为圆锥面的顶点，两直线的夹角 $\alpha\left(0<\alpha<\dfrac{\pi}{2}\right)$ 叫作圆锥面的半顶角. 试建立顶点在坐标原点、旋转轴为 z 轴、半顶角为 α 的圆锥面方程.

解 yOz 面上直线方程为 $z=y\cot\alpha$，因为旋转轴为 z 轴，所以只要将方程中的 y 改成 $\pm\sqrt{x^2+y^2}$，便得到这个圆锥面方程

$$z=\pm\sqrt{x^2+y^2}\cot\alpha,$$

或

$$z^2=a^2(x^2+y^2),$$

其中 $a=\cot\alpha$. 其图形是一个顶点在原点、旋转轴为 z 轴、半顶角为 α 的圆锥面，如图 8.28 所示.

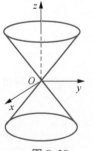

延伸微课

图 8.28

8.3.2 空间曲线

1. 空间曲线的一般方程

空间曲线可看作两相交曲面的交线. 设

$$F(x,y,z)=0 \text{ 和 } G(x,y,z)=0$$

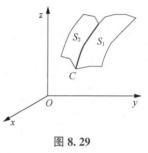

图 8.29

是两相交曲面 S_1 和 S_2 的方程, 它们的交线为 C, 如图 8.29 所示. 曲线 C 上的任意一点的坐标 (x,y,z) 应同时满足这两个曲面方程, 因此, 应满足方程组

$$\begin{cases} F(x,y,z)=0, \\ G(x,y,z)=0. \end{cases} \tag{8.11}$$

反过来, 如果点 M 不在曲线 C 上, 那么它不可能同时在两曲面上, 所以, 它的坐标不满足方程组(8.11). 由上述两点可知: 曲线 C 可由方程组(8.11)表示. 方程组(8.11)称作空间曲线的一般方程.

例 8.25 方程组 $\begin{cases} x^2+y^2=1, \\ 2x+3z=6 \end{cases}$ 表示怎样的曲线?

解 $x^2+y^2=1$ 表示圆柱面, $2x+3z=6$ 表示平面, 所以方程组就表示圆柱面与平面的交线, 即椭圆, 如图 8.30 所示.

例 8.26 讨论方程组 $\begin{cases} z=\sqrt{a^2-x^2-y^2}, \\ \left(x-\dfrac{a}{2}\right)^2+y^2=\left(\dfrac{a}{2}\right)^2 \end{cases}$ 表示的曲线.

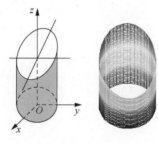

解 该方程组表示上半球面与圆柱面的交线 C, 如图 8.31 所示.

图 8.30

2. 空间曲线的参数方程

对于空间曲线 C, 若 C 上的动点的坐标 x,y,z 可表示成为参数 t 的函数

$$\begin{cases} x=x(t), \\ y=y(t), \\ z=z(t), \end{cases}$$

随着 t 的变动可得到曲线 C 上的全部点, 则此方程组叫作空间曲线的参数方程.

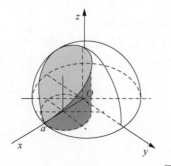
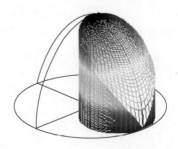

图 8.31

例 8.27 将空间曲线 $C:\begin{cases} x^2+y^2+z^2=\dfrac{9}{2}, \\ x+z=1 \end{cases}$ 表示成参数方程.

解 由方程组消去 z, 得

$$x^2+y^2+(1-x)^2=\frac{9}{2},$$

化简整理得

$$\frac{\left(x-\dfrac{1}{2}\right)^2}{2}+\frac{y^2}{4}=1.$$

由于曲线 C 在此椭圆柱面上, 故曲线 C 的方程可用以下形式来表示:

$$\begin{cases} \dfrac{\left(x-\dfrac{1}{2}\right)^2}{2}+\dfrac{y^2}{4}=1, \\ x+z=1. \end{cases}$$

令 $\dfrac{x-\dfrac{1}{2}}{\sqrt{2}}=\cos t$, 由椭球柱面方程有 $\dfrac{y}{2}=\sin t$, 而

$$z=1-x=1-\left(\frac{1}{2}+\sqrt{2}\cos t\right)=\frac{1}{2}-\sqrt{2}\cos t,$$

则曲线可表示成为

$$\begin{cases} x=\dfrac{1}{2}+\sqrt{2}\cos t, \\ y=2\sin t, \qquad (0\leqslant t\leqslant 2\pi). \\ z=\dfrac{1}{2}-\sqrt{2}\cos t \end{cases}$$

例 8.28 螺旋线是实际中常用的曲线, 如平头螺丝钉的螺纹就是螺旋线. 螺旋线的运动轨迹如图 8.32 所示. 空间一点 M 在圆柱面 $x^2+y^2=a^2$ 上以角速度 ω 绕 z 轴旋转, 同时又以线速度 v 沿平行于 z 轴的正方向上升, 点 M 的轨迹即为螺旋线. 试建立其数学模型.

解 取时间 t 为参数, 建立直角坐标系. 设 $t=0$ 时, 动点在 x 轴上点 $A(a,0,0)$ 处, 经过 t 时间, 动点由 A 运动到点 $M(x,y,z)$. 点 M 在 xOy 面的投影为 $M'(x,y,0)$. 由于动点在圆柱面上以角速度 ω 绕 z 轴旋转, 以线速度 v 沿平行于 z 轴的正方向上升, 所以 $\angle AOM'=\omega t, M'M=vt$, 从而得螺旋线方程为

$$\begin{cases} x=a\cos\omega t, \\ y=a\sin\omega t, \\ z=vt. \end{cases}$$

令 $\theta=\omega t, b=\dfrac{v}{\omega}$, 螺旋线的参数方程还可以写为

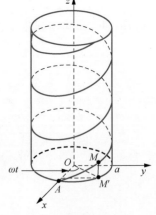

图 8.32

$$\begin{cases} x = a\cos\theta, \\ y = a\sin\theta, \\ z = b\theta. \end{cases}$$

当 $\theta = 2\pi$ 时，点 M 上升的高度为 $h = 2\pi b$，这个高度在工程技术上叫作螺距.

螺旋线有广泛的应用，如平头螺丝钉——圆柱螺旋线、圆锥对数螺旋天线等.

3. 空间曲线在坐标面上的投影

设空间曲线 C 的一般方程为

$$\begin{cases} F(x,y,z) = 0, \\ G(x,y,z) = 0. \end{cases} \tag{8.12}$$

下面，我们来研究方程组(8.12)消去变量 z 之后所得到的方程

$$H(x,y) = 0. \tag{8.13}$$

因方程(8.13)是由方程组(8.12)消去 z 后所得，则当坐标 x, y, z 适合方程组(8.12)时，前两个坐标 x, y 必定适合方程(8.13)，即曲线 C 上的所有点都在由方程(8.13)表示的曲面上. 而方程(8.13)表示一个母线平行于 z 轴的柱面，因此，此柱面必定包含曲线 C. 以曲线 C 为准线，母线平行于 z 轴的柱面叫作曲线 C 关于 xOy 面的投影柱面.

投影柱面与 xOy 面的交线叫作空间曲线 C 在 xOy 面上的投影曲线，该曲线的方程可写成

$$\begin{cases} H(x,y) = 0, \\ z = 0. \end{cases}$$

同理，消去方程组(8.12)中的变量 x 或 y，再分别与 $x = 0$ 或 $y = 0$ 联立，我们便得到了空间曲线 C 在 yOz 或 zOx 面上的投影曲线方程

$$\begin{cases} R(y,z) = 0, \\ x = 0. \end{cases} \quad \text{或} \quad \begin{cases} T(x,z) = 0, \\ y = 0. \end{cases}$$

例 8.29 已知

$$\begin{cases} 2x^2 + y^2 + z^2 = 16, \\ x^2 + z^2 - y^2 = 0, \end{cases}$$

求该曲线在 xOy 面上的投影曲线方程.

解 先求包含曲线 C 且母线平行于 z 轴的柱面，从方程组

$$\begin{cases} 2x^2 + y^2 + z^2 = 16, \\ x^2 + z^2 - y^2 = 0 \end{cases}$$

中消去 z，有

$$x^2 + 2y^2 = 16.$$

此方程为投影柱面方程，即一个准线为 xOy 面上的椭圆 $x^2 + 2y^2 = 16$、母线平行于 z 轴的椭圆柱面. 于是，曲线 C 在 xOy 面上的投影曲线为

$$\begin{cases} x^2 + 2y^2 = 16, \\ z = 0. \end{cases}$$

有时，我们需要确定一个空间立体或空间曲面在坐标平面上的投影. 一般来说，这种投影往往是一个平面区域，我们称它为空间立体或空间曲面在坐标平面的投影区域.

投影区域可以利用投影曲线来确定.

例 8.30 求上半球面 $z=\sqrt{2-x^2-y^2}$ 和锥面 $z=\sqrt{x^2+y^2}$ 所围成的空间立体 Ω 在 xOy 面上的投影区域.

解 上半球面与锥面的交线 C 为

$$\begin{cases} z=\sqrt{2-x^2-y^2}, \\ z=\sqrt{x^2+y^2}. \end{cases}$$

由方程组消去变量 z，有 $x^2+y^2=1$，这是母线平行于 z 轴的投影柱面，空间立体 Ω 恰好镶在该柱面内，该柱面与 xOy 面的交线所包围的区域正好是 Ω 在 xOy 面上的投影区域 D_{xy}.

投影柱面与 xOy 面的交线为

$$\begin{cases} x^2+y^2=1, \\ z=0, \end{cases}$$

它所围成的区域为 $D_{xy}:\begin{cases} x^2+y^2\le 1, \\ z=0, \end{cases}$ 如图 8.33 所示.

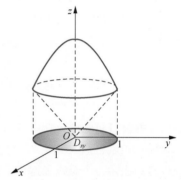

图 8.33

8.3.3 二次曲面

我们把三元二次方程 $F(x,y,z)=0$ 所表示的曲面称为二次曲面，适当选取坐标系，可得到它们的标准方程. 二次曲面有 9 种，选取适当的坐标系，可以得到它们的标准方程. 前面我们已经介绍了圆柱面、双曲柱面、抛物柱面 3 种二次曲面. 下面我们讨论另外 6 种二次曲面的形状.

1. 椭圆锥面

由方程

$$\frac{x^2}{a^2}+\frac{y^2}{b^2}=z^2\,(a>0,b>0)$$

所确定的曲面称为椭圆锥面，如图 8.34 所示.

2. 椭球面

由方程

$$\frac{x^2}{a^2}+\frac{y^2}{b^2}+\frac{z^2}{c^2}=1\,(a>0,b>0,c>0)$$

所确定的曲面称为椭球面，a,b,c 称为椭球面的半轴，此方程称为椭球面的标准方程. 椭球面的形状如图 8.35 所示.

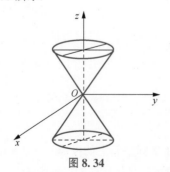

图 8.34

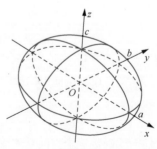

图 8.35

3. 单叶双曲面

由方程

$$\frac{x^2}{a^2}+\frac{y^2}{b^2}-\frac{z^2}{c^2}=1\,(a>0,b>0,c>0)$$

所确定的曲面称为单叶双曲面，如图 8.36 所示.

4. 双叶双曲面

由方程

$$\frac{x^2}{a^2}+\frac{y^2}{b^2}-\frac{z^2}{c^2}=-1\,(a>0,b>0,c>0)$$

所确定的曲面称为双叶双曲面，如图 8.37 所示.

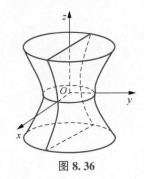
图 8.36

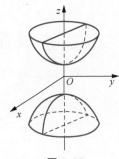
图 8.37

 方程 $\dfrac{x^2}{a^2}-\dfrac{y^2}{b^2}+\dfrac{z^2}{c^2}=1$ 和 $-\dfrac{x^2}{a^2}+\dfrac{y^2}{b^2}+\dfrac{z^2}{c^2}=1$ 也都是单叶双曲面.

方程 $\dfrac{x^2}{a^2}-\dfrac{y^2}{b^2}+\dfrac{z^2}{c^2}=-1$ 和 $-\dfrac{x^2}{a^2}+\dfrac{y^2}{b^2}+\dfrac{z^2}{c^2}=-1$ 也都是双叶双曲面.

5. 椭圆抛物面

由方程

$$z=\frac{x^2}{a^2}+\frac{y^2}{b^2}\,(a>0,b>0)$$

所确定的曲面称为椭圆抛物面，如图 8.38 所示.

6. 双曲抛物面

由方程

$$z=-\frac{x^2}{a^2}+\frac{y^2}{b^2}\,(a>0,b>0)$$

所确定的曲面称为双曲抛物面，如图 8.39 所示. 双曲抛物面的形状很像马鞍，因此也称马鞍面.

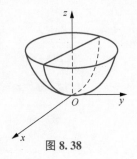
图 8.38

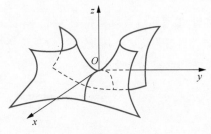
图 8.39

同步习题8.3

1. 确定下列球面的球心和半径.

(1) $x^2+y^2+z^2-2x=0$.   (2) $2x^2+2y^2+2z^2-5y-8=0$.

2. 将 xOy 面上的抛物线 $y^2=4x$ 绕 x 轴旋转一周，求所形成的旋转曲面的方程.

3. 将 xOy 面上的双曲线 $x^2-4y^2=4$ 分别绕 x 轴、y 轴旋转一周，求所形成的旋转曲面的方程.

4. 说明下列旋转曲面是怎样形成的.

(1) $\dfrac{x^2}{4}+\dfrac{y^2}{9}+\dfrac{z^2}{9}=1$.   (2) $x^2-2y^2+z^2=1$.   (3) $z=6-x^2-y^2$.

5. 指出下列各方程在空间解析几何中所表示的几何图形.

(1) $x-z=1$.   (2) $x^2+2y^2=1$.

(3) $x^2-y^2=2x$.   (4) $y^2-z=0$.

6. 指出下列方程组在空间解析几何中分别表示什么图形.

(1) $\begin{cases} \dfrac{x^2}{4}+\dfrac{y^2}{9}=1, \\ y=1. \end{cases}$ (2) $\begin{cases} y=5x+1, \\ y=2x-3. \end{cases}$

7. 将曲线 $\begin{cases} x^2+y^2+z^2=9, \\ y=x \end{cases}$ 化为参数方程.

8. 求抛物面 $y^2+z^2=x$ 与平面 $x+2y-z=0$ 的交线在 3 个坐标面上的投影曲线的方程.

9. 求椭圆抛物面 $2y^2+x^2=z$ 与抛物柱面 $2-x^2=z$ 的交线关于 xOy 面的投影柱面和在 xOy 面上的投影曲线的方程.

提高题

1. 求空间区域 $x^2+y^2+z^2\leqslant R^2$ 与 $x^2+y^2+(z-R)^2\leqslant R^2$ 的公共部分在 xOy 面上的投影区域.

2. 求螺旋线 $\begin{cases} x=a\cos\theta, \\ y=a\sin\theta, \\ z=b\theta \end{cases}$ 在坐标面上的投影.

3. 将救生圈的横截面看成一个圆，如图 8.40 所示，那么救生圈就是这个圆绕中心轴旋转而形成的. 试建立救生圈的空间曲面方程.

4. 直线 $L:\dfrac{x-1}{0}=\dfrac{y}{1}=\dfrac{z}{1}$ 绕 z 轴旋转一周，求旋转曲面的方程.

图 8.40

8.4 用 MATLAB 进行向量运算与绘制三维图形

MATLAB 的特点是具有强大的矩阵运算功能，对于一行或一列的矩阵，我们称之为向量. 因此，矩阵的运算对于向量同样适用. 同时，MATLAB 在图形处理方面也有非常突出的能力，为我们提供了一个方便地将三维数据图示化的环境. 而三维图形的应用非常多，在重积分、曲线积分与曲面积分等章节更是必不可少，快速、准确地画出三维图形有助于我们更好地掌握空间几何知识，进而准确地解决数学问题.

下面结合具体问题介绍向量的加法、减法、数量积、向量积等运算，以及向量的模、向量夹角的求法和三维图形的绘制方法.

8.4.1 向量的运算

在 MATLAB 中，向量元素用"[ ]"表示，元素之间用空格或逗号隔开. 向量的点积、叉积和混合积运算，相关命令如下.

(1)计算向量的模用命令"norm"，其调用格式为：norm(a).

(2)求两个向量的数量积用命令"dot"，其调用格式为：c=dot(a,b).

(3)求两个向量的向量积用命令"cross"，其调用格式为：c=cross(a,b).

例 8.31 已知向量 $a=\{2,1,3\}$, $b=\{1,3,5\}$，求 $a+b$, $a-b$, $|a|$, $a\cdot b$, $a\times b$, $\langle a,b\rangle$.

微课：例 8.31

🔑 输入以下命令.

```
>> a=[2,1,3],b=[1,3,5];
>> c=a+b                   %向量加法
>> d=a-b                   %向量减法
>> norm(a)                 %向量 a 的模
>> e=dot(a,b)              %向量 a,b 的数量积
>> f=cross(a,b)            %向量 a,b 的向量积
>> cosin=dot(a,b)/(norm(a)*norm(b));
>> angle=acos(cosin)/pi*180      %向量 a,b 的夹角
```

运算结果如下.

```
c =
    3    4    8
d =
    1    -2    -2
norm(a)=3.7417
e =
    20
f =
    -4    -7    5
angle =
    25.3769
```

8.4.2 绘制空间曲线与曲面

三维绘图是指绘制三维曲线图、三维网格图和三维曲面图. 在 MATLAB 中，三维绘图的相关命令有：绘制三维曲线的命令"plot3"；绘制三维曲面的命令"surf"；绘制三维网格的命令"mesh". 具体调用格式如下.

（1）"plot3"命令的调用格式为：plot3(x,y,z).

（2）"surf"命令的调用格式为：surf(X,Y,Z).

（3）"mesh"命令的调用格式为：mesh(X,Y,Z). 其中，$[X,Y]=$meshgrid(x,y)，$Z=f(x,y)$.

例 8.32 在 MATLAB 中绘制圆锥螺旋线.

微课：例 8.32

解 输入以下命令.

```
>> omega=pi/6;
>> t=0:0.01:50*pi;
>> x=t.*cos(omega*t);
>> y=t.*sin(omega*t);
>> z=t;
>> plot3(x,y,z,'k')
>> shading interp
```

输出结果如图 8.41 所示.

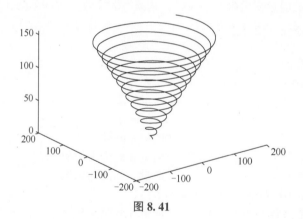

图 8.41

例 8.33 绘制由方程 $z=\sqrt{x^2+y^2}$ 所表示的曲面.

微课：例 8.33

解 输入以下命令.

```
>> x=-2:0.1:2;
>> y=-2:0.1:2;
>> [X,Y]=meshgrid(x,y);
>> Z=sqrt(X.^2+Y.^2);
>> surf(X,Y,Z),shading interp
```

输出结果如图 8.42 所示.

例 8.34 绘制由方程 $z=\sqrt{a^2-x^2-y^2}$ 所表示的曲面.

解 输入以下命令.

```
>> a = 5;
>> [X1,Y1,Z1] = sphere(50);
>> X1(Z1<0) = nan;
>> Y1(Z1<0) = nan;
>> Z1(Z1<0) = nan;
>> surf(a * X1, a * Y1, a * Z1)
>> shading interp
```

输出结果如图 8.43 所示.

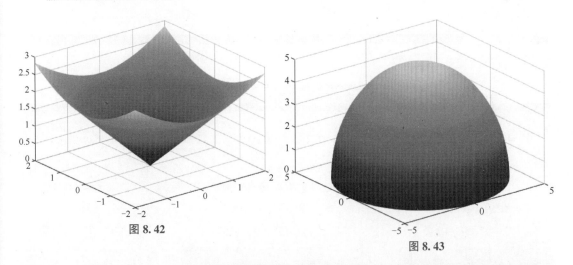

图 8.42   图 8.43

第 8 章思维导图

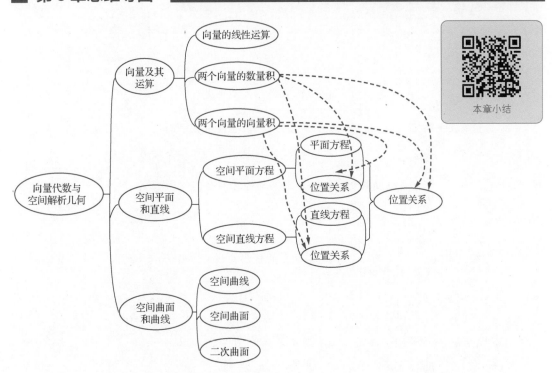

古代数学学者

个人成就

清代数学家，其数学成就主要有尖锥术、垛积术、素数论 3 个方面，其研究成果主要收录于《则古昔斋算学》. 李善兰的其他数学著作还有《测圆海镜解》《测圆海镜图表》《九容图表》《粟布演草》《同文馆算学课艺》《同文馆珠算金踌针》等.

李善兰

第8章总复习题·基础篇

1. 选择题：(1)~(5)小题，每小题 4 分，共 20 分. 下列每小题给出的 4 个选项中，只有一个是符合题目要求的.

(1) 下列哪组角可以作为某个空间向量的方向角？(　　)

A. $30°,45°,60°$　　　　　　　　　B. $45°,60°,90°$

C. $60°,90°,120°$　　　　　　　　　D. $45°,90°,135°$

(2) 设直线方程为 $\begin{cases} x-y+z=1, \\ 2x+y+z=4, \end{cases}$ 则其参数方程为(　　).

A. $\begin{cases} x=1-2t, \\ y=1+t, \\ z=1+3t \end{cases}$　　B. $\begin{cases} x=1-2t, \\ y=-1+t, \\ z=1+3t \end{cases}$　　C. $\begin{cases} x=1-2t, \\ y=1-t, \\ z=1+3t \end{cases}$　　D. $\begin{cases} x=1-2t, \\ y=-1-t, \\ z=1+3t \end{cases}$

(3) 直线 $\begin{cases} x+y+3z=0, \\ x-y-z=0 \end{cases}$ 与平面 $x-y-z+1=0$ 的位置关系是(　　).

A. 直线在平面上　　　　　　　　B. 平行但直线不在平面上

C. 直线垂直于平面　　　　　　　　D. 直线与平面相交但不垂直

(4) 直线 $\begin{cases} x=2, \\ y=0 \end{cases}$ 绕 z 轴旋转所形成的旋转曲面的方程是(　　).

A. $x^2=4$　　　B. $y^2+z^2=4$　　　C. $x^2+z^2=4$　　　D. $x^2+y^2=4$

(5) 空间曲线 $\begin{cases} 3x^2+y^2+z^2=16, \\ x^2+z^2-y^2=0 \end{cases}$ 在 xOy 面上的投影曲线的方程为(　　).

A. $\begin{cases} x^2+y^2=2, \\ z=0 \end{cases}$　　B. $\begin{cases} x^2+y^2=16, \\ z=0 \end{cases}$　　C. $\begin{cases} x^2+y^2=8, \\ z=0 \end{cases}$　　D. $\begin{cases} 2x^2+y^2=16, \\ z=0 \end{cases}$

2. 填空题：(6)~(10)小题，每小题 4 分，共 20 分.

(6) 设 $a=\{1,-2,3\}, b=\{5,2,-1\}$，则 $\cos<a,b>=$ ＿＿＿＿.

（7）已知 $|\boldsymbol{a}|=1$，$|\boldsymbol{b}|=2$，$\boldsymbol{a}\cdot\boldsymbol{b}=1$，则 $(\boldsymbol{a}+\boldsymbol{b})\cdot(2\boldsymbol{a}-\boldsymbol{b})=$ _____．

（8）已知两平面在 x 轴、y 轴、z 轴上的截距分别是 $1,2,2$ 与 $2,1,-2$，则两平面的夹角为_____．

（9）已知 $\overrightarrow{OA}=\boldsymbol{i}+3\boldsymbol{k}$，$\overrightarrow{OB}=\boldsymbol{j}+3\boldsymbol{k}$，则 $\triangle OAB$ 的面积为_____．

（10）准线为 $\begin{cases}(x-1)^2+(y+3)^2+(z-2)^2=25,\\ x+y-z+2=0,\end{cases}$ 母线平行于 x 轴的柱面方程为_____．

3. 解答题：（11）~（16）小题，每小题 10 分，共 60 分．解答时应写出文字说明、证明过程或演算步骤．

（11）设 $|\boldsymbol{a}|=3$，$|\boldsymbol{b}|=4$，$|\boldsymbol{a}\times\boldsymbol{b}|=6$，求 $\boldsymbol{a}\cdot\boldsymbol{b}$．

（12）求过点 $M(1,2,1)$ 且与直线 $L:\begin{cases}x+2z=1,\\ 2x+3y+z=2\end{cases}$ 平行的直线方程．

（13）求过直线 $L_1:\begin{cases}x-2y+z-1=0,\\ 2x+y-z-2=0\end{cases}$ 且与直线 $L_2:\dfrac{x}{1}=\dfrac{y}{-1}=\dfrac{z}{2}$ 平行的平面方程．

（14）已知直线 L 在平面 $\Pi_1:x+y+z-1=0$ 上，其通过平面 Π_1 与 y 轴的交点，且与平面 $\Pi_2:x+2y+3z+6=0$ 平行，求直线 L 的方程．

（15）求直线 $L:\dfrac{x}{2}=\dfrac{y-2}{0}=\dfrac{z}{3}$ 绕 z 轴旋转一周所得旋转曲面的方程．

（16）已知椭圆抛物面的顶点在原点，对称面为 xOz 面与 yOz 面，且过点 $(1,2,6)$ 和 $\left(\dfrac{1}{3},-1,1\right)$，求这个椭圆抛物面的方程．

第 8 章总复习题·提高篇

1. 选择题：（1）~（5）小题，每小题 4 分，共 20 分．下列每小题给出的 4 个选项中，只有一个选项是符合题目要求的．

（1）（1993103）设有直线 $L_1:\dfrac{x-1}{1}=\dfrac{y-5}{-2}=\dfrac{z+8}{1}$ 与 $L_2:\begin{cases}x-y=6,\\ 2y+z=3,\end{cases}$ 则 L_1 与 L_2 的夹角为（　　）．

A. $\dfrac{\pi}{6}$ 　　　B. $\dfrac{\pi}{4}$ 　　　C. $\dfrac{\pi}{3}$ 　　　D. $\dfrac{\pi}{2}$

（2）（1996103 改编）设一平面经过原点及点 $(6,-3,2)$，且与平面 $4x-y+2z=8$ 垂直，则此平面方程为（　　）．

A. $x-y+2z=0$ 　　　　　　B. $2x+2y-3z=0$

C. $x+y+2z=0$ 　　　　　　D. $2x-2y-3z=0$

（3）（1995103）有直线 $L:\begin{cases}x+3y+2z+1=0,\\ 2x-y-10z+3=0\end{cases}$ 及平面 $\Pi:4x-2y+z-2=0$，则直线 L（　　）．

A. 平行于 Π 　　　B. 在 Π 上 　　　C. 垂直于 Π 　　　D. 与 Π 斜交

*(4)（2016104）设 $f(x_1,x_2,x_3)=x_1^2+x_2^2+x_3^2+4x_1x_2+4x_1x_3+4x_2x_3$，则 $f(x_1,x_2,x_3)=2$ 在空间直角坐标系下表示的二次曲面为（   ）.

A. 单叶双曲面

B. 双叶双曲面

C. 椭球面

D. 柱面

微课：第8章
总复习题·提高篇(4)

*(5)（2020104）已知直线 $L_1: \dfrac{x-a_2}{a_1}=\dfrac{y-b_2}{b_1}=\dfrac{z-c_2}{c_1}$ 与直线 $L_2: \dfrac{x-a_3}{a_2}=$

$\dfrac{y-b_3}{b_2}=\dfrac{z-c_3}{c_2}$ 相交于一点，向量 $\boldsymbol{\alpha}_i=\begin{bmatrix} a_i \\ b_i \\ c_i \end{bmatrix}$，$i=1,2,3$，则（   ）.

微课：第8章
总复习题·提高篇(5)

A. $\boldsymbol{\alpha}_1$ 可由 $\boldsymbol{\alpha}_2,\boldsymbol{\alpha}_3$ 线性表示

B. $\boldsymbol{\alpha}_2$ 可由 $\boldsymbol{\alpha}_1,\boldsymbol{\alpha}_3$ 线性表示

C. $\boldsymbol{\alpha}_3$ 可由 $\boldsymbol{\alpha}_1,\boldsymbol{\alpha}_2$ 线性表示

D. $\boldsymbol{\alpha}_1,\boldsymbol{\alpha}_2,\boldsymbol{\alpha}_3$ 线性无关

2. 填空题：(6)~(10)小题，每小题4分，共20分.

(6)（2006104）点 $(2,1,0)$ 到平面 $3x+4y+5z=0$ 的距离 $d=$ _____.

(7)（1987103）与直线 $\begin{cases} x=1, \\ y=-1+t, \\ z=2+t \end{cases}$ 及 $\dfrac{x+1}{1}=\dfrac{y+2}{2}=\dfrac{z-1}{1}$ 都平行，且过原点的平面方程是 _____.

(8)（1990103）过点 $M(1,2,-1)$ 且与直线 $\begin{cases} x=-t+2, \\ y=3t-4, \\ z=t-1 \end{cases}$ 垂直的平面方程是 _____.

(9)（1991103）已知直线 $L_1: \dfrac{x-1}{1}=\dfrac{y-2}{0}=\dfrac{z-3}{-1}$ 和直线 $L_2: \dfrac{x-2}{2}=\dfrac{y-1}{1}=\dfrac{z}{1}$，则过 L_1 且平行于 L_2 的平面方程是 _____.

(10)（1995103）设 $(\boldsymbol{a}\times\boldsymbol{b})\cdot\boldsymbol{c}=2$，则 $[(\boldsymbol{a}+\boldsymbol{b})\times(\boldsymbol{b}+\boldsymbol{c})]\cdot(\boldsymbol{c}+\boldsymbol{a})=$ _____.

3. 解答题：(11)~(16)小题，每小题10分，共60分. 解答时应写出文字说明、证明过程或演算步骤.

(11)（1998105）求直线 $L: \dfrac{x-1}{1}=\dfrac{y}{1}=\dfrac{z-1}{-1}$ 在平面 $\Pi: x-y+2z-1=0$ 上的投影直线 L_0 的方程，并求 L_0 绕 y 轴旋转一周所形成的旋转曲面的方程.

(12)（1997105 改编）yOz 面内曲线 $y^2=2z$ 绕 z 轴旋转一周所形成的旋转曲面为 S，写出旋转曲面 S 的方程，并求旋转曲面 S 与平面 $z=8$ 所围成的区域在 xOy 面上的投影.

(13)（2017110 改编）设薄片型物体 S 的外表面是圆锥面 $z=\sqrt{x^2+y^2}$ 与柱面 $z^2=2x$ 所围成的有限部分. 记圆锥面与柱面的交线为 C，求 C 在 xOy 面上的投影曲线的方程.

(14)（1998110 改编）求直线 $L: \begin{cases} 2x-y+z-1=0, \\ x+y-z+1=0 \end{cases}$ 在平面 $\Pi: x+2y-z=0$

上的投影直线的方程.

(15)（2013110 改编）设直线 L 过 $A(1,0,0)$，$B(0,1,1)$ 两点，将 L 绕

z 轴旋转一周得到曲面 Σ，求曲面 Σ 的方程.

(16)（2009111）椭球面 S_1 是由椭圆 $\dfrac{x^2}{4}+\dfrac{y^2}{3}=1$ 绕 x 轴旋转而成的，圆

锥面 S_2 是由过点 $(4,0)$ 且与椭圆 $\dfrac{x^2}{4}+\dfrac{y^2}{3}=1$ 相切的直线绕 x 轴旋转而成

的. 试求以下结果.

①S_1 与 S_2 的方程.

②S_1 与 S_2 之间的立体体积.

本章即时提问答案

本章同步习题答案

本章总复习题答案

第 9 章
多元函数微分学及其应用

在自然科学、工程技术和社会生活中，微积分有广泛的应用，而微积分的研究对象是函数，前面我们学习的函数只有一个自变量，这种函数我们称为一元函数. 但是，在实际问题中往往涉及多方面的影响因素，解决这类问题必须引进多元函数. 本章将在一元函数微分学的基础上，讨论多元函数的微分学及其应用.

本章导学

■ 9.1 多元函数的基本概念

9.1.1 相关概念及几何表示

1. 区域

在讨论一元函数时，我们用到一维空间 **R** 中的邻域和区间概念. 同样，讨论多元函数时，我们需要用到邻域和区域的概念. 下面我们以二元函数为例，首先讨论二维空间中的邻域和区域.

（1）邻域

设 $P_0(x_0, y_0)$ 是 xOy 面上的一定点，δ 是某一正数，与点 $P_0(x_0, y_0)$ 的距离小于 δ 的点 $P(x, y)$ 的全体，称为点 $P_0(x_0, y_0)$ 的 δ 邻域，记为 $U(P_0, \delta)$，即

$$U(P_0, \delta) = \{P \mid |P_0 P| < \delta\},$$

亦即

$$U(P_0, \delta) = \{(x, y) \mid \sqrt{(x-x_0)^2 + (y-y_0)^2} < \delta\}.$$

在几何上，$U(P_0, \delta)$ 表示以点 $P_0(x_0, y_0)$ 为中心、以 δ 为半径的圆的内部（不含圆周），如图 9.1 所示.

上述邻域 $U(P_0, \delta)$ 去掉中心 $P_0(x_0, y_0)$ 后，称为 $P_0(x_0, y_0)$ 的去心邻域，记作 $\mathring{U}(P_0, \delta)$，即

$$\mathring{U}(P_0, \delta) = \{(x, y) \mid 0 < \sqrt{(x-x_0)^2 + (y-y_0)^2} < \delta\}.$$

如果不需要强调邻域的半径 δ，则用 $U(P_0)$ 表示点 $P_0(x_0, y_0)$ 的邻域，用 $\mathring{U}(P_0)$ 表示 $P_0(x_0, y_0)$ 的去心邻域.

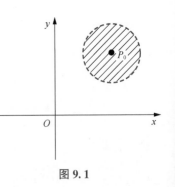

图 9.1

（2）区域

设 E 是 xOy 面上的一个点集，P 是 xOy 平面上的一点，则 P 与 E 的关系有如下情形.

①**内点**：如果存在 P 的某个邻域 $U(P)$，使 $U(P) \subset E$，则称点 P 为 E 的内点，如图 9.2 所示.

②**边界点**：如果在点 P 的任何邻域内，既有属于 E 的点，又有不属于 E 的点，则称点 P 为 E 的边界点. E 的边界点的集合称为 E 的边界，如图 9.3 所示.

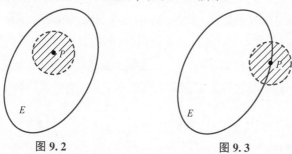

图 9.2   图 9.3

③**开集**：如果点集 E 的每一点都是 E 的内点，则称 E 为开集.

④**连通集**：设 E 是平面点集，如果对于 E 中的任何两点，都可用完全含于 E 的折线连接起来，则称 E 是连通集.

⑤**开区域**：连通的开集称为开区域，也称区域.

⑥**闭区域**：开区域连同它的边界称为闭区域（闭域）.

例如，点集 $E_1 = \{(x, y) \mid 1 < x^2 + y^2 < 4\}$ 是开区域，如图 9.4 所示；点集 $E_2 = \{(x, y) \mid 1 \leqslant x^2 + y^2 \leqslant 4\}$ 是闭区域，如图 9.5 所示.

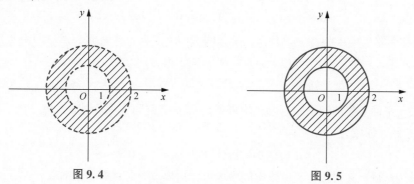

图 9.4   图 9.5

又如，点集 $E_3 = \{(x, y) \mid x + y > 0\}$ 是开区域，如图 9.6 所示；点集 $E_4 = \{(x, y) \mid x + y \geqslant 0\}$ 是闭区域，如图 9.7 所示.

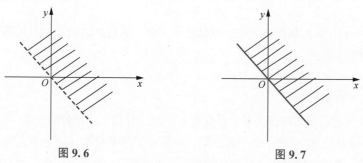

图 9.6   图 9.7

⑦**有界区域**：如果区域 E 可包含在以原点为中心的某个圆内，即存在正数 r，使 $E \subset U(0, r)$，则称 E 为有界区域；否则，称 E 为无界区域.

例如，E_1, E_2 是有界区域，E_3, E_4 是无界区域.

⑧**聚点**：记 E 是平面上的一个点集，P 是平面上的一个点，如果点 P 的任一邻域内总有无限多个点属于点集 E，则称 P 为 E 的**聚点**.

显然，E 的内点一定是 E 的聚点. 此外，E 的边界点也可能是 E 的聚点.

例如，设 $E_5 = \{(x, y) \mid 0 < x^2 + y^2 \leqslant 1\}$，那么点 $(0, 0)$ 既是 E_5 的边界点又是 E_5 的聚点，但 E_5 的这个聚点不属于 E_5. 又如，圆周 $x^2 + y^2 = 1$ 上的每个点既是 E_5 的边界点，又是 E_5 的聚点，而这些聚点都属于 E_5. 由此可见，点集 E 的聚点可以属于 E，也可以不属于 E.

再如，点集 $E_6 = \left\{(1, 1), \left(\dfrac{1}{2}, \dfrac{1}{2}\right), \left(\dfrac{1}{3}, \dfrac{1}{3}\right), \cdots, \left(\dfrac{1}{n}, \dfrac{1}{n}\right), \cdots\right\}$，原点 $(0, 0)$ 是它的聚点，E_6 中的每一个点都不是其聚点.

以上平面区域的相关概念可以直接推广到 n 维空间中去.

2. n 维空间

数轴上的点与实数一一对应，于是全体实数可以用数轴上的点来表示；在平面直角坐标系中，平面上的点与有序二元数组 (x, y) 一一对应，于是平面上的点可以用有序二元数组来表示；在空间直角坐标系中，空间中的点与有序三元数组 (x, y, z) 一一对应，于是空间中的点可以用有序三元数组来表示.

一般地，由 n 元有序实数组 $(x_1, x_2, \cdots, x_n)$ 的全体组成的集合称为 n **维空间**，记作 $\mathbf{R}^n$，即
$$\mathbf{R}^n = \{(x_1, x_2, \cdots, x_n) \mid x_i \in \mathbf{R}, i = 1, 2, \cdots, n\}.$$

n 元有序实数组 $(x_1, x_2, \cdots, x_n)$ 称为 n 维空间中的一个点，数 x_i 称为该点的第 i 个坐标.

规定：n 维空间中任意两点 $P(x_1, x_2, \cdots, x_n)$ 与 $Q(y_1, y_2, \cdots, y_n)$ 之间的距离为
$$|PQ| = \sqrt{(y_1 - x_1)^2 + (y_2 - x_2)^2 + \cdots + (y_n - x_n)^2}.$$

前面关于平面点集的一系列概念，均可推广到 n 维空间中去. 例如，$P_0 \in \mathbf{R}^n$，δ 是某一正数，则点 P_0 的 δ 邻域为
$$U(P_0, \delta) = \{P \mid |P_0 P| < \delta, P \in \mathbf{R}^n\}.$$

以邻域为基础，还可以定义 n 维空间中内点、边界点、区域等一系列概念.

3. 多元函数

引例1 长方体的体积 V 由它的长 x、宽 y 和高 z 确定：
$$V = xyz.$$

引例2 在一氧化氮的氧化过程中，氧化速率 v 和一氧化氮的物质的量浓度 x、氧气的物质的量浓度 y 之间的关系是
$$v = kx^2 y (0 \leqslant x \leqslant 1, 0 \leqslant y \leqslant 1),$$
其中 k 是反应速率常数.

以上问题所讨论的函数都涉及多个自变量，下面先介绍二元函数的概念.

定义9.1 设 D 是 $\mathbf{R}^2$ 中的一个平面点集，如果对于每个点 $P(x, y) \in D$，变量 z 按照一定对应法则 f 总有唯一确定的数值与之对应，则称 z 是 x, y 的二元函数，记作

$$z=f(x,y),(x,y)\in D, \text{ 或 } z=f(P),P\in D.$$

其中 x,y 为自变量，z 为因变量，点集 D 为函数的定义域.

取 $(x,y)\in D$，对应的 $f(x,y)$ 叫作 (x,y) 所对应的函数值. 全体函数值的集合，即

$$\{z=f(x,y)\mid(x,y)\in D\},$$

称为函数的**值域**，常记为 $f(D)$.

类似地，可以定义三元函数及三元以上的函数. 一般地，如果把定义 9.1 中的平面点集 D 换成 n 维空间的点集 D，可类似地定义 n 元函数 $y=f(x_1,x_2,\cdots,x_n)$ 或 $y=f(P)$，这里 $P(x_1,x_2,\cdots,x_n)\in D$.

当 $n=1$ 时，n 元函数就是一元函数；当 $n=2$ 时，n 元函数就是二元函数；当 $n=3$ 时，n 元函数就是三元函数.

二元及二元以上的函数统称为**多元函数**. 多元函数的概念与一元函数一样，包含对应法则和**定义域**这两个要素.

多元函数的定义域的求法，与一元函数类似. 若函数的自变量具有某种实际意义，则根据它的实际意义来确定取值范围，从而确定函数的定义域. 对于一般的用解析式表示的函数，使解析式有意义的自变量的取值范围，就是函数的定义域.

例 9.1 求函数 $z=\ln(y-x)+\dfrac{\sqrt{x}}{\sqrt{1-x^2-y^2}}$ 的定义域 D.

解 要使函数的解析式有意义，必须满足

$$\begin{cases} y-x>0, \\ x\geq 0, \\ 1-x^2-y^2>0, \end{cases}$$

即 $D=\{(x,y)\mid x\geq 0,x<y,x^2+y^2<1\}$，如图 9.8 所示.

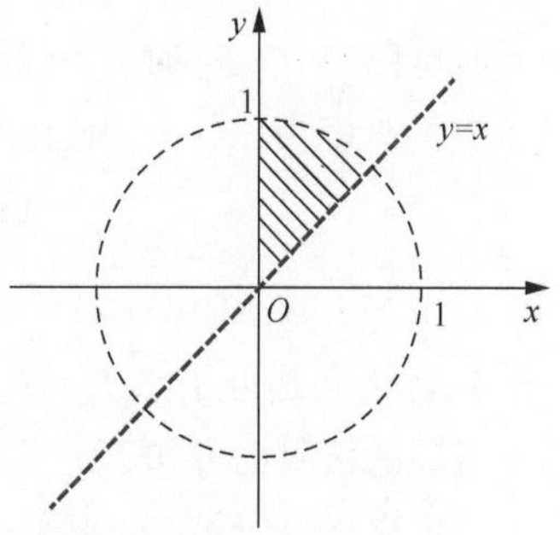

例 9.2 原条是伐倒木经过打枝截梢后形成的干材，原条材积是单根原条的去皮体积，以立方米表示，是原条生产、调拨和销售的计量依据. 我国林区原条材积的计算是由原条的中央直径 D（单位：cm）与材长 L（单位：m）来确定的，计算模型为

$$V(D,L)=\frac{\pi}{4}D^2L\cdot\frac{1}{10\,000},$$

图 9.8

其中 V 表示材积（单位：m^3），$\dfrac{1}{10\,000}$ 表示单位核算系数. 试求以下结果.

（1）中央直径为 26cm、材长为 10m 的原条材积.

（2）$V(32,10)$.

解 （1）按题意，中央直径为 26cm、材长为 10m，即 $D=26,L=10$，则

$$V(26,10)=\frac{\pi}{4}\cdot 26^2\cdot 10\cdot\frac{1}{10\,000}=0.531(\text{m}^3),$$

所以中央直径为 26cm、材长为 10m 的原条材积是 0.531m^3.

（2）$V(32,10)=\dfrac{\pi}{4}\cdot 32^2\cdot 10\cdot\dfrac{1}{10\,000}=0.804(\text{m}^3).$

4. 二元函数的几何表示

设函数 $z=f(x,y)$ 的定义域为平面区域 D，对于 D 中的任意一点 $P(x,y)$，对应一确定的函数值 $z[z=f(x,y)]$. 这样便得到一个三元有序数组 (x,y,z)，相应地在空间可得到一点 $M(x,y,z)$. 当点 P 在 D 内变动时，相应的点 M 就在空间中变动，当点 P 取遍整个定义域 D 时，点 M 就在空间描绘出一张曲面 S：

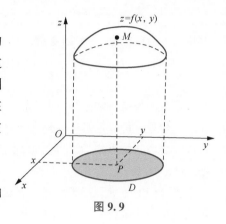

图 9.9

$$S=\{(x,y,z)\mid z=f(x,y),(x,y)\in D\}.$$

而函数的定义域 D 就是曲面 S 在 xOy 面上的投影区域，如图 9.9 所示.

例如，$z=ax+by+c$ 表示一平面；$z=\sqrt{1-x^2-y^2}$ 表示球心在原点、半径为 1 的上半球面.

9.1.2 二元函数的极限

二元函数的极限概念是一元函数极限概念的推广. 二元函数的极限可表述如下.

定义 9.2 设二元函数 $z=f(P)$ 的定义域是某平面区域 D，P_0 为 D 的一个聚点，当 D 中的点 P 以任何方式无限趋近于点 P_0 时，函数值 $f(P)$ 无限趋于某一常数 A，则称 A 是函数 $f(P)$ 当点 P 趋近于点 P_0 时的(二重)极限，记为

$$\lim_{P\to P_0}f(P)=A \text{ 或 } f(P)\to A(P\to P_0).$$

此时也称当 $P\to P_0$ 时 $f(P)$ 的极限存在；否则称 $f(P)$ 的极限不存在. 若点 P_0 的坐标为 (x_0,y_0)，点 P 的坐标为 (x,y)，则上式又可写为

$$\lim_{(x,y)\to(x_0,y_0)}f(x,y)=A \text{ 或 } f(x,y)\to A(x\to x_0,y\to y_0).$$

类似于一元函数，$f(P)$ 无限趋近于 A 可以用 $|f(P)-A|<\varepsilon$(任给的 $\varepsilon>0$)来刻画，点 $P=P(x,y)$ 无限趋近于点 $P_0=P_0(x_0,y_0)$ 可用 $0<|P_0P|=\sqrt{(x-x_0)^2+(y-y_0)^2}<\delta$ 来刻画，因此，二元函数的极限也可如下定义.

定义 9.3 设二元函数 $z=f(P)=f(x,y)$ 的定义域为 D，$P_0(x_0,y_0)$ 是 D 的一个聚点，A 为常数. 若对任给的正数 ε，总存在 $\delta>0$，当 $P(x,y)\in D$，且 $0<|P_0P|=\sqrt{(x-x_0)^2+(y-y_0)^2}<\delta$ 时，总有

$$|f(P)-A|<\varepsilon,$$

则称 A 为 $z=f(P)$ 当 $P\to P_0$ 时的(二重)极限.

注 (1)定义 9.3 中要求点 P_0 是定义域 D 的聚点，是为了保证在点 P_0 的任何邻域内都有 D 中的点.

微课：多元函数
极限说明

(2)只有当点 P 以任何方式趋近于点 P_0，相应的 $f(P)$ 都趋近于同一常数 A 时，才称 A 为 $f(P)$ 当 $P\to P_0$ 时的极限. 当点 P 以某些特殊方式(如沿某几条直线或几条曲线)趋近于点 P_0 时，即使函数值 $f(P)$ 趋于同一常数 A，也不能由此断定函数的极限存在. 但是反过来，当点 P 在 D 内沿两种不同的路径趋近于点 P_0 时，$f(P)$ 趋近于不同的值，则可以断定函数的极限不存在；或者当点 P 在 D 内沿某种路径趋近于点 P_0 时，$f(P)$ 的极限不存在，则也可以断定函数的极限不存在.

（3）二元函数极限有与一元函数极限相似的运算性质和法则，这里不再一一叙述．

例 9.3 设 $f(x,y)=\begin{cases}\dfrac{xy}{x^2+y^2}, & x^2+y^2\neq 0,\\ 0, & x^2+y^2=0,\end{cases}$ 判断极限 $\lim\limits_{(x,y)\to(0,0)}f(x,y)$ 是否存在．

解 当点 $P(x,y)$ 沿 x 轴趋近于点 $(0,0)$ 时，有 $y=0$，于是

$$\lim_{\substack{(x,y)\to(0,0)\\y=0}}f(x,y)=\lim_{x\to 0}\frac{0}{x^2+0^2}=0.$$

当点 $P(x,y)$ 沿 y 轴趋近于点 $(0,0)$ 时，有 $x=0$，于是

$$\lim_{\substack{(x,y)\to(0,0)\\x=0}}f(x,y)=\lim_{y\to 0}\frac{0}{0^2+y^2}=0.$$

但我们不能因为点 $P(x,y)$ 以上述两种特殊方式趋近于点 $(0,0)$ 时，极限存在且相等，就断定所考察的二重极限存在．

因为当点 $P(x,y)$ 沿直线 $y=kx$ 趋近于点 $(0,0)$ 时，有

$$\lim_{\substack{(x,y)\to(0,0)\\y=kx}}f(x,y)=\lim_{x\to 0}\frac{kx^2}{(1+k^2)x^2}=\frac{k}{1+k^2},$$

这个极限值随 k 值的不同而变化，故 $\lim\limits_{(x,y)\to(0,0)}f(x,y)$ 不存在．

9.1.3 二元函数的连续

类似于一元函数的连续性定义，二元函数的极限概念可以用来定义二元函数的连续性．

定义 9.4 设二元函数 $z=f(x,y)$ 在点 $P_0(x_0,y_0)$ 的某邻域内有定义，如果

$$\lim_{(x,y)\to(x_0,y_0)}f(x,y)=f(x_0,y_0),$$

则称函数 $f(x,y)$ 在点 $P_0(x_0,y_0)$ 处连续，点 $P_0(x_0,y_0)$ 称为 $f(x,y)$ 的连续点；否则称 $f(x,y)$ 在点 $P_0(x_0,y_0)$ 处间断（不连续），点 $P_0(x_0,y_0)$ 称为 $f(x,y)$ 的间断点．

从定义 9.4 可看出，二元函数 $z=f(x,y)$ 在点 $P_0(x_0,y_0)$ 处连续，必须满足以下 3 个条件：

（1）函数在点 $P_0(x_0,y_0)$ 有定义；

（2）函数在点 $P_0(x_0,y_0)$ 处的极限存在；

（3）函数在点 $P_0(x_0,y_0)$ 处的极限与在点 $P_0(x_0,y_0)$ 处的函数值相等．

只要 3 个条件中有 1 个不满足，函数在点 $P_0(x_0,y_0)$ 处就不连续．

由例 9.3 可知，$f(x,y)=\begin{cases}\dfrac{xy}{x^2+y^2}, & x^2+y^2\neq 0,\\ 0, & x^2+y^2=0\end{cases}$ 在点 $(0,0)$ 处间断．再如，函数 $z=\dfrac{1}{x+y}$ 在直线 $x+y=0$ 上每一点处间断．

【即时提问 9.1】 函数 $f(x,y)=\begin{cases}(x+y)\sin\dfrac{1}{xy}, & xy\neq 0,\\ 0, & xy=0\end{cases}$ 在点 $(0,0)$ 处是否连续？

如果 $f(x,y)$ 在平面区域 D 内每一点处都连续，则称 $f(x,y)$ 在 D 内连续，也称 $f(x,y)$ 是 D 内的连续函数．在 D 上连续函数的图形是一张既没有"洞"也没有"裂缝"的曲面．

一元函数中关于极限的运算法则对于多元函数仍适用，故二元连续函数经过四则运算后仍

为二元连续函数(商的情形要求分母不为零);二元连续函数的复合函数也是连续函数.

与一元初等函数类似,二元初等函数是可用含 x,y 的一个解析式所表示的函数,而这个式子是由常数、x 的基本初等函数、y 的基本初等函数经过有限次四则运算及复合所构成的,如 $\sin(x+y)$,$\dfrac{xy}{x^2+y^2}$,$\arcsin\dfrac{x}{y}$ 等都是二元初等函数. 二元初等函数在其定义域内处处连续.

例 9.4 求下列函数的极限.

$(1)\ \lim\limits_{(x,y)\to(0,0)}\dfrac{\sqrt{xy+1}-1}{xy}$.　　$(2)\ \lim\limits_{(x,y)\to(0,0)}\dfrac{xy^2}{x^2+y^2}$.　　$(3)\ \lim\limits_{(x,y)\to(0,1)}\dfrac{\sin xy}{x}$.

解　$(1)\ \lim\limits_{(x,y)\to(0,0)}\dfrac{\sqrt{xy+1}-1}{xy}=\lim\limits_{(x,y)\to(0,0)}\dfrac{xy}{xy(\sqrt{xy+1}+1)}=\lim\limits_{(x,y)\to(0,0)}\dfrac{1}{\sqrt{xy+1}+1}=\dfrac{1}{2}$.

(2) 当 $x\to0,y\to0$ 时,$x^2+y^2\ne0$,有 $x^2+y^2\geqslant2\,|\,xy\,|$. 这时,函数 $\dfrac{xy}{x^2+y^2}$ 有界,而 y 是当 $x\to0$ 且 $y\to0$ 时的无穷小量,根据无穷小量与有界函数的乘积仍为无穷小量,得

$$\lim\limits_{(x,y)\to(0,0)}\dfrac{xy^2}{x^2+y^2}=0.$$

$(3)\ \lim\limits_{(x,y)\to(0,1)}\dfrac{\sin xy}{x}=\lim\limits_{(x,y)\to(0,1)}\dfrac{\sin xy}{xy}\cdot y=\lim\limits_{(x,y)\to(0,1)}\dfrac{\sin xy}{xy}\cdot\lim\limits_{(x,y)\to(0,1)}y=1.$

从例 9.4 可看出求二元函数极限的很多方法与一元函数相同.

与闭区间上一元连续函数的性质相类似,有界闭区域上的二元连续函数有如下性质.

性质 9.1(最值定理)　若 $f(x,y)$ 在有界闭区域 D 上连续,则 $f(x,y)$ 在 D 上必取得最大值与最小值.

推论(有界性定理)　若 $f(x,y)$ 在有界闭区域 D 上连续,则 $f(x,y)$ 在 D 上有界.

性质 9.2(介值定理)　若 $f(x,y)$ 在有界闭区域 D 上连续,m 和 M 分别是 $f(x,y)$ 在 D 上的最小值与最大值,则对于介于 m 与 M 之间的任意一个数 c,必存在一点 $(x_0,y_0)\in D$,使 $f(x_0,y_0)=c$.

以上关于二元函数的极限与连续性的概念及有界闭区域上二元连续函数的性质,可类推到三元及三元以上的函数情形.

同步习题 9.1

基础题

1. 求下列函数的定义域.

$(1)\ z=\sqrt{1-y}-\dfrac{1}{\sqrt{x}}$.

$(2)\ z=\sqrt{x-\sqrt{y}}$.

$(3)\ z=\sqrt{x^2+y^2-1}+\dfrac{1}{\sqrt{4-x^2-y^2}}$.

$(4)\ u=\arccos\dfrac{z}{\sqrt{x^2+y^2}}$.

2. 设函数 $f(x,y)=\dfrac{x^2-y^2}{2xy}$, 求: (1) $f(1,1)$; (2) $f\left(\dfrac{1}{x},\dfrac{1}{y}\right)$.

3. 求下列极限.

(1) $\lim\limits_{(x,y)\to(0,0)}\dfrac{\tan(xy)}{x}$. (2) $\lim\limits_{(x,y)\to(1,2)}\dfrac{3xy-x^2y}{x+y}$.

(3) $\lim\limits_{(x,y)\to(1,0)}\dfrac{\ln(1+xy)}{y}$. (4) $\lim\limits_{(x,y)\to(0,0)}\dfrac{1-\cos(x^2+y^2)}{(x^2+y^2)(1+\mathrm{e}^{xy})}$.

4. 讨论下列函数在点 $(0,0)$ 处的极限是否存在.

(1) $z=\dfrac{xy}{x^2+y^4}$. (2) $z=\dfrac{x+y}{x-y}$.

5. 指出下列函数在何处间断.

(1) $z=\dfrac{y^2+2x}{y^2-2x}$. (2) $z=\ln|x-y|$.

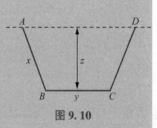
图 9.10

6. 某水渠的横断面是一等腰梯形, 设 $AB=x$, $BC=y$, 渠深为 z, 如图 9.10 所示, 试将水渠的横断面面积 S 表示成 x,y,z 的函数.

提高题

1. 设函数 $f(x,y)=\dfrac{y}{1+xy}-\dfrac{1-y\sin\dfrac{x}{y}}{\arctan x}$, $x>0,y>0$, 求:

(1) $g(x)=\lim\limits_{y\to+\infty}f(x,y)$; (2) $\lim\limits_{x\to0^+}g(x)$.

2. 设函数 $f(x,y)=\displaystyle\int_x^y\dfrac{1}{t}\mathrm{d}t$, 求 $f(1,4)$.

微课·同步习题 9.1
提高题 1

3. 设函数 $f(x,y)=\begin{cases}\dfrac{xy}{\sqrt{x^2+y^2}}, & x^2+y^2\neq0,\\ 0, & x^2+y^2=0,\end{cases}$ 试判断 $f(x,y)$ 在点 $(0,0)$ 处的连续性.

9.2 偏导数与全微分

9.2.1 偏导数

1. 偏导数的概念

在研究一元函数时, 我们从函数的变化率引入导数的概念. 在实际应用中, 对于多元函数, 也需要讨论变化率. 难点在于多元函数的自变量不止一个, 关系复杂. 下面我们以二元函数为例进行讨论.

引例 研究弦在点 x_0 处的振动速度, 就是将振幅 $u(x,t)$ 中的 x 固定于 x_0 处, 求 $u(x_0,t)$ 关于 t 的导数, 此导数称为二元函数 $u(x,t)$ 关于 t 的偏导数, 如图 9.11 所示.

定义 9.5 设函数 $z=f(x,y)$ 在点 (x_0,y_0) 的某邻域内有定义，当 y 固定在 y_0 而 x 在 x_0 处有增量 Δx 时，相应的函数有增量 $f(x_0+\Delta x,y_0)-f(x_0,y_0)$，如果极限

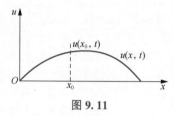

图 9.11

$$\lim_{\Delta x\to 0}\frac{f(x_0+\Delta x,y_0)-f(x_0,y_0)}{\Delta x}$$

存在，则称此极限为函数 $z=f(x,y)$ 在点 (x_0,y_0) 处对 x 的偏导数，记作

$$\left.\frac{\partial z}{\partial x}\right|_{\substack{x=x_0\\y=y_0}},\left.\frac{\partial f}{\partial x}\right|_{\substack{x=x_0\\y=y_0}},z_x\bigg|_{\substack{x=x_0\\y=y_0}}或\,f_x(x_0,y_0),$$

即 $f_x(x_0,y_0)=\lim\limits_{\Delta x\to 0}\dfrac{f(x_0+\Delta x,y_0)-f(x_0,y_0)}{\Delta x}.$

类似地，如果极限

$$\lim_{\Delta y\to 0}\frac{f(x_0,y_0+\Delta y)-f(x_0,y_0)}{\Delta y}$$

存在，则称此极限为函数 $z=f(x,y)$ 在点 (x_0,y_0) 处对 y 的偏导数，记作

$$\left.\frac{\partial z}{\partial y}\right|_{\substack{x=x_0\\y=y_0}},\left.\frac{\partial f}{\partial y}\right|_{\substack{x=x_0\\y=y_0}},z_y\bigg|_{\substack{x=x_0\\y=y_0}}或\,f_y(x_0,y_0).$$

二元函数 $z=f(x,y)$ 在点 (x_0,y_0) 处对 x（或对 y）的偏导数，就是一元函数 $z=f(x,y_0)$ 在点 x_0 处 [或 $z=f(x_0,y)$ 在点 y_0 处] 的导数.

若函数 $z=f(x,y)$ 在区域 D 内每一点 (x,y) 处对 x 的偏导数存在，那么这个偏导数就是 x,y 的函数，称它为函数 $z=f(x,y)$ 对 x 的偏导函数，记作

$$\frac{\partial z}{\partial x},\frac{\partial f}{\partial x},z_x或\,f_x(x,y).$$

类似地，可以定义函数 $z=f(x,y)$ 对 y 的偏导函数，记作

$$\frac{\partial z}{\partial y},\frac{\partial f}{\partial y},z_y或\,f_y(x,y).$$

类似于一元函数，以后在不至于混淆的地方偏导函数也简称为偏导数. 显然，函数在某一点的偏导数就是偏导函数在这一点处的函数值，即

$$f_x(x_0,y_0)=f_x(x,y)\Big|_{\substack{x=x_0\\y=y_0}},$$
$$f_y(x_0,y_0)=f_y(x,y)\Big|_{\substack{x=x_0\\y=y_0}}.$$

求偏导数时，将二元函数中的一个自变量固定不变，只让另一个自变量变化，求 $\dfrac{\partial f}{\partial x}$ 时，把 y 看作常量对 x 求导；求 $\dfrac{\partial f}{\partial y}$ 时，把 x 看作常量对 y 求导. 因此，求偏导数问题仍然是求一元函数的导数问题.

偏导数的概念可以推广到二元以上的函数，这里就不再具体叙述.

例 9.5 求函数 $z=\cos(x+y)\mathrm{e}^{xy}$ 在点 $(1,-1)$ 处的偏导数.

解 将 y 看成常量，对 x 求导得

$$\frac{\partial z}{\partial x} = \mathrm{e}^{xy} \left[-\sin(x+y) + y\cos(x+y) \right];$$

将 x 看成常量, 对 y 求导得

$$\frac{\partial z}{\partial y} = \mathrm{e}^{xy} \left[-\sin(x+y) + x\cos(x+y) \right].$$

于是

$$\left. \frac{\partial z}{\partial x} \right|_{\substack{x=1 \\ y=-1}} = -\mathrm{e}^{-1}, \left. \frac{\partial z}{\partial y} \right|_{\substack{x=1 \\ y=-1}} = \mathrm{e}^{-1}.$$

例 9.6 设 $z = x^y (x>0, x\neq 1)$, 求证:

$$\frac{x}{y}\frac{\partial z}{\partial x} + \frac{1}{\ln x}\frac{\partial z}{\partial y} = 2z.$$

证明 因为 $\dfrac{\partial z}{\partial x} = yx^{y-1}, \dfrac{\partial z}{\partial y} = x^y \ln x$, 所以

$$\frac{x}{y}\frac{\partial z}{\partial x} + \frac{1}{\ln x}\frac{\partial z}{\partial y} = \frac{x}{y}yx^{y-1} + \frac{1}{\ln x}x^y\ln x = x^y + x^y = 2z.$$

2. 偏导数的几何意义

一元函数的导数在几何上表示平面曲线切线的斜率, 因此, 二元函数的偏导数也有类似的几何意义.

设 $z = f(x,y)$ 在点 (x_0, y_0) 处的偏导数存在, 设 $M_0(x_0, y_0, f(x_0, y_0))$ 为曲面 $z = f(x,y)$ 上的一点, 过点 M_0 作平面 $y = y_0$, 此平面与曲面相交得一曲线, 曲线方程为

$$\begin{cases} z = f(x,y), \\ y = y_0. \end{cases}$$

由于偏导数 $f_x(x_0, y_0)$ 等于一元函数 $f(x, y_0)$ 的导数 $f'(x, y_0)\big|_{x=x_0}$, 故由一元函数导数的几何意义可知: 偏导数 $f_x(x_0, y_0)$ 在几何上表示曲线 $\begin{cases} z = f(x,y), \\ y = y_0 \end{cases}$ 在点 $M_0(x_0, y_0, f(x_0, y_0))$ 处的切线 $M_0 T_x$ 对 x 轴的斜率.

计算机可视化

同样, 偏导数 $f_y(x_0, y_0)$ 在几何上表示曲线 $\begin{cases} z = f(x,y), \\ x = x_0 \end{cases}$ 在点 $M_0(x_0, y_0, f(x_0, y_0))$ 处的切线 $M_0 T_y$ 对 y 轴的斜率, 如图 9.12 所示.

例 9.7 考察函数 $z = f(x,y) = 2x^2 + y^2$ 在点 $(0,1)$ 处对 y 的偏导数.

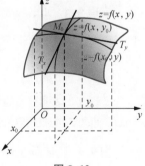

图 9.12

解 函数的图形是一个椭圆抛物面, 令 $x=0$, 得 $z = f(0,y) = y^2$, 这是 yOz 面上的抛物线. 函数 $z = f(0,y) = y^2$ 对 y 的导数 $f_y(0,y) = 2y$, 就是函数 $z = f(x,y)$ 在点 $(0,1)$ 处关于 y 的偏导数, 从而 $f_y(0,1) = 2$. 因此, 函数 $z = f(x,y) = 2x^2 + y^2$ 在点 $(0,1)$ 处关于 y 的偏导数, 实际上是 yOz 面上的抛物线 $z = f(0,y) = y^2$ 在点 $(0,1,1)$ 处的切线的斜率, 如图 9.13 所示.

9.2.2 高阶偏导数

设函数 $z = f(x,y)$ 在区域 D 内具有偏导数 $\dfrac{\partial z}{\partial x} = f_x(x,y), \dfrac{\partial z}{\partial y} = f_y(x,y)$, 那么在 D 内 $f_x(x,y)$ 及

$f_y(x,y)$ 都是 x,y 的二元函数. 如果这两个函数的偏导数存在，则称它们是函数 $z=f(x,y)$ 的二阶偏导数. 按照对变量求导次序的不同，有下列 4 个二阶偏导数.

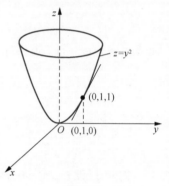

图 9.13

$(1)\ \dfrac{\partial}{\partial x}\left(\dfrac{\partial z}{\partial x}\right)=\dfrac{\partial^2 z}{\partial x^2}=f_{xx}(x,y).$

$(2)\ \dfrac{\partial}{\partial y}\left(\dfrac{\partial z}{\partial x}\right)=\dfrac{\partial^2 z}{\partial x\partial y}=f_{xy}(x,y).$

$(3)\ \dfrac{\partial}{\partial x}\left(\dfrac{\partial z}{\partial y}\right)=\dfrac{\partial^2 z}{\partial y\partial x}=f_{yx}(x,y).$

$(4)\ \dfrac{\partial}{\partial y}\left(\dfrac{\partial z}{\partial y}\right)=\dfrac{\partial^2 z}{\partial y^2}=f_{yy}(x,y).$

其中，f_{xx} 与 f_{yy} 分别称为函数 $f(x,y)$ 对 x 和 y 的**二阶纯偏导数**，f_{xy} 与 f_{yx} 称为 $f(x,y)$ 的**二阶混合偏导数**. 同样可定义三阶、四阶、……、n 阶偏导数. 二阶及二阶以上的偏导数统称为**高阶偏导数**.

例 9.8　求函数 $f(x,y)=x^2y+y^2\cos x$ 的二阶偏导数和 $\dfrac{\partial^3 f}{\partial y\partial x^2}$.

解　因为 $\dfrac{\partial f}{\partial x}=2xy-y^2\sin x,\dfrac{\partial f}{\partial y}=x^2+2y\cos x$，所以

$$\frac{\partial^2 f}{\partial x^2}=2y-y^2\cos x,\quad \frac{\partial^2 f}{\partial x\partial y}=2x-2y\sin x,\quad \frac{\partial^2 f}{\partial y\partial x}=2x-2y\sin x,$$

$$\frac{\partial^2 f}{\partial y^2}=2\cos x,\quad \frac{\partial^3 f}{\partial y\partial x^2}=2-2y\cos x.$$

从例 9.8 我们看到 $\dfrac{\partial^2 f}{\partial x\partial y}=\dfrac{\partial^2 f}{\partial y\partial x}$，即两个二阶混合偏导数相等. 这并非偶然，事实上，我们有以下定理.

定理 9.1　如果函数 $z=f(x,y)$ 的两个二阶混合偏导数 $\dfrac{\partial^2 z}{\partial x\partial y}$ 和 $\dfrac{\partial^2 z}{\partial y\partial x}$ 在区域 D 内连续，则在该区域内有

$$\frac{\partial^2 z}{\partial x\partial y}=\frac{\partial^2 z}{\partial y\partial x}.$$

定理 9.1 表明：二阶混合偏导数在连续的条件下与求导的次序无关. 另外，对于二元以上的函数，也可以类似地定义高阶偏导数. 而且高阶混合偏导数在连续的条件下也与求导的次序无关.

例 9.9　验证函数 $r=\sqrt{x^2+y^2+z^2}$ 满足方程 $\dfrac{\partial^2 r}{\partial x^2}+\dfrac{\partial^2 r}{\partial y^2}+\dfrac{\partial^2 r}{\partial z^2}=\dfrac{2}{r}$.

解　因为

$$\frac{\partial r}{\partial x}=\frac{x}{\sqrt{x^2+y^2+z^2}},\ \frac{\partial r}{\partial y}=\frac{y}{\sqrt{x^2+y^2+z^2}},\ \frac{\partial r}{\partial z}=\frac{z}{\sqrt{x^2+y^2+z^2}},$$

所以

$$\frac{\partial^2 r}{\partial x^2}=\frac{\sqrt{x^2+y^2+z^2}-x\cdot\dfrac{x}{\sqrt{x^2+y^2+z^2}}}{\left(\sqrt{x^2+y^2+z^2}\right)^2}=\frac{y^2+z^2}{(x^2+y^2+z^2)^{\frac{3}{2}}}.$$

同理得

$$\frac{\partial^2 r}{\partial y^2} = \frac{x^2+z^2}{(x^2+y^2+z^2)^{\frac{3}{2}}}, \frac{\partial^2 r}{\partial z^2} = \frac{x^2+y^2}{(x^2+y^2+z^2)^{\frac{3}{2}}}.$$

故

$$\frac{\partial^2 r}{\partial x^2} + \frac{\partial^2 r}{\partial y^2} + \frac{\partial^2 r}{\partial z^2} = \frac{2(x^2+y^2+z^2)}{(x^2+y^2+z^2)^{\frac{3}{2}}} = \frac{2}{r}.$$

9.2.3　全微分

如果一元函数 $y=f(x)$ 可微，则函数的增量可表示为 $\Delta y = f'(x)\Delta x + o(x)$，其微分为 $dy=f'(x)dx$. 在实际问题中，我们会遇到求二元函数 $z=f(x,y)$ 的全增量的问题，一般来说，计算二元函数的全增量 Δz 更为复杂，为了能像一元函数一样，用自变量的增量 Δx 与 Δy 的线性函数近似代替全增量，我们引入二元函数的全微分的概念.

定义 9.6　如果函数 $z=f(x,y)$ 在定义域 D 内的点 (x,y) 处全增量 $\Delta z = f(x+\Delta x,y+\Delta y) - f(x,y)$ 可表示成

$$\Delta z = A\Delta x + B\Delta y + o(\rho),$$

其中 A,B 不依赖于 $\Delta x, \Delta y$，仅与 x,y 有关，$\rho = \sqrt{(\Delta x)^2 + (\Delta y)^2}$，则称函数 $z=f(x,y)$ 在点 (x,y) 处**可微**，称其线性部分 $A\Delta x + B\Delta y$ 为函数 $f(x,y)$ 在点 (x,y) 处的**全微分**，记作 dz，即

$$dz = df = A\Delta x + B\Delta y.$$

若 $z=f(x,y)$ 在区域 D 内处处可微，则称 $f(x,y)$ 在 D 内可微，也称 $f(x,y)$ 是 D 内的可微函数.

在一元函数中，"可导必连续""可微与可导等价"，这些关系在多元函数中并不成立. 下面通过可微的必要条件与充分条件来说明.

定理 9.2　如果函数 $z=f(x,y)$ 在点 (x,y) 处可微，则函数在该点必连续.

证明　根据函数可微的定义知，$\Delta z = A\Delta x + B\Delta y + o(\rho)$，从而

$$\lim_{\substack{\Delta x \to 0 \\ \Delta y \to 0}} \Delta z = \lim_{\rho \to 0^+}\left[(A\Delta x + B\Delta y) + o(\rho)\right] = 0,$$

即

$$\lim_{\substack{\Delta x \to 0 \\ \Delta y \to 0}} f(x+\Delta x, y+\Delta y) = f(x,y),$$

所以函数 $z=f(x,y)$ 在点 (x,y) 连续.

定理 9.3（必要条件）　如果函数 $z=f(x,y)$ 在点 (x,y) 处可微，则 $z=f(x,y)$ 在该点的两个偏导数 $\dfrac{\partial z}{\partial x}, \dfrac{\partial z}{\partial y}$ 都存在，且有

$$dz = \frac{\partial z}{\partial x}\Delta x + \frac{\partial z}{\partial y}\Delta y.$$

微课：定理 9.3
的证明

证明　因为函数 $z=f(x,y)$ 在点 (x,y) 处可微，所以

$$\Delta z = A\Delta x + B\Delta y + o(\rho), \rho = \sqrt{(\Delta x)^2 + (\Delta y)^2}.$$

令 $\Delta y = 0$，则函数关于 x 的偏增量为

$$\Delta_x z = f(x+\Delta x, y) - f(x,y) = A\Delta x + o(|\Delta x|).$$

由此得

$$\lim_{\Delta x \to 0} \frac{f(x+\Delta x, y)-f(x,y)}{\Delta x} = A + \lim_{\Delta x \to 0} \frac{o(|\Delta x|)}{|\Delta x|} \cdot \frac{|\Delta x|}{\Delta x} = A,$$

即 $\dfrac{\partial z}{\partial x} = A.$

同理可证得 $\dfrac{\partial z}{\partial y} = B.$

【即时提问 9.2】 如果函数各偏导数都存在，函数一定可微吗？

注意，定理 9.3 的逆命题不一定成立，即偏导数存在，函数不一定可微. 如例 9.3 中的函数

$$f(x,y) = \begin{cases} \dfrac{xy}{x^2+y^2}, & x^2+y^2 \neq 0, \\ 0, & x^2+y^2 = 0, \end{cases}$$

它在点 $(0,0)$ 处两个偏导数都存在，但 $f(x,y)$ 在点 $(0,0)$ 处不连续，由定理 9.2 的逆否命题知，该函数在点 $(0,0)$ 处不可微. 但两个偏导数连续时，函数就是可微的，我们不加证明地给出以下定理.

定理 9.4（充分条件） 如果函数 $z = f(x,y)$ 在点 (x,y) 处的偏导数 $\dfrac{\partial z}{\partial x}, \dfrac{\partial z}{\partial y}$ 连续，则函数 $z = f(x,y)$ 在该点可微.

类似于一元函数微分的情形，规定自变量的微分等于自变量的增量，即 $\mathrm{d}x = \Delta x, \mathrm{d}y = \Delta y.$ 于是由定理 9.3 有

$$\mathrm{d}z = \frac{\partial z}{\partial x}\mathrm{d}x + \frac{\partial z}{\partial y}\mathrm{d}y.$$

以上关于二元函数的全微分的概念及结论，可以推广到三元和三元以上的函数. 比如，若三元函数 $u = f(x,y,z)$ 在点 (x,y,z) 处可微，则它的全微分为

$$\mathrm{d}u = \frac{\partial u}{\partial x}\mathrm{d}x + \frac{\partial u}{\partial y}\mathrm{d}y + \frac{\partial u}{\partial z}\mathrm{d}z.$$

例 9.10 求下列函数的全微分.

(1) $z = x^3 \cos 2y.$ (2) $u = x^{yz}.$

解 (1) 因为 $\dfrac{\partial z}{\partial x} = 3x^2 \cos 2y, \dfrac{\partial z}{\partial y} = -2x^3 \sin 2y,$ 所以

$$\mathrm{d}z = 3x^2 \cos 2y \mathrm{d}x - 2x^3 \sin 2y \mathrm{d}y.$$

(2) 因为 $\dfrac{\partial u}{\partial x} = yzx^{yz-1}, \dfrac{\partial u}{\partial y} = zx^{yz}\ln x, \dfrac{\partial u}{\partial z} = yx^{yz}\ln x,$ 所以

$$\mathrm{d}u = yzx^{yz-1}\mathrm{d}x + zx^{yz}\ln x \mathrm{d}y + yx^{yz}\ln x \mathrm{d}z.$$

例 9.11 求 $z = x^2 y + \sin e^x$ 在点 $(1,2)$ 处的全微分.

解 因为 $\dfrac{\partial z}{\partial x} = 2xy + e^x \cos e^x, \dfrac{\partial z}{\partial y} = x^2,$ 所以

$$\frac{\partial z}{\partial x}\bigg|_{\substack{x=1 \\ y=2}} = 4 + e \cdot \cos e, \quad \frac{\partial z}{\partial y}\bigg|_{\substack{x=1 \\ y=2}} = 1.$$

于是

$$dz \Big|_{\substack{x=1 \\ y=2}} = (4 + e \cdot \cos e) dx + dy.$$

定理 9.5（全微分四则运算法则） 设 $f(x,y), g(x,y)$ 在点 (x,y) 处可微，则有以下运算法则.

(1) $f(x,y) \pm g(x,y)$ 在点 (x,y) 处可微，且

$$d[f(x,y) \pm g(x,y)] = df(x,y) \pm dg(x,y).$$

(2) 若 k 为常数，$kf(x,y)$ 在点 (x,y) 处可微，则

$$d[kf(x,y)] = kdf(x,y).$$

(3) $f(x,y) \cdot g(x,y)$ 在点 (x,y) 处可微，且

$$d[f(x,y) \cdot g(x,y)] = g(x,y)df(x,y) + f(x,y)dg(x,y).$$

(4) 当 $g(x,y) \neq 0$ 时，$\dfrac{f(x,y)}{g(x,y)}$ 在点 (x,y) 处可微，且

$$d\frac{f(x,y)}{g(x,y)} = \frac{g(x,y)df(x,y) - f(x,y)dg(x,y)}{g^2(x,y)}.$$

例 9.12 求 $z = e^{xy} \sin x^2$ 的全微分.

解 方法❶

$$\frac{\partial z}{\partial x} = ye^{xy}\sin x^2 + 2xe^{xy}\cos x^2, \frac{\partial z}{\partial y} = xe^{xy}\sin x^2,$$

$$dz = (ye^{xy}\sin x^2 + 2xe^{xy}\cos x^2)dx + xe^{xy}\sin x^2 dy.$$

方法❷

$$dz = d(e^{xy}\sin x^2) = e^{xy}d(\sin x^2) + \sin x^2 d(e^{xy}) = e^{xy}\cos x^2 d(x^2) + \sin x^2 e^{xy}d(xy)$$

$$= 2xe^{xy}\cos x^2 dx + \sin x^2 e^{xy}(ydx + xdy)$$

$$= (ye^{xy}\sin x^2 + 2xe^{xy}\cos x^2)dx + xe^{xy}\sin x^2 dy.$$

由二元函数全微分的定义以及全微分存在的充分条件可知，当二元函数 $z = f(x,y)$ 的两个偏导数连续，并且两个自变量的增量都很小时，有近似等式

$$\Delta z \approx dz = f_x(x,y)\Delta x + f_y(x,y)\Delta y,$$

即

$$f(x + \Delta x, y + \Delta y) \approx f(x,y) + f_x(x,y)\Delta x + f_y(x,y)\Delta y.$$

故二元函数也可做近似计算，举例如下.

例 9.13 有一圆柱体受压后发生形变，它的底面圆的半径由 20cm 增大到 20.05cm，高度由 100cm 减少到 99cm. 求此圆柱体体积变化的近似值.

解 设圆柱体的底面圆半径、高和体积依次为 r, h, V，则有 $V(r,h) = \pi r^2 h$. 记 r, h, V 的增量依次为 $\Delta r, \Delta h, \Delta V$，于是有

$$\Delta V \approx dV = V_r \Delta r + V_h \Delta h = 2\pi rh \Delta r + \pi r^2 \Delta h.$$

把 $r = 20, h = 100, \Delta r = 0.05, \Delta h = -1$ 代入，得

$$\Delta V \approx -200\pi \, (\text{cm}^3).$$

故此圆柱体受压后体积减少了约 $200\pi \, \text{cm}^3$.

同步习题9.2

1. 求下列函数的偏导数.

(1) $z = \ln(xy)$.　　　　　　　(2) $z = \sin x^2 + 6e^{xy} + 5y^2$.

(3) $z = xye^{xy}$.

2. 已知 $f(x, y) = (x + 2y)e^x$, 求 $f_x(0,1)$, $f_y(0,1)$.

3. 求下列函数的所有二阶偏导数.

(1) $u = \arcsin(xy)$.　　　　　(2) $z = e^x(\cos y + x\sin y)$.

4. 验证 $z = \ln\sqrt{x^2 + y^2}$ 满足 $\dfrac{\partial^2 z}{\partial x^2} + \dfrac{\partial^2 z}{\partial y^2} = 0$.

5. 已知边长为 $x = 6\text{m}$、$y = 8\text{m}$ 的矩形, 如果 x 边增加 5cm 而 y 边减少 10cm, 问: 这个矩形的对角线的变化怎样?

6. 求函数 $z = e^{xy}$ 当 $x = 1, y = 1, \Delta x = 0.15, \Delta y = 0.1$ 时的全微分.

提高题

1. 求下列函数的全微分.

(1) $z = \arctan\dfrac{y}{x}$.　　　　　(2) $u = xe^{xy+2z}$.

(3) $z = \sin(xy) + \cos^2(xy)$.

2. 设 $u = \left(\dfrac{x}{y}\right)^z$, 求 $\mathrm{d}u\big|_{(1,1,1)}$.

3. 计算 $(1.97)^{1.05}$ 的近似值 $(\ln 2 \approx 0.693)$.

9.3　多元复合函数和隐函数的求导

本节把一元函数微分学中复合函数的求导法则推广到多元复合函数的情形, 并介绍隐函数的求导法则.

9.3.1　多元复合函数的求导法则

定理9.6 设函数 $z = f(u, v)$, 其中 $u = \varphi(x)$, $v = \psi(x)$. 如果函数 $u = \varphi(x)$, $v = \psi(x)$ 都在点 x 处可导, 函数 $z = f(u, v)$ 在对应的点 (u, v) 处具有连续偏导数, 则复合函数 $z = f[\varphi(x), \psi(x)]$ 在点 x 处可导, 且

$$\frac{\mathrm{d}z}{\mathrm{d}x} = \frac{\partial z}{\partial u}\frac{\mathrm{d}u}{\mathrm{d}x} + \frac{\partial z}{\partial v}\frac{\mathrm{d}v}{\mathrm{d}x}. \tag{9.1}$$

证明 设自变量 x 的增量为 Δx, 中间变量 $u = \varphi(x)$ 和 $v = \psi(x)$ 相应的增量分别为 Δu 和 Δv, 函数 z 的全增量为 Δz. 因为 $z = f(u, v)$ 在点 (u, v) 处可微, 且

$$\Delta z = \frac{\partial z}{\partial u}\Delta u + \frac{\partial z}{\partial v}\Delta v + o(\rho),$$

其中 $\rho = \sqrt{(\Delta u)^2 + (\Delta v)^2}$，$\lim\limits_{\rho \to 0^+}\dfrac{o(\rho)}{\rho} = 0$，所以有

$$\frac{\Delta z}{\Delta x} = \frac{\partial z}{\partial u}\frac{\Delta u}{\Delta x} + \frac{\partial z}{\partial v}\frac{\Delta v}{\Delta x} + \frac{o(\rho)}{\rho}\frac{\rho}{|\Delta x|}\frac{|\Delta x|}{\Delta x}.$$

因为 $u = \varphi(x)$ 和 $v = \psi(x)$ 在点 x 处可导，所以当 $\Delta x \to 0$ 时，$\Delta u \to 0$，

$\Delta v \to 0, \rho \to 0, \dfrac{\Delta u}{\Delta x} \to \dfrac{\mathrm{d}u}{\mathrm{d}x}, \dfrac{\Delta v}{\Delta x} \to \dfrac{\mathrm{d}v}{\mathrm{d}x}, \dfrac{\rho}{|\Delta x|} = \dfrac{\sqrt{(\Delta u)^2 + (\Delta v)^2}}{|\Delta x|} = \sqrt{\left(\dfrac{\Delta u}{\Delta x}\right)^2 + \left(\dfrac{\Delta v}{\Delta x}\right)^2} \to \sqrt{\left(\dfrac{\mathrm{d}u}{\mathrm{d}x}\right)^2 + \left(\dfrac{\mathrm{d}v}{\mathrm{d}x}\right)^2}$. 而

$\dfrac{|\Delta x|}{\Delta x}$ 是有界量，$\dfrac{o(\rho)}{\rho}$ 为无穷小量，所以

$$\lim_{\Delta x \to 0}\frac{\Delta z}{\Delta x} = \frac{\partial z}{\partial u}\frac{\mathrm{d}u}{\mathrm{d}x} + \frac{\partial z}{\partial v}\frac{\mathrm{d}v}{\mathrm{d}x}.$$

这就证明了复合函数 $z = f[\varphi(x), \psi(x)]$ 在点 x 处可导，且其导数公式为式(9.1).

注 （1）式(9.1)称为多元复合函数求导的链式法则.

（2）用同样的方法，可以把定理推广到复合函数的中间变量多于两个的情形. 如 $z = f(u, v, w)$，而 $u = \varphi(x), v = \psi(x), w = w(x)$，则在与定理9.6相类似的条件下，复合函数关于 x 可导，且其求导公式为

$$\frac{\mathrm{d}z}{\mathrm{d}x} = \frac{\partial z}{\partial u}\frac{\mathrm{d}u}{\mathrm{d}x} + \frac{\partial z}{\partial v}\frac{\mathrm{d}v}{\mathrm{d}x} + \frac{\partial z}{\partial w}\frac{\mathrm{d}w}{\mathrm{d}x}. \tag{9.2}$$

在式(9.1)和式(9.2)中的导数 $\dfrac{\mathrm{d}z}{\mathrm{d}x}$ 称为全导数.

（3）对于式(9.1)和式(9.2)，我们可借助复合关系图来理解和记忆，如图9.14所示.

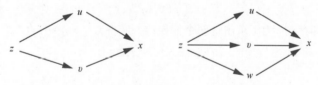

图 9.14

例 9.14 设 $z = \mathrm{e}^{x-2y}, x = \sin t, y = t^3$，求 $\dfrac{\mathrm{d}z}{\mathrm{d}t}$.

解 因为

$$\frac{\partial z}{\partial x} = \mathrm{e}^{x-2y}, \frac{\partial z}{\partial y} = -2\mathrm{e}^{x-2y},$$

$$\frac{\mathrm{d}x}{\mathrm{d}t} = \cos t, \frac{\mathrm{d}y}{\mathrm{d}t} = 3t^2,$$

所以

$$\frac{\mathrm{d}z}{\mathrm{d}t} = \frac{\partial z}{\partial x}\frac{\mathrm{d}x}{\mathrm{d}t} + \frac{\partial z}{\partial y}\frac{\mathrm{d}y}{\mathrm{d}t} = \mathrm{e}^{x-2y}\cos t - 6t^2\mathrm{e}^{x-2y} = \mathrm{e}^{\sin t - 2t^3}(\cos t - 6t^2).$$

定理 9.6 还可推广到中间变量依赖两个自变量 x 和 y 的情形. 关于这种复合函数的求偏导问题, 有以下定理.

定理 9.7 设 $z=f(u,v)$ 在点 (u,v) 处可微, 函数 $u=u(x,y)$ 及 $v=v(x,y)$ 在点 (x,y) 处的两个偏导数都存在, 则复合函数 $z=f[u(x,y),v(x,y)]$ 在点 (x,y) 处的两个偏导数都存在, 且有

$$\frac{\partial z}{\partial x}=\frac{\partial z}{\partial u}\frac{\partial u}{\partial x}+\frac{\partial z}{\partial v}\frac{\partial v}{\partial x},\tag{9.3}$$

$$\frac{\partial z}{\partial y}=\frac{\partial z}{\partial u}\frac{\partial u}{\partial y}+\frac{\partial z}{\partial v}\frac{\partial v}{\partial y}.\tag{9.4}$$

我们可以这样来理解式 (9.3): 求 $\frac{\partial z}{\partial x}$ 时, 将 y 看作常量, 则中间变量 u 和 v 是 x 的一元函数, 应用定理 9.6 即可得 $\frac{\partial z}{\partial x}$. 但考虑到复合函数 $z=f[u(x,y),v(x,y)]$ 以及 $u=u(x,y)$ 与 $v=v(x,y)$ 都是 x,y 的二元函数, 所以应把式 (9.1) 的导数符号 "d" 改为偏导数符号 "∂". 同理, 由式 (9.1) 可得式 (9.4). 对于定理 9.7 中的式 (9.3) 和式 (9.4), 我们可以借助图 9.15(a) 来理解.

定理 9.7 也可以推广到中间变量多于两个的情形. 例如, 设 $u=u(x,y),v=v(x,y),w=w(x,y)$ 的偏导数都存在, 函数 $z=f(u,v,w)$ 可微, 则复合函数

$$z=f[u(x,y),v(x,y),w(x,y)]$$

对 x 和 y 的偏导数都存在, 且有以下链式法则:

$$\frac{\partial z}{\partial x}=\frac{\partial z}{\partial u}\frac{\partial u}{\partial x}+\frac{\partial z}{\partial v}\frac{\partial v}{\partial x}+\frac{\partial z}{\partial w}\frac{\partial w}{\partial x},\tag{9.5}$$

$$\frac{\partial z}{\partial y}=\frac{\partial z}{\partial u}\frac{\partial u}{\partial y}+\frac{\partial z}{\partial v}\frac{\partial v}{\partial y}+\frac{\partial z}{\partial w}\frac{\partial w}{\partial y}.\tag{9.6}$$

对于式 (9.5) 和式 (9.6), 我们可借助图 9.15(b) 来理解.

特别地, 对于下述情形: $z=f(u,x,y)$ 可微, 而 $u=\varphi(x,y)$ 的偏导数存在, 则复合函数

$$z=f[\varphi(x,y),x,y]$$

对 x 及 y 的偏导数都存在. 为了求出这两个偏导数, 应将 $f(u,x,y)$ 中的 3 个变量看作中间变量

$$u=\varphi(x,y),v=x,w=y.$$

此时,

$$\frac{\partial v}{\partial x}=1,\frac{\partial v}{\partial y}=0,\frac{\partial w}{\partial x}=0,\frac{\partial w}{\partial y}=1.$$

得

$$\frac{\partial z}{\partial x}=\frac{\partial f}{\partial x}+\frac{\partial f}{\partial u}\frac{\partial u}{\partial x},\tag{9.7}$$

$$\frac{\partial z}{\partial y}=\frac{\partial f}{\partial y}+\frac{\partial f}{\partial u}\frac{\partial u}{\partial y}.\tag{9.8}$$

对于式 (9.7) 和式 (9.8), 我们可借助图 9.15(c) 来理解.

注 式 (9.7) 中 $\frac{\partial z}{\partial x}$ 与 $\frac{\partial f}{\partial x}$ 的意义是不同的. $\frac{\partial f}{\partial x}$ 是把 $f(u,x,y)$ 中的 u 与 y 都看作常量时对 x 的偏导数, 而 $\frac{\partial z}{\partial x}$ 是把二元复合函数 $f[\varphi(x,y),x,y]$ 中的 y 看作常量时对 x 的偏导数.

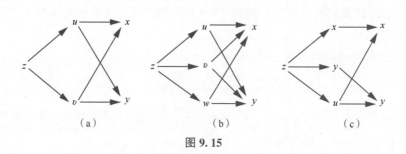

图 9.15

例 9.15 设 $z=u\ln(1+v)$，$u=x\cos y$，$v=x\sin y$，求 $\dfrac{\partial z}{\partial x}$，$\dfrac{\partial z}{\partial y}$.

解

$$\frac{\partial z}{\partial x}=\frac{\partial z}{\partial u}\cdot\frac{\partial u}{\partial x}+\frac{\partial z}{\partial v}\cdot\frac{\partial v}{\partial x}=\ln(1+v)\cdot\cos y+\frac{u}{1+v}\cdot\sin y=\ln(1+x\sin y)\cdot\cos y+\frac{x\cos y}{1+x\sin y}\cdot\sin y,$$

$$\frac{\partial z}{\partial y}=\frac{\partial z}{\partial u}\cdot\frac{\partial u}{\partial y}+\frac{\partial z}{\partial v}\cdot\frac{\partial v}{\partial y}=\ln(1+v)\cdot(-x\sin y)+\frac{u}{1+v}\cdot x\cos y=-\ln(1+x\sin y)\cdot x\sin y+\frac{x^2\cos^2 y}{1+x\sin y}.$$

对于由 $z=f(u,v)$，$u=u(x,y)$，$v=v(x,y)$ 确定的复合函数 $z=f[u(x,y),v(x,y)]$，求出 $\dfrac{\partial z}{\partial x}$，$\dfrac{\partial z}{\partial y}$.

这里 $\dfrac{\partial z}{\partial x}$，$\dfrac{\partial z}{\partial y}$ 仍然是以 u，v 为中间变量、以 x，y 为自变量的复合函数. 求二阶偏导数时，原则上与求一阶偏导数一样. 下面举例说明其求法.

例 9.16 设 $z=f(u,v)$ 的二阶偏导数连续，求 $z=f(e^x\sin y,x^2+y^2)$ 对 x 和 y 的偏导数及 $\dfrac{\partial^2 z}{\partial y\partial x}$.

解 引入中间变量 $u=e^x\sin y$，$v=x^2+y^2$，则 $z=f(u,v)$.

为表达简单起见，记 $f_1=\dfrac{\partial f(u,v)}{\partial u}$，$f_2=\dfrac{\partial f(u,v)}{\partial v}$，$f_{12}=\dfrac{\partial^2 f(u,v)}{\partial u\partial v}$，这里下标 1 表示函数对第一个自变量 u 求偏导数，下标 2 表示函数对第二个自变量 v 求偏导数. 还有类似记号 f_{11}，f_{22} 等. 从而

$$\frac{\partial z}{\partial x}=\frac{\partial f}{\partial u}\cdot e^x\sin y+\frac{\partial f}{\partial v}\cdot 2x$$

$$=e^x\sin y f_1(e^x\sin y,x^2+y^2)+2x f_2(e^x\sin y,x^2+y^2),$$

$$\frac{\partial z}{\partial y}=\frac{\partial f}{\partial u}\cdot e^x\cos y+\frac{\partial f}{\partial v}\cdot 2y$$

$$=e^x\cos y f_1(e^x\sin y,x^2+y^2)+2y f_2(e^x\sin y,x^2+y^2),$$

则

$$\frac{\partial^2 z}{\partial y\partial x}=\frac{\partial}{\partial x}\left(\frac{\partial z}{\partial y}\right)=\frac{\partial}{\partial x}(e^x\cos y f_1+2y f_2)$$

$$=e^x\cos y\cdot f_1+e^x\cos y\left(f_{11}\cdot\frac{\partial u}{\partial x}+f_{12}\cdot\frac{\partial v}{\partial x}\right)+2y\left(f_{21}\cdot\frac{\partial u}{\partial x}+f_{22}\cdot\frac{\partial v}{\partial x}\right)$$

$$=e^x\cos y\cdot f_1+e^x\cos y(f_{11}\cdot e^x\sin y+f_{12}\cdot 2x)+2y(f_{21}\cdot e^x\sin y+f_{22}\cdot 2x).$$

又因为 f 的二阶偏导数连续，则 $f_{12}=f_{21}$，从而

$$\frac{\partial^2 z}{\partial y\partial x}=e^x\cos y\cdot f_1+e^{2x}\cos y\sin y\cdot f_{11}+2e^x(x\cos y+y\sin y)f_{12}+4xy f_{22}.$$

一元函数的一阶微分形式具有不变性,多元函数的全微分形式同样具有不变性. 下面以二元函数为例进行说明.

设 $z=f(u,v)$ 具有连续偏导数,则有全微分

$$dz = \frac{\partial z}{\partial u}du + \frac{\partial z}{\partial v}dv.$$

如果 u,v 是中间变量,即 $u=\varphi(x,y)$, $v=\psi(x,y)$,且这两个函数也具有连续偏导数,则复合函数 $z=f[\varphi(x,y),\psi(x,y)]$ 的全微分为

$$\begin{aligned}
dz &= \frac{\partial z}{\partial x}dx + \frac{\partial z}{\partial y}dy \\
&= \left(\frac{\partial z}{\partial u}\frac{\partial u}{\partial x} + \frac{\partial z}{\partial v}\frac{\partial v}{\partial x}\right)dx + \left(\frac{\partial z}{\partial u}\frac{\partial u}{\partial y} + \frac{\partial z}{\partial v}\frac{\partial v}{\partial y}\right)dy \\
&= \frac{\partial z}{\partial u}\left(\frac{\partial u}{\partial x}dx + \frac{\partial u}{\partial y}dy\right) + \frac{\partial z}{\partial v}\left(\frac{\partial v}{\partial x}dx + \frac{\partial v}{\partial y}dy\right) \\
&= \frac{\partial z}{\partial u}du + \frac{\partial z}{\partial v}dv.
\end{aligned}$$

可见,无论 z 是自变量 u,v 的函数还是中间变量 u,v 的函数,它的全微分形式都是一样的,这种性质称为多元函数的**全微分形式不变性**.

【即时提问 9.3】 利用全微分形式不变性求出的偏导数是否一定正确?

例 9.17 利用全微分形式不变性求例 9.15 中的函数 $z=u\ln(1+v)$, $u=x\cos y$, $v=x\sin y$ 的偏导数与全微分.

解 $dz = \frac{\partial z}{\partial u}du + \frac{\partial z}{\partial v}dv = \ln(1+v)du + ud[\ln(1+v)]$

$$= \ln(1+v)du + \frac{u}{1+v}dv$$

$$= \ln(1+v)d(x\cos y) + \frac{u}{1+v}d(x\sin y)$$

$$= \ln(1+v)\cdot(\cos ydx - x\sin ydy) + \frac{u}{1+v}(\sin ydx + x\cos ydy)$$

$$= \left[\ln(1+v)\cdot\cos y + \frac{u}{1+v}\sin y\right]dx + \left[x\cos y\frac{u}{1+v} - x\sin y\cdot\ln(1+v)\right]dy,$$

因此,

$$\frac{\partial z}{\partial x} = \ln(1+v)\cdot\cos y + \frac{u}{1+v}\cdot\sin y, \frac{\partial z}{\partial y} = \ln(1+v)\cdot(-x\sin y) + \frac{u}{1+v}\cdot x\cos y.$$

显然,这和例 9.15 求出的结果一样.

9.3.2 隐函数的求导法则

在一元函数的微分学中,我们介绍了隐函数的求导方法:将方程 $F(x,y)=0$ 两边对 x 求导,解出 y' . 本小节将介绍隐函数存在定理,并根据多元复合函数的求导法则导出隐函数的求导公式. 下面先介绍由一个方程确定隐函数的情形.

定理 9.8(隐函数存在定理) 设函数 $F(x,y)$ 在点 $P_0(x_0,y_0)$ 的某一邻域内有连续的偏导

数，且 $F(x_0,y_0)=0$，$F_y(x_0,y_0)\neq0$，则方程 $F(x,y)=0$ 在点 $P_0(x_0,y_0)$ 的某邻域内唯一确定一个具有连续导数的函数 $y=f(x)$，它满足条件 $y_0=f(x_0)$，并且有

$$\frac{\mathrm{d}y}{\mathrm{d}x}=-\frac{F_x}{F_y}. \tag{9.9}$$

式(9.9)就是隐函数的求导公式.

对于隐函数存在定理，这里不做证明，仅对式(9.9)进行推导.

将函数 $y=f(x)$ 代入方程 $F(x,y)=0$ 得恒等式

$$F[x,f(x)]\equiv0.$$

其左端可以看作 x 的一个复合函数，对恒等式两端同时关于 x 求导，得

$$\frac{\partial F}{\partial x}+\frac{\partial F}{\partial y}\frac{\mathrm{d}y}{\mathrm{d}x}=0.$$

由于 F_y 连续，且 $F_y(x_0,y_0)\neq0$，因此存在点 $P_0(x_0,y_0)$ 的一个邻域，在这个邻域内 $F_y\neq0$，所以有

$$\frac{\mathrm{d}y}{\mathrm{d}x}=-\frac{F_x}{F_y}.$$

如果 $F(x,y)=0$ 的二阶偏导数也都连续，那么我们可以把式(9.9)的两端看作 x 的复合函数，再一次求导，得到

$$\frac{\mathrm{d}^2y}{\mathrm{d}x^2}=\frac{\partial}{\partial x}\left(-\frac{F_x}{F_y}\right)+\frac{\partial}{\partial y}\left(-\frac{F_x}{F_y}\right)\frac{\mathrm{d}y}{\mathrm{d}x}$$

$$=-\frac{F_{xx}F_y-F_{yx}F_x}{F_y^2}-\frac{F_{xy}F_y-F_{yy}F_x}{F_y^2}\left(-\frac{F_x}{F_y}\right)$$

$$=-\frac{F_{xx}F_y^2-2F_{xy}F_xF_y+F_{yy}F_x^2}{F_y^3}.$$

例 9.18 验证方程 $x^2+y^2-1=0$ 在点 $(0,1)$ 的某一邻域内能唯一确定一个有连续导数的隐函数 $y=f(x)$，且 $x=0$ 时 $y=1$，并求这个函数的一阶与二阶导数在 $x=0$ 时的值.

解 设 $F(x,y)=x^2+y^2-1$，则 $F_x=2x$，$F_y=2y$，$F(0,1)=0$，$F_y(0,1)=2\neq0$. 因此，由定理 9.8 可知，方程 $x^2+y^2-1=0$ 在点 $(0,1)$ 的某一邻域内能唯一确定一个有连续导数的隐函数 $y=f(x)$，且 $x=0$ 时 $y=1$. 所以

$$\frac{\mathrm{d}y}{\mathrm{d}x}=-\frac{F_x}{F_y}=-\frac{x}{y},\frac{\mathrm{d}y}{\mathrm{d}x}\bigg|_{\substack{x=0\\y=1}}=0;$$

$$\frac{\mathrm{d}^2y}{\mathrm{d}x^2}=-\frac{y-xy'}{y^2}=-\frac{y-x\left(-\dfrac{x}{y}\right)}{y^2}=-\frac{y^2+x^2}{y^3}=-\frac{1}{y^3},\frac{\mathrm{d}^2y}{\mathrm{d}x^2}\bigg|_{\substack{x=0\\y=1}}=-1.$$

例 9.19 设 $\sin y+\mathrm{e}^x-xy^2=0$，求 $\dfrac{\mathrm{d}y}{\mathrm{d}x}$.

解 方法❶ 令 $F(x,y)=\sin y+\mathrm{e}^x-xy^2$，得

$$F_x=\mathrm{e}^x-y^2, F_y=\cos y-2xy.$$

由隐函数存在定理得

$$\frac{\mathrm{d}y}{\mathrm{d}x}=-\frac{\mathrm{e}^x-y^2}{\cos y-2xy}=\frac{y^2-\mathrm{e}^x}{\cos y-2xy}.$$

方法2 把 y 看成 x 的函数 $y=y(x)$，方程 $\sin y+\mathrm{e}^x-xy^2=0$ 两边分别对 x 求导，得

$$\cos y\cdot y'+\mathrm{e}^x-y^2-x\cdot 2yy'=0,$$

解得

$$\frac{\mathrm{d}y}{\mathrm{d}x}=\frac{y^2-\mathrm{e}^x}{\cos y-2xy}.$$

注 在第一种解法中 x 与 y 都被视为自变量，而在第二种解法中 y 被视为 x 的函数 $y(x)$. 隐函数存在定理还可以推广到多元函数，下面介绍三元方程确定二元隐函数的定理.

定理 9.9 设函数 $F(x,y,z)$ 在点 $P_0(x_0,y_0,z_0)$ 的某邻域内具有连续的偏导数，且 $F(x_0,y_0,z_0)=0$，$F_z(x_0,y_0,z_0)\neq0$，则方程 $F(x,y,z)=0$ 在点 $P_0(x_0,y_0,z_0)$ 的某一邻域内能唯一确定一个具有连续偏导数的函数 $z=f(x,y)$，它满足条件 $z_0=f(x_0,y_0)$，并且有

$$\frac{\partial z}{\partial x}=-\frac{F_x}{F_z},\frac{\partial z}{\partial y}=-\frac{F_y}{F_z}. \tag{9.10}$$

与定理 9.8 类似，这里仅对式(9.10)进行推导.

将函数 $z=f(x,y)$ 代入方程 $F(x,y,z)=0$ 得恒等式

$$F[x,y,f(x,y)]\equiv0.$$

其左端可以看作 x 和 y 的一个复合函数. 这个恒等式两端对 x 和 y 分别求导，得

$$F_x+F_z\frac{\partial z}{\partial x}=0,F_y+F_z\frac{\partial z}{\partial y}=0.$$

由于 F_z 连续，且 $F_z(x_0,y_0,z_0)\neq0$，因此存在点 (x_0,y_0) 的一个邻域，在这个邻域内 $F_z\neq0$，从而有

$$\frac{\partial z}{\partial x}=-\frac{F_x}{F_z},\frac{\partial z}{\partial y}=-\frac{F_y}{F_z}.$$

例 9.20 设 $z^3-3xyz=a^3$，求 $\dfrac{\partial z}{\partial x},\dfrac{\partial z}{\partial y},\dfrac{\partial^2 z}{\partial x\partial y}$.

解 设 $F(x,y,z)=z^3-3xyz-a^3$，则 $F_x=-3yz,F_y=-3xz,F_z=3z^2-3xy$，得

$$\frac{\partial z}{\partial x}=-\frac{-3yz}{3z^2-3xy}=\frac{yz}{z^2-xy},\frac{\partial z}{\partial y}=-\frac{-3xz}{3z^2-3xy}=\frac{xz}{z^2-xy}.$$

所以

$$\frac{\partial^2 z}{\partial x\partial y}=\frac{\left(z+y\cdot\dfrac{\partial z}{\partial y}\right)\cdot(z^2-xy)-yz\left(2z\cdot\dfrac{\partial z}{\partial y}-x\right)}{(z^2-xy)^2}$$

$$=\frac{z^3-(xy^2+yz^2)\cdot\dfrac{\partial z}{\partial y}}{(z^2-xy)^2}=\frac{z^3-(xy^2+yz^2)\cdot\dfrac{xz}{z^2-xy}}{(z^2-xy)^2}$$

$$=\frac{z(z^4-2xyz^2-x^2y^2)}{(z^2-xy)^3}.$$

下面看一下方程组的情况. 方程组

$$\begin{cases} F(x,y,u,v)=0, \\ G(x,y,u,v)=0 \end{cases} \tag{9.11}$$

中有 4 个变量，一般其中只有两个变量能独立变化，因此，该方程组可以确定两个二元函数. 下面给出方程组能确定两个二元函数 $u=u(x,y),v=v(x,y)$ 的条件，以及求 u,v 关于 x,y 的偏导数公式.

定理 9.10 设 $F(x,y,u,v),G(x,y,u,v)$ 在点 $P(x_0,y_0,u_0,v_0)$ 的某邻域内具有对各个变量的连续偏导数，又 $F(x_0,y_0,u_0,v_0)=0,G(x_0,y_0,u_0,v_0)=0$，且偏导数组成的函数行列式（称为雅可比式）

$$J=\frac{\partial(F,G)}{\partial(u,v)}=\begin{vmatrix} F_u & F_v \\ G_u & G_v \end{vmatrix}$$

在点 $P(x_0,y_0,u_0,v_0)$ 不等于零，则方程组(9.11)在点 $P(x_0,y_0,u_0,v_0)$ 的某邻域内唯一确定一组具有连续偏导数的函数 $u=u(x,y),v=v(x,y)$，它们满足 $u_0=u(x_0,y_0),v_0=v(x_0,y_0)$，且有

$$\frac{\partial u}{\partial x}=-\frac{1}{J}\frac{\partial(F,G)}{\partial(x,v)}=-\frac{\dfrac{\partial(F,G)}{\partial(x,v)}}{\dfrac{\partial(F,G)}{\partial(u,v)}}=-\frac{\begin{vmatrix} F_x & F_v \\ G_x & G_v \end{vmatrix}}{\begin{vmatrix} F_u & F_v \\ G_u & G_v \end{vmatrix}}, \tag{9.12}$$

$$\frac{\partial u}{\partial y}=-\frac{1}{J}\frac{\partial(F,G)}{\partial(y,v)}=-\frac{\dfrac{\partial(F,G)}{\partial(y,v)}}{\dfrac{\partial(F,G)}{\partial(u,v)}}=-\frac{\begin{vmatrix} F_y & F_v \\ G_y & G_v \end{vmatrix}}{\begin{vmatrix} F_u & F_v \\ G_u & G_v \end{vmatrix}},$$

$$\frac{\partial v}{\partial x}=-\frac{1}{J}\frac{\partial(F,G)}{\partial(u,x)}=-\frac{\dfrac{\partial(F,G)}{\partial(u,x)}}{\dfrac{\partial(F,G)}{\partial(u,v)}}=-\frac{\begin{vmatrix} F_u & F_x \\ G_u & G_x \end{vmatrix}}{\begin{vmatrix} F_u & F_v \\ G_u & G_v \end{vmatrix}}, \tag{9.13}$$

$$\frac{\partial v}{\partial y}=-\frac{1}{J}\frac{\partial(F,G)}{\partial(u,y)}=-\frac{\dfrac{\partial(F,G)}{\partial(u,y)}}{\dfrac{\partial(F,G)}{\partial(u,v)}}=-\frac{\begin{vmatrix} F_u & F_y \\ G_u & G_y \end{vmatrix}}{\begin{vmatrix} F_u & F_v \\ G_u & G_v \end{vmatrix}}.$$

下面推导式(9.12)和式(9.13). 由于

$$\begin{cases} F[x,y,u(x,y),v(x,y)]\equiv 0, \\ G[x,y,u(x,y),v(x,y)]\equiv 0, \end{cases}$$

将该恒等式组两边对 x 求偏导，应用复合函数求导法则得

$$\begin{cases} F_x+F_u\dfrac{\partial u}{\partial x}+F_v\dfrac{\partial v}{\partial x}=0, \\ G_x+G_u\dfrac{\partial u}{\partial x}+G_v\dfrac{\partial v}{\partial x}=0. \end{cases}$$

这是关于 $\dfrac{\partial u}{\partial x}$ 和 $\dfrac{\partial v}{\partial x}$ 的二元一次线性方程组. 由假设可知在点 $P(x_0,y_0,u_0,v_0)$ 的某邻域内, 系数行

列式 $J=\begin{vmatrix} F_u & F_v \\ G_u & G_v \end{vmatrix} \neq 0$, 解得

$$\frac{\partial u}{\partial x}=-\frac{1}{J}\frac{\partial(F,G)}{\partial(x,v)}=-\frac{\dfrac{\partial(F,G)}{\partial(x,v)}}{\dfrac{\partial(F,G)}{\partial(u,v)}}=-\frac{\begin{vmatrix} F_x & F_v \\ G_x & G_v \end{vmatrix}}{\begin{vmatrix} F_u & F_v \\ G_u & G_v \end{vmatrix}},$$

$$\frac{\partial v}{\partial x}=-\frac{1}{J}\frac{\partial(F,G)}{\partial(u,x)}=-\frac{\dfrac{\partial(F,G)}{\partial(u,x)}}{\dfrac{\partial(F,G)}{\partial(u,v)}}=-\frac{\begin{vmatrix} F_u & F_x \\ G_u & G_x \end{vmatrix}}{\begin{vmatrix} F_u & F_v \\ G_u & G_v \end{vmatrix}}.$$

同理可求得 $\dfrac{\partial u}{\partial y}$ 和 $\dfrac{\partial v}{\partial y}$.

例 9.21 设 $xu-yv=0, yu+xv=1$, 求 $\dfrac{\partial u}{\partial x}, \dfrac{\partial v}{\partial x}, \dfrac{\partial u}{\partial y}, \dfrac{\partial v}{\partial y}$.

解 两个方程两边对 x 求偏导数, 注意 u,v 是 x,y 的二元函数 $u(x,y), v(x,y)$, 得

$$\begin{cases} u+x\dfrac{\partial u}{\partial x}-y\dfrac{\partial v}{\partial x}=0, \\[2mm] y\dfrac{\partial u}{\partial x}+v+x\dfrac{\partial v}{\partial x}=0. \end{cases}$$

这是关于 $\dfrac{\partial u}{\partial x}, \dfrac{\partial v}{\partial x}$ 的线性方程组. 在系数行列式 $J=\begin{vmatrix} x & -y \\ y & x \end{vmatrix}=x^2+y^2 \neq 0$ 时, 方程组有唯一解

$$\frac{\partial u}{\partial x}=\frac{\begin{vmatrix} -u & -y \\ -v & x \end{vmatrix}}{J}=-\frac{ux+vy}{x^2+y^2},$$

$$\frac{\partial v}{\partial x}=\frac{\begin{vmatrix} x & -u \\ y & -v \end{vmatrix}}{J}=-\frac{xv-yu}{x^2+y^2}.$$

类似地, 把两个方程中变量 u,v 看作关于 x,y 的二元函数 $u(x,y), v(x,y)$, 两个方程的两边分别对 y 求偏导数, 可求得

$$\frac{\partial u}{\partial y}=\frac{xv-yu}{x^2+y^2}, \frac{\partial v}{\partial y}=-\frac{xu+yv}{x^2+y^2}.$$

在方程组(9.11)中, 函数 F,G 的变量减少一个, 得到方程组

$$\begin{cases} F(x,y,z)=0, \\ G(x,y,z)=0, \end{cases}$$

变量 x,y,z 中只有一个变量能独立变化, 因此, 该方程组就可以确定两个一元函数 $y=y(x), z=z(x)$. 与定理 9.10 类似, 我们可得到相应的隐函数存在定理.

　　一般求方程组所确定的隐函数的导数(或偏导数)，通常不用隐函数存在定理中的公式求解，而是按照推导公式的过程进行计算，即对各方程的两边关于自变量求导(或求偏导数)，得到所求导数(或所求偏导数)的方程组，再解出所求量.

同步习题 9.3

基础题

1. 求下列复合函数的偏导数或导数.

(1) 设 $z=u^2v$, $u=\cos t$, $v=\sin t$, 求 $\dfrac{\mathrm{d}z}{\mathrm{d}t}$.

(2) 设 $z=u+v$, $u=\ln x$, $v=2^x$, 求 $\dfrac{\mathrm{d}z}{\mathrm{d}x}$.

(3) 设 $z=\mathrm{e}^u\sin v$, $u=xy$, $v=x+y$, 求 $\dfrac{\partial z}{\partial x}$, $\dfrac{\partial z}{\partial y}$.

(4) 设 $u=f(x,xy,xyz)$, 求 $\dfrac{\partial u}{\partial x}$, $\dfrac{\partial u}{\partial y}$, $\dfrac{\partial u}{\partial z}$.

2. 设 $z=f(u,v)$ 可微, 求 $z=f(x^2-y^2,\mathrm{e}^{xy})$ 对 x 及 y 的偏导数.

3. 求下列隐函数的导数或偏导数.

(1) 设 $\cos x+\sin y=\mathrm{e}^{xy}$, 求 $\dfrac{\mathrm{d}y}{\mathrm{d}x}$.

(2) 设 $\ln\sqrt{x^2+y^2}=\arctan\dfrac{y}{x}$, 求 $\dfrac{\mathrm{d}y}{\mathrm{d}x}$.

(3) 设 $\mathrm{e}^{-xy}+2z-\mathrm{e}^z=0$, 求 $\dfrac{\partial z}{\partial x}$, $\dfrac{\partial z}{\partial y}$.

(4) 设 $\dfrac{x}{z}=\ln\dfrac{z}{y}$, 求 $\dfrac{\partial z}{\partial x}$, $\dfrac{\partial z}{\partial y}$.

4. 设 $x^2+y^2+z^2-4z=0$, 求 $\dfrac{\partial^2 z}{\partial x^2}$, $\dfrac{\partial^2 z}{\partial y^2}$.

5. 设 $z=f(x,y)$, $x=r\sin\theta$, $y=r\cos\theta$, 证明:

$$\frac{\partial^2 z}{\partial r^2}+\frac{1}{r}\frac{\partial z}{\partial r}+\frac{1}{r^2}\frac{\partial^2 z}{\partial \theta^2}=\frac{\partial^2 z}{\partial x^2}+\frac{\partial^2 z}{\partial y^2}.$$

微课: 同步习题 9.3
基础题 5

6. 求由下列方程组所确定的函数的导数或偏导数.

(1) 设 $\begin{cases} z=x^2+y^2, \\ x^2+2y^2+3z^2=20, \end{cases}$ 求 $\dfrac{\mathrm{d}y}{\mathrm{d}x}$, $\dfrac{\mathrm{d}z}{\mathrm{d}x}$.

(2) 设 $\begin{cases} u=f(ux,v+y), \\ v=g(u-x,v^2y), \end{cases}$ 其中 f, g 具有一阶连续偏导数, 求 $\dfrac{\partial u}{\partial x}$, $\dfrac{\partial v}{\partial x}$.

提高题

1. 设 $z = f\left(\ln x + \dfrac{1}{y}\right)$，其中函数 $f(u)$ 可微，则 $x\dfrac{\partial z}{\partial x} + y^2\dfrac{\partial z}{\partial y} = $ _____．

2. 设函数 $f(u,v)$ 满足 $f\left(x+y, \dfrac{y}{x}\right) = x^2 - y^2$，则 $\dfrac{\partial f}{\partial u}\bigg|_{\substack{u=1\\v=1}}$ 与 $\dfrac{\partial f}{\partial v}\bigg|_{\substack{u=1\\v=1}}$ 依次是（　　）．

   A. $\dfrac{1}{2}, 0$　　　　B. $0, \dfrac{1}{2}$　　　　C. $-\dfrac{1}{2}, 0$　　　　D. $0, -\dfrac{1}{2}$

3. 设函数 $z = \left(1 + \dfrac{x}{y}\right)^{\frac{x}{y}}$，则 $\mathrm{d}z\big|_{(1,1)} = $ _____．

4. 已知 $z = xyf\left(\dfrac{y}{x}\right)$，且 $f(u)$ 可导，若 $x\dfrac{\partial z}{\partial x} + y\dfrac{\partial z}{\partial y} = y^2(\ln y - \ln x)$，则（　　）．

   A. $f(1) = \dfrac{1}{2}, f'(1) = 0$　　　　　　B. $f(1) = 0, f'(1) = \dfrac{1}{2}$

   C. $f(1) = 1, f'(1) = 0$　　　　　　　D. $f(1) = 0, f'(1) = 1$

9.4　多元函数的极值、最值与条件极值

在工程技术、商品流通和社会生活等方面存在诸多"最优化"问题，即最大值和最小值问题，影响这些问题的变量往往不止一个，这些问题在高等数学中统称为多元函数的最大值和最小值问题. 如何求解这些最大值和最小值问题，是我们在研究微积分时需要解决的问题之一. 与一元函数类似，多元函数的最大值和最小值与极大值和极小值有密切的联系. 本节以二元函数为例，利用多元函数微分学的相关知识来研究多元函数的极值与最值问题.

9.4.1　多元函数的极值

类似一元函数极值的概念，我们给出二元函数极值的概念.

1. 极值的概念

引例　（1）分析函数 $z = \dfrac{x^2}{4} + \dfrac{y^2}{9}$ 在点 $(0,0)$ 的某邻域内函数值的变化.

（2）分析函数 $z = 4 - x^2 - y^2$ 在点 $(0,0)$ 的某邻域内函数值的变化.

分析　（1）对于函数 $z = z(x,y)$，在点 $(0,0)$ 的某邻域内异于 $(0,0)$ 的点 (x,y)，有

$$z(x,y) > z(0,0) = 0,$$

如图 9.16 所示.

（2）对于函数 $z = z(x,y)$，在点 $(0,0)$ 的某邻域内异于 $(0,0)$ 的点 (x,y)，有

$$z(x,y) < z(0,0) = 4,$$

如图 9. 17 所示.

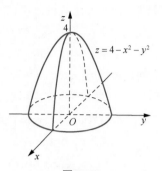

图 9. 16　　　　　　　　　图 9. 17

总结上述两个例子的特点, 我们给出二元函数极值的概念.

定义 9.7　设函数 $z=f(x,y)$ 的定义域 $D\subset\mathbf{R}^2$, 点 $P_0(x_0,y_0)$ 为 D 的内点. 若存在点 $P_0(x_0, y_0)$ 的某个邻域 $U(P_0)\subset D$, 对于该邻域内异于点 $P_0(x_0,y_0)$ 的任意点 (x,y), 都有

$$f(x,y)<f(x_0,y_0)\left[\text{或}\,f(x,y)>f(x_0,y_0)\right],$$

则称函数 $f(x,y)$ 在点 $P_0(x_0,y_0)$ 有极大值 (或极小值)$f(x_0,y_0)$, 点 $P_0(x_0,y_0)$ 称为函数 $f(x,y)$ 的极大值点 (或极小值点).

极大值与极小值统称为函数的极值, 使函数取得极值的点称为函数的极值点.

上述引例中, $z=\dfrac{x^2}{4}+\dfrac{y^2}{9}$ 在点 $(0,0)$ 处取得极小值 0, $z=4-x^2-y^2$ 在点 $(0,0)$ 处取得极大值 4.

再如, 函数 $z=\sqrt{x^2+y^2}$ 在点 $(0,0)$ 处有极小值 $z=0$. 因为对于点 $(0,0)$ 的某邻域内异于 $(0,0)$ 的点 (x,y), 都有 $z(x,y)>z(0,0)=0$. 而函数 $z=y^2-x^2$ 在点 $(0,0)$ 处没有极值, 因为在点 $(0,0)$ 处函数值 $z=0$, 而在点 $(0,0)$ 的任意邻域内, 既有函数值为正的点, 又有函数值为负的点, 如图 9. 18 所示.

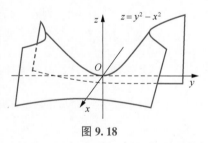

图 9. 18

【即时提问 9.4】　函数 $z=xy$ 在点 $(0,0)$ 处是否有极值?

以上关于二元函数极值的概念, 可推广到 n 元函数.

定义 9.8　设 n 元函数 $u=f(P)$ 的定义域 $D\subset\mathbf{R}^n$, 点 P_0 为 D 的内点. 若存在点 P_0 的某个邻域 $U(P_0)\subset D$, 对于该邻域内异于点 P_0 的任意点 P, 都有

$$f(P)<f(P_0)\left[\text{或}\,f(P)>f(P_0)\right],$$

则称函数 $f(P)$ 在点 P_0 有极大值 (或极小值)$f(P_0)$.

2. 极值存在的必要条件

类似于一元函数极值存在的必要条件, 我们可以得到二元函数极值存在的必要条件如下.

定理 9.11　设函数 $z=f(x,y)$ 在点 (x_0,y_0) 处的两个一阶偏导数都存在, 若 (x_0,y_0) 是 $f(x,y)$ 的极值点, 则有

$$f_x(x_0,y_0)=0, f_y(x_0,y_0)=0.$$

证明 若点 (x_0, y_0) 是 $f(x, y)$ 的极值点，固定变量 $y = y_0$，所得一元函数 $f(x, y_0)$ 在点 (x_0, y_0) 处同样取得极值. 由一元函数极值存在的必要条件可得

$$\frac{\mathrm{d}f(x, y_0)}{\mathrm{d}x}\bigg|_{x=x_0} = 0,$$

即 $f_x(x_0, y_0) = 0$. 同理可证 $f_y(x_0, y_0) = 0$.

偏导数都等于零的点 (x_0, y_0) 称为函数 $z = f(x, y)$ 的**驻点**.

类似地，如果三元函数 $u = f(x, y, z)$ 在点 (x_0, y_0, z_0) 处偏导数都存在，则其具有极值的必要条件是

$$f_x(x_0, y_0, z_0) = 0, f_y(x_0, y_0, z_0) = 0, f_z(x_0, y_0, z_0) = 0.$$

于是点 (x_0, y_0, z_0) 是函数 $u = f(x, y, z)$ 的**驻点**.

定理 9.11 表明，偏导数存在的函数的极值点一定是驻点，但驻点未必是极值点. 如 $z = y^2 - x^2$，点 $(0,0)$ 是它的驻点，但不是它的极值点.

如何判断一个驻点是否为极值点呢? 下面给出极值存在的充分条件.

3. 极值存在的充分条件

定理9.12 设函数 $z = f(x, y)$ 在点 (x_0, y_0) 处的某邻域内具有二阶连续偏导数，且 $f_x(x_0, y_0) = 0$，$f_y(x_0, y_0) = 0$，记

$$A = f_{xx}(x_0, y_0), B = f_{xy}(x_0, y_0), C = f_{yy}(x_0, y_0).$$

(1) 如果 $B^2 - AC < 0$，则 $f(x, y)$ 在点 (x_0, y_0) 处取得极值，且当 $A > 0$ 时，$f(x_0, y_0)$ 为极小值，当 $A < 0$ 时，$f(x_0, y_0)$ 为极大值.

(2) 如果 $B^2 - AC > 0$，则 $f(x, y)$ 在点 (x_0, y_0) 处不取得极值.

(3) 如果 $B^2 - AC = 0$，则 $f(x, y)$ 在点 (x_0, y_0) 处可能取得极值，也可能不取得极值.

结合极值存在的充分条件，我们可以总结出求函数极值的步骤如下.

(1) 计算函数 $z = f(x, y)$ 的偏导数 f_x, f_y，解方程组 $\begin{cases} f_x = 0, \\ f_y = 0, \end{cases}$ 求得驻点 (x_0, y_0).

(2) 计算所有二阶偏导数，在每一个驻点 (x_0, y_0) 处，记

$$A = f_{xx}(x_0, y_0), B = f_{xy}(x_0, y_0), C = f_{yy}(x_0, y_0),$$

利用极值存在的充分条件判断其是否为极值点.

(3) 计算函数的极值.

例 9.22 求 $f(x, y) = y^3 - x^2 + 6x - 12y + 5$ 的极值.

解 求函数的偏导数，得

$$f_x(x, y) = -2x + 6, f_y(x, y) = 3y^2 - 12.$$

解方程组

$$\begin{cases} f_x(x, y) = -2x + 6 = 0, \\ f_y(x, y) = 3y^2 - 12 = 0, \end{cases}$$

得驻点 $(3, -2), (3, 2)$. 又

$$f_{xx} = -2, f_{yy} = 6y, f_{xy} = 0,$$

在点 $(3,-2)$ 处, $B^2-AC=-24<0,A=-2<0$ ，所以函数在该点取得极大值 $f(3,-2)=30$ ；在点 $(3,2)$ 处, $B^2-AC=24>0$ ，函数在该点不取得极值.

需要指出的是，在讨论函数的极值问题时，如果函数存在偏导数，则由定理 9.11 知，极值点只能在驻点处取得. 如果函数在某个点处偏导数不存在，则该点也有可能是极值点，如 $z=\sqrt{x^2+y^2}$ 在点 $(0,0)$ 处偏导数不存在，但其在点 $(0,0)$ 处取得极小值. 因此，在求函数极值时，对于函数偏导数不存在的点，也应考虑其是否为函数的极值点.

9.4.2 多元函数的最值

与一元函数类似，我们也可提出如何求多元函数的最大值和最小值问题.

如果 $f(x,y)$ 在有界闭区域 D 上连续，由连续函数的性质可知，函数 $f(x,y)$ 在 D 上必有最大值和最小值. 最大(小)值点可以在 D 的内部，也可以在 D 的边界上. 我们假定，函数在 D 上连续、在 D 内可微且只有有限个驻点，这时如果 $f(x,y)$ 在 D 的内部取得最大(小)值，那么这最大(小)值也是函数的极大(小)值，在这种情况下，最大(小)值点一定是极大(小)值点之一. 因此，求函数 $f(x,y)$ 在有界闭区域 D 上的最大(小)值时，需要将函数的所有极大(小)值与边界上的最大(小)值进行比较，其中最大(小)的那个值就是最大(小)值.

归纳起来，可得连续函数 $f(x,y)$ 在有界闭区域 D 上最大(小)值的求解步骤：

(1)求出 $z=f(x,y)$ 在 D 内部偏导数不存在的点和驻点，即所有可能的极值点；

(2)求出 $z=f(x,y)$ 在 D 的边界上所有可能的最值点；

(3)分别计算上述各点处的函数值，最大者就是最大值，最小者就是最小值.

例 9.23 求函数 $f(x,y)=x^2y(4-x-y)$ 在区域 $D=\{(x,y)\mid x\geq 0,y\geq 0,x+y\leq 6\}$ 上的最值.

解 求出函数 $f(x,y)$ 的偏导数

$$f_x=8xy-3x^2y-2xy^2, f_y=4x^2-x^3-2x^2y.$$

令 $\begin{cases} f_x=0, \\ f_y=0, \end{cases}$ 解得 D 内部驻点 $(2,1)$ ， $f(2,1)=4$.

在边界 $L_1:x=0(0\leq y\leq 6)$ 上, $f(0,y)=0$.

在边界 $L_2:y=0(0\leq x\leq 6)$ 上, $f(x,0)=0$.

在边界 $L_3:x+y=6(0\leq x\leq 6)$ 上, $f(x,6-x)=-2x^2(6-x)=g(x)$. 当 $g'(x)=-24x+6x^2=0$ 时，得驻点 $x_1=0,x_2=4$ ，于是

$$g(0)=f(0,6)=0,g(4)=f(4,2)=-64.$$

综上, $f(x,y)$ 在 D 上的最大值为 $f(2,1)=4$ ，最小值为 $f(4,2)=-64$.

在实际问题中，如果能根据实际情况断定最大(小)值一定在 D 的内部取得，并且函数在 D 的内部只有一个驻点，那么可以判定这个驻点处的函数值就是 $f(x,y)$ 在 D 上的最大(小)值.

例 9.24 某厂要用铁板做一个容积为 $2m^3$ 的无盖长方体水箱，问：当长、宽、高各取怎样的尺寸时，才能使用料最省？

解 设水箱的长、宽分别为 $x(m),y(m)$ ，则高为 $\dfrac{2}{xy}(m)$ ，水箱所用材料的面积为

$$S=xy+2x\cdot\frac{2}{xy}+2y\cdot\frac{2}{xy}=xy+\frac{4}{y}+\frac{4}{x}(x>0,y>0).$$

令

$$\begin{cases} S_x = y - \dfrac{4}{x^2} = 0, \\ S_y = x - \dfrac{4}{y^2} = 0, \end{cases}$$

得唯一驻点 $(\sqrt[3]{4}, \sqrt[3]{4})$.

根据实际问题可知最小值在定义域内取得, 可以断定此唯一驻点就是最小值点. 即当长、宽均为 $\sqrt[3]{4}\,\mathrm{m}$, 高为 $\dfrac{1}{\sqrt[3]{2}}\,\mathrm{m}$ 时, 水箱所用材料最省.

9.4.3　条件极值

以上讨论的极值问题, 除了函数的自变量限制在函数的定义域内外, 没有其他约束条件, 这种极值称为无条件极值. 但在实际问题中, 往往会遇到对函数的自变量还有附加条件限制的极值问题, 这类极值称为条件极值.

引例　要制作一个容积为 $2\mathrm{m}^3$ 的有盖圆柱形水箱, 如何选择尺寸才能使用料最省?

分析　设圆柱形水箱的高为 $h(\mathrm{m})$, 底半径为 $r(\mathrm{m})$, 则其容积为 $\pi r^2 h = 2$, 表面积为
$$S = 2\pi r^2 + 2\pi rh,$$
所求问题转化为求函数 $S = 2\pi r^2 + 2\pi rh$ 在附加条件 $\pi r^2 h = 2$ 下的极小值.

此问题的直接求法是消去约束条件, 从 $\pi r^2 h = 2$ 中求得 $h = \dfrac{2}{\pi r^2}$, 将此式代入表面积函数中得
$$S = 2\pi r^2 + \dfrac{4}{r},$$

这样问题转化为无条件极值问题. 按照一元函数的求极值方法, 令 $S' = 4\pi r - \dfrac{4}{r^2} = 0$, 得 $r = \dfrac{1}{\sqrt[3]{\pi}}$ 为唯一驻点, 结合本题实际意义可知, 此驻点就是所求最小值点, 再代入附加条件得 $h = \dfrac{2}{\sqrt[3]{\pi}}$. 因此, 当圆柱形水箱的底半径为 $\dfrac{1}{\sqrt[3]{\pi}}\mathrm{m}$、高为 $\dfrac{2}{\sqrt[3]{\pi}}\mathrm{m}$ 时, 用料最省.

在很多情况下, 要从附加条件中解出某个变量不易实现, 这就迫使我们寻求一种求条件极值的有效方法——拉格朗日乘数法.

先讨论函数 $z = f(x,y)$ 在条件 $\varphi(x,y) = 0$ 下取得极值的必要条件.

如果函数 $z = f(x,y)$ 在点 (x_0, y_0) 处取得极值, 则有 $\varphi(x_0, y_0) = 0$. 假定在点 (x_0, y_0) 的某一邻域内函数 $f(x,y)$ 与 $\varphi(x,y)$ 均有连续的一阶偏导数, 且 $\varphi_y'(x_0, y_0) \neq 0$. 由隐函数存在定理可知, 方程 $\varphi(x,y) = 0$ 确定一个连续且具有连续导数的函数 $y = \psi(x)$, 将其代入 $f(x,y) = 0$, 得
$$z = f[x, \psi(x)].$$

函数 $f(x,y)$ 在点 (x_0, y_0) 取得极值, 相当于函数 $z = f[x, \psi(x)]$ 在点 $x = x_0$ 取得极值. 由一元可导函数取得极值的必要条件可知
$$\left.\dfrac{\mathrm{d}z}{\mathrm{d}x}\right|_{x=x_0} = f_x(x_0, y_0) + f_y(x_0, y_0)\left.\dfrac{\mathrm{d}y}{\mathrm{d}x}\right|_{x=x_0} = 0. \tag{9.14}$$

而由隐函数的求导公式有

$$\frac{\mathrm{d}y}{\mathrm{d}x}\bigg|_{x=x_0} = -\frac{\varphi_x(x_0,y_0)}{\varphi_y(x_0,y_0)}, \tag{9.15}$$

把式(9.15)代入式(9.14)得

$$f_x(x_0,y_0) - f_y(x_0,y_0)\frac{\varphi_x(x_0,y_0)}{\varphi_y(x_0,y_0)} = 0. \tag{9.16}$$

式(9.16)与$\varphi(x_0,y_0)=0$构成了函数$z=f(x,y)$在条件$\varphi(x,y)=0$下在点(x_0,y_0)处取得极值的必要条件.

设$\dfrac{f_y(x_0,y_0)}{\varphi_y(x_0,y_0)}=-\lambda$，上述必要条件就变为

$$\begin{cases} f_x(x_0,y_0)+\lambda\varphi_x(x_0,y_0)=0, \\ f_y(x_0,y_0)+\lambda\varphi_y(x_0,y_0)=0, \\ \varphi(x_0,y_0)=0. \end{cases} \tag{9.17}$$

引进辅助函数

$$L(x,y)=f(x,y)+\lambda\varphi(x,y),$$

则方程组(9.17)就是

$$\begin{cases} L_x(x_0,y_0)=0, \\ L_y(x_0,y_0)=0, \\ \varphi(x_0,y_0)=0. \end{cases}$$

函数$L(x,y)$称为拉格朗日函数，参数λ称为拉格朗日乘子.

于是，求函数$z=f(x,y)$在条件$\varphi(x,y)=0$下的极值的拉格朗日乘数法的步骤如下.

(1)构造拉格朗日函数

$$L(x,y)=f(x,y)+\lambda\varphi(x,y),$$

其中λ为待定参数.

(2)解方程组

$$\begin{cases} L_x(x,y)=f_x(x,y)+\lambda\varphi_x(x,y)=0, \\ L_y(x,y)=f_y(x,y)+\lambda\varphi_y(x,y)=0, \\ \varphi(x,y)=0, \end{cases}$$

得x,y值，则(x,y)就是所求的可能的极值点.

(3)判断所求得的点是否为极值点.

例9.25 用拉格朗日乘数法解9.4.3小节中的引例.

解 构造拉格朗日函数

$$L(r,h)=2\pi r^2+2\pi rh+\lambda(\pi r^2 h-2),$$

则有

$$\begin{cases} L_r=4\pi r+2\pi h+2\lambda\pi rh=0, & ① \\ L_h=2\pi r+\lambda\pi r^2=0, & ② \\ \pi r^2 h=2, & ③ \end{cases}$$

解方程组①②，得$h=2r$，将其代入式③，得

$$r=\frac{1}{\sqrt[3]{\pi}}, h=\frac{2}{\sqrt[3]{\pi}}.$$

结合题意可知，点 $\left(\dfrac{1}{\sqrt[3]{\pi}},\dfrac{2}{\sqrt[3]{\pi}}\right)$ 是函数 $S=2\pi r^2+2\pi rh$ 的唯一可能的极值点. 应用二元函数极值

的充分条件可知，点 $\left(\dfrac{1}{\sqrt[3]{\pi}},\dfrac{2}{\sqrt[3]{\pi}}\right)$ 是极小值点. 因此，当圆柱形水箱的底半径为 $\dfrac{1}{\sqrt[3]{\pi}}$ m、高为 $\dfrac{2}{\sqrt[3]{\pi}}$ m

时，用料最省.

例 9.26 形状为椭球形（$4x^2+y^2+4z^2\leqslant 16$）的空气探测器进入地球大气层，其表面开始受热，1h 后在探测器的点 (x,y,z) 处温度 $T=8x^2+4yz-16z+600$，求探测器表面最热的点.

解 构造拉格朗日函数
$$L(x,y,z)=8x^2+4yz-16z+600+\lambda(4x^2+y^2+4z^2-16),$$
则有
$$\begin{cases} L_x=16x+8\lambda x=0, & ① \\ L_y=4z+2\lambda y=0, & ② \\ L_z=4y-16+8\lambda z=0, & ③ \\ 4x^2+y^2+4z^2=16. & ④ \end{cases}$$

由①得 $x=0$ 或 $\lambda=-2$.

若 $\lambda=-2$，代入②③得 $y=z=-\dfrac{4}{3}$. 再将 $y=z=-\dfrac{4}{3}$ 代入④，得 $x=\pm\dfrac{4}{3}$. 于是得到两个可能的

极值点：$M_1\left(\dfrac{4}{3},-\dfrac{4}{3},-\dfrac{4}{3}\right),M_2\left(-\dfrac{4}{3},-\dfrac{4}{3},-\dfrac{4}{3}\right)$.

若 $x=0$，由②③④得：$y=4,z=0;y=-2,z=\sqrt{3};y=-2,z=-\sqrt{3}$. 于是得到另外 3 个可能的极值

点：$M_3(0,4,0),M_4(0,-2,\sqrt{3}),M_5(0,-2,-\sqrt{3})$.

计算可得 $T(M_1)=\dfrac{1\,928}{3},T(M_2)=\dfrac{1\,928}{3},T(M_3)=600,T(M_4)=600-24\sqrt{3},T(M_5)=600+24\sqrt{3}$，

比较可知 $T(M_1)=T(M_2)=\dfrac{1\,928}{3}$ 最大. 因此，探测器表面最热的点是 $M_1\left(\dfrac{4}{3},-\dfrac{4}{3},-\dfrac{4}{3}\right)$ 和

$M_2\left(-\dfrac{4}{3},-\dfrac{4}{3},-\dfrac{4}{3}\right)$.

拉格朗日乘数法可以推广. 如求函数 $u=f(x,y,z)$ 满足条件 $\varphi(x,y,z)=0$ 和 $\psi(x,y,z)=0$ 的条件极值，步骤如下.

（1）构造拉格朗日函数
$$L(x,y,z)=f(x,y,z)+\lambda_1\varphi(x,y,z)+\lambda_2\psi(x,y,z),$$
其中 λ_1,λ_2 为待定参数.

（2）解方程组
$$\begin{cases} L_x=f_x(x,y,z)+\lambda_1\varphi_x(x,y,z)+\lambda_2\psi_x(x,y,z)=0, \\ L_y=f_y(x,y,z)+\lambda_1\varphi_y(x,y,z)+\lambda_2\psi_y(x,y,z)=0, \\ L_z=f_z(x,y,z)+\lambda_1\varphi_z(x,y,z)+\lambda_2\psi_z(x,y,z)=0, \\ \varphi(x,y,z)=0, \\ \psi(x,y,z)=0, \end{cases}$$

得 x,y,z 值，则 (x,y,z) 就是所求的可能的极值点.

（3）判断所求得的点是否为极值点，以及是极大值点还是极小值点.

同步习题9.4

 基础题

1. 求下列函数的极值.

（1）$f(x,y)=x^3-y^3+3y^2+3x^2-9x$.

（2）$f(x,y)=(6x-x^2)(4y-y^2)$.

（3）$f(x,y)=(x^2+y)\sqrt{e^y}$.

（4）$f(x,y)=\sin x+\cos y+\cos(x-y)\left(0\leqslant x,y\leqslant\dfrac{\pi}{2}\right)$.

2. 求由方程 $x^2+y^2+z^2-2x-2y-4z-10=0$ 确定的隐函数 $z=f(x,y)$ 的极值.

3. 求函数 $f(x,y)=x^2+2y^2-x^2y^2$ 在区域 $D=\{(x,y)\mid x^2+y^2\leqslant4,y\geqslant0\}$ 上的最值.

4. 求函数 $z=xy$ 在条件 $x+y=1$ 下的极大值.

5. 求表面积为 a 而体积最大的长方体.

6. 设有一圆板占有平面区域 $\{(x,y)\mid x^2+y^2\leqslant1\}$，该圆板被加热，以致在点 (x,y) 的温度是 $T=x^2+2y^2-x$，求该圆板的最热点和最冷点.

微课：同步习题9.4
基础题3

提高题

1. 求函数 $f(x,y)=xe^{-\frac{x^2+y^2}{2}}$ 的极值.

2. 求函数 $u=x^2+y^2+z^2$ 在约束条件 $z=x^2+y^2$ 和 $x+y+z=4$ 下的最大值和最小值.

3. 一帐篷的下部为圆柱形，高为 H，底半径为 R；上部为圆锥形，高为 h，如图9.19所示. 设帐篷的体积 V 一定，现要使所用篷布最少，则圆柱形的半径和圆锥形的高应如何设计？

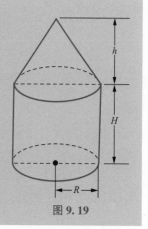

图 9.19

9.5 方向导数与梯度

9.5.1 方向导数

偏导数反映的是多元函数沿坐标轴方向的变化率，在实际问题中，常常需要研究函数沿某一方向的变化率. 例如，在做天气预报工作时，必须知道大气压沿各个方向的变化率才能准确预报风向和风力，这在数学上就是有关方向导数的问题.

定义9.9 设函数 $u=f(x,y,z)$ 在点 $P_0(x_0,y_0,z_0)$ 的某一邻域 $U(P_0)$ 内有定义，l 为从点 P_0 出发的射线. $P(x,y,z)$ 为 l 上且含于 $U(P_0)$ 内的任一点，以 ρ 表示 P 与 P_0 两点间的距离. 若极限

$$\lim_{\rho \to 0^+} \frac{f(P)-f(P_0)}{\rho}$$

存在，则称此极限为函数 $u=f(x,y,z)$ 在点 P_0 沿方向 l 的方向导数，记作 $\dfrac{\partial f}{\partial l}\bigg|_{P_0}$.

微课：定理 9.13 的证明

关于方向导数的存在和计算，我们有以下定理.

定理9.13 如果函数 $u=f(x,y,z)$ 在点 $P_0(x_0,y_0,z_0)$ 可微，则函数沿任意方向 l 的方向导数都存在，且有

$$\frac{\partial f}{\partial l}\bigg|_{P_0}=\frac{\partial f}{\partial x}\bigg|_{P_0}\cos\alpha+\frac{\partial f}{\partial y}\bigg|_{P_0}\cos\beta+\frac{\partial f}{\partial z}\bigg|_{P_0}\cos\gamma, \tag{9.18}$$

其中 $\cos\alpha,\cos\beta,\cos\gamma$ 为方向 l 的方向余弦.

证明 设 $P(x,y,z)$ 为方向 l 上任一点，ρ 为 P 与 P_0 两点间的距离，由于 $u=f(x,y,z)$ 在 P_0 点可微，则有

$$f(P)-f(P_0)=\frac{\partial f}{\partial x}\bigg|_{P_0}\Delta x+\frac{\partial f}{\partial y}\bigg|_{P_0}\Delta y+\frac{\partial f}{\partial z}\bigg|_{P_0}\Delta z+o(\rho),$$

两边各除以 ρ，得

$$\frac{f(P)-f(P_0)}{\rho}=\frac{\partial f}{\partial x}\bigg|_{P_0}\frac{\Delta x}{\rho}+\frac{\partial f}{\partial y}\bigg|_{P_0}\frac{\Delta y}{\rho}+\frac{\partial f}{\partial z}\bigg|_{P_0}\frac{\Delta z}{\rho}+\frac{o(\rho)}{\rho}$$

$$=\frac{\partial f}{\partial x}\bigg|_{P_0}\cos\alpha+\frac{\partial f}{\partial y}\bigg|_{P_0}\cos\beta+\frac{\partial f}{\partial z}\bigg|_{P_0}\cos\gamma+\frac{o(\rho)}{\rho}.$$

所以

$$\frac{\partial f}{\partial l}\bigg|_{P_0}=\lim_{\rho \to 0^+}\frac{f(P)-f(P_0)}{\rho}=\frac{\partial f}{\partial x}\bigg|_{P_0}\cos\alpha+\frac{\partial f}{\partial y}\bigg|_{P_0}\cos\beta+\frac{\partial f}{\partial z}\bigg|_{P_0}\cos\gamma.$$

对于二元函数 $z=f(x,y)$，可类似定义其在平面内一定点 $P_0(x_0,y_0)$ 处，沿从点 P_0 出发的射线 l 的方向导数. 并且，当 $z=f(x,y)$ 在点 $P_0(x_0,y_0)$ 处可微时，有

$$\frac{\partial f}{\partial l}\bigg|_{P_0}=\frac{\partial f}{\partial x}\bigg|_{P_0}\cos\alpha+\frac{\partial f}{\partial y}\bigg|_{P_0}\cos\beta,$$

其中 α,β 为方向 l 的方向角.

例9.27 求函数 $z=xe^{2y}$ 在点 $P(1,0)$ 处，沿从点 $P(1,0)$ 到点 $Q(2,-1)$ 方向的方向导数.

解 这里方向 l 即向量 $\overrightarrow{PQ}=\{1,-1\}$ 的方向，则 $\cos\alpha=\dfrac{1}{\sqrt{2}},\cos\beta=-\dfrac{1}{\sqrt{2}}$. 因为

$$\frac{\partial z}{\partial x}\Big|_{(1,0)}=\mathrm{e}^{2y}\Big|_{(1,0)}=1,\ \frac{\partial z}{\partial y}\Big|_{(1,0)}=(2x\mathrm{e}^{2y})\Big|_{(1,0)}=2,$$

故所求方向导数为

$$\frac{\partial z}{\partial l}\Big|_{(1,0)}=1\cdot\frac{1}{\sqrt{2}}+2\cdot\left(-\frac{1}{\sqrt{2}}\right)=-\frac{\sqrt{2}}{2}.$$

例 9.28 求函数 $u=\dfrac{\sqrt{6x^2+8y^2}}{z}$ 在点 $P(1,1,1)$ 处，沿从点 $P(1,1,1)$ 到点 $Q(5,7,3)$ 方向的方向导数.

解 易知方向 $l=\overrightarrow{PQ}=\{4,6,2\}$，其方向余弦为

$$\cos\alpha=\frac{2}{\sqrt{14}},\cos\beta=\frac{3}{\sqrt{14}},\cos\gamma=\frac{1}{\sqrt{14}}.$$

又

$$\frac{\partial u}{\partial x}\Big|_P=\frac{6x}{z\sqrt{6x^2+8y^2}}\Big|_P=\frac{6}{\sqrt{14}},$$

$$\frac{\partial u}{\partial y}\Big|_P=\frac{8y}{z\sqrt{6x^2+8y^2}}\Big|_P=\frac{8}{\sqrt{14}},$$

$$\frac{\partial u}{\partial z}\Big|_P=-\frac{\sqrt{6x^2+8y^2}}{z^2}\Big|_P=-\sqrt{14},$$

由式(9.18)得

$$\frac{\partial u}{\partial l}\Big|_P=\left(\frac{\partial u}{\partial x}\cos\alpha+\frac{\partial u}{\partial y}\cos\beta+\frac{\partial u}{\partial z}\cos\gamma\right)\Big|_P=\frac{11}{7}.$$

9.5.2 梯度

函数 f 在点 P_0 处沿方向 l 的方向导数 $\dfrac{\partial f}{\partial l}\Big|_{P_0}$ 刻画了函数在该点沿方向 l 的变化率，当 $\dfrac{\partial f}{\partial l}\Big|_{P_0}>0$ $\left(\dfrac{\partial f}{\partial l}\Big|_{P_0}<0\right)$ 时，函数在点 P_0 处沿方向 l 增加(减少)，且 $\left|\dfrac{\partial f}{\partial l}\Big|_{P_0}\right|$ 越大，增加(减少)速度越快. 然而在许多问题中，往往还需要知道函数在点 P_0 处沿哪个方向增加最快，沿哪个方向减少最快. 梯度的概念正是从研究这样的问题中抽象出来的.

定义 9.10 设函数 $u=f(x,y,z)$ 在空间区域 G 内具有一阶连续偏导数，则对于每一点 $P(x,y,z)\in G$，都可定义一个向量

$$\frac{\partial f}{\partial x}\boldsymbol{i}+\frac{\partial f}{\partial y}\boldsymbol{j}+\frac{\partial f}{\partial z}\boldsymbol{k},$$

称它为函数 $u=f(x,y,z)$ 在点 $P(x,y,z)$ 的梯度，记作

$$\mathbf{grad}f(x,y,z)=\frac{\partial f}{\partial x}\boldsymbol{i}+\frac{\partial f}{\partial y}\boldsymbol{j}+\frac{\partial f}{\partial z}\boldsymbol{k}=\left\{\frac{\partial f}{\partial x},\frac{\partial f}{\partial y},\frac{\partial f}{\partial z}\right\}. \tag{9.19}$$

设 $e = \cos\alpha i + \cos\beta j + \cos\gamma k$ 是方向 l 上的单位向量，由方向导数计算公式知

$$\frac{\partial f}{\partial l} = \frac{\partial f}{\partial x}\cos\alpha + \frac{\partial f}{\partial y}\cos\beta + \frac{\partial f}{\partial z}\cos\gamma$$

$$= \left\{\frac{\partial f}{\partial x}, \frac{\partial f}{\partial y}, \frac{\partial f}{\partial z}\right\} \cdot \{\cos\alpha, \cos\beta, \cos\gamma\}$$

$$= \mathbf{grad}\, f(x,y,z) \cdot e$$

$$= |\, \mathbf{grad}\, f(x,y,z)\, |\cos\theta,$$

延伸微课

其中 θ 为 $\mathbf{grad}\, f(x,y,z)$ 与 e 的夹角.

由此可见，$\dfrac{\partial f}{\partial l}$ 就是梯度在射线 l 上的投影. 如果方向 l 与梯度方向一致，有 $\cos\theta = 1$，则 $\dfrac{\partial f}{\partial l}$ 有最大值，即函数沿梯度方向的方向导数达到最大值；如果方向 l 与梯度方向相反，有 $\cos\theta = -1$，则 $\dfrac{\partial f}{\partial l}$ 有最小值，即函数沿梯度反方向的方向导数达到最小值. 因此，我们有以下结论.

函数在某点的梯度是这样一个向量，它的方向与取得最大方向导数的方向一致，而它的模为方向导数的最大值. 梯度的模为

$$|\, \mathbf{grad}\, f(x,y,z)\, | = \sqrt{\left(\frac{\partial f}{\partial x}\right)^2 + \left(\frac{\partial f}{\partial y}\right)^2 + \left(\frac{\partial f}{\partial z}\right)^2}.$$

对于二元函数 $z = f(x,y)$，可类似地定义函数在点 $P(x,y)$ 处的梯度 $\mathbf{grad}f(x,y)$，即

$$\mathbf{grad}\, f(x,y) = \frac{\partial f}{\partial x}i + \frac{\partial f}{\partial y}j = \left\{\frac{\partial f}{\partial x}, \frac{\partial f}{\partial y}\right\}.$$

例 9.29 求 $\mathbf{grad}\, \dfrac{1}{x^2+y^2}$.

解 因为 $f(x,y) = \dfrac{1}{x^2+y^2}$，所以

$$\frac{\partial f}{\partial x} = \frac{-2x}{(x^2+y^2)^2}, \frac{\partial f}{\partial y} = \frac{-2y}{(x^2+y^2)^2},$$

故

$$\mathbf{grad}\, \frac{1}{x^2+y^2} = \frac{-2x}{(x^2+y^2)^2}i - \frac{2y}{(x^2+y^2)^2}j.$$

例 9.30 求函数 $u = x^2 + 2y^2 + 3z^2 + 3x - 2y$ 在点 $(1,1,2)$ 处的梯度. 函数在哪些点处梯度为零？

解 由梯度计算公式 (9.19) 得 $\mathbf{grad}u(x,y,z) = \dfrac{\partial u}{\partial x}i + \dfrac{\partial u}{\partial y}j + \dfrac{\partial u}{\partial z}k = (2x+3)i + (4y-2)j + 6zk$，故 $\mathbf{grad}u(1,1,2) = 5i + 2j + 12k$. 易知在点 $\left(-\dfrac{3}{2}, \dfrac{1}{2}, 0\right)$ 处梯度为 $\mathbf{0}$.

同步习题9.5

 基础题

1. 求函数 $z=x^2+y^2$ 在点 $(1,2)$ 处沿从点 $(1,2)$ 到点 $(2,2+\sqrt{3})$ 方向的方向导数.

2. 求函数 $u=\left(\dfrac{y}{x}\right)^z$ 在点 $(1,1,1)$ 处沿 $l=\{2,1,-1\}$ 方向的方向导数.

3. 设 $f(x,y)=\dfrac{y}{x}\mathrm{e}^{\frac{x}{y}}$，求 $\mathbf{grad}\,f(x,y)$.

4. 设 $r=\sqrt{x^2+y^2+z^2}$，求 $\mathbf{grad}\,r, \mathbf{grad}\,\dfrac{1}{r}$.

5. 函数 $f(x,y,z)=x^2y+z^2$ 在点 $(1,2,0)$ 处沿向量 $\boldsymbol{n}=\{1,2,2\}$ 的方向导数为（　　　）.
A. 12　　　　　　B. 6　　　　　　C. 4　　　　　　D. 2

提高题

1. 求函数 $f(x,y)=x^2-xy+y^2$ 在点 $(1,1)$ 沿与 x 轴正向夹角为 α 的方向 l 的方向导数. 在哪个方向上此方向导数有：
(1) 最大值？　(2) 最小值？　(3) 等于零？

2. 求函数 $u=x^2+y^2-z^2$ 在点 $M(1,0,1)$ 和点 $N(0,1,0)$ 处的梯度之间的夹角.

3. 设 $f(x,y)=x^2+2y^2$，则在点 $(0,1)$ 处的最大方向导数为_____.

微课：同步习题9.5
提高题1

9.6 多元函数微分学的几何应用

类似于利用一元函数的微分法可以求平面曲线的切线方程和法线方程，利用多元函数的微分法可以求出空间曲线的切线方程和法平面方程，以及空间曲面的切平面方程和法线方程.

9.6.1 空间曲线的切线与法平面

类似于平面曲线，空间曲线在其上点 M_0 的**切线**被定义为割线的极限位置（极限存在时），过点 M_0 且与切线垂直的平面称为曲线在点 M_0 的**法平面**，如图 9.20 所示.

1. 若空间曲线 $\varGamma$ 的参数方程为

$$\varGamma:\begin{cases}x=\varphi(t),\\y=\psi(t),t\in[\alpha,\beta].\\z=\omega(t),\end{cases}$$

这里假定 $\varphi(t),\psi(t),\omega(t)$ 可导且导数不同时为零.

现在要求曲线 $\varGamma$ 上一点 $M_0(x_0,y_0,z_0)$ 处的切线方程和法平面方程. 这里

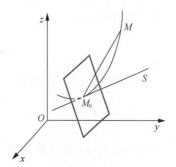

图 9.20

$$x_0 = \varphi(t_0), y_0 = \psi(t_0), z_0 = \omega(t_0), t_0 \in [\alpha, \beta],$$

且 $[\varphi'(t_0)]^2 + [\psi'(t_0)]^2 + [\omega'(t_0)]^2 \neq 0$. 在曲线 Γ 上点 $M_0(x_0, y_0, z_0)$ 的附近取一点 $M(x_0 + \Delta x, y_0 + \Delta y, z_0 + \Delta z)$，对应的参数是 $t_0 + \Delta t (\Delta t \neq 0)$. 作曲线的割线 MM_0，其方程为

$$\frac{x - x_0}{\Delta x} = \frac{y - y_0}{\Delta y} = \frac{z - z_0}{\Delta z},$$

其中 $\Delta x = \varphi(t_0 + \Delta t) - \varphi(t_0), \Delta y = \psi(t_0 + \Delta t) - \psi(t_0), \Delta z = \omega(t_0 + \Delta t) - \omega(t_0)$.

以 Δt 除上式各分母，得

$$\frac{x - x_0}{\dfrac{\Delta x}{\Delta t}} = \frac{y - y_0}{\dfrac{\Delta y}{\Delta t}} = \frac{z - z_0}{\dfrac{\Delta z}{\Delta t}}.$$

当点 M 沿曲线 Γ 趋于点 M_0 时，割线 MM_0 的极限就是曲线在点 M_0 处的切线 M_0S. 当 $M \to M_0$，即 $\Delta t \to 0$ 时，得曲线在点 M_0 处的切线方程为

$$\frac{x - x_0}{\varphi'(t_0)} = \frac{y - y_0}{\psi'(t_0)} = \frac{z - z_0}{\omega'(t_0)}.$$

曲线 Γ 切线的方向向量称为曲线的切向量. 显然向量

$$\boldsymbol{T} = \{\varphi'(t_0), \psi'(t_0), \omega'(t_0)\}$$

就是曲线 Γ 在点 M_0 处的一个切向量.

计算机可视化

由法平面的定义易知，曲线 Γ 在点 M_0 处的法平面方程为

$$\varphi'(t_0)(x - x_0) + \psi'(t_0)(y - y_0) + \omega'(t_0)(z - z_0) = 0.$$

例 9.31 求曲线 $\begin{cases} x = t + 1, \\ y = t^2 + 2, \\ z = t^3 + 3 \end{cases}$ 在点 $(2, 3, 4)$ 处的切线方程及法平面方程.

 因为

$$x'(t) = 1, y'(t) = 2t, z'(t) = 3t^2,$$

而点 $(2, 3, 4)$ 所对应的参数 $t = 1$，所以切线的方向向量为 $\boldsymbol{T} = \{1, 2, 3\}$.
于是，切线方程为

$$\frac{x - 2}{1} = \frac{y - 3}{2} = \frac{z - 4}{3};$$

法平面方程为

$$(x - 2) + 2(y - 3) + 3(z - 4) = 0,$$

即

$$x + 2y + 3z = 20.$$

2. 若曲线 Γ 的方程为

$$\Gamma: \begin{cases} y = \varphi(x), \\ z = \psi(x), \end{cases}$$

则曲线方程可看作参数方程

$$\begin{cases} x = x, \\ y = \varphi(x), \\ z = \psi(x). \end{cases}$$

若 $\varphi(x),\psi(x)$ 都在 $x=x_0$ 处可导，则曲线的切向量为

$$T=\{1,\varphi'(x_0),\psi'(x_0)\}.$$

因此，曲线 Γ 在点 $M_0(x_0,y_0,z_0)$ 处的切线方程为

$$\frac{x-x_0}{1}=\frac{y-y_0}{\varphi'(x_0)}=\frac{z-z_0}{\psi'(x_0)};$$

在点 $M_0(x_0,y_0,z_0)$ 处的法平面方程为

$$(x-x_0)+\varphi'(x_0)(y-y_0)+\psi'(x_0)(z-z_0)=0.$$

3. 若曲线 Γ 的方程为

$$\Gamma:\begin{cases}F(x,y,z)=0,\\G(x,y,z)=0,\end{cases}$$

$M_0(x_0,y_0,z_0)$ 是曲线 Γ 上的一个点. 设函数 F,G 在点 M_0 的某一邻域内有对各个变量的连续偏导数，且

$$\begin{vmatrix}F_y & F_z\\G_y & G_z\end{vmatrix}_{M_0}\neq 0.$$

这时方程组 $\begin{cases}F(x,y,z)=0,\\G(x,y,z)=0\end{cases}$ 在点 $M_0(x_0,y_0,z_0)$ 的某一邻域内能唯一确定连续可微的隐函数 $y=\varphi(x),z=\psi(x)$，使

$$y_0=\varphi(x_0),z_0=\psi(x_0).$$

在方程组 $\begin{cases}F[x,\varphi(x),\psi(x)]=0,\\G[x,\varphi(x),\psi(x)]=0\end{cases}$ 的两边分别对 x 求导，得到

$$\begin{cases}\dfrac{\partial F}{\partial x}+\dfrac{\partial F}{\partial y}\dfrac{\mathrm{d}y}{\mathrm{d}x}+\dfrac{\partial F}{\partial z}\dfrac{\mathrm{d}z}{\mathrm{d}x}=0,\\[2mm]\dfrac{\partial G}{\partial x}+\dfrac{\partial G}{\partial y}\dfrac{\mathrm{d}y}{\mathrm{d}x}+\dfrac{\partial G}{\partial z}\dfrac{\mathrm{d}z}{\mathrm{d}x}=0.\end{cases}$$

在 $\begin{vmatrix}F_y & F_z\\G_y & G_z\end{vmatrix}_{M_0}\neq 0$ 时，可解得

$$\frac{\mathrm{d}y}{\mathrm{d}x}=-\frac{\begin{vmatrix}F_x & F_z\\G_x & G_z\end{vmatrix}}{\begin{vmatrix}F_y & F_z\\G_y & G_z\end{vmatrix}}=\frac{\begin{vmatrix}F_z & F_x\\G_z & G_x\end{vmatrix}}{\begin{vmatrix}F_y & F_z\\G_y & G_z\end{vmatrix}},$$

$$\frac{\mathrm{d}z}{\mathrm{d}x}=-\frac{\begin{vmatrix}F_y & F_x\\G_y & G_x\end{vmatrix}}{\begin{vmatrix}F_y & F_z\\G_y & G_z\end{vmatrix}}=\frac{\begin{vmatrix}F_x & F_y\\G_x & G_y\end{vmatrix}}{\begin{vmatrix}F_y & F_z\\G_y & G_z\end{vmatrix}}.$$

因此，曲线 Γ 在点 M_0 处的切向量为

$$T=\left\{1,\dfrac{\begin{vmatrix}F_z&F_x\\G_z&G_x\end{vmatrix}_{M_0}}{\begin{vmatrix}F_y&F_z\\G_y&G_z\end{vmatrix}_{M_0}},\dfrac{\begin{vmatrix}F_x&F_y\\G_x&G_y\end{vmatrix}_{M_0}}{\begin{vmatrix}F_y&F_z\\G_y&G_z\end{vmatrix}_{M_0}}\right\},$$

或

$$T=\left\{\begin{vmatrix}F_y&F_z\\G_y&G_z\end{vmatrix}_{M_0},\begin{vmatrix}F_z&F_x\\G_z&G_x\end{vmatrix}_{M_0},\begin{vmatrix}F_x&F_y\\G_x&G_y\end{vmatrix}_{M_0}\right\},$$

其中 $\begin{vmatrix}F_y&F_z\\G_y&G_z\end{vmatrix}_{M_0},\begin{vmatrix}F_z&F_x\\G_z&G_x\end{vmatrix}_{M_0},\begin{vmatrix}F_x&F_y\\G_x&G_y\end{vmatrix}_{M_0}$ 不全为零.

上述切向量可以表示为

$$T=\begin{vmatrix}i&j&k\\F_x&F_y&F_z\\G_x&G_y&G_z\end{vmatrix}_{M_0}.$$

于是曲线在点 M_0 处的**切线方程**为

$$\dfrac{x-x_0}{\begin{vmatrix}F_y&F_z\\G_y&G_z\end{vmatrix}_{M_0}}=\dfrac{y-y_0}{\begin{vmatrix}F_z&F_x\\G_z&G_x\end{vmatrix}_{M_0}}=\dfrac{z-z_0}{\begin{vmatrix}F_x&F_y\\G_x&G_y\end{vmatrix}_{M_0}},$$

法平面方程为

$$\begin{vmatrix}F_y&F_z\\G_y&G_z\end{vmatrix}_{M_0}(x-x_0)+\begin{vmatrix}F_z&F_x\\G_z&G_x\end{vmatrix}_{M_0}(y-y_0)+\begin{vmatrix}F_x&F_y\\G_x&G_y\end{vmatrix}_{M_0}(z-z_0)=0.$$

例 9.32 求曲线 $\begin{cases}x^2+y^2+z^2=6,\\x+y+z=0\end{cases}$ 在点 $M(1,-2,1)$ 处的切线方程及法平面方程.

解 设 $\begin{cases}F(x,y,z)=x^2+y^2+z^2-6,\\G(x,y,z)=x+y+z,\end{cases}$ 它们在点 $M(1,-2,1)$ 处的偏导数分别为

$$\dfrac{\partial F}{\partial x}\Big|_M=2,\dfrac{\partial F}{\partial y}\Big|_M=-4,\dfrac{\partial F}{\partial z}\Big|_M=2,$$

$$\dfrac{\partial G}{\partial x}\Big|_M=1,\dfrac{\partial G}{\partial y}\Big|_M=1,\dfrac{\partial G}{\partial z}\Big|_M=1.$$

曲线在点 $M(1,-2,1)$ 处的切向量为

$$T=\begin{vmatrix}i&j&k\\F_x&F_y&F_z\\G_x&G_y&G_z\end{vmatrix}_{(1,-2,1)}=\begin{vmatrix}i&j&k\\2&-4&2\\1&1&1\end{vmatrix}=6\{-1,0,1\}.$$

所求切线方程为

$$\dfrac{x-1}{-1}=\dfrac{y+2}{0}=\dfrac{z-1}{1},$$

即

$$\begin{cases} x+z-2=0, \\ y+2=0. \end{cases}$$

所求法平面方程为

$$-(x-1)+0\cdot(y+2)+(z-1)=0,$$

即

$$x-z=0.$$

9.6.2 空间曲面的切平面与法线

设 M_0 为曲面 Σ 上的一点，若 Σ 上任意一条过点 M_0 的曲线在点 M_0 有切线，且这些切线均在同一平面内，则称此平面为曲面 Σ 在点 M_0 的**切平面**，称过点 M_0 且垂直于切平面的直线为 Σ 在点 M_0 的**法线**，称法线的方向向量(切平面的法向量)为 Σ 在点 M_0 的**法向量**，如图 9.21 所示。

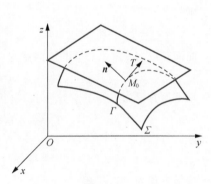

图 9.21

如何求曲面 Σ 在点 M_0 的法向量呢？

设曲面 Σ 的方程为

$$F(x,y,z)=0,$$

$M_0(x_0,y_0,z_0)$ 是曲面 Σ 上的一点，并设函数 $F(x,y,z)$ 的偏导数在该点连续且不同时为零。在曲面 Σ 上，过点 M_0 任意引一条曲线 Γ，假定曲线 Γ 的参数方程为

$$x=\varphi(t),y=\psi(t),z=\omega(t),t\in[\alpha,\beta],$$

$t=t_0$ 对应于点 $M_0(x_0,y_0,z_0)$，且 $\varphi'(t_0),\psi'(t_0),\omega'(t_0)$ 不全为零。

曲线 Γ 在点 $M_0(x_0,y_0,z_0)$ 的切向量为 $\boldsymbol{T}=\{\varphi'(t_0),\psi'(t_0),\omega'(t_0)\}$。曲面方程 $F(x,y,z)=0$ 两端在 $t=t_0$ 的全导数为

$$F_x(x_0,y_0,z_0)\varphi'(t_0)+F_y(x_0,y_0,z_0)\psi'(t_0)+F_z(x_0,y_0,z_0)\omega'(t_0)=0. \qquad (9.20)$$

引入向量

$$\boldsymbol{n}=\{F_x(x_0,y_0,z_0),F_y(x_0,y_0,z_0),F_z(x_0,y_0,z_0)\},$$

式(9.20)说明 $\boldsymbol{n}$ 与 $\boldsymbol{T}$ 垂直。因为曲线 Γ 是曲面 Σ 上通过点 M_0 的任意一条曲线，这些曲线在点 M_0 的切线都与向量 $\boldsymbol{n}$ 垂直，所以这些切线都在同一平面上。这个平面称为曲面 Σ 在点 M_0 处的切平面，$\boldsymbol{n}$ 即为切平面的**法向量**。

因此，曲面 Σ 上过点 $M_0(x_0,y_0,z_0)$ 的切平面的方程是

$$F_x(x_0,y_0,z_0)(x-x_0)+F_y(x_0,y_0,z_0)(y-y_0)+F_z(x_0,y_0,z_0)(z-z_0)=0,$$

法线方程是

$$\frac{x-x_0}{F_x(x_0,y_0,z_0)}=\frac{y-y_0}{F_y(x_0,y_0,z_0)}=\frac{z-z_0}{F_z(x_0,y_0,z_0)}.$$

例 9.33 求椭球面 $x^2+2y^2+3z^2=6$ 在点 $(1,1,1)$ 处的切平面方程及法线方程。

解 令 $F(x,y,z)=x^2+2y^2+3z^2-6$，则

$$F_x=2x,F_y=4y,F_z=6z,$$

$$F_x(1,1,1)=2,F_y(1,1,1)=4,F_z(1,1,1)=6.$$

法向量为 $\boldsymbol{n}=\{2,4,6\}$。

所求切平面方程为
$$2(x-1)+4(y-1)+6(z-1)=0,$$
即
$$x+2y+3z-6=0.$$
所求法线方程为
$$\frac{x-1}{1}=\frac{y-1}{2}=\frac{z-1}{3}.$$

若曲面方程为 $z=f(x,y)$，令
$$F(x,y,z)=f(x,y)-z,$$
则
$$F_x=f_x,F_y=f_y,F_z=-1.$$
曲面在点 $M_0(x_0,y_0,z_0)$ 的法向量为
$$\boldsymbol{n}=\{f_x(x_0,y_0),f_y(x_0,y_0),-1\},$$
切平面方程为
$$f_x(x_0,y_0)(x-x_0)+f_y(x_0,y_0)(y-y_0)-(z-z_0)=0,$$
或
$$z-z_0=f_x(x_0,y_0)(x-x_0)+f_y(x_0,y_0)(y-y_0);$$
法线方程为
$$\frac{x-x_0}{f_x(x_0,y_0)}=\frac{y-y_0}{f_y(x_0,y_0)}=\frac{z-z_0}{-1}.$$

【即时提问9.5】　若曲面方程为 $z=f(x,y)$，在曲面上点 $M_0(x_0,y_0,z_0)$ 处的法向量指向上方，则曲面在点 M_0 的法向量是什么？

例 9.34　求旋转抛物面 $z=x^2+y^2-1$ 在点 $(2,1,4)$ 处的切平面方程及法线方程.

解　令 $F(x,y)=x^2+y^2-1-z$，由于
$$F_x=2x,F_y=2y,F_z=-1,$$
所以在点 $(2,1,4)$ 处的法向量为
$$\boldsymbol{n}=\{2x,2y,-1\}\mid_{(2,1,4)}=\{4,2,-1\}.$$
旋转抛物面在点 $(2,1,4)$ 处的切平面方程为
$$4(x-2)+2(y-1)-(z-4)=0,$$
即
$$4x+2y-z-6=0;$$
法线方程为
$$\frac{x-2}{4}=\frac{y-1}{2}=\frac{z-4}{-1}.$$

例 9.35　橄榄球运动是由足球运动派生出来的一项球类运动. 橄榄球运动分为英式橄榄球和美式橄榄球两大类，其中英式橄榄球相较于美式橄榄球更大、更短，如图 9.22 所示.（1）试建立橄榄球的空间曲面方程.（2）求橄榄球上部顶点处的切平面方程.

图 9.22

解　（1）将橄榄球视为椭球形，那么它是由椭圆绕长轴旋转而形成的旋转椭球面.

设 xOy 面上的椭圆方程为 $\dfrac{x^2}{a^2}+\dfrac{y^2}{b^2}=1(a>b)$，该椭圆绕 x 轴旋转得到的旋转椭球面的方程为

$$\frac{x^2}{a^2}+\frac{y^2}{b^2}+\frac{z^2}{b^2}=1.$$

（2）橄榄球上部顶点坐标为 $(0,0,b)$，令 $F(x,y,z)=\dfrac{x^2}{a^2}+\dfrac{y^2}{b^2}+\dfrac{z^2}{b^2}-1$，由于

$$F_x=\frac{2x}{a^2},\ F_y=\frac{2y}{b^2},\ F_z=\frac{2z}{b^2},$$

因此橄榄球面在点 $(0,0,b)$ 处的法向量为 $\boldsymbol{n}=\left\{0,0,\dfrac{2}{b}\right\}$，从而所求切平面方程为

$$0(x-0)+0(y-0)+\frac{2}{b}(z-b)=0,$$

即

$$z=b.$$

同步习题 9.6

基础题

1. 求曲线 $x=t-\sin t,y=1-\cos t,z=4\sin\dfrac{t}{2}$ 在 $t=\dfrac{\pi}{2}$ 处的切线方程和法平面方程.

2. 求曲线 $x=\dfrac{t}{1+t},y=\dfrac{1+t}{t},z=t^2$ 在 $t=1$ 对应点处的切线方程和法平面方程.

3. 求曲线 $\begin{cases}x^2+y^2+z^2-3x=0,\\ 2x-3y+5z-4=0\end{cases}$ 在点 $(1,1,1)$ 处的切线方程和法平面方程.

4. 求曲线 $\begin{cases}x^2+y^2+z^2=50,\\ x^2+y^2=z^2\end{cases}$ 在点 $(3,4,5)$ 处的切线方程和法平面方程.

5. 求曲面 $y-e^{2x-z}=0$ 在点 $(1,1,2)$ 处的切平面方程和法线方程.

6. 求球面 $x^2+y^2+z^2=14$ 在点 $(1,2,3)$ 处的切平面方程和法线方程.

提高题

1. 在曲线 $x=t,y=t^2,z=t^3$ 上求一点，使曲线在此点的切线平行于平面 $x+2y+z=4$.

2. 求曲面 $x^2+2y^2+3z^2=21$ 的切平面，使它平行于平面 $x+4y+6z=0$.

3. 求旋转椭球面 $3x^2+y^2+z^2=16$ 在点 $(-1,-2,3)$ 处的切平面与 xOy 面的夹角的余弦.

4. 求球面 $x^2+y^2+z^2=14$ 与椭球面 $3x^2+y^2+z^2=16$ 在点 $(-1,-2,3)$ 处的夹角（即交点处两个切平面的夹角）.

*9.7 二元函数的泰勒公式

在一元函数的微分学中，我们介绍了一元函数的泰勒公式，并利用它解决了用多项式近似表达函数及其误差估计问题. 在本节，我们将一元函数的泰勒公式推广到二元函数，给出二元函数的泰勒公式.

定理 9.14 设函数 $z=f(x,y)$ 在点 (x_0,y_0) 的某邻域内连续且有直到 $n+1$ 阶的连续偏导数，(x_0+h,y_0+k) 为此邻域内的任意一点，则

$$f(x_0+h,y_0+k)=f(x_0,y_0)+\left(h\frac{\partial}{\partial x}+k\frac{\partial}{\partial y}\right)f(x_0,y_0)+\frac{1}{2!}\left(h\frac{\partial}{\partial x}+k\frac{\partial}{\partial y}\right)^2f(x_0,y_0)+\cdots+$$

$$\frac{1}{n!}\left(h\frac{\partial}{\partial x}+k\frac{\partial}{\partial y}\right)^nf(x_0,y_0)+R_n, \tag{9.21}$$

其中 $R_n=\dfrac{1}{(n+1)!}\left(h\dfrac{\partial}{\partial x}+k\dfrac{\partial}{\partial y}\right)^{n+1}f(x_0+\theta h,y_0+\theta k)\,(0<\theta<1).$ (9.22)

记号 $\left(h\dfrac{\partial}{\partial x}+k\dfrac{\partial}{\partial y}\right)^m f(x_0,y_0)$ 表示 $\displaystyle\sum_{p=0}^m C_m^p h^p k^{m-p}\dfrac{\partial^m f}{\partial x^p\partial y^{m-p}}\bigg|_{(x_0,y_0)}.$

证明 用一元函数泰勒公式进行证明. 引入一元函数

$$F(t)=f(x_0+th,y_0+tk),0\leq t\leq 1,$$

显然

$$F(0)=f(x_0,y_0),F(1)=f(x_0+h,y_0+k).$$

根据复合函数的求导法则，得

$$F'(t)=hf_x(x_0+th,y_0+tk)+kf_y(x_0+th,y_0+tk)=\left(h\frac{\partial}{\partial x}+k\frac{\partial}{\partial y}\right)f(x_0+th,y_0+tk),$$

$$F''(t)=h^2f_{xx}(x_0+th,y_0+tk)+2hkf_{xy}(x_0+th,y_0+tk)+k^2f_{yy}(x_0+th,y_0+tk)$$

$$=\left(h\frac{\partial}{\partial x}+k\frac{\partial}{\partial y}\right)^2f(x_0+th,y_0+tk),$$

$$\cdots\cdots$$

$$F^{(n)}(t)=\sum_{i=0}^n C_n^i h^i k^{n-i}\frac{\partial^n f}{\partial x^i\partial y^{n-i}}\bigg|_{(x_0+ht,y_0+kt)}=\left(h\frac{\partial}{\partial x}+k\frac{\partial}{\partial y}\right)^nf(x_0+ht,y_0+kt).$$

由一元函数的麦克劳林公式可得

$$F(1)=F(0)+F'(0)+\frac{1}{2!}F''(0)+\cdots+\frac{1}{n!}F^{(n)}(0)+\frac{1}{(n+1)!}F^{(n+1)}(\theta)(0<\theta<1),$$

即

$$f(x_0+h,y_0+k)=f(x_0,y_0)+\left(h\frac{\partial}{\partial x}+k\frac{\partial}{\partial y}\right)f(x_0,y_0)+\frac{1}{2!}\left(h\frac{\partial}{\partial x}+k\frac{\partial}{\partial y}\right)^2f(x_0,y_0)+\cdots$$

$$+\frac{1}{n!}\left(h\frac{\partial}{\partial x}+k\frac{\partial}{\partial y}\right)^nf(x_0,y_0)+R_n,$$

其中 $R_n=\dfrac{1}{(n+1)!}\left(h\dfrac{\partial}{\partial x}+k\dfrac{\partial}{\partial y}\right)^{n+1}f(x_0+\theta h,y_0+\theta k)\,(0<\theta<1).$

式(9.21)称为函数 $z=f(x,y)$ 在点 (x_0,y_0) 的 **n 阶泰勒公式**，式(9.22)称为式(9.21)的拉格

朗日型余项.

在定理 9.14 中, 用式 (9.21) 右边关于 h 及 k 的 n 次多项式近似表达函数 $f(x_0+h, y_0+k)$ 时, 其误差为 $|R_n(x)|$. 由假设, 函数的各 $n+1$ 阶偏导数都连续, 故它们的绝对值在点 (x_0, y_0) 的某一邻域内都不超过某一正常数 M, 于是有

$$|R_n| \leqslant \frac{M}{(n+1)!}(|h|+|k|)^{n+1} = \frac{M}{(n+1)!}\rho^{n+1}\left(\frac{|h|}{\rho}+\frac{|k|}{\rho}\right)^{n+1} \leqslant \frac{(\sqrt{2})^{n+1}}{(n+1)!}M\rho^{n+1}, \quad (9.23)$$

其中 $\rho = \sqrt{h^2+k^2}$.

由式 (9.23), 误差 $|R_n|$ 是当 $\rho \to 0^+$ 时比 ρ^n 高阶的无穷小量.

注 (1) 令 $\dfrac{|h|}{\rho} = \cos\alpha, \dfrac{|k|}{\rho} = \sin\alpha$, 则 $\cos\alpha+\sin\alpha = \sqrt{2}\sin\left(\alpha+\dfrac{\pi}{4}\right) \leqslant \sqrt{2}$.

(2) 当 $n=0$ 时, 式 (9.21) 为

$$f(x_0+h, y_0+k) = f(x_0, y_0) + hf_x(x_0+\theta h, y_0+\theta k) + kf_y(x_0+\theta h, y_0+\theta k),$$

这是二元函数的拉格朗日中值公式.

(3) 当 $x_0=0, y_0=0$ 时, 由式 (9.21) 可得二元函数 $z=f(x,y)$ 的 n 阶麦克劳林公式

$$f(x,y) = f(0,0) + \left(x\frac{\partial}{\partial x}+y\frac{\partial}{\partial y}\right)f(0,0) + \frac{1}{2!}\left(x\frac{\partial}{\partial x}+y\frac{\partial}{\partial y}\right)^2 f(0,0) + \cdots +$$

$$\frac{1}{n!}\left(x\frac{\partial}{\partial x}+y\frac{\partial}{\partial y}\right)^n f(0,0) + \frac{1}{(n+1)!}\left(x\frac{\partial}{\partial x}+y\frac{\partial}{\partial y}\right)^{n+1} f(\theta x, \theta y) \quad (0<\theta<1).$$

【即时提问 9.6】 若函数 $z=f(x,y)$ 的偏导数 $f_x(x,y), f_y(x,y)$ 在某区域内恒为零, 求在该区域内 $f(x,y)$ 的函数表达式.

例 9.36 求函数 $f(x,y) = e^x\ln(1+y)$ 在点 $(0,0)$ 的三阶泰勒公式.

解 因为

$$f_x(x,y) = e^x\ln(1+y), f_y(x,y) = \frac{e^x}{1+y},$$

$$f_{xx}(x,y) = e^x\ln(1+y), f_{xy}(x,y) = \frac{e^x}{1+y}, f_{yy}(x,y) = -\frac{e^x}{(1+y)^2},$$

$$f_{xxx}(x,y) = e^x\ln(1+y), f_{xxy}(x,y) = \frac{e^x}{1+y}, f_{xyy}(x,y) = -\frac{e^x}{(1+y)^2}, f_{yyy}(x,y) = \frac{2e^x}{(1+y)^3},$$

$$f_{xxxx}(x,y) = e^x\ln(1+y), f_{xxxy}(x,y) = \frac{e^x}{1+y}, f_{yyxx}(x,y) = -\frac{e^x}{(1+y)^2},$$

$$f_{yyyx}(x,y) = \frac{2e^x}{(1+y)^3}, f_{yyyy}(x,y) = -\frac{3!e^x}{(1+y)^4},$$

所以

$$\left(x\frac{\partial}{\partial x}+y\frac{\partial}{\partial y}\right)f(0,0) = xf_x(0,0) + yf_y(0,0) = y,$$

$$\left(x\frac{\partial}{\partial x}+y\frac{\partial}{\partial y}\right)^2 f(0,0) = x^2 f_{xx}(0,0) + 2xy f_{xy}(0,0) + y^2 f_{yy}(0,0) = 2xy - y^2,$$

$$\left(x\frac{\partial}{\partial x}+y\frac{\partial}{\partial y}\right)^3 f(0,0) = x^3 f_{xxx}(0,0) + 3x^2 y f_{xxy}(0,0) + 3xy^2 f_{xyy}(0,0) + y^3 f_{yyy}(0,0)$$

$$= 3x^2y - 3xy^2 + 2y^3.$$

又 $f(0,0)=0$，故有

$$e^x \ln(1+y) = y + xy - \frac{1}{2}y^2 + \frac{1}{2}x^2y - \frac{1}{2}xy^2 + \frac{1}{3}y^3 + R_3,$$

其中 $R_3 = \dfrac{1}{4!}\left(x\dfrac{\partial}{\partial x} + y\dfrac{\partial}{\partial y}\right)^4 f(\theta x, \theta y)$

$$= \frac{e^{\theta x}}{24}\left[x^4\ln(1+\theta y) + \frac{4x^3 y}{1+\theta y} - \frac{6x^2 y^2}{(1+\theta y)^2} + \frac{8xy^3}{(1+\theta y)^3} - \frac{6y^4}{(1+\theta y)^4}\right] \ (0<\theta<1).$$

同步习题 9.7

基础题

1. 求函数 $f(x,y) = 2x^2 - xy - y^2 - 6x - 3y + 5$ 在点 $(1,-2)$ 的泰勒公式.

2. 求函数 $f(x,y) = \ln(1+x+y)$ 在点 $(0,0)$ 的三阶泰勒公式.

3. 求函数 $f(x,y) = e^{x+y}$ 在点 $(0,0)$ 的三阶泰勒公式.

提高题

利用函数 $f(x,y) = x^y$ 在点 $(1,4)$ 的二阶泰勒公式，计算 $1.08^{3.96}$ 的近似值.

9.8 MATLAB 在多元函数微分学中的应用

在上册中，我们已经学习过 MATLAB 在一元函数微分学中的应用，其中很多命令在多元函数问题的解决中仍然适用. 下面针对多元函数微分学中偏导数、全微分、多元函数的极值等问题来介绍 MATLAB 的应用.

9.8.1 多元函数的 MATLAB 作图

MATLAB 提供了"mesh"和"surf"命令用于绘制二元函数图形. "mesh"命令的调用格式是"mesh(x,y,z)"，用于画网格曲面，这里"x,y,z"是数据矩阵，分别表示数据点的横坐标、纵坐标和函数值. "surf"命令的调用格式是"surf(x,y,z)"，用于画完整曲面.

例 9.37 绘出函数 $z = x^2 + y^2$ 的图形.

 输入以下命令.

```
>> x = linspace(-100,100,400);
>> y = x;
>> [X,Y] = meshgrid(x,y);
>> Z = X.^2 + Y.^2;
>> surf(X,Y,Z),shading interp
```

结果如图 9.23 所示.

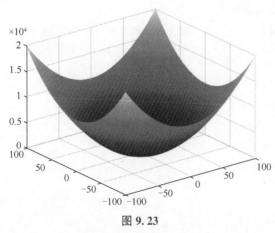

图 9.23

9.8.2 用 MATLAB 求多元函数的偏导数

在 MATLAB 中, 求一元函数的导数与求多元函数的偏导数都是通过命令"diff"来实现的, 其常用的调用格式如下.

(1) diff(f,x): 求表达式 f 对变量 x 的一阶偏导数, 即求 $\dfrac{\partial f}{\partial x}$.

(2) diff(f,x,n): 求表达式 f 对变量 x 的 n 阶偏导数, 即求 $\dfrac{\partial^n f}{\partial x^n}$.

如果求混合偏导数如 $\dfrac{\partial^2 f}{\partial x \partial y}$, 需要在 $\dfrac{\partial f}{\partial x}$ 的基础上对 y 求偏导数, 此时应使用以下调用格式:

$$\text{diff}(\text{diff}(f,x),y) \text{ 或 } f\_xy = \text{diff}(f,x,y).$$

例 9.38 设 $f(x,y,z) = x^2 + 2y^2 + yz$, 求 $\dfrac{\partial f}{\partial x}, \dfrac{\partial f}{\partial y}, \dfrac{\partial f}{\partial z}$.

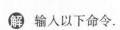 输入以下命令.

```
>> syms x y z;
>> f=x^2+2*y^2+y*z;
>> f_x=diff(f,x)              %计算 f(x,y,z)对 x 的偏导数
>> f_y=diff(f,y)              %计算 f(x,y,z)对 y 的偏导数
>> f_z=diff(f,z)              %计算 f(x,y,z)对 z 的偏导数
```

运算结果如下.

```
f_x =2*x
f_y =4*y+z
f_z =y
```

故 $\dfrac{\partial f}{\partial x} = 2x, \dfrac{\partial f}{\partial y} = 4y+z, \dfrac{\partial f}{\partial z} = y$.

例 9.39 设 $f(x,y) = x^4 - 3y^3 + 2x^2 y^2$, 求 $\dfrac{\partial^2 f}{\partial x^2}, \dfrac{\partial^2 f}{\partial y^2}, \dfrac{\partial^2 f}{\partial x \partial y}, \dfrac{\partial^2 f}{\partial y \partial x}$.

微课:例 9.39

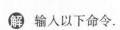 输入以下命令.

```
>> syms x y ;
>> f=x^4-3*y^3+2*x^2*y^2;
>> f_xx=diff(f,x,2)          %计算 f 对 x 的二阶偏导数
>> f_yy=diff(f,y,2)          %计算 f 对 y 的二阶偏导数
>> f_x=diff(f,x);            %计算 f 对 x 的偏导数
>> f_xy=diff(f_x,y)          %计算 f 的混合偏导数
>> f_yx=diff(diff(f,y),x)    %计算 f 的混合偏导数
```

运算结果如下.

```
f_xx =12*x^2 + 4*y^2
f_yy =4*x^2 - 18*y
f_xy =8*x*y
f_yx =8*x*y
```

故 $\dfrac{\partial^2 f}{\partial x^2}=12x^2+4y^2$，$\dfrac{\partial^2 f}{\partial y^2}=4x^2-18y$，$\dfrac{\partial^2 f}{\partial x\partial y}=8xy$，$\dfrac{\partial^2 f}{\partial y\partial x}=8xy$.

例 9.40 设 $f(x,y)=x^2+2y^2+y$，求 $\dfrac{\partial f}{\partial x}\bigg|_{(1,1)}$，$\dfrac{\partial f}{\partial y}\bigg|_{(1,1)}$.

解 输入以下命令.

```
>> syms x y ;
>> f=x^2+2*y^2+y;
>> f_x=diff(f,x);
>> f_y=diff(f,y);
>> f_xv=subs(f_x,{x,y},{1,1})    %计算 f 在点(1,1)处对 x 的偏导数
>> f_yv=subs(f_y,{x,y},{1,1})    %计算 f 在点(1,1)处对 y 的偏导数
```

运算结果如下.

```
f_xv =2
f_yv =5
```

故 $\dfrac{\partial f}{\partial x}\bigg|_{(1,1)}=2$，$\dfrac{\partial f}{\partial y}\bigg|_{(1,1)}=5$.

例 9.41 设 $xy+y^2+2z^2=5$，求 $\dfrac{\partial z}{\partial x}$，$\dfrac{\partial z}{\partial y}$.

解 输入以下命令.

```
>> syms x y z;
>> f=x*y+y^2+2*z^2-5;
>> dzdx=-diff(f,x)/diff(f,z)    %计算 z 对 x 的偏导数
>> dzdy=-diff(f,y)/diff(f,z)    %计算 z 对 y 的偏导数
```

运算结果如下.

```
dzdx = -y/(4*z)
dzdy = -(x + 2*y)/(4*z)
```

故 $\dfrac{\partial z}{\partial x}=-\dfrac{y}{4z}$，$\dfrac{\partial z}{\partial y}=-\dfrac{x+2y}{4z}$.

微课: 例 9.41

9.8.3 用 MATLAB 求多元函数的全微分

求二元函数 $z=f(x,y)$ 的全微分的命令:

$$dz = diff(z,x) * dx + diff(z,y) * dy.$$

例 9.42 设 $z=x^2+2y^2+y$, 求 $dz, dz\big|_{(1,1)}$.

微课: 例 9.42

解 输入以下命令.

```
>> syms x y dx dy;
>> z=x^2+2 * y^2+y;
>> dz=diff(z,x) * dx+diff(z,y) * dy
>> dz=subs(dz,{x,y},{1,1})
```

运算结果如下.

```
dz =2 * dx * x + dy * ( 4 * y + 1 )
dz =2 * dx + 5 * dy
```

故 $dz=2x dx+(4y+1)dy$, $dz\big|_{(1,1)}=2dx+5dy$.

9.8.4 用 MATLAB 求多元函数的极值

求多元函数的极值, 首先用"diff"命令求偏导数; 再解方程组, 求得驻点, 一般用命令"solve".

例 9.43 求 $z=x^4-8xy+2y^2-3$ 的极值点.

微课: 例 9.43

解 (1)首先用"diff"命令求 z 关于 x,y 的偏导数.

```
>> syms x y ;
>> z=x^4-8 * x * y+2 * y^2-3;
>> dzdx =diff(z,x)
>> dzdy =diff(z,y)
```

运算结果如下.

```
dzdx =4 * x^3-8 * y;
dzdy =4 * y-8 * x.
```

故 $\dfrac{\partial z}{\partial x}=4x^3-8y, \dfrac{\partial z}{\partial y}=4y-8x$.

(2)求极值点.

```
>> [x,y]=solve('4 * x^3-8 * y =0','-8 * x+4 * y =0','x','y')
```

运算结果: 求得驻点 $(0,0),(2,4),(-2,-4)$.

(3)判定.

```
>> syms x y ;
>> z=x^4-8 * x * y+2 * y^2-3;
>> A =diff(z,x,2)
>> B =diff(diff(z,x),y)
>> C =diff(z,y,2)
```

运算结果如下.

```
A =12 * x^2
B = -8
C =4
```

由定理 9.12 知 $(2,4),(-2,-4)$ 是极小值点, 而 $(0,0)$ 不是极值点.

第9章思维导图

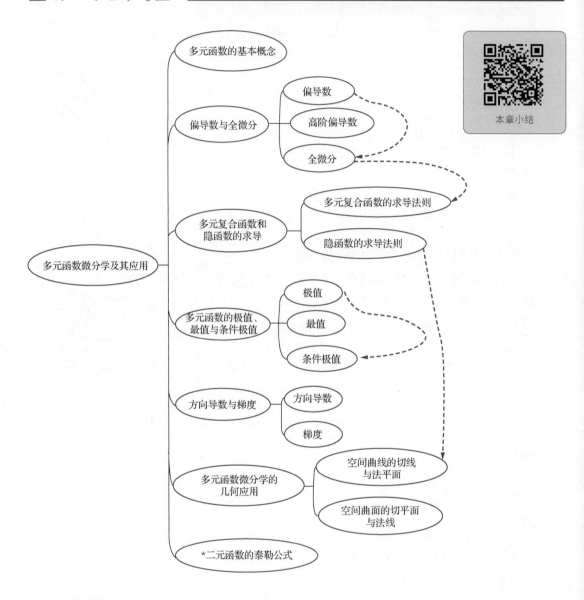

本章小结

中国数学学者

个人成就

控制科学家,中国科学院院士,第十三届全国人民代表大会常务委员会副秘书长,曾任中国科学院数学与系统科学研究院院长. 郭雷解决了自适应控制中随机自适应跟踪、极点配置与 LQG 控制等几个基本的理论问题,解决了最小二乘自校正调节器的稳定性和收敛性这一国际著名难题.

郭雷

第9章总复习题·基础篇

1. 选择题：(1)～(5) 小题，每小题 4 分，共 20 分．下列每小题给出的 4 个选项中，只有一个选项是符合题目要求的．

(1) 设函数 $f(x,y) = \begin{cases} \dfrac{xy^2}{x^2+y^4}, & x^2+y^2 \neq 0, \\ 0, & x^2+y^2 = 0, \end{cases}$ 则 $f(x,y)$ 在点 $(0,0)$ 处（　　）．

A. 连续且偏导数存在

B. 连续但偏导数不存在

C. 不连续但偏导数存在

D. 不连续且偏导数不存在

(2) 设二元函数 $f(x,y)$ 在点 (x_0,y_0) 可微，则 $f(x,y)$ 在点 (x_0,y_0) 处，下列结论不一定成立的是（　　）．

A. 连续

B. 偏导数连续

C. 偏导数存在

D. 有定义

(3) 曲线 $\begin{cases} y=x^2, \\ z=x^3 \end{cases}$ 在点 $(1,1,1)$ 处的切线方程为（　　）．

A. $\dfrac{x-1}{-1}=\dfrac{y-1}{2}=\dfrac{z-1}{3}$

B. $\dfrac{x-1}{1}=\dfrac{y-1}{-2}=\dfrac{z-1}{3}$

C. $\dfrac{x-1}{1}=\dfrac{y-1}{2}=\dfrac{z-1}{-3}$

D. $\dfrac{x-1}{1}=\dfrac{y-1}{2}=\dfrac{z-1}{3}$

(4) 设 $f(x),g(x)$ 具有二阶连续导数，且满足 $f(0)>0,g(0)<0,f'(0)=g'(0)=0$，则函数 $z=f(x)g(y)$ 在点 $(0,0)$ 处取到极小值的一个充分条件是（　　）．

A. $f''(0)<0,g''(0)>0$

B. $f''(0)>0,g''(0)>0$

C. $f''(0)<0,g''(0)<0$

D. $f''(0)>0,g''(0)<0$

(5) 下列说法正确的是（　　）．

A. $f(x,y)$ 在点 M_0 处沿任何方向的方向导数存在，则 $f(x,y)$ 在点 M_0 处偏导数存在

B. $z=f(x,y)$ 在点 $M_0(x_0,y_0)$ 处存在一阶偏导数，则曲面 $z=f(x,y)$ 在点 M_0 处有切平面

C. $f(x,y)$ 在点 $M_0(x_0,y_0)$ 处存在二阶偏导数，则 $f(x,y)$ 在点 M_0 处一阶偏导数不一定连续

D. $f(x,y)$ 在点 $M_0(x_0,y_0)$ 处取极值，则点 $M_0(x_0,y_0)$ 是 $f(x,y)$ 的驻点

2. 填空题：(6)～(10) 小题，每小题 4 分，共 20 分．

(6) 极限 $\lim\limits_{\substack{x\to 0 \\ y\to 0}} \dfrac{\ln(1+xy)}{1-\sqrt{1-xy}} = $ ＿＿＿＿．

(7) 设 $u=\left(\dfrac{x}{y}\right)^{\frac{1}{x}}$，则 $\mathrm{d}u\,|_{(1,1)} = $ ＿＿＿＿．

(8) 函数 $u=\ln(x+\sqrt{y^2+z^2}\,)$ 在点 $A(1,0,1)$ 处沿 A 点指向 $B(3,-2,2)$ 点的方向导数为 _____ .

(9) 函数 $f(x,y)=x^2-y^2+2$ 在有界区域 $D=\left\{(x,y)\,\Big|\,x^2+\dfrac{y^2}{4}\leqslant1\right\}$ 上的最大值是 _____ .

(10) 曲面 $x^2+y^2+z^2-xy-3=0$ 上，同时垂直于平面 $z=0$ 和平面 $x+y-1=0$ 的切平面方程为 _____ .

3. 解答题：(11) ~ (16) 小题，每小题 10 分，共 60 分. 解答时应写出文字说明、证明过程或演算步骤.

(11) 设 $z=f(\mathrm{e}^x\sin y,x^2+y^2)$，其中 f 具有二阶连续偏导数，求 $\dfrac{\partial^2 z}{\partial x\partial y}$.

(12) 设方程组 $\begin{cases}x=-u^2+v+z\\ y=u+vz\end{cases}$，确定函数 $u=u(x,y),v=v(x,y)$，求 $\dfrac{\partial u}{\partial x}$.

(13) 求函数 $f(x,y)=x^2+2y^2-x^2y^2$ 在区域 $D=\left\{(x,y)\,\big|\,x^2+y^2\leqslant4,y\geqslant0\right\}$ 上的最大值和最小值.

(14) 求椭球面 $x^2+2y^2+3z^2=6$ 上平行于平面 $x+2y+3z=0$ 的切平面方程.

(15) 曲面 $z=\dfrac{x^2}{2}+y^2$ 在何点处的切平面平行于平面 $2x+2y-z=0$? 写出该曲面过该点的法线方程.

(16) 在椭圆 $x^2+4y^2=4$ 上求一点，使其到直线 $2x+3y-6=0$ 的距离最短.

第9章总复习题·提高篇

1. 选择题：(1) ~ (5) 小题，每小题 4 分，共 20 分. 下列每小题给出的 4 个选项中，只有一个选项是符合题目要求的.

(1)(2002104) 考虑二元函数 $z=f(x,y)$ 的下面 4 条性质：

① $f(x,y)$ 在点 (x_0,y_0) 处连续；

② $f(x,y)$ 在点 (x_0,y_0) 处两个偏导数连续；

③ $f(x,y)$ 在点 (x_0,y_0) 处可微；

④ $f(x,y)$ 在点 (x_0,y_0) 处两个偏导数存在.

则有( ).

A. ②⇒③⇒① B. ③⇒②⇒①

C. ③⇒④⇒① D. ③⇒①⇒④

(2)(2007204) 二元函数 $f(x,y)$ 在点 $(0,0)$ 处可微的一个充分条件是 ( ).

A. $\lim\limits_{(x,y)\to(0,0)}\left[f(x,y)-f(0,0)\right]=0$

B. $\lim\limits_{x\to0}\dfrac{f(x,0)-f(0,0)}{x}=0$，且 $\lim\limits_{y\to0}\dfrac{f(0,y)-f(0,0)}{y}=0$

微课：第9章
总复习题·提高篇(2)

C. $\lim\limits_{(x,y)\to(0,0)}\dfrac{f(x,y)-f(0,0)}{\sqrt{x^2+y^2}}=0$

D. $\lim\limits_{x\to0}[f_x(x,0)-f_x(0,0)]=0$，且 $\lim\limits_{y\to0}[f_y(0,y)-f_y(0,0)]=0$

(3)(2012204)设函数 $f(x,y)$ 可微，且对任意 x,y 都有 $\dfrac{\partial f(x,y)}{\partial x}>0$，$\dfrac{\partial f(x,y)}{\partial y}<0$，则使不等式 $f(x_1,y_1)<f(x_2,y_2)$ 成立的一个充分条件是(　　).

A. $x_1>x_2,y_1<y_2$　　　　　　B. $x_1>x_2,y_1>y_2$

C. $x_1<x_2,y_1<y_2$　　　　　　D. $x_1<x_2,y_1>y_2$

(4)(2009204)设函数 $z=f(x,y)$ 的全微分为 $\mathrm{d}z=x\mathrm{d}x+y\mathrm{d}y$，则点 $(0,0)$(　　).

A. 不是 $f(x,y)$ 的连续点　　　　B. 不是 $f(x,y)$ 的极值点

C. 是 $f(x,y)$ 的极大值点　　　　D. 是 $f(x,y)$ 的极小值点

(5)(2013104)曲面 $x^2+\cos(xy)+yz+x=0$ 在点 $(0,1,-1)$ 处的切平面方程为(　　).

A. $x-y+z=-2$　　　　　　B. $x+y+z=0$

C. $x-2y+z=-3$　　　　　　D. $x-y-z=0$

2. 填空题：(6)~(10)小题，每小题4分，共20分.

(6)(2009104)设函数 $f(u,v)$ 具有二阶连续偏导数，$z=f(x,xy)$，则 $\dfrac{\partial^2 z}{\partial x\partial y}=$ _____.

(7)(2023105)曲面 $z=x+2y+\ln(1+x^2+y^2)$ 在点 $(0,0,0)$ 处的切平面方程为 _____.

(8)(2013304)设函数 $z=z(x,y)$ 由方程 $(z+y)^x=xy$ 确定，则 $\dfrac{\partial z}{\partial x}\bigg|_{(1,2)}=$ _____.

(9)(2019104)设函数 $f(u)$ 可导，$z=f(\sin y-\sin x)+xy$，则 $\dfrac{1}{\cos x}\cdot\dfrac{\partial z}{\partial x}+\dfrac{1}{\cos y}\cdot\dfrac{\partial z}{\partial y}=$ _____.

(10)(2011104)设函数 $F(x,y)=\displaystyle\int_0^{xy}\dfrac{\sin t}{1+t^2}\mathrm{d}t$，则 $\dfrac{\partial^2 F}{\partial x^2}\bigg|_{\substack{x=0\\y=2}}=$ _____.

3. 解答题：(11)~(16)小题，每小题10分，共60分. 解答时应写出文字说明、证明过程或演算步骤.

(11)(2009210)设 $z=f(x+y,x-y,xy)$，其中 f 具有二阶连续偏导数，求 $\mathrm{d}z$ 与 $\dfrac{\partial^2 z}{\partial x\partial y}$.

(12)(2011310)已知函数 $f(u,v)$ 具有连续的二阶偏导数，$f(1,1)=2$ 是 $f(u,v)$ 的极值，$z=f[x+y,f(x,y)]$，求 $\dfrac{\partial^2 z}{\partial x\partial y}\bigg|_{(1,1)}$.

(13)(2020110)求函数 $f(x,y)=x^3+8y^3-xy$ 的极值.

(14)(2018110)将长为2m的铁丝分成3段，依次围成圆、正方形与正三角形，3个图形的面积之和是否存在最小值？若存在，求出最小值.

微课：第9章
总复习题·提高篇(14)

(15)(2017110) 设函数 $f(u,v)$ 具有二阶连续偏导数，$y=f(\mathrm{e}^x,\cos x)$，求 $\left.\dfrac{\mathrm{d}y}{\mathrm{d}x}\right|_{x=0}$，$\left.\dfrac{\mathrm{d}^2 y}{\mathrm{d}x^2}\right|_{x=0}$.

(16)(2023112) 求函数 $f(x,y)=(y-x^2)(y-x^3)$ 的极值.

本章即时提问答案

本章同步习题答案

本章总复习题答案

第 10 章
重积分及其应用

在第 9 章中，我们把一元函数微分学推广到了多元函数的情形；在第 10 章和第 11 章中，我们将把一元函数的定积分推广到多元函数的重积分、曲线积分和曲面积分。本章主要讨论重积分的概念、性质、计算及应用。牛顿在讨论球与球壳作用于质点的万有引力时涉及重积分，当时他是用几何形式论述的。欧拉在 1748 年用累次积分法计算了定义在椭圆域上的一个表示引力的二重积分。1773 年拉格朗日研究旋转椭球的引力时用到了三重积分，并且为了克服直角坐标的计算困难，他使用了球坐标变换公式。为简明起见，本章我们只讲二重积分和三重积分。第 11 章将讨论曲线积分和曲面积分。

本章导学

10.1　二重积分的概念与性质

10.1.1　二重积分的概念

1. 两个例子

引例 1　曲顶柱体体积

设有一立体，它的底是 xOy 面上的有界闭区域 D，它的侧面是以 D 的边界曲线为准线而母线平行于 z 轴的柱面，它的顶是曲面 $z=f(x,y)$，其中 $f(x,y) \geqslant 0$ 且在 D 上连续，这种立体称为曲顶柱体，如图 10.1 所示。下面讨论曲顶柱体体积的计算方法。

计算机可视化

我们知道，平顶柱体的体积为

$$\text{体积} = \text{高} \times \text{底面积}.$$

但对一般的曲顶柱体来说，当点在区域 D 上变动时，其高度 $f(x,y)$ 是变量，从而它的体积不能用上式定义与计算。此时可用与定积分中求曲边梯形面积类似的方法来解决目前的问题。具体步骤如下。

（1）分割。用任意的曲线网把区域 D 任意划分成 n 个小闭区域

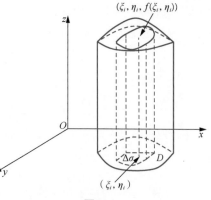

图 10.1

$$\Delta\sigma_1,\Delta\sigma_2,\cdots,\Delta\sigma_n,$$

分别以这些小闭区域的边界曲线为准线作母线平行于 z 轴的柱面，于是这些柱面把原来的曲顶柱体分为 n 个小的曲顶柱体.

（2）近似. 我们用 $\Delta\sigma_i$ 既表示第 i 个小闭区域，又表示该小闭区域的面积. 当 $\Delta\sigma_i$ 很小时，由于 $f(x,y)$ 在 D 上连续，从而 $f(x,y)$ 在 $\Delta\sigma_i$ 上变化不大，在 $\Delta\sigma_i$ 上任取一点 (ξ_i,η_i)，则可用以 $\Delta\sigma_i$ 为底、以 $f(\xi_i,\eta_i)$ 为高的平顶柱体体积 $f(\xi_i,\eta_i)\Delta\sigma_i$ 近似代替相应的小曲顶柱体体积，即

$$\Delta V_i\approx f(\xi_i,\eta_i)\Delta\sigma_i \quad (i=1,2,\cdots,n).$$

这样可求得每个小曲顶柱体体积的近似值.

（3）求和. 曲顶柱体体积 V 的近似值为

$$V=\sum_{i=1}^n \Delta V_i\approx \sum_{i=1}^n f(\xi_i,\eta_i)\Delta\sigma_i.$$

（4）取极限. 显然，区域 D 划分得越"细"，和式就越接近于所求的体积. 所谓分得越"细"，不仅要求每一块面积 $\Delta\sigma_i$ 越来越小，还要求小闭区域 $\Delta\sigma_i$ 的直径，即 $\Delta\sigma_i$ 中相隔最远的两点的距离 λ_i 越来越小. 令 n 个小闭区域的直径的最大值为 λ，则曲顶柱体体积 V 为

$$V=\lim_{\lambda\to 0}\sum_{i=1}^n f(\xi_i,\eta_i)\Delta\sigma_i.$$

于是求曲顶柱体体积的问题化为求和式极限的问题.

引例2 平面薄片的质量

设有一平面薄片占有 xOy 面上的闭区域 D，它在点 (x,y) 处的面密度为 $\rho(x,y)$，这里 $\rho(x,y)>0$ 且在 D 上连续. 下面求该平面薄片的质量 m.

如果平面薄片的面密度 $\rho(x,y)$ 是常数（即均匀薄片），则它的质量可用下述公式计算：

$$质量=面密度\times薄片的面积.$$

现在平面薄片的面密度 $\rho(x,y)$ 是变量，平面薄片的质量就不能直接用上面的公式计算了. 此时可仿照曲顶柱体体积的求法来处理这个问题.

（1）分割. 把平面薄片占有的闭区域 D 划分成 n 个任意的小闭区域

$$\Delta\sigma_1,\Delta\sigma_2,\cdots,\Delta\sigma_n.$$

（2）近似. 在 $\Delta\sigma_i$ 上任取一点 (ξ_i,η_i)，因 $\rho(x,y)$ 在 D 上连续，从而当 $\Delta\sigma_i$ 的直径很小时，$\rho(x,y)$ 在 $\Delta\sigma_i$ 上的变化也很小，于是小薄片 $\Delta\sigma_i$ 可近似看成面密度为 $\rho(\xi_i,\eta_i)$ 的均匀薄片，如图 10.2 所示，从而它的质量 Δm_i 为

$$\Delta m_i\approx\rho(\xi_i,\eta_i)\Delta\sigma_i \quad (i=1,2,\cdots,n).$$

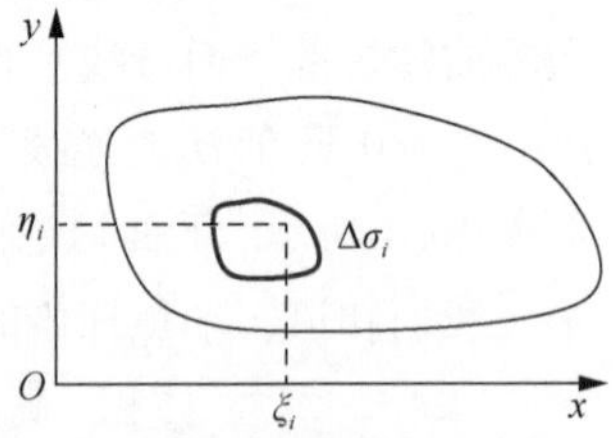

（3）求和.

图 10.2

$$m=\sum_{i=1}^n \Delta m_i\approx\sum_{i=1}^n \rho(\xi_i,\eta_i)\Delta\sigma_i.$$

（4）取极限. 令 λ 是 n 个小闭区域直径的最大值，则

$$m=\lim_{\lambda\to 0}\sum_{i=1}^n \rho(\xi_i,\eta_i)\Delta\sigma_i.$$

上面两个引例的实际意义虽然不同，但解决问题的方法是一样的，所求的量都可归结为同一形式的和式的极限. 还有许多物理、几何和工程技术等问题的待求量都可化为这种和式的极

限. 因此，我们不考虑问题的具体背景，抽象出下面二重积分的定义.

2. 二重积分的定义

定义 10.1 设 $f(x,y)$ 是有界闭区域 D 上的有界函数. 把闭区域 D 任意划分成 n 个小闭区域 $\Delta\sigma_1, \Delta\sigma_2, \cdots, \Delta\sigma_n$，其中 $\Delta\sigma_i$ 既表示第 i 个小闭区域，又表示它的面积. 在每个 $\Delta\sigma_i$ 上任取一点 (ξ_i, η_i)，作乘积 $f(\xi_i, \eta_i)\Delta\sigma_i$ $(i=1,2,\cdots,n)$，并作和 $\sum\limits_{i=1}^{n} f(\xi_i, \eta_i)\Delta\sigma_i$. 令 λ 表示各小闭区域的直径的最大值，如果极限

微课：定义 10.1

$$\lim_{\lambda \to 0} \sum_{i=1}^{n} f(\xi_i, \eta_i)\Delta\sigma_i$$

存在，且极限值与 D 的分法及点 (ξ_i, η_i) 的选取无关，则称函数 $f(x,y)$ 在闭区域 D 上可积，此极限值为函数 $f(x,y)$ 在 D 上的二重积分，记为 $\iint\limits_{D} f(x,y)\mathrm{d}\sigma$，即

$$\iint\limits_{D} f(x,y)\mathrm{d}\sigma = \lim_{\lambda \to 0} \sum_{i=1}^{n} f(\xi_i, \eta_i)\Delta\sigma_i. \tag{10.1}$$

其中，$f(x,y)$ 叫作**被积函数**，$f(x,y)\mathrm{d}\sigma$ 叫作**被积表达式**，$\mathrm{d}\sigma$ 叫作**面积元素**，x 和 y 叫作**积分变量**，D 叫作**积分区域**，$\sum\limits_{i=1}^{n} f(\xi_i, \eta_i)\Delta\sigma_i$ 叫作**积分和**.

由二重积分的定义，曲顶柱体的体积 V 是函数 $f(x,y)$ 在 D 上的二重积分，即

$$V = \iint\limits_{D} f(x,y)\mathrm{d}\sigma;$$

平面薄片的质量 m 是面密度 $\rho(x,y)$ 在薄片所占平面区域 D 上的二重积分，即

延伸微课

$$m = \iint\limits_{D} \rho(x,y)\mathrm{d}\sigma.$$

以下 3 点需要特别注意.

（1）若有界函数 $f(x,y)$ 在有界闭区域 D 上除去有限个点或有限条光滑曲线外都连续，则 $f(x,y)$ 在闭区域 D 上可积.

（2）如果 $f(x,y)$ 在闭区域 D 上连续，则式 (10.1) 中极限必定存在，即函数 $f(x,y)$ 在闭区域 D 上的二重积分必定存在. 本书中总是假定 $f(x,y)$ 在闭区域 D 上连续，以保证 $f(x,y)$ 在 D 上的二重积分总是存在的.

（3）因为总可以把被积函数 $f(x,y)$ 看作空间的一块曲面，所以当 $f(x,y) \geq 0$ 时，二重积分的几何意义就是曲顶柱体体积；当 $f(x,y) < 0$ 时，柱体在 xOy 面的下方，此时二重积分是曲顶柱体体积的相反数；如果 $f(x,y)$ 在 D 的若干部分是正的，而在其他部分都是负的，则可以把 xOy 面上方的曲顶柱体体积取成正，xOy 面下方的曲顶柱体体积取成负，则 $f(x,y)$ 在 D 上的二重积分就等于这些部分区域上的曲顶柱体体积的代数和.

10.1.2 二重积分的性质

二重积分有类似于定积分的性质，不妨令 $f(x,y), g(x,y)$ 在闭区域 D 上可积，则有下面的性质.

性质 10.1　被积函数的常数因子可提到二重积分号外面，即

$$\iint\limits_{D} kf(x,y)\,\mathrm{d}\sigma = k\iint\limits_{D} f(x,y)\,\mathrm{d}\sigma\,(k\ 为常数).$$

性质 10.2　函数和(差)的二重积分等于各函数二重积分的和(差)，即

$$\iint\limits_{D}\big[f(x,y)\pm g(x,y)\big]\,\mathrm{d}\sigma = \iint\limits_{D} f(x,y)\,\mathrm{d}\sigma \pm \iint\limits_{D} g(x,y)\,\mathrm{d}\sigma.$$

性质 10.1 和性质 10.2 表明二重积分具有线性性质.

性质 10.3　如果把闭区域 D 分为两个闭区域 D_1 和 D_2，且 D_1 和 D_2 除边界点外无公共点，则

$$\iint\limits_{D} f(x,y)\,\mathrm{d}\sigma = \iint\limits_{D_1} f(x,y)\,\mathrm{d}\sigma + \iint\limits_{D_2} f(x,y)\,\mathrm{d}\sigma.$$

这个性质表明二重积分对积分区域具有可加性.

性质 10.4　如果在 D 上，$f(x,y)$ 的值为 1，σ 为 D 的面积，则

$$\sigma = \iint\limits_{D} 1\,\mathrm{d}\sigma = \iint\limits_{D} \mathrm{d}\sigma.$$

这个性质的几何意义是明显的，因为高为 1 的平顶柱体体积在数值上等于柱体的底面积.

性质 10.5　如果在 D 上恒有 $f(x,y)\leqslant g(x,y)$，则

$$\iint\limits_{D} f(x,y)\,\mathrm{d}\sigma \leqslant \iint\limits_{D} g(x,y)\,\mathrm{d}\sigma.$$

特别地，因为

$$-\,|f(x,y)|\leqslant f(x,y)\leqslant |f(x,y)|,$$

$f(x,y)$ 在区域 D 上可积，易知 $|f(x,y)|$ 在区域 D 上可积，所以

$$\left|\iint\limits_{D} f(x,y)\,\mathrm{d}\sigma\right| \leqslant \iint\limits_{D} |f(x,y)|\,\mathrm{d}\sigma.$$

推论　如果在 D 上，$f(x,y)\geqslant0$，则 $\iint\limits_{D} f(x,y)\,\mathrm{d}\sigma\geqslant0$.

性质 10.6(估值定理)　设 M,m 分别是 $f(x,y)$ 在闭区域 D 上的最大值与最小值，σ 是 D 的面积，则

$$m\sigma \leqslant \iint\limits_{D} f(x,y)\,\mathrm{d}\sigma \leqslant M\sigma.$$

证明　在 D 上，恒有

$$m\leqslant f(x,y)\leqslant M.$$

由性质 10.5，知

$$\iint\limits_{D} m\,\mathrm{d}\sigma \leqslant \iint\limits_{D} f(x,y)\,\mathrm{d}\sigma \leqslant \iint\limits_{D} M\,\mathrm{d}\sigma.$$

由性质 10.1 和性质 10.4，得

$$\iint\limits_{D} m\,\mathrm{d}\sigma = m\iint\limits_{D}\mathrm{d}\sigma = m\sigma,\quad \iint\limits_{D} M\,\mathrm{d}\sigma = M\iint\limits_{D}\mathrm{d}\sigma = M\sigma.$$

所以

$$m\sigma \leqslant \iint\limits_{D} f(x,y)\,\mathrm{d}\sigma \leqslant M\sigma.$$

性质 10.7(二重积分中值定理)　设 $f(x,y)$ 在有界闭区域 D 上连续，σ 是 D 的面积，则在 D

上至少存在一点(ξ,η)，使

$$\iint\limits_{D}f(x,y)\,\mathrm{d}\sigma = f(\xi,\eta)\sigma.$$

证明 显然 $\sigma \neq 0$，由估值定理，得

$$m\sigma \leqslant \iint\limits_{D}f(x,y)\,\mathrm{d}\sigma \leqslant M\sigma,$$

即

$$m \leqslant \frac{1}{\sigma}\iint\limits_{D}f(x,y)\,\mathrm{d}\sigma \leqslant M.$$

因此，$\dfrac{1}{\sigma}\iint\limits_{D}f(x,y)\,\mathrm{d}\sigma$ 是介于连续函数 $f(x,y)$ 在 D 上的最小值 m 与最大值 M 之间的一个数. 由有界闭区域上连续函数的介值定理知，在 D 上至少存在一点(ξ,η)，使

$$\frac{1}{\sigma}\iint\limits_{D}f(x,y)\,\mathrm{d}\sigma = f(\xi,\eta),$$

即

$$\iint\limits_{D}f(x,y)\,\mathrm{d}\sigma = f(\xi,\eta)\sigma.$$

二重积分中值定理的几何解释：对于以曲面 $z=f(x,y)$ 为顶的曲顶柱体，必定存在一个以 D 为底、以 D 内某点(ξ,η)的函数值 $f(\xi,\eta)$ 为高的平顶柱体，它的体积 $f(\xi,\eta)\sigma$ 就等于曲顶柱体的体积.

性质 10.8(对称性质) 设闭区域 D 关于 x 轴对称，D_1 为 D 中 $y\geqslant0$ 的部分，如图 10.3 所示.

(1)若被积函数 $f(x,y)$ 关于变量 y 为奇函数[见图 10.3(a)]，即 $f(x,-y)=-f(x,y)$，则

$$\iint\limits_{D}f(x,y)\,\mathrm{d}\sigma = 0.$$

微课：性质 10.8

(2)若被积函数 $f(x,y)$ 关于变量 y 为偶函数[见图 10.3(b)]，即 $f(x,-y)=f(x,y)$，则

$$\iint\limits_{D}f(x,y)\,\mathrm{d}\sigma = 2\iint\limits_{D_1}f(x,y)\,\mathrm{d}\sigma.$$

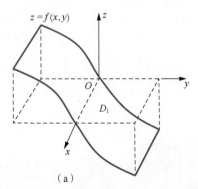
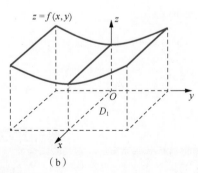

图 10.3

【即时提问 10.1】 叙述当闭区域 D 关于 y 轴对称时，函数 $f(x,y)$ 关于变量 x 有奇偶性时的性质.

性质 10.9(轮换对称性) 设闭区域 D 关于直线 $y=x$ 对称，则

$$\iint\limits_{D}f(x,y)\,\mathrm{d}\sigma = \iint\limits_{D}f(y,x)\,\mathrm{d}\sigma.$$

根据性质 10.8 和性质 10.9，若 D_1 为圆域 $D=\{(x,y)\mid x^2+y^2\leqslant1\}$ 在第一象限的部分，易知：

(1) $\displaystyle\iint_D(x^2+y^2)\mathrm{d}\sigma=4\iint_{D_1}(x^2+y^2)\mathrm{d}\sigma$；

(2) $\displaystyle\iint_D(x+y)\mathrm{d}\sigma=0$；

(3) $\displaystyle\iint_D x^2\mathrm{d}\sigma=\iint_D y^2\mathrm{d}\sigma$.

例 10.1　比较积分 $\displaystyle\iint_D\ln(x+y)\mathrm{d}\sigma$ 与 $\displaystyle\iint_D\ln^2(x+y)\mathrm{d}\sigma$ 的大小，其中 D 是三角形闭区域，3 个顶点分别为 $(1,0),(1,1),(2,0)$.

解　如图 10.4 所示，三角形斜边方程为 $x+y=2$，在 D 内有
$$1\leqslant x+y\leqslant2<\mathrm{e},$$
故 $0\leqslant\ln(x+y)<1$. 于是 $\ln(x+y)\geqslant\ln^2(x+y)$. 由性质 10.5 知，
$$\iint_D\ln(x+y)\mathrm{d}\sigma\geqslant\iint_D\ln^2(x+y)\mathrm{d}\sigma.$$

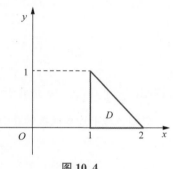

图 10.4

例 10.2　估算 $I=\displaystyle\iint_D\mathrm{e}^{x^2+y^2}\mathrm{d}\sigma$ 的值，其中 D 是椭圆闭区域 $\left\{(x,y)\mid x^2+\dfrac{y^2}{4}\leqslant1\right\}$.

解　因为在 D 上 $0\leqslant x^2+y^2\leqslant4$，所以 $1=\mathrm{e}^0\leqslant\mathrm{e}^{x^2+y^2}\leqslant\mathrm{e}^4$. 由性质 10.6 知
$$\sigma\leqslant\iint_D\mathrm{e}^{x^2+y^2}\mathrm{d}\sigma\leqslant\mathrm{e}^4\cdot\sigma.$$
又椭圆闭区域 D 的面积 $\sigma=2\pi$，故
$$2\pi\leqslant\iint_D\mathrm{e}^{x^2+y^2}\mathrm{d}\sigma\leqslant2\pi\mathrm{e}^4.$$

例 10.3　计算二重积分 $\displaystyle\iint_D(x^3y+1)\mathrm{d}\sigma$，其中 $D=\{(x,y)\mid 0\leqslant y\leqslant1,-1\leqslant x\leqslant1\}$.

解　画出积分区域，如图 10.5 所示，显然 D 关于 y 轴对称. 由性质 10.2 知，
$$\iint_D(x^3y+1)\mathrm{d}\sigma=\iint_D x^3y\mathrm{d}\sigma+\iint_D1\mathrm{d}\sigma.$$
根据性质 10.8 得 $\displaystyle\iint_D x^3y\mathrm{d}\sigma=0$，所以 $\displaystyle\iint_D(x^3y+1)\mathrm{d}\sigma=2$.

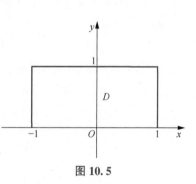

图 10.5

同步习题 10.1

基础题

1. 一带电薄板位于 xOy 面上，占有区域 D. 薄板上电荷分布的面密度为 $\mu(x,y)$，且 $\mu(x,y)$ 在 D 上连续，写出薄板上全部电荷 Q 的表达式.

2. 根据二重积分的性质，比较积分的大小：$\iint\limits_{D}(x+y)^2\mathrm{d}\sigma$ 与 $\iint\limits_{D}(x+y)^3\mathrm{d}\sigma$. 其中，积分区

域 D 由 x 轴、y 轴与直线 $x+y=1$ 围成.

3. 估算下列积分的值.

(1) $\iint\limits_{D}(x+y+1)\mathrm{d}\sigma$，其中 $D=\{(x,y)\,|\,0\leqslant x\leqslant 1,0\leqslant y\leqslant 2\}$.

(2) $\iint\limits_{D}(x^2+3y^2+2)\mathrm{d}\sigma$，其中 $D=\{(x,y)\,|\,x^2+y^2\leqslant 4\}$.

4. 利用二重积分的性质及几何意义，求下列积分值.

(1) $\iint\limits_{x^2+y^2\leqslant 1}\sqrt{1-x^2-y^2}\,\mathrm{d}\sigma$.

(2) $\iint\limits_{x^2+y^3\leqslant 1}(x+x^3y)\mathrm{d}\sigma$.

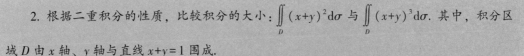**提高题**

1. 设 $D=\{(x,y)\,|\,x^2+y^2\leqslant t^2\}$，计算极限 $\lim\limits_{t\to 0}\dfrac{1}{\pi t^2}\iint\limits_{D}e^{x^2-y^2}\cos(x+y)\mathrm{d}\sigma$.

2. 设二元函数 $f(x,y)$，$g(x,y)$ 在有界闭区域 D 上连续，且 $g(x,y)>$
0. 证明：在 D 上至少存在一点 (ξ,η)，使

$$\iint\limits_{D}f(x,y)g(x,y)\mathrm{d}\sigma=f(\xi,\eta)\iint\limits_{D}g(x,y)\mathrm{d}\sigma.$$

微课：同步习题 10.1
提高题 2

10.2 二重积分在直角坐标系下的计算

用二重积分的定义计算二重积分一般是行不通的. 本节及下节将讨论二重积分的计算方法，其基本思想是将二重积分化成两次定积分来计算，转化后的这种两次定积分称为二次积分或累次积分. 本节先介绍二重积分在直角坐标系下的计算方法.

10.2.1 直角坐标系下的面积元素

根据二重积分的定义，二重积分 $\iint\limits_{D}f(x,y)\mathrm{d}\sigma$ 的值与闭区域 D 的划分方式是无关的. 因此，在直角坐标系中，常常用平行于坐标轴的直线网来划分 D，此时除了包含 D 边界点的一些小闭区域，其余小闭区域都是矩形，如图 10.6 所示. 设矩形小闭区域 $\Delta\sigma_i$ 的边长为 Δx_i 与 Δy_i，由于 $\Delta\sigma_i=\Delta x_i\Delta y_i$，因此在直角坐标系下有 $\mathrm{d}\sigma=\mathrm{d}x\mathrm{d}y$，从而

$$\iint\limits_{D}f(x,y)\mathrm{d}\sigma=\iint\limits_{D}f(x,y)\mathrm{d}x\mathrm{d}y.$$

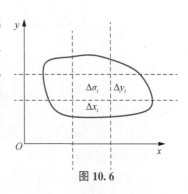

图 10.6

今后称 $\mathrm{d}x\mathrm{d}y$ 为二重积分在直角坐标系下的面积元素.

10.2.2 积分区域的分类

为了更直观地理解二重积分在直角坐标系下的计算方法，我们需要先对积分区域进行分类.一般地，平面积分区域可以分为3类，即 X 型区域、Y 型区域和混合型区域. 设积分区域 D 是 xOy 面上的有界闭区域.

1. X 型区域

如果积分区域 D 的边界曲线为两条连续曲线 $y=y_1(x)$，$y=y_2(x)[y_1(x) \leqslant y_2(x)]$ 及两条直线 $x=a$，$x=b(a<b)$，则 D 可用不等式

$$a \leqslant x \leqslant b, y_1(x) \leqslant y \leqslant y_2(x)$$

表示，这种区域称为 X 型区域，如图 10.7 所示.

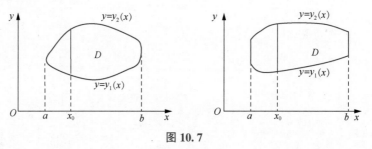

图 10.7

X 型区域的特点：在 D 内，任一条平行于 y 轴的直线与 D 的边界至多有两个交点，且上下边界的曲线方程是 x 的函数.

2. Y 型区域

如果积分区域 D 的边界曲线是两条连续曲线 $x=x_1(y)$，$x=x_2(y)[x_1(y) \leqslant x_2(y)]$ 及两条直线 $y=c$，$y=d(c<d)$，则 D 可用不等式 $c \leqslant y \leqslant d, x_1(y) \leqslant x \leqslant x_2(y)$ 表示，这种区域称为 Y 型区域，如图 10.8 所示.

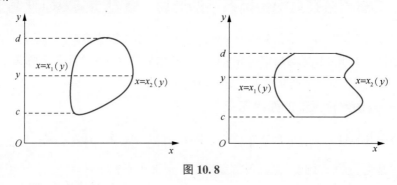

图 10.8

Y 型区域的特点：在区域 D 内，任意平行于 x 轴的直线与 D 的边界至多有两个交点，且左右边界的曲线方程是 y 的函数.

如果一个区域 D 既是 X 型区域又是 Y 型区域，则称其为简单区域，如图 10.9 所示.

3. 混合型区域

若有界闭区域，它既不是 X 型区域又不是 Y 型区域，则称其为混合型区域.

混合型区域的特点：在区域 D 内，存在平行于 x 轴和 y 轴的直线与 D 的边界交点多于两个.

对于混合型区域，可以把 D 分成几部分，使每一部分是 X 型区域或 Y 型区域. 例如，图 10.10所示的区域被分成了 3 部分，它们都是 X 型区域.

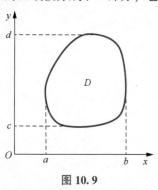

图 10.9

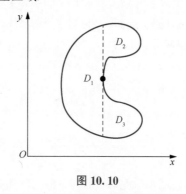

图 10.10

10.2.3 化二重积分为二次积分

根据二重积分的几何意义，$\iint\limits_{D} f(x,y)\mathrm{d}x\mathrm{d}y$ 存在且当 $f(x,y) \geq 0$ 时，$\iint\limits_{D} f(x,y)\mathrm{d}x\mathrm{d}y$ 表示以平面区域 D 为底、以曲面 $z=f(x,y)$ 为顶的曲顶柱体的体积 V，如图 10.11 所示. 下面我们用"求平行截面面积为已知的立体的体积"的方法来求 V.

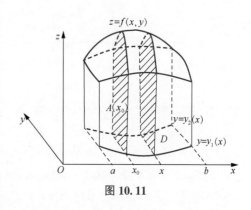

图 10.11

设积分区域 D 为 X 型区域，其不等式表示为 $a \leq x \leq b, y_1(x) \leq y \leq y_2(x)$. 先计算截面的面积. 为此，在区间 $[a,b]$ 上任取一点 x_0，作平行于 yOz 面的平面 $x=x_0$. 该平面截曲顶柱体所得截面是一个以区间 $[y_1(x_0), y_2(x_0)]$ 为底、以曲线 $z=f(x_0,y)$ 为曲边的曲边梯形（见图 10.11 中阴影部分），所以

$$A(x_0) = \int_{y_1(x_0)}^{y_2(x_0)} f(x_0,y)\mathrm{d}y.$$

由于 x_0 是任意的，所以用过区间 $[a,b]$ 上任一点 x 且平行于 yOz 面的平面 $x=x$ 截曲顶柱体，所得截面的面积为

$$A(x) = \int_{y_1(x)}^{y_2(x)} f(x,y)\ \mathrm{d}y.$$

从而

$$V = \int_a^b A(x)\,\mathrm{d}x = \int_a^b \left[\int_{y_1(x)}^{y_2(x)} f(x,y)\,\mathrm{d}y\right]\mathrm{d}x,$$

于是

$$\iint\limits_{D} f(x,y)\mathrm{d}x\mathrm{d}y = \int_a^b \left[\int_{y_1(x)}^{y_2(x)} f(x,y)\,\mathrm{d}y\right]\mathrm{d}x,$$

简记为

$$\iint\limits_{D} f(x,y)\mathrm{d}x\mathrm{d}y = \int_a^b \mathrm{d}x \int_{y_1(x)}^{y_2(x)} f(x,y)\,\mathrm{d}y. \tag{10.2}$$

式(10.2)是在条件 $f(x,y) \geq 0$ 下推出的，可以证明式(10.2)对任意的连续函数 $f(x,y)$ 都成立.

注 (1)计算二重积分时，式(10.2)的右端称为先对 y 后对 x 的二次积分，也就是说，先把 x 看成常量，把 $f(x,y)$ 只看作 y 的函数，对 y 计算积分区间 $[y_1(x), y_2(x)]$ 上的定积分，然后把算出的结果(是 x 的函数)再对 x 计算积分区间 $[a,b]$ 上的定积分.

(2)如果积分区域 D 为 Y 型区域，其不等式表示为 $c \leq y \leq d, x_1(y) \leq x \leq x_2(y)$，类似式(10.2)的推导，有

$$\iint\limits_D f(x,y)\mathrm{d}x\mathrm{d}y = \int_c^d \left[\int_{x_1(y)}^{x_2(y)} f(x,y)\mathrm{d}x \right] \mathrm{d}y,$$

简记为

$$\iint\limits_D f(x,y)\mathrm{d}x\mathrm{d}y = \int_c^d \mathrm{d}y \int_{x_1(y)}^{x_2(y)} f(x,y)\mathrm{d}x. \tag{10.3}$$

上面两式的右端叫作先对 x 后对 y 的二次积分.

(3)若区域 D 为简单区域，如图 10.9 所示，则由式(10.2)和式(10.3)得

$$\iint\limits_D f(x,y)\mathrm{d}x\mathrm{d}y = \int_a^b \mathrm{d}x \int_{y_1(x)}^{y_2(x)} f(x,y)\mathrm{d}y = \int_c^d \mathrm{d}y \int_{x_1(y)}^{x_2(y)} f(x,y)\mathrm{d}x.$$

(4)若区域 D 为混合型区域，如图 10.10 所示，D_1, D_2, D_3 都是 X 型区域，都可以用式(10.2)求解，根据二重积分关于积分区域的可加性，各部分上二重积分的和即为 D 上的二重积分.

计算二重积分一般要遵循以下步骤.

(1)画出 D 的图形，并把边界曲线方程标出.

(2)确定 D 的类型，如果 D 是混合型区域，则需要把 D 分成几部分.

(3)把 D 按 X 型区域或 Y 型区域，用不等式表示出来，这一步是整个二重积分计算的关键.

(4)把二重积分化为二次积分并计算.

例 10.4 计算 $\iint\limits_D xy\mathrm{d}x\mathrm{d}y$，其中 D 是由直线 $y=1, x=2, y=x$ 围成的闭区域.

解 **方法❶** 首先画出积分区域 D，如图 10.12 所示，D 是 X 型区域. D 上点的横坐标的变化范围为 $[1,2]$，任取 $x \in [1,2]$，过点 x 作平行于 y 轴的直线，这条直线与 D 的下边界和上边界分别交于两点，其纵坐标分别为 $y=1, y=x$，于是

$$D: 1 \leq x \leq 2, 1 \leq y \leq x.$$

由式(10.2)得

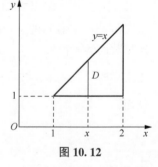

图 10.12

$$\iint\limits_D xy\mathrm{d}x\mathrm{d}y = \int_1^2 \mathrm{d}x \int_1^x xy\mathrm{d}y = \int_1^2 \left(x \cdot \frac{y^2}{2} \right) \Big|_1^x \mathrm{d}x = \int_1^2 \left(\frac{x^3}{2} - \frac{x}{2} \right) \mathrm{d}x$$

$$= \left(\frac{x^4}{8} - \frac{x^2}{4} \right) \Big|_1^2 = \frac{9}{8}.$$

方法❷ 画出积分区域 D，如图 10.13 所示，D 是 Y 型区域. D 上点的纵坐标的变化范围是 $[1,2]$，过点 y 作平行于 x 轴的直线，该直线与 D 的左边界和右边界交点的横坐标分别是 $x=$

$y, x=2$. 由式（10.3），得

$$\iint\limits_{D} xy\,dx\,dy = \int_{1}^{2} dy \int_{y}^{2} xy\,dx = \int_{1}^{2} \left(y \cdot \frac{x^2}{2} \right) \Big|_{y}^{2} dy$$

$$= \int_{1}^{2} \left(2y - \frac{y^3}{2} \right) dy = \left(y^2 - \frac{y^4}{8} \right) \Big|_{1}^{2} = \frac{9}{8}.$$

例 10.5 计算二重积分 $\iint\limits_{D} \sqrt{y^2 - xy}\,dx\,dy$，其中 D 是由直线 $y=x, y=1, x=0$ 所围成的平面区域.

解 画出积分区域 D，如图 10.14 所示，将二重积分化为累次积分即可.

因为根号下的函数为关于 x 的一次函数，"先 x 后 y"积分较容易，所以

$$\iint\limits_{D} \sqrt{y^2 - xy}\,dx\,dy = \int_{0}^{1} dy \int_{0}^{y} \sqrt{y^2 - xy}\,dx$$

$$= -\frac{2}{3} \int_{0}^{1} \frac{1}{y} (y^2 - xy)^{\frac{3}{2}} \Big|_{0}^{y} dy$$

$$= \frac{2}{3} \int_{0}^{1} y^2\,dy = \frac{2}{9}.$$

计算二重积分时，要首先画出积分区域的图形，然后结合积分区域的形状和被积函数的形式，确定积分次序.

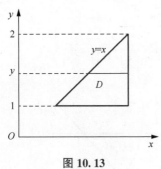

图 10.13

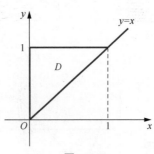

图 10.14

例 10.6 求 $\iint\limits_{D} x^2 e^{-y^2}\,dx\,dy$，其中 D 是以点 $(0,0), (1,1), (0,1)$ 为顶点的三角形区域.

解 先画出积分区域 D，如图 10.15 所示，显然 D 既是 X 型区域又是 Y 型区域.

若把 D 视为 X 型区域，则 $D: 0 \leqslant x \leqslant 1, x \leqslant y \leqslant 1$. 应用式（10.2），得

$$\iint\limits_{D} x^2 e^{-y^2}\,dx\,dy = \int_{0}^{1} dx \int_{x}^{1} x^2 e^{-y^2}\,dy.$$

由于 $\int e^{-y^2}\,dy$ 无法用初等函数表示，因此上式无法计算出结果.

若把 D 视为 Y 型区域，则 $D: 0 \leqslant y \leqslant 1, 0 \leqslant x \leqslant y$. 应用式

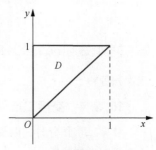

图 10.15

(10.3)，得

$$\iint\limits_{D} x^2 e^{-y^2} dxdy = \int_0^1 dy \int_0^y x^2 e^{-y^2} dx = \int_0^1 e^{-y^2} \cdot \frac{y^3}{3} dy = \int_0^1 e^{-y^2} \cdot \frac{y^2}{6} dy^2 = \frac{1}{6}\left(1 - \frac{2}{e}\right).$$

例 10.5 和例 10.6 表明，对既是 X 型区域又是 Y 型区域的积分区域 D，选择积分顺序是重要的，积分顺序选择不当可能使计算过程相当复杂，甚至根本无法计算出结果. 因此，计算二重积分时必须考虑积分次序问题，既要考虑积分区域的形状，又要考虑被积函数的特性.

例 10.7　求 $\iint\limits_{D} \dfrac{x^2}{y^2} dxdy$，其中 D 是直线 $y=x, y=2$ 和双曲线 $xy=1$ 所围成的闭区域.

解　先画出 D 的图形，如图 10.16(a)所示. 显然 D 是 Y 型区域，D 可表示成 $1 \leqslant y \leqslant 2, \dfrac{1}{y} \leqslant x \leqslant y$. 应用式(10.3)，得

$$\iint\limits_{D} \frac{x^2}{y^2} dxdy = \int_1^2 \left(\int_{\frac{1}{y}}^y \frac{x^2}{y^2} dx\right) dy = \int_1^2 \frac{x^3}{3y^2}\bigg|_{\frac{1}{y}}^y dy = \int_1^2 \left(\frac{y}{3} - \frac{1}{3y^5}\right) dy = \frac{27}{64}.$$

另外，也可把 D 分成两部分 D_1 和 D_2，如图 10.16(b)所示，则 D_1 和 D_2 都是 X 型区域，并且它们可表示成

$$D_1 : \frac{1}{2} \leqslant x \leqslant 1, \frac{1}{x} \leqslant y \leqslant 2,$$

$$D_2 : 1 \leqslant x \leqslant 2, x \leqslant y \leqslant 2.$$

于是，由性质 10.3 及式(10.2)，得

$$\iint\limits_{D} \frac{x^2}{y^2} dxdy = \iint\limits_{D_1} \frac{x^2}{y^2} dxdy + \iint\limits_{D_2} \frac{x^2}{y^2} dxdy$$

$$= \int_{\frac{1}{2}}^1 dx \int_{\frac{1}{x}}^2 \frac{x^2}{y^2} dy + \int_1^2 dx \int_x^2 \frac{x^2}{y^2} dy = \frac{27}{64}.$$

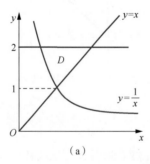 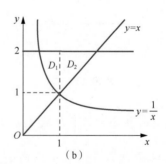

(a) (b)

图 10.16

【即时提问 10.2】　若区域 $D : 0 \leqslant x \leqslant 1, 0 \leqslant y \leqslant 1$，如何将二重积分 $\iint\limits_{D} \max\{x^2, y^2\} d\sigma$ 转化为二次积分？

10.2.4　交换二次积分次序

计算二重积分时，以及对于给定的二次积分，交换积分次序是常见的情形. 我们以具体例子来说明求解步骤.

例 10.8 交换二次积分 $\int_0^1 dx\int_0^x f(x,y)dy + \int_1^2 dx\int_0^{2-x} f(x,y)dy$ 的积分次序，即化成先对 x 后对 y 的二次积分.

解 该类型题的一般求解步骤如下.

(1)由已知二次积分式，写出积分区域 D 的不等式表示.

本题中第一个积分的积分区域是 X 型区域，可表示为 $D_1:0\leq x\leq 1,0\leq y\leq x$.

第二个积分的积分区域是 X 型区域，可表示为 $D_2:1\leq x\leq 2$, $0\leq y\leq 2-x$.

所以 $D=D_1\cup D_2$.

(2)画出积分区域 D 的图形. 本题中 D 的图形如图 10.17 所示.

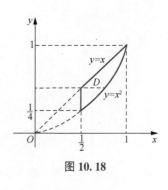

图 10.17

(3)把积分区域 D 按 Y 型区域用不等式表示出来. 本题中

$$D:0\leq y\leq 1,y\leq x\leq 2-y.$$

(4)写出要求的结果. 对于本题，

$$\int_0^1 dx\int_0^x f(x,y)dy + \int_1^2 dx\int_0^{2-x} f(x,y)dy = \int_0^1 dy\int_y^{2-y} f(x,y)dx.$$

例 10.9 计算积分

$$I = \int_{\frac{1}{4}}^{\frac{1}{2}} dy\int_{\frac{1}{2}}^{\sqrt{y}} e^{\frac{y}{x}}dx + \int_{\frac{1}{2}}^1 dy\int_y^{\sqrt{y}} e^{\frac{y}{x}}dx.$$

解 积分区域如图 10.18 所示.

因为 $\int e^{\frac{1}{x}}dx$ 不能用初等函数表示，所以需要先改变积分次序.

将积分区域 D 按 X 型区域表示为 $D:\frac{1}{2}\leq x\leq 1,x^2\leq y\leq x$，则

$$I = \int_{\frac{1}{2}}^1 dx\int_{x^2}^x e^{\frac{y}{x}}dy$$
$$= \int_{\frac{1}{2}}^1 x(e-e^x)dx$$
$$= \frac{3}{8}e - \frac{1}{2}\sqrt{e}.$$

例 10.10 现有一沙堆，其底在 xOy 面内由抛物线 $x^2+y=6$ 与直线 $y=x$ 所围成的区域上. 沙堆在点 (x,y) 的高度为 x^2，求沙堆的体积.

解 设沙堆占有平面区域 D，其边界抛物线 $x^2+y=6$ 与直线 $y=x$ 的交点的坐标为 $(-3,-3)$, $(2,2)$，所以 D 可表示为 $-3\leq x\leq 2,x\leq y\leq 6-x^2$，从而沙堆体积为

$$V = \iint\limits_D x^2 dxdy = \int_{-3}^2 dx\int_x^{6-x^2} x^2 dy$$
$$= \int_{-3}^2 x^2(6-x^2-x)dx = \frac{125}{4}.$$

同步习题 10.2

 基础题

1. 计算下列二重积分.

(1) $\iint\limits_{D}\dfrac{2x}{y}\mathrm{d}x\mathrm{d}y$，其中 $D:1\leqslant y\leqslant 2,y\leqslant x\leqslant 2$.

(2) $\iint\limits_{D}(1+\sqrt[3]{xy})\mathrm{d}\sigma$，其中 $D:x^2+y^2\leqslant 4$.

(3) $\iint\limits_{D}\mathrm{e}^{-y^2}\mathrm{d}x\mathrm{d}y$，其中 D 是以点 $(0,0),(1,1),(0,1)$ 为顶点的三

角形闭区域.

微课：同步习题 10.2
基础题 1(3)

(4) $\iint\limits_{D}x\cos(x+y)\mathrm{d}\sigma$，其中 D 是顶点为 $(0,0),(\pi,0),(\pi,\pi)$ 的三角

形闭区域.

(5) $\iint\limits_{D}x\sqrt{y}\mathrm{d}\sigma$，其中 D 是由两条抛物线 $y=\sqrt{x},y=x^2$ 所围成的闭区域.

(6) $\iint\limits_{D}\dfrac{\sin y}{y}\mathrm{d}x\mathrm{d}y$，其中 D 是由曲线 $y=\sqrt{x}$ 和直线 $y=x$ 围成的闭区域.

2. 在直角坐标系下化二重积分 $I=\iint\limits_{D}f(x,y)\mathrm{d}\sigma$ 为二次积分.

(1) D 是由 $y=x,x=2$ 及 $y=\dfrac{1}{x}(x>0)$ 所围成的闭区域，分别列出两种不同次序的二次

积分.

(2) $D:1\leqslant x^2+y^2\leqslant 4$.

(3) D 是由直线 $y=x$ 及抛物线 $y^2=4x$ 所围成的闭区域.

3. 设 $f(x,y)$ 在区域 D 上连续，其中 D 由 $y=x,y=a,x=b(b>a)$ 围成，证明：

$$\int_{a}^{b}\mathrm{d}x\int_{a}^{x}f(x,y)\mathrm{d}y=\int_{a}^{b}\mathrm{d}y\int_{y}^{b}f(x,y)\mathrm{d}x.$$

4. 交换下列积分的积分次序.

(1) $\int_{0}^{2}\mathrm{d}y\int_{y^2}^{2y}f(x,y)\mathrm{d}x$.

(2) $\int_{0}^{2}\mathrm{d}x\int_{\frac{x}{2}}^{3-x}f(x,y)\mathrm{d}y$.

(3) $\int_{0}^{1}\mathrm{d}x\int_{0}^{x^2}f(x,y)\mathrm{d}y+\int_{1}^{2}\mathrm{d}x\int_{0}^{2-x}f(x,y)\mathrm{d}y$.

(4) $\int_{0}^{1}\mathrm{d}x\int_{\sqrt{x}}^{1+\sqrt{1-x^2}}f(x,y)\mathrm{d}y$.

5. 证明：$\int_{0}^{a}\mathrm{d}x\int_{0}^{x}f(y)\mathrm{d}y=\int_{0}^{a}(a-x)f(x)\mathrm{d}x$.

提高题

1. 计算 $\iint\limits_{D}|y-x^2|\,\mathrm{d}x\mathrm{d}y$，其中 $D:-1\leqslant x\leqslant 1,0\leqslant y\leqslant 1$.

2. 改变积分 $\int_0^1\mathrm{d}x\int_0^{\sqrt{2x-x^2}}f(x,y)\,\mathrm{d}y+\int_1^2\mathrm{d}x\int_0^{2-x}f(x,y)\,\mathrm{d}y$ 的积分次序.

3. 改变积分 $\int_0^{2a}\mathrm{d}x\int_{\sqrt{2ax-x^2}}^{\sqrt{2ax}}f(x,y)\,\mathrm{d}y\,(a>0)$ 的积分次序.

微课：同步习题 10.2
提高题 1

4. 设函数 $f(x)$ 在 $[0,1]$ 上连续，并设 $\int_0^1 f(x)\,\mathrm{d}x=A$，求 $\int_0^1\mathrm{d}x\int_x^1 f(x)f(y)\,\mathrm{d}y$.

10.3 二重积分在极坐标系下的计算

对于一些二重积分，积分区域 D 的边界曲线用极坐标方程来表示比较方便，如圆形或者扇形区域的边界等. 此时，如果二重积分的被积函数用极坐标 r,θ 表示也比较简单，我们就可以考虑利用极坐标来计算二重积分.

10.3.1 二重积分在极坐标系下的表示

由二重积分的定义，二重积分的值与积分区域 D 的划分方式无关. 因此，在极坐标系下，我们用一族以极点为圆心的同心圆及一族从极点出发的射线把 D 划分成 n 个小的闭区域，如图 10.19 所示.

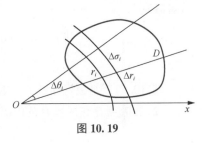

图 10.19

从图 10.19 知，除了靠近边界的一些不规则的小闭区域外，其他小闭区域的面积都等于两个扇形面积之差. 因此

$$\Delta\sigma_i=\frac{1}{2}(r_i+\Delta r_i)^2\Delta\theta_i-\frac{1}{2}r_i^2\Delta\theta_i=r_i\Delta r_i\Delta\theta_i+\frac{1}{2}(\Delta r_i)^2\Delta\theta_i,$$

从而当 D 被划分得充分细时，$\Delta\sigma_i\approx r_i\Delta r_i\Delta\theta_i$. 因此，由微元法可得在极坐标系下的面积元素

$$\mathrm{d}\sigma=r\mathrm{d}r\mathrm{d}\theta.$$

根据直角坐标和极坐标之间的转换关系

$$\begin{cases}x=r\cos\theta,\\y=r\sin\theta,\end{cases}$$

可得到二重积分从直角坐标系变换到极坐标系下的公式为

$$\iint\limits_{D}f(x,y)\,\mathrm{d}\sigma=\iint\limits_{D'}f(r\cos\theta,r\sin\theta)r\mathrm{d}r\mathrm{d}\theta. \tag{10.4}$$

公式(10.4)表明，要把直角坐标系下的二重积分化为极坐标系下的二重积分，不仅要把被积函数中的 x,y 分别换成 $r\cos\theta,r\sin\theta$，而且要把直角坐标系中的面积元素 $\mathrm{d}x\mathrm{d}y$ 换成极坐标系下的面积元素 $r\mathrm{d}r\mathrm{d}\theta$.

微课：极坐标系下
的 3 种区域

10.3.2 极坐标系下的二重积分计算

在极坐标系下，二重积分也必须化成二次积分来计算. 下面根据积分区域的 3 种类型予以说明.

（1）若积分区域 D 不包含极点，如图 10.20 所示，区域 D 可以用不等式

$$\alpha \leqslant \theta \leqslant \beta, \varphi_1(\theta) \leqslant r \leqslant \varphi_2(\theta)$$

来表示，其中函数 $\varphi_1(\theta), \varphi_2(\theta)$ 在区间 $[\alpha, \beta]$ 上连续.

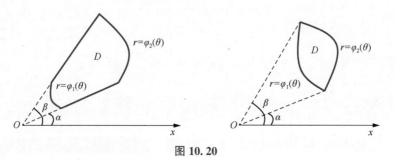

图 10.20

任取 $\theta \in [\alpha, \beta]$，从极点作极角为 θ 的射线，该射线同 D 的边界相交于两点，这两点的极径分别为 $\varphi_1(\theta)$ 和 $\varphi_2(\theta)$，因此

$$\iint\limits_D f(r\cos\theta, r\sin\theta) r\mathrm{d}r\mathrm{d}\theta = \int_\alpha^\beta \left[\int_{\varphi_1(\theta)}^{\varphi_2(\theta)} f(r\cos\theta, r\sin\theta) r\mathrm{d}r \right] \mathrm{d}\theta,$$

或者写成

$$\iint\limits_D f(r\cos\theta, r\sin\theta) r\mathrm{d}r\mathrm{d}\theta = \int_\alpha^\beta \mathrm{d}\theta \int_{\varphi_1(\theta)}^{\varphi_2(\theta)} f(r\cos\theta, r\sin\theta) r\mathrm{d}r. \tag{10.5}$$

式（10.5）就是极坐标系下二重积分向二次积分的转化公式.

（2）若极点 O 在区域 D 的内部，如图 10.21 所示，则

$$D: 0 \leqslant \theta \leqslant 2\pi, 0 \leqslant r \leqslant \varphi(\theta).$$

于是

$$\iint\limits_D f(r\cos\theta, r\sin\theta) r\mathrm{d}r\mathrm{d}\theta = \int_0^{2\pi} \mathrm{d}\theta \int_0^{\varphi(\theta)} f(r\cos\theta, r\sin\theta) r\mathrm{d}r.$$

（3）若极点 O 正好在 D 的边界上，如图 10.22 所示，则

$$D: \alpha \leqslant \theta \leqslant \beta, 0 \leqslant r \leqslant \varphi(\theta).$$

于是

$$\iint\limits_D f(r\cos\theta, r\sin\theta) r\mathrm{d}r\mathrm{d}\theta = \int_\alpha^\beta \mathrm{d}\theta \int_0^{\varphi(\theta)} f(r\cos\theta, r\sin\theta) r\mathrm{d}r.$$

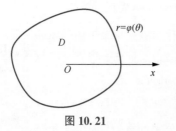

图 10.21

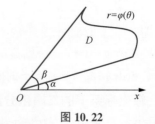

图 10.22

【即时提问 10.3】 由直线 $y=x$ 及抛物线 $y=x^2$ 围成的区域，在极坐标系中怎样表示？

应用极坐标计算二重积分时，有以下 3 点值得注意.

(1)确定二次积分的积分限.

(2)由式(10.5)，当积分区域是圆、圆环、扇形等区域，或者被积函数形如 $f(x^2+y^2)$，$f\left(\dfrac{y}{x}\right)$ 或 $f\left(\dfrac{x}{y}\right)$ 时，应用极坐标计算二重积分较简单.

(3)根据性质 10.4 及式(10.5)，区域 D 的面积

$$\sigma = \iint\limits_{D} 1 \cdot \mathrm{d}\sigma = \int_{\alpha}^{\beta}\mathrm{d}\theta\int_{\varphi_1(\theta)}^{\varphi_2(\theta)} r\,\mathrm{d}r = \frac{1}{2}\int_{\alpha}^{\beta}\left[\varphi_2^2(\theta)-\varphi_1^2(\theta)\right]\mathrm{d}\theta.$$

这就是在一元函数的定积分中学过的用极坐标计算平面图形面积的公式.

例 10.11 求 $\iint\limits_{D}\sqrt{x^2+y^2}\,\mathrm{d}x\mathrm{d}y$，其中 $D=\{(x,y)\mid x^2+y^2\leq 1,x\geq 0,y\geq 0\}$.

解 积分区域 D 如图 10.23 所示.

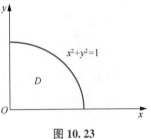

图 10.23

区域 D 在极坐标系下可表示为 $0\leq\theta\leq\dfrac{\pi}{2}$，$0\leq r\leq 1$，则

$$\iint\limits_{D}\sqrt{x^2+y^2}\,\mathrm{d}x\mathrm{d}y = \iint\limits_{D'} r\cdot r\mathrm{d}r\mathrm{d}\theta = \int_{0}^{\frac{\pi}{2}}\mathrm{d}\theta\int_{0}^{1} r^2\mathrm{d}r = \frac{\pi}{2}\cdot\frac{1}{3} = \frac{\pi}{6}.$$

另外，本题也可用直角坐标计算：

$$\iint\limits_{D}\sqrt{x^2+y^2}\,\mathrm{d}x\mathrm{d}y = \int_{0}^{1}\mathrm{d}x\int_{0}^{\sqrt{1-x^2}}\sqrt{x^2+y^2}\,\mathrm{d}y$$

$$= \frac{1}{2}\int_{0}^{1}\left[y\sqrt{x^2+y^2}+x^2\ln(y+\sqrt{x^2+y^2})\right]\bigg|_{0}^{\sqrt{1-x^2}}\mathrm{d}x$$

$$= \frac{1}{2}\int_{0}^{1}\left[\sqrt{1-x^2}+x^2\ln(1+\sqrt{1-x^2})-x^2\ln x\right]\mathrm{d}x = \frac{\pi}{6}.$$

两种方法比较之下，显然利用极坐标计算较简单.

例 10.12 求 $\iint\limits_{D}\arctan\dfrac{y}{x}\mathrm{d}x\mathrm{d}y$，其中 D 是第一象限内由曲线 $x^2+y^2=1$，$x^2+y^2=4$，$y=x$，$y=0$ 围成的闭区域.

解 先画出 D 的图形，如图 10.24 所示. 在极坐标系下 D 可表示成

$$D':0\leq\theta\leq\frac{\pi}{4},1\leq r\leq 2,$$

故

$$\iint\limits_{D}\arctan\frac{y}{x}\mathrm{d}x\mathrm{d}y = \iint\limits_{D'}\theta\cdot r\mathrm{d}r\mathrm{d}\theta = \int_{0}^{\frac{\pi}{4}}\theta\mathrm{d}\theta\int_{1}^{2} r\mathrm{d}r$$

$$= \frac{1}{2}\theta^2\bigg|_{0}^{\frac{\pi}{4}}\cdot\frac{1}{2}r^2\bigg|_{1}^{2} = \frac{3}{64}\pi^2.$$

例 10.13 设区域 $D=\{(x,y)\mid 1-x\leq y\leq\sqrt{1-x^2},0\leq x\leq 1\}$，如图 10.25 所示，函数 $f(x,y)$ 在 D 上连续，将二重积分 $\iint\limits_{D}f(x,y)\mathrm{d}x\mathrm{d}y$ 化为极坐标系下的二次积分.

解 在极坐标系下，由 $\begin{cases} x=r\cos\theta, \\ y=r\sin\theta \end{cases}$ 知区域 D 的边界曲线分别为：圆 $r=1$、直线 $r=\dfrac{1}{\sin\theta+\cos\theta}$.

区域 D 可用不等式表示为 $\dfrac{1}{\sin\theta+\cos\theta}\le r\le 1,0\le\theta\le\dfrac{\pi}{2}$. 因此

$$\iint\limits_D f(x,y)\,\mathrm{d}x\mathrm{d}y = \int_0^{\frac{\pi}{2}}\mathrm{d}\theta\int_{\frac{1}{\sin\theta+\cos\theta}}^1 f(r\cos\theta,r\sin\theta)\,r\mathrm{d}r.$$

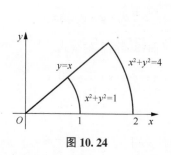

图 10.24

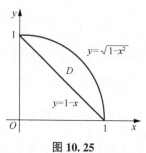

图 10.25

例 10.14 计算下列积分.

(1) $\iint\limits_D \mathrm{e}^{-x^2-y^2}\mathrm{d}x\mathrm{d}y$，其中 D 是由中心在原点、半径为 a 的圆周所围成的闭区域.

(2) $\int_0^{+\infty}\mathrm{e}^{-x^2}\mathrm{d}x$.

解 (1)在极坐标系下，D 可用不等式表示为 $0\le r\le a,0\le\theta\le 2\pi$，于是

$$\iint\limits_D \mathrm{e}^{-x^2-y^2}\mathrm{d}x\mathrm{d}y = \int_0^{2\pi}\mathrm{d}\theta\int_0^a \mathrm{e}^{-r^2}r\mathrm{d}r = 2\pi\int_0^a \mathrm{e}^{-r^2}r\mathrm{d}r = \pi(1-\mathrm{e}^{-a^2}).$$

(2)如果直接用直角坐标的方法计算，由于积分 $\int \mathrm{e}^{-x^2}\mathrm{d}x$ 不能用初等函数表示，因此无法计算出结果. 下面利用(1)的结论计算这个概率论中经常用到的**反常积分——概率积分**.

设有区域 $D_1=\{(x,y)\mid x^2+y^2\le a^2,x\ge 0,y\ge 0\}$，$D_2=\{(x,y)\mid x^2+y^2\le 2a^2,x\ge 0,y\ge 0\}$ 和 $S=\{(x,y)\mid 0\le x\le a,0\le y\le a\}$. 显然，$D_1\subset S\subset D_2$，如图 10.26 所示. 因为 $\mathrm{e}^{-x^2-y^2}>0$，根据二重积分的性质，有

$$\iint\limits_{D_1}\mathrm{e}^{-x^2-y^2}\mathrm{d}x\mathrm{d}y \le \iint\limits_S \mathrm{e}^{-x^2-y^2}\mathrm{d}x\mathrm{d}y \le \iint\limits_{D_2}\mathrm{e}^{-x^2-y^2}\mathrm{d}x\mathrm{d}y.$$

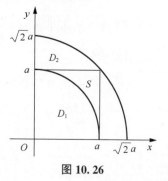

图 10.26

可知 $I=\iint\limits_S \mathrm{e}^{-x^2-y^2}\mathrm{d}x\mathrm{d}y = \int_0^a \mathrm{e}^{-x^2}\mathrm{d}x\int_0^a \mathrm{e}^{-y^2}\mathrm{d}y = \left(\int_0^a \mathrm{e}^{-x^2}\mathrm{d}x\right)^2$.

根据(1)的结果，有 $I_1=\iint\limits_{D_1}\mathrm{e}^{-x^2-y^2}\mathrm{d}x\mathrm{d}y=\dfrac{\pi}{4}(1-\mathrm{e}^{-a^2})$，$I_2=\iint\limits_{D_2}\mathrm{e}^{-x^2-y^2}\mathrm{d}x\mathrm{d}y=\dfrac{\pi}{4}(1-\mathrm{e}^{-2a^2})$，则

$$\frac{\pi}{4}(1-\mathrm{e}^{-a^2})<\left(\int_0^a \mathrm{e}^{-x^2}\mathrm{d}x\right)^2<\frac{\pi}{4}(1-\mathrm{e}^{-2a^2}).$$

当 $a\to+\infty$ 时，$I_1\to\dfrac{\pi}{4}$，$I_2\to\dfrac{\pi}{4}$，由夹逼准则可得，$\lim\limits_{a\to+\infty}I=\dfrac{\pi}{4}$，

即 $\left(\int_0^{+\infty} e^{-x^2} dx\right)^2 = \dfrac{\pi}{4}$, 故所求概率积分 $\int_0^{+\infty} e^{-x^2} dx = \dfrac{\sqrt{\pi}}{2}$.

例 10.15 维维安尼问题

求球面 $x^2+y^2+z^2=4R^2$ 与圆柱面 $x^2+y^2=2Rx$ 所包围的立体(含在柱体里面的部分)的体积, 如图 10.27 所示.

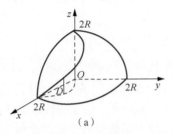

图 10.27

解 由对称性知

$$V = 4 \iint_D \sqrt{4R^2 - x^2 - y^2}\, dxdy,$$

其中 D 是半圆周 $y=\sqrt{2Rx-x^2}$ 与 x 轴围成的闭区域. 在极坐标系下, D 可用不等式表示为

$$0 \leqslant \theta \leqslant \frac{\pi}{2}, 0 \leqslant r \leqslant 2R\cos\theta.$$

于是

$$V = 4\iint_D \sqrt{4R^2 - r^2}\, rdrd\theta = 4\int_0^{\frac{\pi}{2}} d\theta \int_0^{2R\cos\theta} \sqrt{4R^2 - r^2}\, rdr$$

$$= \frac{32}{3}R^3 \int_0^{\frac{\pi}{2}} (1-\sin^3\theta)\, d\theta = \frac{32}{3}R^3 \left(\frac{\pi}{2} - \frac{2}{3}\right).$$

例 10.16 设区域 $D = \{(x,y) \mid x^2+y^2 \leqslant 1, x \geqslant 0\}$, 计算二重积分 $\displaystyle\iint_D \frac{1+xy}{1+x^2+y^2} dxdy$.

解 积分区域 D 如图 10.28 所示. 由于积分区域 D 关于 x 轴对称, 故可先利用二重积分的对称性结论简化所求积分. 又积分区域为圆域的一部分, 则可将其化为极坐标系下的二次积分.

区域 D 关于 x 轴对称, 函数 $f(x,y)=\dfrac{1}{1+x^2+y^2}$ 是变量 y 的偶函数, 函数 $g(x,y)=\dfrac{xy}{1+x^2+y^2}$ 是变量 y 的奇函数. 设 D_1 为区域 D 位于 x 轴上方部分, 则

$$\iint_D \frac{1}{1+x^2+y^2} dxdy = 2\iint_{D_1} \frac{1}{1+x^2+y^2} dxdy$$

$$= 2\int_0^{\frac{\pi}{2}} d\theta \int_0^1 \frac{r}{1+r^2} dr = \frac{\pi\ln 2}{2},$$

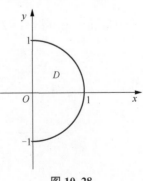

图 10.28

$$\iint_D \frac{xy}{1+x^2+y^2}\mathrm{d}x\mathrm{d}y = 0,$$

故

$$\iint_D \frac{1+xy}{1+x^2+y^2}\mathrm{d}x\mathrm{d}y = \iint_D \frac{1}{1+x^2+y^2}\mathrm{d}x\mathrm{d}y + \iint_D \frac{xy}{1+x^2+y^2}\mathrm{d}x\mathrm{d}y = \frac{\pi\ln2}{2}.$$

当见到积分区域具有对称性的二重积分计算问题时，就要考察被积函数或其代数和的每一部分关于 x 或 y 是否具有奇偶性，以便简化计算.

*10.3.3 二重积分的换元法

利用极坐标计算二重积分时，相当于引用变量代换 $x=r\cos\theta, y=r\sin\theta$，将平面上同一个点，从直角坐标平面 xOy 变换到极坐标面 $rO\theta$，即对于 xOy 面上的一点 $M(x,y)$，通过 $x=r\cos\theta$，$y=r\sin\theta$ 化为 $rO\theta$ 面上的一点 $M'(r,\theta)$，且这种变换是一对一的. 除这一特殊的变量代换外，有时还需要做其他变量代换，以使积分限容易找出，且被积函数也易于求二次积分. 对于一般的变换，有下列的二重积分换元公式.

定理 10.1 设 $f(x,y)$ 在 xOy 面的闭区域 D 上连续，变换

$$T:x=x(u,v), y=y(u,v)$$

将 uOv 面上的闭区域 D' 变为 xOy 面上的 D，且满足

（1）$x(u,v),y(u,v)$ 在 D' 上具有一阶连续偏导数；

（2）在 D' 上雅可比式 $J(u,v) = \dfrac{\partial(x,y)}{\partial(u,v)} \neq 0$；

（3）变换 $T:D' \to D$ 是一对一的，

则有

$$\iint_D f(x,y)\mathrm{d}x\mathrm{d}y = \iint_{D'} f[x(u,v),y(u,v)]\,|J(u,v)|\,\mathrm{d}u\mathrm{d}v.$$

例如，直角坐标转化为极坐标时，$x=r\cos\theta, y=r\sin\theta$.

$$J = \frac{\partial(x,y)}{\partial(r,\theta)} = \begin{vmatrix} \cos\theta & -r\sin\theta \\ \sin\theta & r\cos\theta \end{vmatrix} = r,$$

所以

$$\iint_D f(x,y)\mathrm{d}x\mathrm{d}y = \iint_{D'} f(r\cos\theta,r\sin\theta)r\mathrm{d}r\mathrm{d}\theta.$$

例 10.17 计算 $\displaystyle\iint_D \mathrm{e}^{\frac{y-x}{y+x}}\mathrm{d}x\mathrm{d}y$，其中 D 是由 x 轴、y 轴和直线 $x+y=2$ 所围成的闭区域.

解 令 $u=y-x, v=y+x$，则 $x=\dfrac{v-u}{2}, y=\dfrac{v+u}{2}$. 对于区域 D 的边界曲线，当 $x=0$ 时，$u=v$. 当 $y=0$ 时，$u=-v$. 当 $x+y=2$ 时，$v=2$，由此得 D'，如图 10.29 所示.

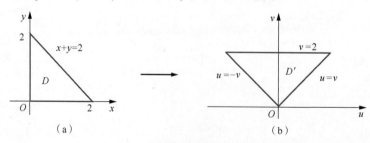

图 10.29

$$J = \frac{\partial(x,y)}{\partial(u,v)} = \begin{vmatrix} -\dfrac{1}{2} & \dfrac{1}{2} \\ \dfrac{1}{2} & \dfrac{1}{2} \end{vmatrix} = -\dfrac{1}{2} \neq 0,$$

故

$$\iint\limits_{D} e^{\frac{y-x}{y+x}} dxdy = \iint\limits_{D'} e^{\frac{u}{v}} \left| -\frac{1}{2} \right| dudv = \frac{1}{2} \int_{0}^{2} dv \int_{-v}^{v} e^{\frac{u}{v}} du$$

$$= \frac{1}{2} \int_{0}^{2} (e - e^{-1}) v dv = e - e^{-1}.$$

例 10.18　计算 $\iint\limits_{D} \sqrt{1 - \dfrac{x^2}{a^2} - \dfrac{y^2}{b^2}} dxdy$，其中 D 为椭圆 $\dfrac{x^2}{a^2} + \dfrac{y^2}{b^2} = 1 (a>0, b>0)$ 所围成的闭区域.

解　作广义极坐标变换 $\begin{cases} x = ar\cos\theta, \\ y = br\sin\theta, \end{cases}$ 在该变换下，$D \rightarrow D' = \{(r,\theta) \mid 0 \leqslant r \leqslant 1, 0 \leqslant \theta \leqslant 2\pi\}$，$J = \dfrac{\partial(x,y)}{\partial(r,\theta)} = abr$. J 在 D' 内仅当 $r=0$ 处为零，故换元公式仍成立. 所以

$$\iint\limits_{D} \sqrt{1 - \frac{x^2}{a^2} - \frac{y^2}{b^2}} dxdy = \iint\limits_{D'} \sqrt{1 - r^2} \, abr drd\theta = \frac{2}{3}\pi ab.$$

同步习题 10.3

基础题

1. 化二重积分 $I = \iint\limits_{D} f(x,y) d\sigma$ 为极坐标系下的二次积分.

(1) $D: 1 \leqslant x^2 + y^2 \leqslant 4$.

(2) D 是由圆周 $x^2 + (y-1)^2 = 1$ 及 y 轴所围成的在第一象限内的闭区域.

(3) $D: x^2 + y^2 \geqslant 2x, x^2 + y^2 \leqslant 4x$.

(4) $D: 0 \leqslant y \leqslant 1 - x, 0 \leqslant x \leqslant 1$.

2. 化下列二次积分为极坐标系下的二次积分.

(1) $\int_{0}^{2} dx \int_{x}^{\sqrt{3}x} f(\sqrt{x^2 + y^2}) dy$. 　　　　　(2) $\int_{0}^{1} dx \int_{0}^{1} f(x,y) dy$.

(3) $\int_{0}^{1} dx \int_{0}^{x^2} f(x,y) dy$. 　　　　　(4) $\int_{-1}^{1} dx \int_{0}^{\sqrt{1-x^2}} e^{-x^2-y^2} dy$.

3. 把下列积分化为极坐标形式，并计算积分值.

(1) $\int_{0}^{2a} dx \int_{0}^{\sqrt{2ax-x^2}} (x^2 + y^2) dy$.

(2) $\int_{0}^{a} dx \int_{0}^{x} \sqrt{x^2 + y^2} dy$.

4. 利用极坐标计算下列各题.

(1) $\iint\limits_{D} \ln(1+x^2+y^2)\mathrm{d}\sigma$，其中 D 是由圆周 $x^2+y^2=1$ 及坐标轴围成的在第一象限内的闭区域.

(2) $\iint\limits_{D} \sqrt{x^2+y^2}\mathrm{d}\sigma$，其中 D 是圆环形闭区域：$a^2 \leqslant x^2+y^2 \leqslant b^2$.

(3) $\iint\limits_{D} x(y+1)\mathrm{d}x\mathrm{d}y$，$D:x^2+y^2 \geqslant 1, x^2+y^2 \leqslant 2x$.

(4) $\iint\limits_{D} x\mathrm{d}x\mathrm{d}y$，其中 D 是由 $y=x, y=\sqrt{2x-x^2}$ 围成的.

5. 求由曲面 $z=x^2+y^2$ 及 $z=8-x^2-y^2$ 所围成的立体的体积.

6. 计算积分 $I=\int_0^{\frac{R}{\sqrt{2}}} \mathrm{e}^{-y^2}\mathrm{d}y \int_0^y \mathrm{e}^{-x^2}\mathrm{d}x + \int_{\frac{R}{\sqrt{2}}}^R \mathrm{e}^{-y^2}\mathrm{d}y \int_0^{\sqrt{R^2-y^2}} \mathrm{e}^{-x^2}\mathrm{d}x$.

提高题

1. 求曲线 $(x^2+y^2)^2=2a^2(x^2-y^2)$ 和 $x^2+y^2 \geqslant a^2$ 所围成的图形的面积.

2. 计算二重积分 $\iint\limits_{D} \dfrac{\sin(\pi\sqrt{x^2+y^2})}{\sqrt{x^2+y^2}}\mathrm{d}x\mathrm{d}y$，其中 $D=\{(x,y) \mid 1 \leqslant x^2+y^2 \leqslant 4\}$.

3. 计算 $\iint\limits_{D} (x^2+y^2)\mathrm{d}x\mathrm{d}y$，其中 D 是由圆周 $x^2+y^2=2y, x^2+y^2=4y$ 及直线 $x-\sqrt{3}y=0, y-\sqrt{3}x=0$ 所围成的平面闭区域.

微课：同步习题 10.3
提高题 2

*4. 作适当的变换，计算下列二重积分.

(1) $\iint\limits_{D} x^2y^2\mathrm{d}x\mathrm{d}y$，其中 D 是由双曲线 $xy=1, xy=2$ 和直线 $y=x, y=4x$ 所围成的在第一象限内的闭区域.

(2) $\iint\limits_{D} \left(\dfrac{x^2}{a^2}+\dfrac{y^2}{b^2}\right)\mathrm{d}x\mathrm{d}y$，$D:\dfrac{x^2}{a^2}+\dfrac{y^2}{b^2} \leqslant 1$.

10.4 三重积分的概念及其计算

本节通过引入实例，即空间物体的质量，抽象出三重积分的概念，并讨论三重积分在直角坐标系、柱面坐标系和球面坐标系中的计算方法.

10.4.1 空间物体的质量

设有一质量非均匀的物体占有空间有界闭区域 Ω，其上各点的体密度 $\mu=f(x,y,z)$ 是 Ω 上点 (x,y,z) 的连续函数，求此物体的质量 M.

类似于平面薄片质量的求解过程，仍然采用以下 4 个步骤.

(1) 分割. 将空间有界闭区域 Ω 任意地划分成 n 个小闭区域 $\Delta V_1, \Delta V_2, \cdots, \Delta V_n$，其中 ΔV_i 既

表示第 i 个小闭区域，又表示它的体积（$i=1,2,\cdots,n$）.

（2）近似. 在 ΔV_i 上任取一点 (ξ_i,η_i,ζ_i)，由于体密度函数 $f(x,y,z)$ 连续，因此第 i 小块物体 ΔV_i 的质量的近似值为

$$f(\xi_i,\eta_i,\zeta_i)\Delta V_i.$$

（3）求和. 整个空间物体的质量的近似值为

$$M\approx \sum_{i=1}^n f(\xi_i,\eta_i,\zeta_i)\Delta V_i.$$

（4）取极限. 记这 n 个小闭区域直径的最大值为 λ，则有

$$M=\lim_{\lambda\to 0}\sum_{i=1}^n f(\xi_i,\eta_i,\zeta_i)\Delta V_i.$$

抛开空间物体质量的实际意义，抽象出对上述和式极限的数学描述，于是得到三重积分的概念.

10.4.2 三重积分的概念

定义 10.2 设 $f(x,y,z)$ 是空间有界闭区域 Ω 上的有界函数，将 Ω 任意地划分成 n 个小闭区域 $\Delta V_1,\Delta V_2,\cdots,\Delta V_n$，其中 ΔV_i 既表示第 i 个小闭区域，又表示它的体积. 在每个小闭区域 ΔV_i 上任取一点 (ξ_i,η_i,ζ_i)，作乘积 $f(\xi_i,\eta_i,\zeta_i)\Delta V_i$，并作和 $\sum_{i=1}^n f(\xi_i,\eta_i,\zeta_i)\Delta V_i$，记 λ 为这 n 个小闭区域直径的最大值，若极限 $\lim_{\lambda\to 0}\sum_{i=1}^n f(\xi_i,\eta_i,\zeta_i)\Delta V_i$ 存在，且极限值与 Ω 的分法及点 (ξ_i,η_i,ζ_i) 的选取都无关，则称函数 $f(x,y,z)$ 在区域 Ω 上可积，其极限值为函数 $f(x,y,z)$ 在区域 Ω 上的三重积分，记作 $\iiint_\Omega f(x,y,z)\mathrm{d}V$，即

$$\iiint_\Omega f(x,y,z)\mathrm{d}V=\lim_{\lambda\to 0}\sum_{i=1}^n f(\xi_i,\eta_i,\zeta_i)\Delta V_i,$$

其中 $\mathrm{d}V$ 叫作**体积元素**.

在空间直角坐标系中，用 3 族平行于坐标面的平面去分割积分区域 Ω，除去包含 Ω 边界的一些不规则的小闭区域外，其余的都是小长方体，相应的体积元素可表示为 $\mathrm{d}V=\mathrm{d}x\mathrm{d}y\mathrm{d}z$. 于是

$$\iiint_\Omega f(x,y,z)\mathrm{d}V=\iiint_\Omega f(x,y,z)\mathrm{d}x\mathrm{d}y\mathrm{d}z.$$

三重积分的存在定理与二重积分的存在定理相似，若函数 $f(x,y,z)$ 在空间闭区域 Ω 上连续，则三重积分存在.

根据三重积分的定义，可计算非均匀、体密度为 $f(x,y,z)$ 的物体 Ω 的质量 M，

$$M=\iiint_\Omega f(x,y,z)\mathrm{d}V.$$

特别地，当 $f(x,y,z)=1$ 时，在数值上，$\iiint_\Omega \mathrm{d}V$ 等于 Ω 的体积.

三重积分有与二重积分完全类似的性质，这里不再赘述，仅简单叙述三重积分的对称性质.

对称性 1 如果空间闭区域 Ω 关于 xOy 面对称，设

$$\Omega_1=\{(x,y,z)\mid (x,y,z)\in\Omega,z\geq 0\},$$

则有

$$\iiint\limits_{\Omega} f(x,y,z)\,\mathrm{d}V = \begin{cases} 0, & f(x,y,-z) = -f(x,y,z), \\ 2\iiint\limits_{\Omega_1} f(x,y,z)\,\mathrm{d}V, & f(x,y,-z) = f(x,y,z). \end{cases}$$

对称性 2　如果空间闭区域 Ω 关于 zOx 面对称，设

$$\Omega_2 = \{(x,y,z) \mid (x,y,z) \in \Omega, y \geqslant 0\},$$

则有

$$\iiint\limits_{\Omega} f(x,y,z)\,\mathrm{d}V = \begin{cases} 0, & f(x,-y,z) = -f(x,y,z), \\ 2\iiint\limits_{\Omega_2} f(x,y,z)\,\mathrm{d}V, & f(x,-y,z) = f(x,y,z). \end{cases}$$

对称性 3　如果空间闭区域 Ω 关于 yOz 面对称，设

$$\Omega_3 = \{(x,y,z) \mid (x,y,z) \in \Omega, x \geqslant 0\},$$

则有

$$\iiint\limits_{\Omega} f(x,y,z)\,\mathrm{d}V = \begin{cases} 0, & f(-x,y,z) = -f(x,y,z), \\ 2\iiint\limits_{\Omega_3} f(x,y,z)\,\mathrm{d}V, & f(-x,y,z) = f(x,y,z). \end{cases}$$

例 10.19　计算三重积分 $\iiint\limits_{\Omega} (x^2\sin y + 3xy^2z^2 + 4)\,\mathrm{d}V$，其中 Ω 为球体 $x^2+y^2+z^2 \leqslant 9$.

解　积分区域 Ω 为球形区域，它分别关于坐标面 yOz 面、zOx 面对称，被积函数 $x^2\sin y$ 和 $3xy^2z^2$ 分别关于变量 y 和 x 为奇函数，所以 $\iiint\limits_{\Omega} x^2\sin y\,\mathrm{d}V = 0$，$\iiint\limits_{\Omega} 3xy^2z^2\,\mathrm{d}V = 0$. 于是

$$\iiint\limits_{\Omega} (x^2\sin y + 3xy^2z^2 + 4)\,\mathrm{d}V = \iiint\limits_{\Omega} 4\,\mathrm{d}V = 4\iiint\limits_{\Omega}\mathrm{d}V = 4\times\frac{4}{3}\pi\times 3^3 = 144\pi.$$

10.4.3　空间直角坐标系下三重积分的计算

与二重积分类似，三重积分的计算也是要化为累次积分，它要化作计算三次积分. 下面讨论三重积分在空间直角坐标系下的两种计算方法，即先一后二法（投影法）和先二后一法（截面法）. 在计算推导过程中，仍以空间物体的质量为研究对象，并假设 $f(x,y,z)>0$.

计算机可视化

1. 先一后二法（投影法）

为了更好地理解计算三重积分的方法，首先考虑一种简单的积分区域类型. 假设积分区域 Ω 的形状如图 10.30 所示. Ω 在 xOy 面上的投影区域为 D_{xy}，若它满足过 D_{xy} 上任意一点 (x,y) 作平行于 z 轴的直线穿过 Ω 内部，该直线与 Ω 的边界曲面相交不多于两点，亦即 Ω 的边界曲面可分为上、下两片部分曲面

$$S_1: z = z_1(x,y), \quad S_2: z = z_2(x,y),$$

其中 $z_1(x,y), z_2(x,y)$ 在 D_{xy} 上连续，并且 $z_1(x,y) \leqslant z_2(x,y)$，这种类型的区域称为 XY 型区域.

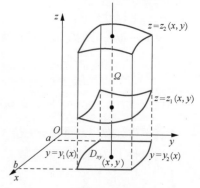

图 10.30

对于积分区域 Ω 为 XY 型的三重积分 $\iiint\limits_{\Omega} f(x,y,z)\,\mathrm{d}V$，该如何计算呢？不妨先考虑特殊情况 $f(x,y,z)=1$，则由二重积分方法计算体积有

$$\iiint\limits_{\Omega}\mathrm{d}V = \iiint\limits_{\Omega}\mathrm{d}x\mathrm{d}y\mathrm{d}z = \iint\limits_{D_{xy}}\left[z_2(x,y)-z_1(x,y)\right]\mathrm{d}\sigma,$$

即

$$\iiint\limits_{\Omega}\mathrm{d}V = \iint\limits_{D_{xy}}\left[\int_{z_1(x,y)}^{z_2(x,y)}\mathrm{d}z\right]\mathrm{d}\sigma.$$

一般情况下，体密度为 $f(x,y,z)$ 的空间物体的质量为 $M=\iiint\limits_{\Omega}f(x,y,z)\,\mathrm{d}V$，我们还可以用微元法来计算质量. 在 D_{xy} 中选取面积元素 $\mathrm{d}\sigma$，设 $(x,y)\in\mathrm{d}\sigma$，在 $\mathrm{d}\sigma$ 所对应的小柱体 $\mathrm{d}V$ 上取小段 $[z,z+\mathrm{d}z]$，该小段的体密度为 $f(x,y,z)$，体积为 $\mathrm{d}\sigma\mathrm{d}z$，因此质量为 $f(x,y,z)\mathrm{d}\sigma\mathrm{d}z$. 由于小柱体对应的区间（即 z 的变化范围）为 $[z_1(x,y),z_2(x,y)]$，因此它的质量为 $\mathrm{d}M=\left[\int_{z_1(x,y)}^{z_2(x,y)}f(x,y,z)\mathrm{d}z\right]\mathrm{d}\sigma$. 将每个小柱体的质量相加，便得到所求空间物体的质量，即

$$M = \iint\limits_{D_{xy}}\mathrm{d}M = \iint\limits_{D_{xy}}\left[\int_{z_1(x,y)}^{z_2(x,y)}f(x,y,z)\mathrm{d}z\right]\mathrm{d}\sigma.$$

上式右端表示先计算函数 $f(x,y,z)$ 在区间 $[z_1(x,y),z_2(x,y)]$ 上对 z 的定积分，因此，其结果应是 x,y 的函数，然后计算其在区域 D_{xy} 上的二重积分. 为书写方便，我们习惯写成以下形式：

$$M = \iint\limits_{D_{xy}}\mathrm{d}\sigma\int_{z_1(x,y)}^{z_2(x,y)}f(x,y,z)\mathrm{d}z.$$

因此，不考虑其物理意义，便得到直角坐标系下三重积分的计算公式

$$\iiint\limits_{\Omega}f(x,y,z)\,\mathrm{d}V = \iint\limits_{D_{xy}}\mathrm{d}\sigma\int_{z_1(x,y)}^{z_2(x,y)}f(x,y,z)\mathrm{d}z.$$

上式表示，在计算 $\iiint\limits_{\Omega}f(x,y,z)\,\mathrm{d}V$ 时，先计算定积分 $\int_{z_1(x,y)}^{z_2(x,y)}f(x,y,z)\mathrm{d}z$，再计算一次二重积分，从而得到三重积分的结果. 这种方法是先将积分区域往坐标面上投影，进而将三重积分化成二重积分，即先对 z 求定积分后，再对 x,y 求二重积分，此种方法称为**先一后二法**，也称**投影法**.

在图 10.30 中，如果投影区域 D_{xy} 可表示为

$$a\leqslant x\leqslant b, y_1(x)\leqslant y\leqslant y_2(x),$$

则

$$\iint\limits_{D_{xy}}\mathrm{d}\sigma\int_{z_1(x,y)}^{z_2(x,y)}f(x,y,z)\mathrm{d}z = \int_a^b\mathrm{d}x\int_{y_1(x)}^{y_2(x)}\left[\int_{z_1(x,y)}^{z_2(x,y)}f(x,y,z)\mathrm{d}z\right]\mathrm{d}y.$$

综上所述，若积分区域 Ω 为 XY 型区域，则可表示成

$$a\leqslant x\leqslant b, y_1(x)\leqslant y\leqslant y_2(x), z_1(x,y)\leqslant z\leqslant z_2(x,y),$$

则

$$\iiint\limits_{\Omega}f(x,y,z)\,\mathrm{d}V = \int_a^b\mathrm{d}x\int_{y_1(x)}^{y_2(x)}\mathrm{d}y\int_{z_1(x,y)}^{z_2(x,y)}f(x,y,z)\mathrm{d}z.$$

这就是三重积分的计算公式，它将三重积分化成先对积分变量 z，次对 y，最后对 x 的三

次积分. 类似地, 可以定义积分区域为 YZ 型和 ZX 型区域的三重积分, 并转化为相应的三次积分.

如果平行于 z 轴且穿过 Ω 内部的直线与边界曲面的交点多于两个, 可仿照二重积分计算中所采用的方法, 将 Ω 划分成若干个部分 (如 Ω_1, Ω_2), 使各部分区域都是 XY 型区域, 在 Ω 上的三重积分就化为各部分区域上的三重积分之和.

例 10.20 计算 $\iiint\limits_{\Omega} xyz \mathrm{d}x\mathrm{d}y\mathrm{d}z$, 其中 Ω 为球面 $x^2+y^2+z^2=1$ 和 3 个坐标面所围成的位于第一卦限的立体.

解 (1) 画出积分区域 Ω 的简图, 如图 10.31 所示, 显然 Ω 为 XY 型区域.

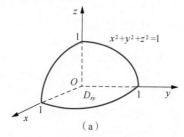

图 10.31

(2) 找出积分区域 Ω 在某坐标面上的投影区域并画出简图, 则 Ω 在 xOy 面上的投影区域为
$$D_{xy}: x^2+y^2 \leq 1, x \geq 0, y \geq 0.$$

(3) 确定另一积分变量的变化范围. 在 D_{xy} 内任取一点, 作一过此点且平行于 z 轴的直线穿过区域 Ω, 则此直线与 Ω 边界曲面的两交点的竖坐标即为 z 的变化范围. 即
$$0 \leq z \leq \sqrt{1-x^2-y^2}.$$

(4) 选择一种次序, 化三重积分为三次积分, 有
$$\iiint\limits_{\Omega} xyz \mathrm{d}x\mathrm{d}y\mathrm{d}z = \int_0^1 \mathrm{d}x \int_0^{\sqrt{1-x^2}} \mathrm{d}y \int_0^{\sqrt{1-x^2-y^2}} xyz \mathrm{d}z$$
$$= \int_0^1 \mathrm{d}x \int_0^{\sqrt{1-x^2}} \frac{1}{2} xy(1-x^2-y^2) \mathrm{d}y$$
$$= \int_0^1 \left[\frac{1}{4} x(1-x^2) - \frac{1}{4} x^3(1-x^2) - \frac{1}{8} x (1-x^2)^2 \right] \mathrm{d}x$$
$$= \frac{1}{48}.$$

例 10.21 计算三重积分 $I = \iiint\limits_{\Omega} y\sqrt{1-x^2} \mathrm{d}x\mathrm{d}y\mathrm{d}z$, 其中 Ω 由曲面 $y=-\sqrt{1-x^2-z^2}, x^2+z^2=1$ 和平面 $y=1$ 所围成.

解 如图 10.32 所示, 将积分区域 Ω 视为 XZ 型. 将 Ω 投影到 zOx 面上得 $D_{xz}: x^2+z^2 \leq 1$, 先对 y 积分, 再求 D_{xz} 上的二重积分, 得

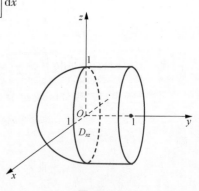

图 10.32

$$I = \iint\limits_{D_{xz}} \sqrt{1-x^2}\,\mathrm{d}x\mathrm{d}z \int_{-\sqrt{1-x^2-z^2}}^{1} y\mathrm{d}y$$

$$= \int_{-1}^{1} \mathrm{d}x \int_{-\sqrt{1-x^2}}^{\sqrt{1-x^2}} \sqrt{1-x^2}\,\frac{x^2+z^2}{2}\mathrm{d}z$$

$$= \int_{-1}^{1} \sqrt{1-x^2}\left(x^2 z + \frac{z^3}{3}\right)\Bigg|_{0}^{\sqrt{1-x^2}}\mathrm{d}x$$

$$= \int_{-1}^{1} \frac{1}{3}\left(1+x^2-2x^4\right)\mathrm{d}x = \frac{28}{45}.$$

例 10.22 化三重积分 $I = \iiint\limits_{\Omega} f(x,y,z)\,\mathrm{d}x\mathrm{d}y\mathrm{d}z$ 为三次积分，其中积分区域 Ω 是由曲面 $z = x^2 + 2y^2$ 及 $z = 2-x^2$ 所围成的闭区域.

解 Ω 在 xOy 面上的投影区域为 $D_{xy}:x^2+y^2 \leqslant 1$，区域 D_{xy} 可用不等式 $\begin{cases} -1 \leqslant x \leqslant 1, \\ -\sqrt{1-x^2} \leqslant y \leqslant \sqrt{1-x^2} \end{cases}$ 表

示，故积分区域 Ω 可表示为 $\begin{cases} -1 \leqslant x \leqslant 1, \\ -\sqrt{1-x^2} \leqslant y \leqslant \sqrt{1-x^2}, \\ x^2+2y^2 \leqslant z \leqslant 2-x^2. \end{cases}$ 所以

$$I = \int_{-1}^{1}\mathrm{d}x \int_{-\sqrt{1-x^2}}^{\sqrt{1-x^2}}\mathrm{d}y \int_{x^2+2y^2}^{2-x^2} f(x,y,z)\,\mathrm{d}z.$$

2. 先二后一法（截面法）

在计算三重积分时，根据被积函数与积分区域的特点，也可采用所谓的先二后一法（截面法）. 采用先二后一法计算三重积分的一般步骤如下.

(1) 把积分区域 Ω 向某轴（如 z 轴）投影，得投影区间 $[c_1,c_2]$，如图 10.33 所示.

(2) 对于 $z \in [c_1,c_2]$，用过 z 轴且平行于 xOy 面的平面 $z=z$ 去截 Ω，得截面 D_z；计算二重积分 $\iint\limits_{D_z} f(x,y,z)\,\mathrm{d}x\mathrm{d}y$，其结果为 z 的函数 $F(z)$.

(3) 最后计算定积分 $\int_{c_1}^{c_2} F(z)\,\mathrm{d}z$ 即得三重积分.

注 当 D_z 比较简单或 $f(x,y,z)=f(z)$ 时，这种方法较简便.

例 10.23 计算三重积分 $\iiint\limits_{\Omega} z\mathrm{d}x\mathrm{d}y\mathrm{d}z$，其中 Ω 为 3 个坐标面及平面 $x+y+z=1$ 所围成的闭区域，如图 10.34 所示.

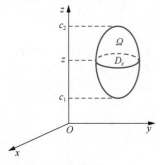

图 10.33

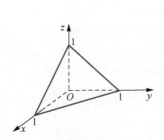

图 10.34

计算机可视化

🔑 区域 Ω 在 z 轴上的投影区间为 $[0,1]$，$D_z=\{(x,y)\mid x+y\leqslant 1-z\}$，截面 D_z 是直角边边长为 $1-z$ 的等腰直角三角形，其面积为 $\iint\limits_{D_z}\mathrm{d}x\mathrm{d}y=\dfrac{1}{2}(1-z)^2$．由先二后一法得

$$\iiint\limits_{\Omega}z\mathrm{d}x\mathrm{d}y\mathrm{d}z=\int_0^1 z\mathrm{d}z\iint\limits_{D_z}\mathrm{d}x\mathrm{d}y=\int_0^1 z\cdot\frac{1}{2}(1-z)^2\mathrm{d}z=\frac{1}{24}.$$

例 10.24 计算三重积分 $\iiint\limits_{\Omega}z^2\mathrm{d}x\mathrm{d}y\mathrm{d}z$，其中 Ω 是由椭球面

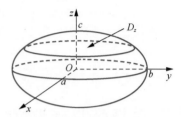

图 10.35

$\dfrac{x^2}{a^2}+\dfrac{y^2}{b^2}+\dfrac{z^2}{c^2}=1$ 所围成的空间闭区域，如图 10.35 所示.

🔑 积分区域 Ω 可表示为 $\left\{(x,y,z)\;\middle|\;-c\leqslant z\leqslant c,\dfrac{x^2}{a^2}+\dfrac{y^2}{b^2}\leqslant 1-\dfrac{z^2}{c^2}\right\}$. 对任意的 $-c<z<c$，$D_z=\left\{(x,y,z)\;\middle|\;\dfrac{x^2}{a^2}+\dfrac{y^2}{b^2}\leqslant 1-\dfrac{z^2}{c^2}\right\}$，即

$$D_z=\left\{(x,y,z)\;\middle|\;\frac{x^2}{a^2\left(1-\dfrac{z^2}{c^2}\right)}+\frac{y^2}{b^2\left(1-\dfrac{z^2}{c^2}\right)}\leqslant 1\right\}.$$

所以

$$\iint\limits_{D_z}\mathrm{d}x\mathrm{d}y=\pi\sqrt{a^2\left(1-\frac{z^2}{c^2}\right)}\cdot\sqrt{b^2\left(1-\frac{z^2}{c^2}\right)}=\pi ab\left(1-\frac{z^2}{c^2}\right).$$

因此

$$原式=\int_{-c}^c z^2\mathrm{d}z\iint\limits_{D_z}\mathrm{d}x\mathrm{d}y=\int_{-c}^c \pi ab\left(1-\frac{z^2}{c^2}\right)z^2\mathrm{d}z=\frac{4}{15}\pi abc^3.$$

10.4.4 柱面坐标系下三重积分的计算

1. 柱面坐标

设 $M(x,y,z)$ 为空间的一点，该点在 xOy 面上的投影为点 P，点 P 的极坐标为 (r,θ)，则数组 (r,θ,z) 称为点 M 的柱面坐标，如图 10.36 所示. 规定 r,θ,z 的变化范围是

$$0\leqslant r<+\infty,0\leqslant\theta\leqslant 2\pi,-\infty<z<+\infty.$$

柱面坐标系中的 3 组坐标面分别如下.

(1) $r=$ 常数，表示以 z 轴为轴，半径为 r 的圆柱面.

(2) $\theta=$ 常数，表示过 z 轴的半平面.

(3) $z=$ 常数，表示与 xOy 面平行的平面.

点 M 的直角坐标 (x,y,z) 与柱面坐标 (r,θ,z) 之间有关系式

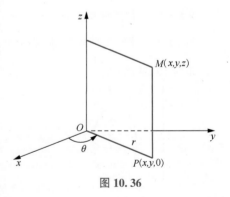

图 10.36

$$x=r\cos\theta,y=r\sin\theta,z=z.\tag{10.6}$$

2. 三重积分在柱面坐标系中的计算公式

用3组坐标面 $r=$ 常数、$\theta=$ 常数、$z=$ 常数，将 Ω 分割成许多小闭区域，除了含 Ω 的边界点的一些不规则小闭区域，其余小闭区域都是柱体，如图 10.37 所示.

考察 r,θ,z 各取得微小增量 $\mathrm{d}r,\mathrm{d}\theta,\mathrm{d}z$ 所成的柱体微元，该柱体是底面积为 $r\mathrm{d}r\mathrm{d}\theta$、高为 $\mathrm{d}z$ 的柱体，如图 10.38 所示，其体积为 $\mathrm{d}V=r\mathrm{d}r\mathrm{d}\theta\mathrm{d}z$，这便是柱面坐标系下的体积元素，再利用直角坐标与柱面坐标的关系式(10.6)，得

$$\iiint\limits_{\Omega} f(x,y,z)\,\mathrm{d}V = \iiint\limits_{\Omega'} f(r\cos\theta,r\sin\theta,z)r\mathrm{d}r\mathrm{d}\theta\mathrm{d}z. \tag{10.7}$$

式(10.7)就是三重积分在柱面坐标系下的计算公式. 式(10.7)右端的三重积分，进一步计算时，也可化为关于积分变量 r,θ,z 的三次积分，其积分限要由 r,θ,z 在 Ω' 中的变化情况来确定.

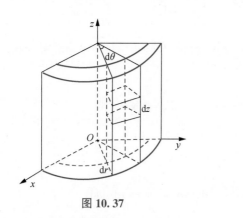
图 10.37

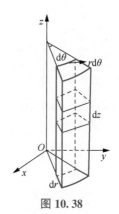
图 10.38

3. 柱面坐标系下求解三重积分的一般步骤

(1)将被积函数 $f(x,y,z)$ 和体积元素 $\mathrm{d}V$ 用 r,θ,z 表示，其积分顺序可根据具体情况做适当调整.

(2)设 Ω 在 xOy 面上的投影区域为 D_{xy}，用极坐标变量 r,θ 表示并确定其变化范围，即

$$\alpha \leqslant \theta \leqslant \beta, r_1(\theta) \leqslant r \leqslant r_2(\theta).$$

(3)在 D_{xy} 内任取一点 (r,θ)，过此点作平行于 z 轴的直线穿过 Ω，此直线与 Ω 边界曲面的两交点的竖坐标(将此竖坐标表示成 r,θ 的函数)为 z 的变化范围，即

$$z_1(r,\theta) \leqslant z \leqslant z_2(r,\theta).$$

(4)将三重积分写成关于变量 r,θ,z 的三次积分:

$$\iiint\limits_{\Omega} f(x,y,z)\,\mathrm{d}V = \int_{\alpha}^{\beta}\mathrm{d}\theta\int_{r_1(\theta)}^{r_2(\theta)} r\mathrm{d}r\int_{z_1(r,\theta)}^{z_2(r,\theta)} f(r\cos\theta,r\sin\theta,z)\,\mathrm{d}z.$$

计算所得结果即为三重积分的值.

【即时提问 10.4】 一般情况下，何时选择柱面坐标计算三重积分比较简单?

例 10.25 计算 $\iiint\limits_{\Omega} z\mathrm{d}x\mathrm{d}y\mathrm{d}z$，其中 Ω 是球面 $x^2+y^2+z^2=4$ 与抛物面 $x^2+y^2=3z$ 所围成的立体.

解 利用直角坐标与柱面坐标之间的关系式 $\begin{cases} x=r\cos\theta, \\ y=r\sin\theta, \\ z=z, \end{cases}$ 可得球面与抛物面的交线为

$$\begin{cases} r^2+z^2=4, \\ r^2=3z, \end{cases}$$ 解得 $z=1, r=\sqrt{3}$，把闭区域 Ω 投影到 xOy 面上，如图 10.39 所示.

$$\Omega': 0 \leqslant \theta \leqslant 2\pi, 0 \leqslant r \leqslant \sqrt{3}, \frac{r^2}{3} \leqslant z \leqslant \sqrt{4-r^2}.$$

$$\begin{aligned} \iiint\limits_{\Omega} z\,\mathrm{d}x\mathrm{d}y\mathrm{d}z &= \int_0^{2\pi}\mathrm{d}\theta\int_0^{\sqrt{3}}\mathrm{d}r\int_{\frac{r^2}{3}}^{\sqrt{4-r^2}} r \cdot z\mathrm{d}z \\ &= \int_0^{2\pi}\mathrm{d}\theta\int_0^{\sqrt{3}}\left[\frac{z^2}{2}\right]\Bigg|_{\frac{r^2}{3}}^{\sqrt{4-r^2}} \cdot r\mathrm{d}r \\ &= \frac{1}{2}\int_0^{2\pi}\mathrm{d}\theta\int_0^{\sqrt{3}}\left[\left(\sqrt{4-r^2}\right)^2-\left(\frac{r^2}{3}\right)^2\right]r\mathrm{d}r \\ &= \frac{1}{2}\int_0^{2\pi}\mathrm{d}\theta\int_0^{\sqrt{3}}\left(4-r^2-\frac{r^4}{9}\right)r\mathrm{d}r = \frac{13}{4}\pi. \end{aligned}$$

例 10.26 求 $I = \iiint\limits_{\Omega} z\sqrt{x^2+y^2}\,\mathrm{d}x\mathrm{d}y\mathrm{d}z$. 其中 Ω 是由曲面 $x^2+y^2=2x$ 和平面 $z=0, z=a$ 所围成的在第一卦限的区域，如图 10.40 所示.

解 令 $x=r\cos\theta, y=r\sin\theta, z=z$，由 $x^2+y^2=2x$ 得 $r=2\cos\theta$，则

$$\Omega': 0 \leqslant \theta \leqslant \frac{\pi}{2}, 0 \leqslant r \leqslant 2\cos\theta, 0 \leqslant z \leqslant a.$$

所以

$$\begin{aligned} I &= \iiint\limits_{\Omega} z\sqrt{x^2+y^2}\,\mathrm{d}x\mathrm{d}y\mathrm{d}z = \iiint\limits_{\Omega'} zr \cdot r\mathrm{d}r\mathrm{d}\theta\mathrm{d}z \\ &= \int_0^{\frac{\pi}{2}}\mathrm{d}\theta\int_0^{2\cos\theta}r^2\mathrm{d}r\int_0^a z\mathrm{d}z = \int_0^{\frac{\pi}{2}}\mathrm{d}\theta\int_0^{2\cos\theta}\frac{z^2}{2}\Bigg|_0^a \cdot r^2\mathrm{d}r \\ &= \frac{a^2}{2}\int_0^{\frac{\pi}{2}}\mathrm{d}\theta\int_0^{2\cos\theta}r^2\mathrm{d}r = \frac{a^2}{2}\int_0^{\frac{\pi}{2}}\frac{r^3}{3}\Bigg|_0^{2\cos\theta}\mathrm{d}\theta \\ &= \frac{a^2}{2}\frac{8}{3}\int_0^{\frac{\pi}{2}}\cos^3\theta\mathrm{d}\theta = \frac{4a^2}{3}\int_0^{\frac{\pi}{2}}\cos^3\theta\mathrm{d}\theta \\ &= \frac{4a^2}{3}\frac{2}{3} = \frac{8a^2}{9}. \end{aligned}$$

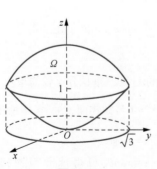

图 10.39

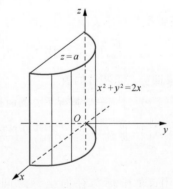

图 10.40

例 10.27 计算 $I = \iiint\limits_{\Omega}(x^2+y^2)\mathrm{d}x\mathrm{d}y\mathrm{d}z$，其中 Ω 是 yOz 面内曲线 $y^2=2z$ 绕 z 轴旋转一周而形成的旋转曲面与两平面 $z=2,z=8$ 所围成的立体.

解 **方法①** 柱面坐标系.

曲线 $\begin{cases} y^2=2z, \\ x=0 \end{cases}$ 绕 z 轴旋转所得旋转曲面的方程为 $x^2+y^2=2z$，

所围成的立体 Ω 如图 10.41 所示.

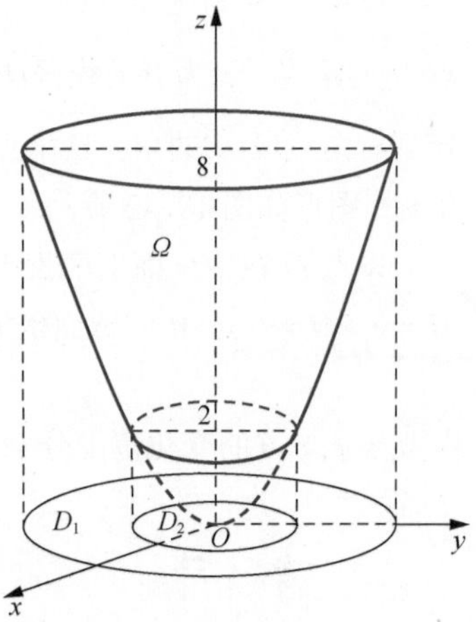

由题意，立体 Ω 可以看成 $x^2+y^2=2z$ 与 $z=8$ 围成的区域 Ω_1 和 $x^2+y^2=2z$ 与 $z=2$ 围成的区域 Ω_2 的差. 设 Ω_1 和 Ω_2 在 xOy 面内的投影区域分别为 D_1,D_2，则

$$D_1:x^2+y^2\leqslant 16,\quad \Omega_1':0\leqslant\theta\leqslant 2\pi,0\leqslant r\leqslant 4,\frac{r^2}{2}\leqslant z\leqslant 8.$$

$$D_2:x^2+y^2\leqslant 4,\quad \Omega_2':0\leqslant\theta\leqslant 2\pi,0\leqslant r\leqslant 2,\frac{r^2}{2}\leqslant z\leqslant 2.$$

图 10.41

根据三重积分的区域可加性，得

$$\begin{aligned} I &= \iiint\limits_{\Omega_1}(x^2+y^2)\mathrm{d}x\mathrm{d}y\mathrm{d}z - \iiint\limits_{\Omega_2}(x^2+y^2)\mathrm{d}x\mathrm{d}y\mathrm{d}z \\ &= \int_0^{2\pi}\mathrm{d}\theta\int_0^4\mathrm{d}r\int_{\frac{r^2}{2}}^8 r\cdot r^2\mathrm{d}z - \int_0^{2\pi}\mathrm{d}\theta\int_0^2\mathrm{d}r\int_{\frac{r^2}{2}}^2 r\cdot r^2\mathrm{d}z \\ &= 2\pi\int_0^4 r^3\left(8-\frac{r^2}{2}\right)\mathrm{d}r - 2\pi\int_0^2 r^3\left(2-\frac{r^2}{2}\right)\mathrm{d}r \\ &= 2\pi\left(8\cdot 4^3 - \frac{4^5}{3}\right) - 2\pi\left(2\cdot\frac{2^4}{4} - \frac{2^6}{2\cdot 6}\right) \\ &= 336\pi. \end{aligned}$$

方法② 先二后一法.

由题意，$\Omega:2\leqslant z\leqslant 8$，$D_z: x^2+y^2\leqslant 2z$. 所以

$$\begin{aligned} I &= \iiint\limits_{\Omega}(x^2+y^2)\mathrm{d}x\mathrm{d}y\mathrm{d}z = \int_2^8\mathrm{d}z\iint\limits_{D_z}(x^2+y^2)\mathrm{d}x\mathrm{d}y \\ &= \int_2^8\mathrm{d}z\iint\limits_{D_z}r^2\cdot r\mathrm{d}r\mathrm{d}\theta = \int_2^8\mathrm{d}z\int_0^{2\pi}\mathrm{d}\theta\int_0^{\sqrt{2z}}r^3\mathrm{d}r \\ &= 2\pi\int_2^8\left(\frac{r^4}{4}\right)\Big|_0^{\sqrt{2z}}\mathrm{d}z = 4\cdot 2\pi\cdot\frac{1}{4}\int_2^8 z^2\mathrm{d}z \\ &= 4\cdot 2\pi\cdot\frac{1}{4}\left(\frac{z^3}{3}\right)\Big|_2^8 \\ &= 4\cdot 2\pi\cdot\frac{1}{4}\left(\frac{8^3}{3} - \frac{2^3}{3}\right) \\ &= 336\pi. \end{aligned}$$

10. 4. 5　球面坐标系下三重积分的计算

1. 球面坐标

设 $M(x,y,z)$ 为空间内一点，则点 M 可用 3 个有次序的数 r,φ,θ 来确定，其中 r 为原点 O 到点 M 的距离，φ 为有向线段 $\overrightarrow{OM}$ 与 z 轴正向所成夹角，θ 为从 z 轴正向来看自 x 轴按逆时针方向转到有向线段 $\overrightarrow{OP}$ 的角，这里点 P 为点 M 在 xOy 面上的投影，有序数组 (r,φ,θ) 称为点 M 的球面坐标. 图形如图 10. 42 所示.

设点 M 在 xOy 面上的投影为点 P，点 P 在 x 轴上的投影为 A，如图 10. 43 所示，则 $OA=x$，$AP=y,PM=z$. 点 M 的球面坐标与直角坐标的关系为

$$x=r\sin\varphi\cos\theta,y=r\sin\varphi\sin\theta,z=r\cos\varphi, \tag{10.8}$$

并规定 r,φ,θ 的变化范围分别为

$$0\leqslant r<+\infty,0\leqslant\varphi\leqslant\pi,0\leqslant\theta\leqslant2\pi.$$

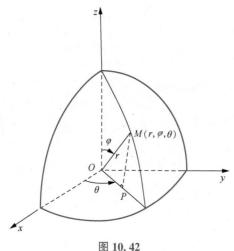

图 10. 42

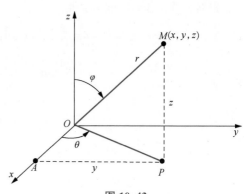

图 10. 43

球面坐标系中 3 组坐标面分别如下.

（1）$r=$ 常数. 它是以原点为球心、半径为 r 的球面.

（2）$\varphi=$ 常数. 它是以原点为顶点、z 轴为对称轴、半顶角为 φ 的圆锥面.

（3）$\theta=$ 常数. 它表示过 z 轴，与半坐标面 $xOz(x\geqslant0)$ 的夹角为 θ 的半平面.

2. 三重积分在球面坐标系下的计算公式

用 3 组坐标面 $r=$ 常数、$\varphi=$ 常数、$\theta=$ 常数将 Ω 划分成许多小闭区域，考虑 r,φ,θ 各取微小增量 $dr,d\varphi$，$d\theta$ 所形成的六面体，如图 10. 44 所示，若忽略高阶无穷小量，可将此六面体视为长方体，其体积近似值为

$$dV=r^2\sin\varphi dr d\varphi d\theta,$$

这就是球面坐标系下的体积元素.

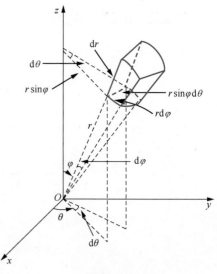

图 10. 44

由直角坐标与球面坐标的关系式(10.8)有

$$\iiint_{\Omega} f(x,y,z)\mathrm{d}V = \iiint_{\Omega'} f(r\sin\varphi\cos\theta, r\sin\varphi\sin\theta, r\cos\varphi)r^2\sin\varphi\mathrm{d}r\mathrm{d}\varphi\mathrm{d}\theta. \quad (10.9)$$

式(10.9)就是三重积分在球面坐标系下的计算公式. 式(10.9)右端的三重积分可化为关于积分变量 r,φ,θ 的三次积分来实现其计算, 当然, 这需要将积分区域 Ω 用球面坐标 r,φ,θ 加以表示.

微课: 三重积分在球面坐标系下的计算公式

3. 积分区域的球面坐标表示法

积分区域用球面坐标加以表示较复杂, 一般需要参照几何形状, 并依据球面坐标变量的特点来决定.

如果积分区域 Ω' 是一包围原点的立体, 其边界曲面是包围原点在内的封闭曲面, 将其边界曲面方程化成球面坐标方程 $r=r(\varphi,\theta)$, 则根据球面坐标变量的特点有

$$\Omega': 0 \leqslant \theta \leqslant 2\pi, 0 \leqslant \varphi \leqslant \pi, 0 \leqslant r \leqslant r(\varphi,\theta).$$

例如, 若 Ω 是球体 $x^2+y^2+z^2 \leqslant a^2(a>0)$, 则 Ω 的球面坐标表示形式为

$$\Omega': 0 \leqslant \theta \leqslant 2\pi, 0 \leqslant \varphi \leqslant \pi, 0 \leqslant r \leqslant a.$$

例 10.28 求曲面 $z=a+\sqrt{a^2-x^2-y^2}\ (a>0)$ 与曲面 $z=\sqrt{x^2+y^2}$ 所围成的立体 Ω 的体积 V.

解 Ω 的图形如图 10.45 所示. 易知, Ω 在 xOy 面的投影区域 D_{xy} 包围原点, 则 $0 \leqslant \theta \leqslant 2\pi$. 在 Ω 中 φ 为边界锥面的半顶角, 为 $\dfrac{\pi}{4}$, 故 $0 \leqslant \varphi \leqslant \dfrac{\pi}{4}$; 从原点出发的射线穿过 Ω, 始点在原点处, 终点在曲面 $z=a+\sqrt{a^2-x^2-y^2}$ 上, 用球面坐标可分别表示为 $r=0$ 及 $r=2a\cos\varphi$. 从而

$$\Omega': 0 \leqslant \theta \leqslant 2\pi, 0 \leqslant \varphi \leqslant \frac{\pi}{4}, 0 \leqslant r \leqslant 2a\cos\varphi.$$

由式(10.9)得

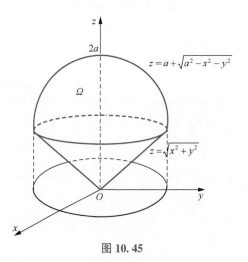

图 10.45

$$V = \iiint_{\Omega} \mathrm{d}V = \iiint_{\Omega'} r^2\sin\varphi\mathrm{d}r\mathrm{d}\varphi\mathrm{d}\theta$$

$$= \int_0^{2\pi}\mathrm{d}\theta \int_0^{\frac{\pi}{4}}\mathrm{d}\varphi \int_0^{2a\cos\varphi} r^2\sin\varphi\mathrm{d}r$$

$$= \frac{16\pi}{3}\int_0^{\frac{\pi}{4}} a^3\cos^3\varphi\sin\varphi\mathrm{d}\varphi = \pi a^3.$$

例 10.29 计算 $I=\iiint_{\Omega}(x^2+y^2)\mathrm{d}x\mathrm{d}y\mathrm{d}z$, 其中 Ω 是锥面 $x^2+y^2=z^2$ 与平面 $z=a(a>0)$ 所围成的立体, 如图 10.46 所示.

解 方法① 球面坐标系.

由 $z=a, x^2+y^2=z^2$, 有 $r=\dfrac{a}{\cos\varphi}, \varphi=\dfrac{\pi}{4}$, 所以积分区域 $\Omega': 0 \leqslant r \leqslant \dfrac{a}{\cos\varphi}, 0 \leqslant \varphi \leqslant \dfrac{\pi}{4}, 0 \leqslant \theta \leqslant 2\pi$, 则

$$I = \iiint\limits_{\Omega} (x^2+y^2)\,\mathrm{d}x\mathrm{d}y\mathrm{d}z = \int_0^{2\pi}\mathrm{d}\theta\int_0^{\frac{\pi}{4}}\mathrm{d}\varphi\int_0^{\frac{a}{\cos\varphi}} r^4\sin^3\varphi\,\mathrm{d}r$$

$$= 2\pi\int_0^{\frac{\pi}{4}}\sin^3\varphi\cdot\frac{1}{5}\left(\frac{a^5}{\cos^5\varphi}-0\right)\mathrm{d}\varphi$$

$$= \frac{\pi}{10}a^5.$$

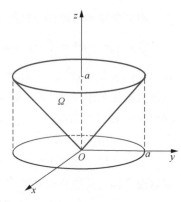

图 10.46

方法 2 柱面坐标系.

由 $x^2+y^2=z^2$, 有 $z=r, D:x^2+y^2\leqslant a^2$, 则积分区域 $\Omega':r\leqslant z\leqslant a$, $0\leqslant r\leqslant a, 0\leqslant\theta\leqslant 2\pi$. 从而

$$I = \iiint\limits_{\Omega} (x^2+y^2)\,\mathrm{d}x\mathrm{d}y\mathrm{d}z = \int_0^{2\pi}\mathrm{d}\theta\int_0^a r\mathrm{d}r\int_r^a r^2\,\mathrm{d}z$$

$$= 2\pi\int_0^a r^3(a-r)\,\mathrm{d}r$$

$$= 2\pi\left(a\cdot\frac{a^4}{4}-\frac{a^5}{5}\right) = \frac{\pi}{10}a^5.$$

当被积函数含有 $x^2+y^2+z^2$ 或者形式简单, 积分区域是球面围成的区域或由球面与锥面围成的区域, 并且在球面坐标变换下, 区域用 r,φ,θ 表示比较简单时, 利用球面坐标系计算三重积分比较简便.

同步习题 10.4

1. 设有一物体, 分布在空间闭区域 $\Omega=\{(x,y,z)\mid 0\leqslant x\leqslant 1,0\leqslant y\leqslant 1,0\leqslant z\leqslant 1\}$, 在点 (x,y,z) 处的密度为 $\mu(x,y,z)=x^2+y^2+z^2$, 求该物体的质量.

2. 计算积分 $\iiint\limits_{\Omega} z\mathrm{d}V$, Ω 由 $z=\sqrt{x^2+y^2},z=1$ 围成.

3. 设 $f(x,y,z)$ 在 Ω 上连续, $I=\iiint\limits_{\Omega}f(x,y,z)\,\mathrm{d}V$.

(1) Ω 是由双曲抛物面 $xy=z$ 及平面 $x+y-1=0,z=0$ 所围成的闭区域, 将 I 化为直角坐标系下的三次积分.

(2) Ω 是由柱面 $x^2+y^2=1$ 及平面 $z=1,z=2$ 所围成的闭区域, 将 I 化为直角坐标系、柱面坐标系下的三次积分.

4. 选用适当坐标系计算下列三重积分.

(1) $\iiint\limits_{\Omega}\dfrac{\mathrm{d}V}{(1+x+y+z)^2}$, 其中 Ω 是由 $x+y+z=1$ 及 $x=0,y=0,z=0$ 所围成的闭区域.

(2) $\iiint\limits_{\Omega}(x^2+y^2)\mathrm{d}V$, 其中 Ω 是由 $z=x^2+y^2,z=4$ 所围成的闭区域.

(3) $\iiint\limits_{\Omega} xy\mathrm{d}V$, 其中 Ω 是由柱面 $x^2+y^2=1$ 及平面 $z=1,z=0,x=0,y=0$ 所围成的在第一卦限内的闭区域.

(4) $\iiint\limits_{\Omega} \sqrt{x^2+y^2+z^2}\,\mathrm{d}V$, 其中 Ω 是由球面 $x^2+y^2+z^2=z$ 所围成的闭区域.

微课：同步习题 10.4
基础题 4(4)

5. 利用三重积分计算下列由曲面所围成的立体的体积.

(1) $z=\sqrt{x^2+y^2}$ 及 $z=x^2+y^2$.

(2) $x^2+y^2+z^2=R^2$ 及 $x^2+y^2+z^2=4R^2$.

提高题

1. 设 $f(x,y,z)$ 在 Ω 上连续, $I=\iiint\limits_{\Omega} f(x,y,z)\mathrm{d}V$.

(1) Ω 是由上半球面 $z=\sqrt{1-x^2-y^2}$ 及平面 $z=0$ 所围成的闭区域, 将 I 化为柱面坐标系、球面坐标系下的三次积分.

(2) $\Omega: z\geqslant\sqrt{x^2+y^2}, z\leqslant\sqrt{R^2-x^2-y^2}$, 将 I 化为直角坐标系、柱面坐标系及球面坐标系下的三次积分.

2. 选用适当坐标系计算下列三重积分：

(1) $\iiint\limits_{\Omega} (x^2+y^2)\mathrm{d}V$, 其中 Ω 是由曲面 $4z^2=25(x^2+y^2)$ 及平面 $z=5$ 所围成的闭区域.

(2) $\iiint\limits_{\Omega} xz\mathrm{d}V$, 其中 Ω 是由平面 $z=0,z=y,y=1$ 及抛物柱面 $y=x^2$ 所围成的闭区域.

3. 设有一内壁形状为 $z=x^2+y^2$ 的容器, 原来盛有 $8\pi\mathrm{cm}^3$ 的水, 后来又注入 $64\pi\mathrm{cm}^3$ 的水, 问：水面比原来升高了多少？

4. 设函数 $f(u)$ 具有连续导数, 且 $f(0)=0,f'(0)=2$, 若 $\Omega_t:x^2+y^2+z^2\leqslant t^2$, 求极限

微课：同步习题 10.4
提高题 4

$$\lim_{t\to 0}\frac{1}{\pi t^4}\iiint\limits_{\Omega_t} f(\sqrt{x^2+y^2+z^2})\,\mathrm{d}x\mathrm{d}y\mathrm{d}z.$$

10.5 重积分的应用

由前面的讨论可知, 曲顶柱体的体积、平面薄片的质量可用二重积分计算, 空间物体的质量可用三重积分计算, 本节中我们将把定积分应用中的微元法推广到重积分的应用中, 利用重积分的微元法来讨论重积分在几何、物理上的一些其他应用.

10.5.1 重积分在几何中的应用

1. 面积

(1) 利用二重积分计算平面图形的面积. 设 D 为坐标平面上的有界闭区域, 则 D 的面积

$$\sigma=\iint\limits_{D} \mathrm{d}\sigma.$$

例 10.30　求由 $r \geqslant a, r \leqslant 2a\cos\theta$ 确定的平面图形(见图 10.47)的面积.

解　该图形关于极轴对称. 由 $\begin{cases} r = a, \\ r = 2a\cos\theta \end{cases}$ 得 $\cos\theta = \dfrac{1}{2}$，所

以交点为 $\left(a, \dfrac{\pi}{3}\right), \left(a, -\dfrac{\pi}{3}\right)$. 从而 $D: -\dfrac{\pi}{3} \leqslant \theta \leqslant \dfrac{\pi}{3}, a \leqslant r \leqslant$

$2a\cos\theta$. 面积

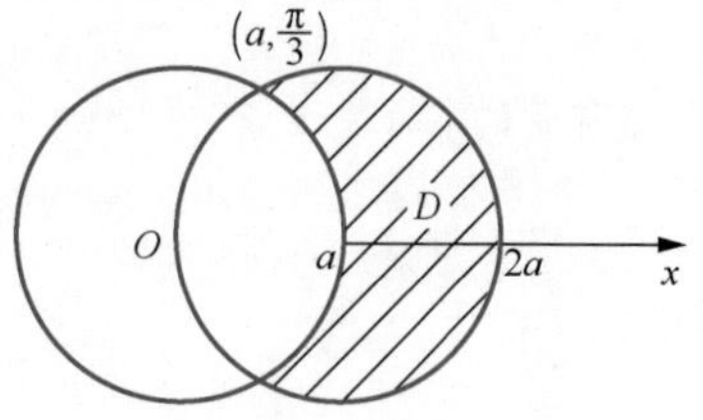

$$\sigma = \iint\limits_{D} \mathrm{d}\sigma = 2\int_{0}^{\frac{\pi}{3}} \mathrm{d}\theta \int_{a}^{2a\cos\theta} r\,\mathrm{d}r = a^2\left(\frac{\sqrt{3}}{2} + \frac{\pi}{3}\right).$$

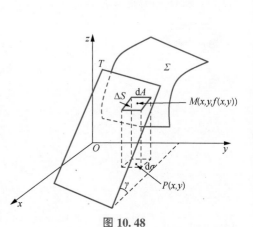

图 10.47

(2)利用二重积分计算空间曲面的面积.

如果曲面 Σ 的方程是 $z = f(x, y)$，曲面 Σ 在 xOy 面上的投影区域为 D_{xy}[即函数 $z = f(x, y)$ 的定义域]，并且 $\dfrac{\partial z}{\partial x}, \dfrac{\partial z}{\partial y}$ 在 D_{xy} 上连续(即曲面 Σ 上每一点都有切平面，称这样的曲面为光滑曲面). 基于微元法的思想，先找曲面 Σ 的面积元素. 在区域 D_{xy} 任意取一小闭区域 $\mathrm{d}\sigma$，$\mathrm{d}\sigma$ 也表示其面积. 在 $\mathrm{d}\sigma$ 内任取一点 $P(x, y)$，对应的曲面 Σ 上的点为 $M(x, y, f(x, y))$. 过点 M 作曲面 Σ 的切平面 T，如图 10.48 所示. 以小闭区域 $\mathrm{d}\sigma$ 的边界曲线为准线，作母线平行于 z 轴的柱

图 10.48

面，该柱面在曲面 Σ 上截下一小片曲面 ΔS，在切平面 T 上截得一个小平面片 $\mathrm{d}A$($\mathrm{d}A$ 也表示其面积)，当 $\mathrm{d}\sigma$ 的直径很小时，可用 $\mathrm{d}A$ 近似代替 ΔS. 设 $\mathrm{d}S$ 为曲面的面积元素，由几何知识知

$$\mathrm{d}\sigma = \mathrm{d}A \cdot |\cos\gamma| = \mathrm{d}S \cdot |\cos\gamma|,$$

其中 γ 是曲面上点 M 处的法向量与 z 轴正向的夹角(不超过 $\dfrac{\pi}{2}$)，此时曲面 $z = f(x, y)$ 上任意一

点的法向量为 $\left\{ -\dfrac{\partial z}{\partial x}, -\dfrac{\partial z}{\partial y}, 1 \right\}$，于是

$$|\cos\gamma| = \frac{1}{\sqrt{1 + \left(-\dfrac{\partial z}{\partial x}\right)^2 + \left(-\dfrac{\partial z}{\partial y}\right)^2}},$$

$$\mathrm{d}S = \sqrt{1 + \left(\frac{\partial z}{\partial x}\right)^2 + \left(\frac{\partial z}{\partial y}\right)^2}\,\mathrm{d}\sigma.$$

从而

$$S = \iint\limits_{D_{xy}} \sqrt{1 + \left(\frac{\partial z}{\partial x}\right)^2 + \left(\frac{\partial z}{\partial y}\right)^2}\,\mathrm{d}x\mathrm{d}y.$$

根据曲面的方程形式，我们有 3 个计算面积 S 的公式.

(1)设曲面 Σ 的方程为 $z = f(x, y), (x, y) \in D_{xy}$，则 $\mathrm{d}S = \sqrt{1 + f_x^2 + f_y^2}\,\mathrm{d}\sigma$. 于是曲面 Σ 的面积 S

为 $S = \iint\limits_{D_{xy}} \sqrt{1 + f_x^2 + f_y^2}\,\mathrm{d}\sigma$，即

$$S = \iint\limits_{D_{xy}} \sqrt{1+\left(\frac{\partial z}{\partial x}\right)^2+\left(\frac{\partial z}{\partial y}\right)^2}\,\mathrm{d}x\mathrm{d}y.$$

（2）设曲面 Σ 的方程为 $x=g(y,z)$，$(y,z)\in D_{yz}$，则

$$S = \iint\limits_{D_{yz}} \sqrt{1+\left(\frac{\partial x}{\partial y}\right)^2+\left(\frac{\partial x}{\partial z}\right)^2}\,\mathrm{d}y\mathrm{d}z.$$

（3）设曲面 Σ 的方程为 $y=h(z,x)$，$(z,x)\in D_{zx}$，则

$$S = \iint\limits_{D_{zx}} \sqrt{1+\left(\frac{\partial y}{\partial z}\right)^2+\left(\frac{\partial y}{\partial x}\right)^2}\,\mathrm{d}z\mathrm{d}x.$$

例 10.31 求半径是 R 的球面的面积.

解 球面关于坐标面对称，取上半球面方程为 $z=\sqrt{R^2-x^2-y^2}$，则它在 xOy 面上的投影区域 $D_{xy} = \{(x,y) \mid x^2+y^2\leqslant R^2\}$. 因为

$$\frac{\partial z}{\partial x} = \frac{-x}{\sqrt{R^2-x^2-y^2}},\ \frac{\partial z}{\partial y} = \frac{-y}{\sqrt{R^2-x^2-y^2}},$$

$$\sqrt{1+\left(\frac{\partial z}{\partial x}\right)^2+\left(\frac{\partial z}{\partial y}\right)^2} = \frac{R}{\sqrt{R^2-x^2-y^2}},$$

所以球面面积

$$\begin{aligned}
S &= 2\iint\limits_{D_{xy}} \sqrt{1+\left(\frac{\partial z}{\partial x}\right)^2+\left(\frac{\partial z}{\partial y}\right)^2}\,\mathrm{d}x\mathrm{d}y \\
&= 2\iint\limits_{D_{xy}} \frac{R}{\sqrt{R^2-x^2-y^2}}\,\mathrm{d}x\mathrm{d}y \\
&= 2\int_0^{2\pi}\mathrm{d}\theta\int_0^R \frac{R}{\sqrt{R^2-r^2}}r\mathrm{d}r \\
&= 2\cdot 2\pi \lim_{b\to R}\int_0^b \frac{R}{\sqrt{R^2-r^2}}r\mathrm{d}r \\
&= 4\pi R \lim_{b\to R}\left(R-\sqrt{R^2-b^2}\right) = 4\pi R^2.
\end{aligned}$$

例 10.32 计算球面 $x^2+y^2+z^2\leqslant a^2$ 被平面 $z=h(0<h<a)$ 截出的顶部的面积，如图 10.49 所示.

解 （1）Σ 的方程为 $z=\sqrt{a^2-x^2-y^2}$.

（2）Σ 在 xOy 面上的投影区域 D_{xy} 是圆形闭区域 $x^2+y^2\leqslant a^2-h^2$.

（3）面积元素 $\mathrm{d}S = \sqrt{1+z_x^2+z_y^2}\,\mathrm{d}x\mathrm{d}y = \frac{a}{\sqrt{a^2-x^2-y^2}}\mathrm{d}x\mathrm{d}y$，

则

$$\begin{aligned}
S &= \iint\limits_{\Sigma}\mathrm{d}S = \iint\limits_{D_{xy}} \frac{a}{\sqrt{a^2-x^2-y^2}}\mathrm{d}x\mathrm{d}y = \iint\limits_{D_{xy}} \frac{ar\mathrm{d}r\mathrm{d}\theta}{\sqrt{a^2-r^2}} \\
&= a\int_0^{2\pi}\mathrm{d}\theta\int_0^{\sqrt{a^2-h^2}} \frac{r\mathrm{d}r}{\sqrt{a^2-r^2}}
\end{aligned}$$

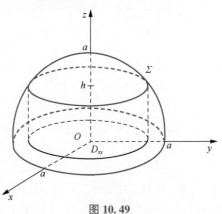

图 10.49

$$= a\int_0^{2\pi} d\theta \int_0^{\sqrt{a^2-h^2}} \frac{-1}{2\sqrt{a^2-r^2}} d(a^2-r^2) = 2\pi a \left(-\sqrt{a^2-r^2}\right) \Big|_0^{\sqrt{a^2-h^2}} = 2\pi a(a-h).$$

2. 体积

除了利用二重积分的几何意义计算一些空间立体的体积，对于一般的空间有界闭区域 Ω，Ω 的体积总可以用三重积分表示为 $V = \iiint\limits_{\Omega} dV$.

例 10.33　求由圆柱面 $x^2+y^2=R^2$ 和 $x^2+z^2=R^2$ 所围成的立体的体积.

解　画出其在第一卦限的图形 Ω，如图 10.50 所示. Ω 在 xOy 面的投影区域为 D_{xy}，如图 10.51 所示，$D: 0 \leqslant x \leqslant R, 0 \leqslant y \leqslant \sqrt{R^2-x^2}$. 由于圆柱面 $x^2+y^2=R^2$ 和 $x^2+z^2=R^2$ 所围成的立体关于 3 个坐标面都对称，则

$$V = 8\iiint\limits_{\Omega} dV = 8\iint\limits_{D_{xy}} \sqrt{R^2-x^2}\, dxdy = 8\int_0^R \sqrt{R^2-x^2}\, dx \int_0^{\sqrt{R^2-x^2}} dy$$

$$= 8\int_0^R \left(R^2-x^2\right) dx = \frac{16R^3}{3}.$$

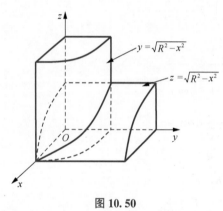

图 10.50

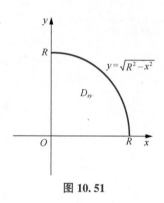

图 10.51

10.5.2　重积分在物理中的应用

1. 质量

一般地，设有一平面薄片 Ω，Ω 的密度函数为连续函数 $\rho(X)$，则 Ω 的质量为

$$M = \int_{\Omega} \rho(X)\, d\Omega.$$

(1) xOy 面的薄片占有区域 D，面密度为 $\rho = \rho(x,y)$，质量为

$$M = \iint\limits_{D} \rho(x,y)\, d\sigma.$$

(2) 空间立体占有区域 Ω，体密度为 $\rho = \rho(x,y,z)$，质量为

$$M = \iiint\limits_{\Omega} \rho(x,y,z)\, dV.$$

例 10.34　Ω 是球面 $x^2+y^2+z^2=4$ 与抛物面 $x^2+y^2=3z$ 所围成的立体. 其在任意点 (x,y,z) 处的密度等于该点的竖坐标，求其质量.

解 质量 $M = \iiint\limits_{\Omega} z\mathrm{d}x\mathrm{d}y\mathrm{d}z$. 利用柱面坐标系, 由 $\begin{cases} x = r\cos\theta, \\ y = r\sin\theta, \\ z = z \end{cases}$ 知交线为 $\begin{cases} r^2 + z^2 = 4, \\ r^2 = 3z, \end{cases}$ 解得 $z = 1$,

$r = \sqrt{3}$. Ω 在 xOy 面的投影区域为 D_{xy}, 如图 10.52 所示, 则

$$\Omega: \frac{r^2}{3} \leqslant z \leqslant \sqrt{4-r^2}, 0 \leqslant r \leqslant \sqrt{3}, 0 \leqslant \theta \leqslant 2\pi.$$

所求质量

$$M = \int_0^{2\pi} \mathrm{d}\theta \int_0^{\sqrt{3}} \mathrm{d}r \int_{\frac{r^2}{3}}^{\sqrt{4-r^2}} r \cdot z\mathrm{d}z = \frac{13}{4}\pi.$$

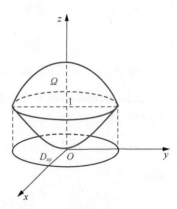

图 10.52

2. 重心

设 xOy 面上有 n 个质点, 它们的位置和质量分别为 (x_i, y_i) 与 $m_i (i = 1, 2, \cdots, n)$. 由物理学知, 这 n 个质点的重心 $(\bar{x}, \bar{y})$ 为

$$\bar{x} = \frac{\sum\limits_{i=1}^{n} m_i x_i}{\sum\limits_{i=1}^{n} m_i}, \bar{y} = \frac{\sum\limits_{i=1}^{n} m_i y_i}{\sum\limits_{i=1}^{n} m_i}.$$

在上述两式中, $M_y = \sum\limits_{i=1}^{n} m_i x_i$ 和 $M_x = \sum\limits_{i=1}^{n} m_i y_i$ 分别称为质点关于 y 轴和 x 轴的静矩.

下面研究 xOy 面上一平面薄片的重心的求法. 设一平面薄片占有 xOy 面上的闭区域 D, 其上任一点 (x, y) 处的密度为 $\rho(x, y)$, 且 $\rho(x, y)$ 在 D 上连续.

把 D 分成 n 个小片 $\Delta\sigma_i (i = 1, 2, \cdots, n)$, 如图 10.53 所示. 在 $\Delta\sigma_i$ 上任取一点 (x_i, y_i), 则 $\Delta\sigma_i$ 的质量可近似看作 $\rho(x_i, y_i)\Delta\sigma_i$. 把整个平面薄片近似看成由 n 个质点组成, 于是由上面的公式知, 平面薄片的重心 $(\bar{x}, \bar{y})$ 满足

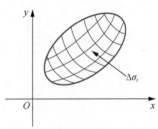

图 10.53

$$\bar{x} \approx \frac{\sum\limits_{i=1}^{n} x_i \rho(x_i, y_i)\Delta\sigma_i}{\sum\limits_{i=1}^{n} \rho(x_i, y_i)\Delta\sigma_i}, \bar{y} \approx \frac{\sum\limits_{i=1}^{n} y_i \rho(x_i, y_i)\Delta\sigma_i}{\sum\limits_{i=1}^{n} \rho(x_i, y_i)\Delta\sigma_i}.$$

记 λ 是 n 个小片中直径的最大值, 则上述两式令 $\lambda \to 0$, 得

$$\bar{x} = \frac{\iint\limits_{D} x\rho(x, y)\mathrm{d}\sigma}{\iint\limits_{D} \rho(x, y)\mathrm{d}\sigma}, \bar{y} = \frac{\iint\limits_{D} y\rho(x, y)\mathrm{d}\sigma}{\iint\limits_{D} \rho(x, y)\mathrm{d}\sigma}. \tag{10.10}$$

式 (10.10) 即是平面薄片的重心坐标计算公式, 其中 $\iint\limits_{D} x\rho(x, y)\mathrm{d}\sigma, \iint\limits_{D} y\rho(x, y)\mathrm{d}\sigma$ 是平面薄片关于 y 轴和 x 轴的静矩, $\iint\limits_{D} \rho(x, y)\mathrm{d}\sigma$ 是平面薄片的质量.

特别地, 当薄片是均匀的, 即面密度为常量时, 重心称为形心, 且

$$\bar{x} = \frac{1}{A} \iint\limits_{D} x\mathrm{d}\sigma, \bar{y} = \frac{1}{A} \iint\limits_{D} y\mathrm{d}\sigma,$$

其中 $A=\iint\limits_D \mathrm{d}\sigma$ 为薄片的面积.

对于空间物体，假设其占有有界闭区域 Ω，体密度 $\rho=\rho(x,y,z)$ 在 Ω 上连续，类似于平面薄片的情形，不难推出空间物体的重心 $(\bar{x},\bar{y},\bar{z})$ 的计算公式

$$\bar{x}=\frac{\iiint\limits_{\Omega} x\rho(x,y,z)\mathrm{d}V}{\iiint\limits_{\Omega}\rho(x,y,z)\mathrm{d}V},\bar{y}=\frac{\iiint\limits_{\Omega} y\rho(x,y,z)\mathrm{d}V}{\iiint\limits_{\Omega}\rho(x,y,z)\mathrm{d}V},\bar{z}=\frac{\iiint\limits_{\Omega} z\rho(x,y,z)\mathrm{d}V}{\iiint\limits_{\Omega}\rho(x,y,z)\mathrm{d}V}.$$

例 10.35 求位于两圆 $r=a\cos\theta$ 和 $r=b\cos\theta$ 之间的均匀薄片的形心 $(a<b)$.

解 设薄片的密度为常数 ρ，因为均匀薄片关于 x 轴对称，故 $\bar{y}=0$，如图 10.54 所示.

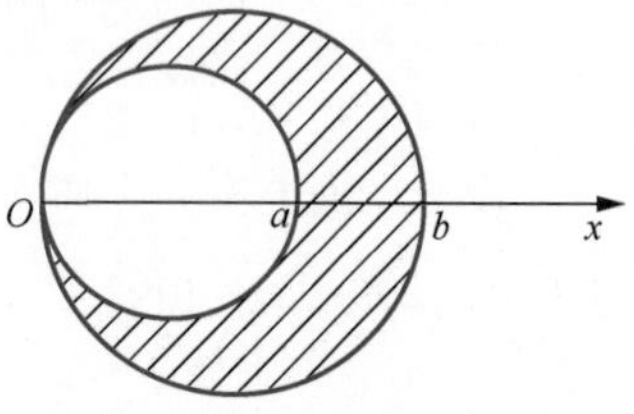

图 10.54

均匀薄片的质量 $m=\rho\left[\pi\left(\frac{b}{2}\right)^2-\pi\left(\frac{a}{2}\right)^2\right]=\frac{\pi}{4}(b^2-a^2)\rho$,

从而

$$\bar{x}=\frac{\iint\limits_D x\rho\mathrm{d}\sigma}{\iint\limits_D \rho\mathrm{d}\sigma}=\frac{\iint\limits_D x\mathrm{d}\sigma}{\frac{\pi}{4}(b^2-a^2)}.$$

而

$$\begin{aligned}\iint\limits_D x\mathrm{d}\sigma &= \iint\limits_D r\cos\theta r\mathrm{d}r\mathrm{d}\theta=\int_{-\frac{\pi}{2}}^{\frac{\pi}{2}}\mathrm{d}\theta\int_{a\cos\theta}^{b\cos\theta} r^2\cos\theta\mathrm{d}r\\&=\int_{-\frac{\pi}{2}}^{\frac{\pi}{2}}\cos\theta\cdot\frac{1}{3}(b^3\cos^3\theta-a^3\cos^3\theta)\mathrm{d}\theta\\&=\frac{2}{3}(b^3-a^3)\int_0^{\frac{\pi}{2}}\cos^4\theta\mathrm{d}\theta\\&=\frac{\pi}{8}(b^3-a^3),\end{aligned}$$

所以

$$\bar{x}=\frac{\frac{\pi}{8}(b^3-a^3)}{\frac{\pi}{4}(b^2-a^2)}=\frac{b^2+ab+a^2}{2(b+a)}.$$

故所求的形心为 $\left(\frac{b^2+ab+a^2}{2(b+a)},0\right)$.

例 10.36 已知球体 $x^2+y^2+z^2\leqslant 2Rz$ 在任意点 (x,y,z) 的密度等于该点到原点的距离的平方，求其重心.

解 球面 $x^2+y^2+z^2=2Rz$，球心为 $(0,0,R)$，密度函数为 $\rho(x,y,z)=x^2+y^2+z^2$，由对称性知，重心在 z 轴上，$\bar{x}=0,\bar{y}=0$，重心为 $(0,0,\bar{z})$，其中

$$\bar{z}=\frac{\iiint\limits_{\Omega} z\rho(x,y,z)\mathrm{d}V}{\iiint\limits_{\Omega}\rho(x,y,z)\mathrm{d}V}.$$

使用球面坐标

$$\begin{cases} x = r\sin\varphi\cos\theta, \\ y = r\sin\varphi\sin\theta, \\ z = r\cos\varphi, \end{cases}$$

则

$$
\begin{aligned}
\bar{z} &= \frac{\displaystyle\iiint\limits_{\Omega} z(x^2 + y^2 + z^2)\,\mathrm{d}V}{\displaystyle\iiint\limits_{\Omega} (x^2 + y^2 + z^2)\,\mathrm{d}V} = \frac{\displaystyle\iiint\limits_{\Omega'} r\cos\varphi \cdot r^2 \cdot r^2\sin\varphi\,\mathrm{d}r\mathrm{d}\varphi\mathrm{d}\theta}{\displaystyle\iiint\limits_{\Omega'} r^2 \cdot r^2\sin\varphi\,\mathrm{d}r\mathrm{d}\varphi\mathrm{d}\theta} \\[2mm]
&= \frac{\displaystyle\int_0^{2\pi}\mathrm{d}\theta \int_0^{\frac{\pi}{2}} \cos\varphi\sin\varphi\,\mathrm{d}\varphi \int_0^{2R\cos\varphi} r^5\mathrm{d}r}{\displaystyle\int_0^{2\pi}\mathrm{d}\theta \int_0^{\frac{\pi}{2}} \sin\varphi\,\mathrm{d}\varphi \int_0^{2R\cos\varphi} r^4\mathrm{d}r} \\[2mm]
&= \frac{\displaystyle 2\pi\int_0^{\frac{\pi}{2}} \cos\varphi\sin\varphi \cdot \frac{1}{6}(2R\cos\varphi)^6\mathrm{d}\varphi}{\displaystyle 2\pi\int_0^{\frac{\pi}{2}} \sin\varphi \cdot \frac{1}{5}(2R\cos\varphi)^5\mathrm{d}\varphi} \\[2mm]
&= \frac{\displaystyle \frac{64}{3}R^6\int_0^{\frac{\pi}{2}} \cos^7\varphi\sin\varphi\,\mathrm{d}\varphi}{\displaystyle \frac{64}{5}R^5\int_0^{\frac{\pi}{2}} \cos^5\varphi\sin\varphi\,\mathrm{d}\varphi} = \frac{\frac{8}{3}R^6}{\frac{32}{15}R^5} = \frac{5}{4}R.
\end{aligned}
$$

所以重心为 $\left(0, 0, \dfrac{5}{4}R\right)$.

3. 转动惯量

设 xOy 面上有 n 个质点，它们的位置和质量分别为 (x_i, y_i) 与 $m_i(i = 1, 2, \cdots, n)$. 由物理学知识知，这 n 个质点对于 y 轴和 x 轴的转动惯量分别为

$$I_y = \sum_{i=1}^n m_i x_i^2, \quad I_x = \sum_{i=1}^n m_i y_i^2.$$

如果一平面薄片占有 xOy 面上闭区域 D，其上任一点 (x, y) 处的面密度为 $\rho(x, y)$，且 $\rho(x, y)$ 在 D 上连续. 应用上面的公式，类似平面薄片重心的求法，该平面薄片关于 x 轴的转动惯量是

$$I_x = \iint\limits_{D} y^2\rho(x, y)\,\mathrm{d}\sigma,$$

关于 y 轴的转动惯量是

$$I_y = \iint\limits_{D} x^2\rho(x, y)\,\mathrm{d}\sigma,$$

关于坐标原点的转动惯量是

$$I_O = \iint\limits_{D} (x^2 + y^2)\rho(x, y)\,\mathrm{d}\sigma.$$

设空间立体 Ω 的密度函数为 $\rho = \rho(x, y, z)$，则 Ω 关于 x 轴、y 轴、z 轴、坐标原点的转动惯量分别是

$$I_x = \iiint\limits_{\Omega} (y^2 + z^2)\rho(x, y, z)\,\mathrm{d}V,$$

$$I_y = \iiint\limits_{\Omega} (x^2+z^2)\rho(x,y,z)\,\mathrm{d}V,$$

$$I_z = \iiint\limits_{\Omega} (x^2+y^2)\rho(x,y,z)\,\mathrm{d}V,$$

$$I_0 = \iiint\limits_{\Omega} (x^2+y^2+z^2)\rho(x,y,z)\,\mathrm{d}V.$$

例 10.37 求半径为 a 的均匀半圆薄片(面密度为常数 ρ)对于其直径边的转动惯量.

解 选取坐标系如图 10.55 所示,则薄片所占区域为

$$D:x^2+y^2 \leqslant a^2, y \geqslant 0.$$

于是所求转动惯量为半圆薄片关于 x 轴的转动惯量,为

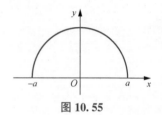

图 10.55

$$
\begin{aligned}
I_x &= \iint\limits_{D} \rho y^2 \mathrm{d}\sigma = \rho \iint\limits_{D'} r^2\sin^2\theta \cdot r\mathrm{d}r\mathrm{d}\theta \\
&= \rho \int_0^{\pi} \mathrm{d}\theta \int_0^a r^3\sin^2\theta \mathrm{d}r \\
&= \frac{a^4\rho}{4} \int_0^{\pi} \sin^2\theta \mathrm{d}\theta \\
&= \frac{1}{4}\rho a^4 \cdot \frac{\pi}{2} = \frac{1}{4}Ma^2.
\end{aligned}
$$

其中,$M = \frac{1}{2}\pi a^2\rho$ 是半圆薄片的质量.

例 10.38 求密度为 1 的均匀球体 $\Omega:x^2+y^2+z^2 \leqslant R^2$ 对各坐标轴的转动惯量.

解 由题意,$I_x = \iiint\limits_{\Omega} (y^2+z^2)\mathrm{d}V, I_y = \iiint\limits_{\Omega} (x^2+z^2)\mathrm{d}V, I_z = \iiint\limits_{\Omega} (x^2+y^2)\mathrm{d}V.$

由轮换对称性知,$I_x = I_y = I_z$,3 式相加得

$$I_x+I_y+I_z = 2\iiint\limits_{\Omega} (x^2+y^2+z^2)\mathrm{d}V.$$

所以

$$I_x = I_y = I_z = \frac{2}{3}\int_0^{2\pi}\mathrm{d}\theta\int_0^{\pi}\mathrm{d}\varphi\int_0^R r^4\sin\varphi\mathrm{d}r = \frac{4}{3}\pi\int_0^{\pi}\sin\varphi\mathrm{d}\varphi\int_0^R r^4\mathrm{d}r = \frac{8}{15}\pi R^5.$$

4. 引力

我们已学会了用定积分来解决某些引力问题,下面我们用微元法来研究质量连续分布的物体对体外一质点的引力.

例 10.39 设有一平面薄片占有 xOy 面上的闭区域 D,其在点 (x,y) 处的面密度为 $\rho(x,y)$,假定 $\rho(x,y)$ 在 D 上连续,计算该平面薄片对位于 z 轴上的点 $M_0(0,0,a)(a>0)$ 处的单位质点的引力.

解 如图 10.56 所示,薄片对 z 轴上单位质点的引力 $\boldsymbol{F} = \{F_x, F_y, F_z\}$,$G$ 为万有引力常数,引力微元的方向为 $\{x,y,-a\}$,将其单位化,单位向量为

$$\{\cos\alpha, \cos\beta, \cos\gamma\} = \left\{\frac{x}{\sqrt{x^2+y^2+(-a)^2}}, \frac{y}{\sqrt{x^2+y^2+(-a)^2}}, \frac{-a}{\sqrt{x^2+y^2+(-a)^2}}\right\}.$$

引力的元素为 $\mathrm{d}F = \dfrac{G\rho(x,y)\mathrm{d}\sigma}{x^2+y^2+a^2}$，于是

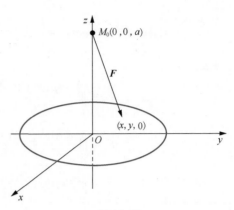
图 10.56

$$\mathrm{d}F_x = \mathrm{d}F \cdot \cos\alpha = \frac{G\rho(x,y)x\mathrm{d}\sigma}{(x^2+y^2+a^2)^{\frac{3}{2}}},$$

$$\mathrm{d}F_y = \mathrm{d}F \cdot \cos\beta = \frac{G\rho(x,y)y\mathrm{d}\sigma}{(x^2+y^2+a^2)^{\frac{3}{2}}},$$

$$\mathrm{d}F_z = \mathrm{d}F \cdot \cos\gamma = -\frac{aG\rho(x,y)\mathrm{d}\sigma}{(x^2+y^2+a^2)^{\frac{3}{2}}},$$

所以

$$F_x = G\iint\limits_{D} \frac{\rho(x,y)x}{(x^2+y^2+a^2)^{\frac{3}{2}}}\mathrm{d}\sigma,$$

$$F_y = G\iint\limits_{D} \frac{\rho(x,y)y}{(x^2+y^2+a^2)^{\frac{3}{2}}}\mathrm{d}\sigma,$$

$$F_z = -aG\iint\limits_{D} \frac{\rho(x,y)}{(x^2+y^2+a^2)^{\frac{3}{2}}}\mathrm{d}\sigma,$$

薄片对 z 轴上单位质点的引力为 $\boldsymbol{F} = \{F_x, F_y, F_z\}$.

特别取面密度为常量、半径为 R 的均匀圆形薄片：$x^2+y^2 \leq R^2, z=0$. 考察其对位于 z 轴上的点 $M_0(0,0,a)(a>0)$ 处的单位质点的引力. 由积分区域的对称性知，$F_x = F_y = 0$.

$$F_z = -aG\iint\limits_{D} \frac{\rho(x,y)}{(x^2+y^2+a^2)^{\frac{3}{2}}}\mathrm{d}\sigma$$

$$= -aG\rho\int_0^{2\pi}\mathrm{d}\theta\int_0^R \frac{1}{(r^2+a^2)^{\frac{3}{2}}}r\mathrm{d}r$$

$$= 2\pi Ga\rho\left(\frac{1}{\sqrt{R^2+a^2}} - \frac{1}{a}\right).$$

所以

$$\boldsymbol{F} = \left\{0, 0, 2\pi Ga\rho\left(\frac{1}{\sqrt{R^2+a^2}} - \frac{1}{a}\right)\right\}.$$

例 10.40 在计算导弹、卫星的轨道时需要了解飞行器在地球上空不同高度所受的地球引力. 设地球半径为 R，体密度为 ρ（常数），飞行器的质量为 m 且距离地球的高度为 h，求地球对飞行器的引力.

解 以地球中心为坐标原点，质点（飞行器）位于 z 轴上，建立图 10.57 所示的直角坐标系，则地球所占空间区域 Ω 为 $x^2+y^2+z^2 \leq R^2$，质点坐标为 $M(0,0,a)(a= R+h)$. 球体对 z 轴上质点的引力 $\boldsymbol{F} = \{F_x, F_y, F_z\}$，引力微元的方向为 $\{x, y, z-a\}$，将其单位化，单位向量为

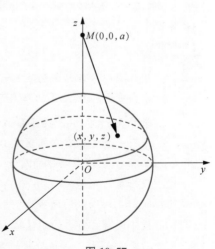
图 10.57

188 第 10 章　重积分及其应用

$$\{\cos\alpha,\cos\beta,\cos\gamma\} = \left\{\frac{x}{\sqrt{x^2+y^2+(z-a)^2}}, \frac{y}{\sqrt{x^2+y^2+(z-a)^2}}, \frac{z-a}{\sqrt{x^2+y^2+(z-a)^2}}\right\}.$$

于是

$$F_x = \iiint\limits_{\Omega} \frac{Gm\rho(x,y,z)\,\mathrm{d}V}{r^2}\cos\alpha = Gm\rho \iiint\limits_{\Omega} \frac{x}{\left[x^2+y^2+(z-a)^2\right]^{\frac{3}{2}}}\mathrm{d}V,$$

$$F_y = \iiint\limits_{\Omega} \frac{Gm\rho(x,y,z)\,\mathrm{d}V}{r^2}\cos\beta = Gm\rho \iiint\limits_{\Omega} \frac{y}{\left[x^2+y^2+(z-a)^2\right]^{\frac{3}{2}}}\mathrm{d}V,$$

$$F_z = \iiint\limits_{\Omega} \frac{Gm\rho(x,y,z)\,\mathrm{d}V}{r^2}\cos\gamma = Gm\rho \iiint\limits_{\Omega} \frac{z-a}{\left[x^2+y^2+(z-a)^2\right]^{\frac{3}{2}}}\mathrm{d}V,$$

根据对称性、均匀性易知，$F_x=0$，$F_y=0$.

$$\begin{aligned}
F_z &= Gm\rho \iiint\limits_{\Omega} \frac{z-a}{\left[x^2+y^2+(z-a)^2\right]^{\frac{3}{2}}}\mathrm{d}V \\
&= Gm\rho \int_{-R}^{R}(z-a)\,\mathrm{d}z \iint\limits_{x^2+y^2\leqslant R^2-z^2} \frac{\mathrm{d}x\mathrm{d}y}{\left[x^2+y^2+(z-a)^2\right]^{\frac{3}{2}}} \\
&= Gm\rho \int_{-R}^{R}(z-a)\,\mathrm{d}z \int_{0}^{2\pi}\mathrm{d}\theta \int_{0}^{\sqrt{R^2-z^2}} \frac{r\mathrm{d}r}{\left[r^2+(z-a)^2\right]^{\frac{3}{2}}} \\
&= -G\cdot\frac{4\pi R^3}{3}\rho\cdot\frac{m}{a^2} = -\frac{GmM}{a^2} = -\frac{GmM}{(R+h)^2},
\end{aligned}$$

其中 $M=\dfrac{4\pi R^3}{3}\rho$ 为地球的质量. 所以 $\boldsymbol{F}=\left\{0,0,-\dfrac{4\pi R^3 Gm\rho}{3(R+h)^2}\right\}$. 这就是飞行器所受的地球引力，负号表示力的方向指向地球中心.

【即时提问 10.5】　例 10.40 的结论对你有什么启示?

同步习题 10.5

 基础题

1. 用二重积分计算由曲线 $y=x^2$，$y=x+2$ 所围成的平面图形的面积.

2. 求由平面 $x=0,y=0,x+y=1$ 所围成的柱体被平面 $z=0$ 及 $2x+3y+z=6$ 截得的立体的体积.

3. 求锥面 $z=\sqrt{x^2+y^2}$ 被柱面 $z^2=2x$ 所割下部分的曲面面积.

4. 设有一物体占有空间区域 $0\leqslant x\leqslant 1,0\leqslant y\leqslant 1,0\leqslant z\leqslant 1$，其在点 (x,y,z) 处的密度为 $\rho(x,y,z)=x+y+z$，求该物体的质量.

5. 设有均匀物体(密度 $\rho=1$)，其占有由 xOy 面上的曲线 $y^2=2x$ 绕 x 轴旋转而形成的曲面与平面 $x=5$ 所围成的闭区域，求其关于 x 轴的转动惯量.

6. 设平面薄片所占的闭区域 D 由抛物线 $y=x^2$ 及直线 $y=x$ 所围成，它在点 (x,y) 处的面密度 $\mu(x,y)=x^2y$，求该薄片的重心坐标.

1. 求曲面 $z=x^2+y^2+1$ 上点 $M_0(1,-1,3)$ 处的切平面与曲面 $z=x^2+y^2$ 所围成的空间区域的体积 V.

2. 求由圆柱面 $x^2+y^2=R^2$ 和 $x^2+z^2=R^2$ 所围成的立体的表面积.

3. 一均匀物体(密度 $\rho=$ 常数)占有空间区域 Ω, Ω 由曲面 $z=x^2+y^2$ 和平面 $z=0$, $|x|=a$, $|y|=a$ 围成. (1)求其体积; (2)求该物体的重心坐标; (3)求该物体关于 z 轴的转动惯量.

4. 一均匀柱体占有空间区域 $x^2+y^2\leqslant R^2(0\leqslant z\leqslant h)$, 求其对位于点 $M_0(0,0,a)(a>h)$ 处的单位质点的引力.

5. 半径为 R 的球形行星的大气密度为 $\mu=\mu_0 e^{-ch}$, 其中 h 为行星表面上方的高度, μ_0 是在海平面的大气密度, c 为正常数, 求行星大气的质量.

10.6 用 MATLAB 计算重积分

重积分与定积分在本质上是相通的, 故在计算时, 仍然可以使用定积分的计算命令"int"来进行. 一般先将重积分化为累次积分, 再利用 MATLAB 来求积分值. 积分时, 由于积分区域比较复杂, 因此需要根据实际情况选择积分顺序.

例 10.41 计算 $\iint\limits_D (6-2x-3y)\mathrm{d}\sigma$, 其中 D 为直线 $\dfrac{x}{3}+\dfrac{y}{2}=1$ 与 x 轴、y 轴围成的区域.

解 积分区域 D 为 X 型: $\begin{cases}0\leqslant x\leqslant 3,\\ 0\leqslant y\leqslant 2\left(1-\dfrac{x}{3}\right).\end{cases}$ 从而

$$\iint\limits_D (6-2x-3y)\mathrm{d}\sigma = \int_0^3\mathrm{d}x\int_0^{2\left(1-\frac{x}{3}\right)}(6-2x-3y)\mathrm{d}y.$$

MATLAB 计算如下.
```
>> syms x y
>> int(int(6-2*x-3*y,y,0,2*(1-x/3)),x,0,3)
ans =
6
```

故 $\iint\limits_D (6-2x-3y)\mathrm{d}\sigma=6$.

例 10.42 计算 $\iint\limits_D (x^2+y^2)\mathrm{d}\sigma$, 其中 D 为圆环 $\{(x,y)\mid 1\leqslant x^2+y^2\leqslant 4\}$ 在第一象限的部分.

解 区域 D 在极坐标下可以表示为 $D=\left\{(r,\theta)\,\middle|\, 1\leqslant r\leqslant 2, 0\leqslant\theta\leqslant\dfrac{\pi}{2}\right\}$, 于是

$$\iint\limits_D (x^2+y^2)\mathrm{d}\sigma = \int_0^{\frac{\pi}{2}}\mathrm{d}\theta\int_1^2 r^3\mathrm{d}r.$$

在 MATLAB 中, 字母 θ 用 theta 来表示, 计算如下.
```
>> syms theta r pi
>> f=r^3;
>> I1=int(f,r,1,2)
I1 =
 15/4
>> I2=int(I1,theta,0,pi/2)
I2 =
 (15*pi)/8
```

故 $\iint\limits_{D}(x^2+y^2)\,\mathrm{d}\sigma=\dfrac{15}{8}\pi.$

例 10.43　计算 $I=\iint\limits_{D}x^2\mathrm{e}^{-y^2}\mathrm{d}\sigma$，其中 D 为直线 $x=0$，$y=1$ 及 $y=x$ 围成的区域.

微课: 例 10.43

解 积分区域 D 为 X 型: $\begin{cases}0\leqslant x\leqslant1,\\x\leqslant y\leqslant1.\end{cases}$ 从而

$$I=\iint\limits_{D}x^2\mathrm{e}^{-y^2}\mathrm{d}\sigma=\int_0^1 x^2\mathrm{d}x\int_x^1\mathrm{e}^{-y^2}\mathrm{d}y.$$

MATLAB 计算如下.

```
>> syms x y
>> f =x^2 * exp( -y^2);
>> I1 =int( f, y, x, 1)
I1 =
(x^2 * pi^(1/2) * (erf(1) - erf(x)))/2
>> I2 =int( I1, x, 0, 1)
I2 =
1/6 - exp( -1)/3
```

故 $I=\iint\limits_{D}x^2\mathrm{e}^{-y^2}\mathrm{d}\sigma=\dfrac{1}{6}-\dfrac{\mathrm{e}^{-1}}{3}.$

该积分用前面学过的积分方法是无法计算的，但是，在 MATLAB 中，这都不是问题. 我们也可以对积分区域 D 按照 Y 型来进行计算.

方法②　积分区域 D 为 Y 型: $\begin{cases}0\leqslant y\leqslant1,\\0\leqslant x\leqslant y.\end{cases}$ 从而

$$I=\iint\limits_{D}x^2\mathrm{e}^{-y^2}\mathrm{d}\sigma=\int_0^1\mathrm{e}^{-y^2}\mathrm{d}y\int_0^y x^2\mathrm{d}x.$$

MATLAB 计算如下.

```
>> syms x y
>> f =x^2 * exp( -y^2);
>> I1 =int( f, x, 0, y)
I1 =
(y^3 * exp( -y^2))/3
>> I2 =int( I1, y, 0, 1)
I2 =
1/6 - exp( -1)/3
```

故 $I=\iint\limits_{D}x^2\mathrm{e}^{-y^2}\mathrm{d}\sigma=\dfrac{1}{6}-\dfrac{\mathrm{e}^{-1}}{3}.$

例 10.44　计算 $I=\iiint\limits_{\Omega}\dfrac{\mathrm{d}x\mathrm{d}y\mathrm{d}z}{(1+x+y+z)^3}$，其中 Ω 是由平面 $x=0$，$y=0$，$z=0$ 及 $x+y+z=1$ 围成的四面体.

微课: 例 10.44

解　空间闭区域 Ω 可表示为 $\{(x,y,z)\mid0\leqslant x\leqslant1,0\leqslant y\leqslant1-x,0\leqslant z\leqslant1-x-y\}$，从而

$$I=\iiint\limits_{\Omega}\dfrac{\mathrm{d}x\mathrm{d}y\mathrm{d}z}{(1+x+y+z)^3}=\int_0^1\mathrm{d}x\int_0^{1-x}\mathrm{d}y\int_0^{1-x-y}\dfrac{\mathrm{d}z}{(1+x+y+z)^3}.$$

MATLAB 计算如下.

```
>> syms x y z
>> f = (1+x+y+z)^(-3);
>> l1 = int(f,z,0,1-x-y)
l1 =
piecewise(-1 < x + y,1/(2*(x + y + 1)^2) - 1/8,x + y <=-1,int(1/(z + x + y + 1)^3,
z,0,1 - y - x))
>> l2 = int(l1,y,0,1-x)
l2 =
piecewise(x==1,0,x==-1,Inf,x in Dom::Interval([-1],1),(x - 1)^2/(8*(x + 1)))
>> l3 = int(l2,x,0,1)
l3 =
log(2)/2 - 5/16
```

故 $I = \iiint\limits_{\Omega} \dfrac{\mathrm{d}x\mathrm{d}y\mathrm{d}z}{(1+x+y+z)^3} = \dfrac{\ln 2}{2} - \dfrac{5}{16}$.

第 10 章思维导图

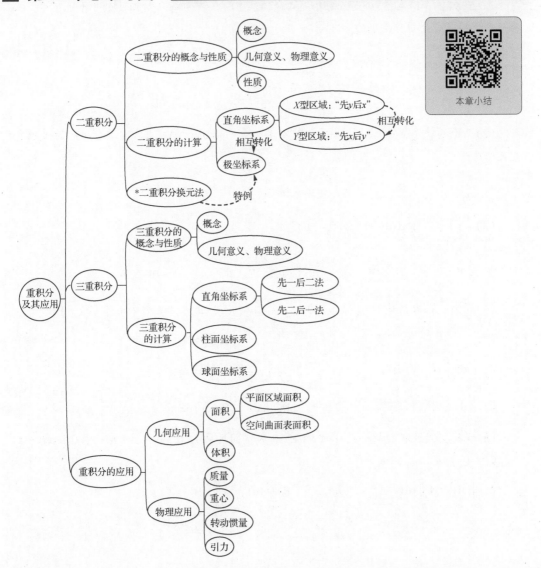

本章小结

中国数学学者

个人成就

密码学家，中国科学院院士，清华大学和山东大学双聘教授. 王小云提出的模差分比特分析法解决了国际哈希函数求解碰撞的难题. 她设计了我国唯一的哈希函数标准 SM3，该算法在金融、电网、交通等国家重要经济领域被广泛使用.

王小云

第10章总复习题·基础篇

1. 选择题：(1)~(5)小题，每小题4分，共20分. 下列每小题给出的4个选项中，只有一个选项是符合题目要求的.

(1) 设 D 是矩形域 $0 \leq x \leq \dfrac{\pi}{4}, -1 \leq y \leq 1$，则 $\iint\limits_{D} x\cos 2xy \mathrm{d}\sigma$ 的值为（　　）.

A. 0 　　　　 B. $-\dfrac{1}{2}$ 　　　　 C. $\dfrac{1}{2}$ 　　　　 D. $\dfrac{1}{4}$

(2) 两个圆柱体 $x^2+y^2 \leq R^2$，$x^2+z^2 \leq R^2$ 公共部分的体积 V_1 与球体 $x^2+y^2+z^2 \leq R^2$ 的体积 V_2 之比为（　　）.

A. $\dfrac{4}{\pi}$ 　　　　 B. $\dfrac{2}{\pi}$ 　　　　 C. $\dfrac{\pi}{2}$ 　　　　 D. $\dfrac{\pi}{4}$

(3) $\iint\limits_{x^2+y^2 \leq 1} \sqrt[3]{x^2+y^2} \, \mathrm{d}x\mathrm{d}y$ 的值为（　　）.

A. $\dfrac{3}{4}\pi$ 　　　　 B. $\dfrac{6}{7}\pi$ 　　　　 C. $\dfrac{6}{5}\pi$ 　　　　 D. $\dfrac{3}{2}\pi$

(4) 设 $f(x,y)$ 在区域 $D = \{(x,y) \mid 0 \leq y \leq x \leq a\}$ $(a>0)$ 上连续，则 $\displaystyle\int_0^a \mathrm{d}x \int_0^x f(x,y)\mathrm{d}y =$（　　）.

A. $\displaystyle\int_0^a \mathrm{d}y \int_0^y f(x,y)\mathrm{d}x$ 　　　　　　 B. $\displaystyle\int_0^a \mathrm{d}y \int_a^y f(x,y)\mathrm{d}x$

C. $\displaystyle\int_0^a \mathrm{d}y \int_y^a f(x,y)\mathrm{d}x$ 　　　　　　 D. $\displaystyle\int_0^a \mathrm{d}y \int_0^a f(x,y)\mathrm{d}x$

(5) 设有空间区域 $\Omega_1 : x^2+y^2+z^2 \leq R^2, z \geq 0$ 和空间区域 $\Omega_2 : x^2+y^2+z^2 \leq R^2, x \geq 0, y \geq 0, z \geq 0$，则（　　）.

A. $\iiint\limits_{\Omega_1} x\mathrm{d}V = 4\iiint\limits_{\Omega_2} x\mathrm{d}V$ 　　　　　　 B. $\iiint\limits_{\Omega_1} y\mathrm{d}V = 4\iiint\limits_{\Omega_2} y\mathrm{d}V$

C. $\iiint\limits_{\Omega_1} z\mathrm{d}V = 4\iiint\limits_{\Omega_2} z\mathrm{d}V$ D. $\iiint\limits_{\Omega_1} xyz\mathrm{d}V = 4\iiint\limits_{\Omega_2} xyz\mathrm{d}V$

2. 填空题：(6)~(10)小题，每小题4分，共20分.

(6) 设 D 为 $y=x^3$ 及 $x=-1,y=1$ 所围成的闭区域，则 $\iint\limits_{D} xy\mathrm{d}x\mathrm{d}y =$ _____ .

(7) 设平面区域 D 由 $y=x,xy=1,x=2$ 围成，若 $\iint\limits_{D}\dfrac{Ax^2}{y^2}\mathrm{d}x\mathrm{d}y = 1$，则常数 $A=$ _____ .

(8) 函数 $f(u)$ 连续且 $f(0)=0$，区域 Ω 是 $0\le z\le h$ 和 $x^2+y^2\le t^2$ 的公共部分，若 $F(t)=\iiint\limits_{\Omega}\left[z^2+f(x^2+y^2)\right]\mathrm{d}V$，则 $\dfrac{\mathrm{d}F}{\mathrm{d}t}=$ _____ .

(9) 将 $\int_0^1\mathrm{d}x\int_0^{x^2} f(x,y)\mathrm{d}y$ 化为极坐标系下的二次积分为 _____ .

(10) 空间区域 $\Omega:0\le x\le 1,0\le y\le x,x+y\le z\le \mathrm{e}^{x+y}$ 的体积 $V=$ _____ .

3. 解答题：(11)~(16)小题，每小题10分，共60分. 解答时应写出文字说明、证明过程或演算步骤.

(11) 计算 $\iint\limits_{D}(x+y+1)^2\mathrm{d}x\mathrm{d}y$，其中 $D=\{(x,y)\mid x^2+y^2\le 1\}$.

(12) 计算 $\iint\limits_{D}\dfrac{x+y}{x^2+y^2}\mathrm{d}x\mathrm{d}y$，$D=\{(x,y)\mid x^2+y^2\le 1,\ x+y\ge 1\}$.

(13) 设 $f(x,y)$ 是连续函数，在直角坐标系下将二次积分 $\int_0^1\mathrm{d}y\int_{\frac{y^2}{2}}^{\sqrt{3-y^2}} f(x,y)\mathrm{d}x$ 交换积分次序.

(14) 设 Ω 是由 $z=x^2+y^2,z=4$ 所围成的有界闭区域，计算三重积分 $\iiint\limits_{\Omega}(x^2+y^2+z)\mathrm{d}x\mathrm{d}y\mathrm{d}z$.

(15) 求位于两圆 $r=2\sin\theta$ 和 $r=4\sin\theta$ 之间的均匀薄片的重心坐标.

(16) 若函数 $f(x)$ 在 $[a,b]$ 上连续且恒大于零，证明：$\int_a^b f(x)\mathrm{d}x\int_a^b\dfrac{1}{f(x)}\mathrm{d}x\ge (b-a)^2$.

第 10 章总复习题·提高篇

1. 选择题：(1)~(5)小题，每小题4分，共20分. 下列每小题给出的4个选项中，只有一个选项是符合题目要求的.

(1) (2019204) 已知积分区域 $D=\left\{(x,y)\ \middle|\ |x|+|y|\le\dfrac{\pi}{2}\right\}$，而 $I_1=\iint\limits_{D}\sqrt{x^2+y^2}\mathrm{d}\sigma$，$I_2=\iint\limits_{D}\sin\sqrt{x^2+y^2}\mathrm{d}\sigma$，$I_3=\iint\limits_{D}(1-\cos\sqrt{x^2+y^2})\mathrm{d}\sigma$，则 I_1,I_2,I_3 的大小关系为(   ).

A. $I_3<I_2<I_1$ B. $I_1<I_2<I_3$ C. $I_2<I_1<I_3$ D. $I_2<I_3<I_1$

(2)（2018204）$\int_{-1}^{0}dx\int_{-x}^{2-x^2}(1-xy)dy+\int_{0}^{1}dx\int_{x}^{2-x^2}(1-xy)dy=$（　　）.

A. $\dfrac{5}{3}$　　　　B. $\dfrac{5}{6}$　　　　C. $\dfrac{7}{3}$　　　　D. $\dfrac{7}{6}$

(3)（2015104，2015204）设 D 是第一象限中由曲线 $2xy=1,4xy=1$ 与直线 $y=x,y=\sqrt{3}x$ 围成的平面区域，函数 $f(x,y)$ 在 D 上连续，则 $\iint\limits_{D}f(x,y)dxdy=$（　　）.

A. $\int_{\frac{\pi}{4}}^{\frac{\pi}{3}}d\theta\int_{\frac{1}{2\sin2\theta}}^{\frac{1}{\sin2\theta}}f(r\cos\theta,r\sin\theta)rdr$　　　　B. $\int_{\frac{\pi}{4}}^{\frac{\pi}{3}}d\theta\int_{\frac{1}{\sqrt{2\sin2\theta}}}^{\frac{1}{\sqrt{\sin2\theta}}}f(r\cos\theta,r\sin\theta)rdr$

C. $\int_{\frac{\pi}{4}}^{\frac{\pi}{3}}d\theta\int_{\frac{1}{2\sin2\theta}}^{\frac{1}{\sin2\theta}}f(r\cos\theta,r\sin\theta)dr$　　　　D. $\int_{\frac{\pi}{4}}^{\frac{\pi}{3}}d\theta\int_{\frac{1}{\sqrt{2\sin2\theta}}}^{\frac{1}{\sqrt{\sin2\theta}}}f(r\cos\theta,r\sin\theta)dr$

(4)（2010104）$\lim\limits_{n\to\infty}\sum\limits_{i=1}^{n}\sum\limits_{j=1}^{n}\dfrac{n}{(n+i)(n^2+j^2)}=$（　　）.

A. $\int_{0}^{1}dx\int_{0}^{1}\dfrac{1}{(1+x)(1+y^2)}dy$　　　　B. $\int_{0}^{1}dx\int_{0}^{1}\dfrac{1}{(1+x)(1+y)}dy$

C. $\int_{0}^{1}dx\int_{0}^{x}\dfrac{1}{(1+x)(1+y^2)}dy$　　　　D. $\int_{0}^{1}dx\int_{0}^{x}\dfrac{1}{(1+x)(1+y)}dy$

(5)（2006104）设 $f(x,y)$ 连续，$\int_{0}^{\frac{\pi}{4}}d\theta\int_{0}^{1}f(r\cos\theta,r\sin\theta)rdr=$（　　）.

A. $\int_{0}^{\frac{\sqrt{2}}{2}}dx\int_{x}^{\sqrt{1-x^2}}f(x,y)dy$　　　　B. $\int_{0}^{\frac{\sqrt{2}}{2}}dx\int_{0}^{\sqrt{1-x^2}}f(x,y)dy$

C. $\int_{0}^{\frac{\sqrt{2}}{2}}dy\int_{y}^{\sqrt{1-y^2}}f(x,y)dx$　　　　D. $\int_{0}^{\frac{\sqrt{2}}{2}}dy\int_{0}^{\sqrt{1-y^2}}f(x,y)dx$

2. 填空题：(6)～(10)小题，每小题 4 分，共 20 分.

(6)（2015104）设 Ω 是由平面 $x+y+z=1$ 与 3 个坐标面所围成的空间区域，则 $\iiint\limits_{\Omega}(x+2y+3z)dxdydz=$ _____.

(7)（2017204）$\int_{0}^{1}dy\int_{y}^{1}\dfrac{\tan x}{x}dx=$ _____.

(8)（2009104）设 Ω 是由 $x^2+y^2+z^2=1$ 所围成的空间区域，则 $\iiint\limits_{\Omega}z^2dV=$ _____.

(9)（2013204）设闭曲线 L 的极坐标方程为 $r=\cos3\theta\left(-\dfrac{\pi}{6}\leqslant\theta\leqslant\dfrac{\pi}{6}\right)$，则 L 所围成的平面图形的面积为 _____.

(10)（2011204）设区域 D 由 $x^2+y^2=2y,y=x$ 及 y 轴围成，则 $\iint\limits_{D}xyd\sigma=$ _____.

3. 解答题：(11)~(16) 小题，每小题 10 分，共 60 分. 解答时应写出文字说明、证明过程或演算步骤.

(11)(2022112,2022212) 已知平面区域 $D = \{(x,y) \mid y-2 \leq x \leq \sqrt{4-y^2}, 0 \leq y \leq 2\}$，计算 $I = \iint\limits_{D} \frac{(x-y)^2}{x^2+y^2} \mathrm{d}x\mathrm{d}y$.

(12)(2019110) 设 Ω 是由锥面 $x^2+(y-z)^2 = (1-z)^2 (0 \leq z \leq 1)$ 与平面 $z=0$ 所围成的锥体，求 Ω 的形心坐标.

(13)(2019210) 已知区域 $D = \{(x,y) \mid |x| \leq y, (x^2+y^2)^3 \leq y^4\}$，求 $\iint\limits_{D} \frac{x+y}{\sqrt{x^2+y^2}} \mathrm{d}\sigma$.

(14)(2018210) 设平面区域 D 由曲线 $\begin{cases} x = t-\sin t, \\ y = 1-\cos t \end{cases} (0 \leq t \leq 2\pi)$ 与 x 轴围成，求二重积分 $\iint\limits_{D} (x+2y) \mathrm{d}\sigma$.

(15)(2020210) 求二重积分 $\iint\limits_{D} \frac{\sqrt{x^2+y^2}}{x} \mathrm{d}\sigma$，其中区域 D 由 $x=1, x=2, y=x$ 及 x 轴围成.

(16)(2020310) 已知 $f(x,y) = y\sqrt{1-x^2} + x\iint\limits_{D} f(x,y)\mathrm{d}\sigma$，计算二重积分 $\iint\limits_{D} xf(x,y)\mathrm{d}\sigma$，其中区域 $D = \{(x,y) \mid x^2+y^2 \leq 1, y \geq 0\}$.

本章即时提问答案

本章同步习题答案

本章总复习题答案

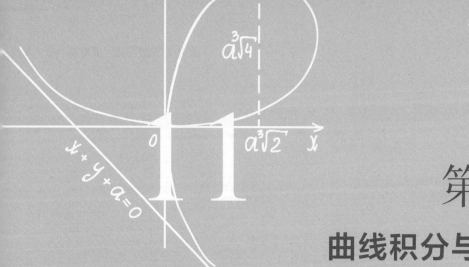

第 11 章
曲线积分与曲面积分

我们已经学习了区间上的定积分、平面区域上的二重积分、空间区域上的三重积分. 在实际中, 我们常常会遇到计算非均匀曲线状或曲面状构件的质量、质点受变力作用沿曲线做功及流体通过曲面的流量等问题, 要解决这类问题, 就要扩大积分范围, 即讨论定义在曲线、曲面上的积分——曲线积分和曲面积分. 这些积分不是相互孤立的. 格林在 1828 年发表的《数学分析在电磁学中的应用》一书中首次引入的格林公式, 奥斯特罗格拉茨基于 1826 年叙述并证明的高斯公式, 1854 年在剑桥大学以史密斯竞赛考试题的形式公开的斯托克斯公式, 以及之前学习过的牛顿-莱布尼茨公式, 它们共同构成微积分学的核心内容. 通过本章的学习, 读者将深刻体会数学理论和公式的内在和谐美.

本章导学

11.1 对弧长的曲线积分

11.1.1 对弧长的曲线积分的概念和性质

在实际的工程应用中, 人们常常遇到计算曲线形构件的质量问题. 但构件的质量不是均匀分布的, 即线密度(单位长度的质量)是变量, 要解决这个问题, 可以把实际问题定量化, 下面以平面曲线形构件为例.

引例 设有一个曲线形构件, 在 xOy 面内可表示成一条有质量的光滑曲线 $L = \overset{\frown}{AB}$, 如图 11.1 所示. L 上任一点 (x, y) 处的线密度为 $\rho(x, y)$, 求此曲线形构件的质量 m.

如果该构件的线密度 $\rho(x, y)$ 是一个常数, 则构件的质量等于它的线密度与长度的乘积. 但构件的线密度是不均匀的, 仿照求平面薄板质量的方法, 具体求解过程如下.

(1) 分割. 在曲线 L 上依次取点 $A = M_0, M_1, \cdots, M_{n-1}$, $M_n = B$, 将 L 分成 n 个小曲线段 $\overset{\frown}{M_{i-1}M_i}$ $(i = 1, 2, \cdots, n)$, Δs_i 表示曲线段 $\overset{\frown}{M_{i-1}M_i}$ 的长度.

(2) 近似. 任取 $(\xi_i, \eta_i) \in \overset{\frown}{M_{i-1}M_i}$, 得第 i 个小曲线段质量的近似值为

$$\Delta m_i \approx \rho(\xi_i, \eta_i) \Delta s_i (i = 1, 2, \cdots, n).$$

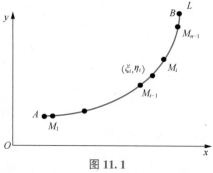

图 11.1

（3）求和. 整个曲线形构件的质量的近似值为

$$m = \sum_{i=1}^{n} \Delta m_i \approx \sum_{i=1}^{n} \rho(\xi_i, \eta_i) \Delta s_i.$$

（4）取极限. 当把 L 分割得无限细时（记 $\lambda \triangleq \max_{1 \leqslant i \leqslant n} \{\Delta s_i\}$），可得整个曲线形构件的质量为

$$m = \lim_{\lambda \to 0} \sum_{i=1}^{n} \rho(\xi_i, \eta_i) \Delta s_i.$$

如果把上面的平面曲线 L 换成空间曲线 Γ，把 L 上的线密度 $\rho(x,y)$ 换成 Γ 上的线密度 $\rho(x,y,z)$，用上述完全类似的思想方法，可以得到空间曲线形构件的质量

$$m = \lim_{\lambda \to 0} \sum_{i=1}^{n} \rho(\xi_i, \eta_i, \zeta_i) \Delta s_i.$$

对于这种和式极限问题，我们不考虑其具有的物理意义，抽象出其数学本质，引入对弧长的曲线积分的概念.

定义 11.1 设 L 为 xOy 面内的一条光滑（或分段光滑）曲线段，函数 $f(x,y)$ 在 L 上有界. 在 L 上依次用分点 $A = M_0, M_1, \cdots, M_{n-1}, M_n = B$，把 L 分成 n 个小曲线段 $\overset{\frown}{M_{i-1}M_i}$ $(i = 1, 2, \cdots, n)$. 设第 i 个小曲线段 $\overset{\frown}{M_{i-1}M_i}$ 的长度为 Δs_i，任取 $(\xi_i, \eta_i) \in \overset{\frown}{M_{i-1}M_i}$，作乘积 $f(\xi_i, \eta_i)\Delta s_i$，并作和 $\sum_{i=1}^{n} f(\xi_i, \eta_i)\Delta s_i$. 令各小曲线段长度的最大值为 λ，若极限

$$\lim_{\lambda \to 0} \sum_{i=1}^{n} f(\xi_i, \eta_i) \Delta s_i$$

存在，且极限值与 L 的分法及点 (ξ_i, η_i) 的取值都无关，则称函数 $f(x,y)$ 在曲线 L 上可积，此极限值为函数 $f(x,y)$ 在曲线 L 上的对弧长的曲线积分或第一类曲线积分，记作 $\int_L f(x,y)\mathrm{d}s$，即

$$\int_L f(x,y)\mathrm{d}s = \lim_{\lambda \to 0} \sum_{i=1}^{n} f(\xi_i, \eta_i)\Delta s_i,$$

其中 $f(x,y)$ 叫作被积函数，L 叫作积分曲线，$\mathrm{d}s$ 叫作弧长元素.

注 （1）如果 L 是闭曲线，那么函数 $f(x,y)$ 在闭曲线 L 上的第一类曲线积分记作

$$\oint_L f(x,y)\mathrm{d}s.$$

（2）可以证明，若函数 $f(x,y)$ 在光滑（或分段光滑）曲线段 L 上连续，则第一类曲线积分 $\int_L f(x,y)\mathrm{d}s$ 是存在的. 以后，我们总假定 $f(x,y)$ 在 L 上是连续的.

（3）若 Γ 为空间光滑曲线段，$f(x,y,z)$ 为定义在 Γ 上的函数，则可类似地定义 $f(x,y,z)$ 在空间曲线 Γ 上的第一类曲线积分，记作

$$\int_\Gamma f(x,y,z)\mathrm{d}s.$$

（4）引例所求的平面曲线形构件的质量可表示为

$$m = \int_L \rho(x,y)\mathrm{d}s.$$

空间曲线形构件的质量可表示为

$$m = \int_\Gamma \rho(x,y,z)\mathrm{d}s.$$

由对弧长的曲线积分的定义知，它有类似于重积分的性质，下面从积分计算角度列出其中的 3 个性质，以下总假定对弧长的曲线积分存在.

性质 11.1 设 α,β 为常数，则

$$\int_L \left[\alpha f(x,y) + \beta g(x,y)\right] \mathrm{d}s = \alpha \int_L f(x,y)\,\mathrm{d}s + \beta \int_L g(x,y)\,\mathrm{d}s.$$

性质 11.2 若积分曲线 L 可分成两段光滑曲线弧 L_1 和 L_2，且 L_1 和 L_2 没有公共内点，则

$$\int_L f(x,y)\,\mathrm{d}s = \int_{L_1} f(x,y)\,\mathrm{d}s + \int_{L_2} f(x,y)\,\mathrm{d}s.$$

性质 11.3 $s = \displaystyle\int_L 1\mathrm{d}s$，其中 s 为曲线 L 的长度.

11.1.2 对弧长的曲线积分的计算法

计算对弧长的曲线积分的基本方法是把它化成定积分. 我们有下面的结论.

微课：定理 11.1 的证明

定理 11.1 设 $f(x,y)$ 在平面曲线 L 上连续，L 的参数方程为

$$\begin{cases} x = \varphi(t), \\ y = \psi(t), \end{cases} \alpha \leqslant t \leqslant \beta,$$

其中 $\varphi(t)$ 和 $\psi(t)$ 在 $[\alpha,\beta]$ 上具有一阶连续导数，且 $\varphi'^2(t) + \psi'^2(t) \neq 0$，则曲线积分 $\displaystyle\int_L f(x,y)\,\mathrm{d}s$ 存在，且有

$$\int_L f(x,y)\,\mathrm{d}s = \int_\alpha^\beta f\left[\varphi(t),\psi(t)\right]\sqrt{\varphi'^2(t) + \psi'^2(t)}\,\mathrm{d}t.$$

证明 设 t 从 α 连续地变到 β 时，L 上点 $M(x,y)$ 沿曲线 L 从点 A 连续地变到 B，如图 11.1 所示.

在 L 上依次取点 $A = M_0, M_1, \cdots, M_{n-1}, M_n = B$，相应地，$[\alpha,\beta]$ 有分割

$$\alpha = t_0 < t_1 < \cdots < t_n = \beta,$$

$$M_i = (\varphi(t_i), \psi(t_i)), \Delta s_i = \int_{t_{i-1}}^{t_i} \sqrt{\varphi'^2(t) + \psi'^2(t)}\,\mathrm{d}t.$$

由定积分中值定理，得

$$\Delta s_i = \int_{t_{i-1}}^{t_i} \sqrt{\varphi'^2(t) + \psi'^2(t)}\,\mathrm{d}t = \sqrt{\varphi'^2(\tau_i) + \psi'^2(\tau_i)}\,\Delta t_i, \tau_i \in [t_{i-1}, t_i], \Delta t_i = t_i - t_{i-1}.$$

取 $\xi_i = \varphi(\tau_i), \eta_i = \psi(\tau_i), (\xi_i, \eta_i) \in \Delta s_i$，则

$$\sum_{i=1}^n f(\xi_i, \eta_i)\Delta s_i = \sum_{i=1}^n f\left[\varphi(\tau_i), \psi(\tau_i)\right]\sqrt{\varphi'^2(\tau_i) + \psi'^2(\tau_i)}\,\Delta t_i.$$

令 $\lambda' = \max\limits_{1 \leqslant i \leqslant n}\{\Delta t_i\}, \lambda = \max\limits_{1 \leqslant i \leqslant n}\{\Delta s_i\}$，若 $\lambda' \to 0$，有 $\lambda \to 0$. 对上式取极限，由曲线积分定义（等号左边）和定积分定义（等号右边）知，上式两边极限都存在且相等，则

$$\lim_{\lambda \to 0} \sum_{i=1}^n f(\xi_i, \eta_i)\Delta s_i = \lim_{\lambda' \to 0} \sum_{i=1}^n f\left[\varphi(\tau_i), \psi(\tau_i)\right]\sqrt{\varphi'^2(\tau_i) + \psi'^2(\tau_i)}\,\Delta t_i,$$

即

$$\int_L f(x,y)\,\mathrm{d}s = \int_\alpha^\beta f\left[\varphi(t),\psi(t)\right]\sqrt{\varphi'^2(t) + \psi'^2(t)}\,\mathrm{d}t.$$

注 (1)如果平面光滑曲线 L 的方程为
$$y=\psi(x)(a\leqslant x\leqslant b),$$
则
$$\int_L f(x,y)\mathrm{d}s = \int_a^b f[x,\psi(x)]\sqrt{1+\psi'^2(x)}\,\mathrm{d}x.$$

(2)如果平面光滑曲线 L 的方程为
$$x=\varphi(y)(c\leqslant y\leqslant d),$$
则
$$\int_L f(x,y)\mathrm{d}s = \int_c^d f[\varphi(y),y]\sqrt{\varphi'^2(y)+1}\,\mathrm{d}y.$$

(3)若空间曲线 Γ 的方程为 $x=\varphi(t),y=\psi(t),z=\omega(t)(\alpha\leqslant t\leqslant\beta)$，则
$$\int_\Gamma f(x,y,z)\mathrm{d}s = \int_\alpha^\beta f[\varphi(t),\psi(t),\omega(t)]\sqrt{\varphi'^2(t)+\psi'^2(t)+\omega'^2(t)}\,\mathrm{d}t.$$

根据定理 11.1 可知，计算对弧长的曲线积分的一般步骤如下：

(1)确定积分上下限；

(2)将积分曲线参数方程代入被积函数；

(3)将弧长元素 $\mathrm{d}s$ 代换成 $\sqrt{\varphi'^2(t)+\psi'^2(t)}\,\mathrm{d}t$；

(4)注意积分下限一定小于积分上限.

【即时提问 11.1】 对弧长的曲线积分的几何意义是什么？

例 11.1 计算 $\int_L(x+y)\mathrm{d}s$，其中 L 是连接$(1,0)$及$(0,1)$两点的直线段.

解 由题意知，积分曲线 L 为直线 $y=1-x(0\leqslant x\leqslant 1)$，因此
$$\int_L(x+y)\mathrm{d}s = \int_0^1(x+1-x)\cdot\sqrt{1+(-1)^2}\,\mathrm{d}x$$
$$= \int_0^1\sqrt2\,\mathrm{d}x=\sqrt2.$$

例 11.2 设一圆形构件，在平面可表示为圆 L：$x=a\cos t,y=a\sin t(0\leqslant t\leqslant 2\pi,a>0)$. 若曲线上任一点$(x,y)$的线密度 $\rho(x,y)$ 为该点到原点的距离，求此构件的质量 m.

解 由题意，构件的线密度 $\rho(x,y)=\sqrt{x^2+y^2}$，则构件的质量为
$$m=\oint_L\sqrt{x^2+y^2}\,\mathrm{d}s.$$
又因为积分曲线 L 的方程为 $x=a\cos t,y=a\sin t(0\leqslant t\leqslant 2\pi)$，所以
$$m=\int_0^{2\pi}\sqrt{(a\cos t)^2+(a\sin t)^2}\sqrt{(a\cos t)'^2+(a\sin t)'^2}\,\mathrm{d}t=\int_0^{2\pi}a\cdot a\mathrm{d}t=2\pi a^2.$$

例 11.3 设曲线 L 为摆线 $x=a(t-\sin t),y=a(1-\cos t)(0\leqslant t\leqslant 2\pi,a>0)$ 的一拱，求曲线积分 $\int_L y^2\mathrm{d}s$.

解 曲线 L 的方程为 $x=a(t-\sin t),y=a(1-\cos t),0\leqslant t\leqslant 2\pi,0\leqslant\dfrac{t}{2}\leqslant\pi$，则
$$\mathrm{d}s=\sqrt{a^2(1-\cos t)^2+a^2\sin^2 t}\,\mathrm{d}t=2a\sin\frac{t}{2}\mathrm{d}t.$$

所以

$$\int_L y^2 \mathrm{d}s = \int_0^{2\pi} a^2 (1-\cos t)^2 \cdot 2a\sin\frac{t}{2}\mathrm{d}t$$

$$= 8a^3 \int_0^{2\pi} \sin^5\frac{t}{2}\mathrm{d}t = \frac{256}{15}a^3.$$

例 11.4 计算 $\oint_\Gamma (x^2+y^2+2z)\mathrm{d}s$，其中 Γ 为球面 $x^2+y^2+z^2=a^2$ 和平面 $x+y+z=0$ 的交线 $(a>0)$.

微课：例 11.4

解 由对弧长的曲线积分的轮换对称性知

$$\oint_\Gamma x^2\mathrm{d}s = \oint_\Gamma y^2\mathrm{d}s = \oint_\Gamma z^2\mathrm{d}s = \frac{1}{3}\oint_\Gamma (x^2+y^2+z^2)\mathrm{d}s.$$

由于在 Γ 上 $x^2+y^2+z^2=a^2$ 成立，且 Γ 是一个半径为 a 的圆周，因此

$$\oint_\Gamma (x^2+y^2+z^2)\mathrm{d}s = \oint_\Gamma a^2\mathrm{d}s = a^2\oint_\Gamma \mathrm{d}s = 2\pi a^3.$$

同理，由于在 Γ 上 $x+y+z=0$ 成立，则

$$\oint_\Gamma x\mathrm{d}s = \oint_\Gamma y\mathrm{d}s = \oint_\Gamma z\mathrm{d}s = \frac{1}{3}\oint_\Gamma (x+y+z)\mathrm{d}s = 0.$$

故

$$\oint_\Gamma (x^2+y^2+2z)\mathrm{d}s = \oint_\Gamma x^2\mathrm{d}s + \oint_\Gamma y^2\mathrm{d}s + 2\oint_\Gamma z\mathrm{d}s = \frac{4}{3}\pi a^3.$$

同步习题 11.1

基础题

1. 计算积分 $\int_L \sqrt{y}\mathrm{d}s$，其中 L 是抛物线 $y=x^2$ 上点 $O(0,0)$ 与点 $B(1,1)$ 之间的一段弧.

2. 计算积分 $\int_L \mathrm{e}^{\sqrt{x^2+y^2}}\mathrm{d}s$，其中 L 是从点 $A(0,1)$ 按顺时针方向沿圆周 $x=\sqrt{1-y^2}$ 到点 $B\left(\dfrac{\sqrt{2}}{2}, -\dfrac{\sqrt{2}}{2}\right)$ 的一段弧.

3. 计算积分 $\int_\Gamma (x^2+y^2+z^2)\mathrm{d}s$，其中 Γ 为螺旋线 $x=a\cos t, y=a\sin t, z=kt(a>0,k>0)$ 上相应于 t 从 0 到 2π 的一段弧.

4. 计算积分 $\oint_L (x^2+y^2)\mathrm{d}s$，其中 L 为圆周 $x=a\cos t, y=a\sin t(0\leqslant t\leqslant 2\pi, a>0)$.

5. 计算积分 $\int_\Gamma \dfrac{1}{x^2+y^2+z^2}\mathrm{d}s$，其中 Γ 为曲线 $x=\mathrm{e}^t\cos t, y=\mathrm{e}^t\sin t, z=\mathrm{e}^t$ 上相应于 t 从 0 到 2 的弧段.

1. 计算积分 $\oint_L \sqrt{x^2+y^2}\,\mathrm{d}s$，$L$ 为圆周 $x^2+y^2=ax(a>0)$.

2. 设 L 为椭圆 $\dfrac{x^2}{4}+\dfrac{y^2}{3}=1$，其周长记为 a，则 $\oint_L (2xy+3x^2+4y^2)\,\mathrm{d}s=$ _____.

11.2 对坐标的曲线积分

11.2.1 对坐标的曲线积分的概念和性质

在学习对坐标的曲线积分的概念和性质之前，我们先学习有关场的概念. 在物理学中，把物理量在空间某个范围内的分布称为一个物理场，简称场. 场根据其属性可分为两类：数量场与向量场. 如密度场 $\rho(x,y)$、温度场 $T(x,y,z)$ 等是数量场，流体流速场、力场、电磁场等都是向量场. 从数学上讲，数量场可用一个数量值函数表示；向量场可用向量值函数表示，即在空间某区域中的每一点上都指定了一个向量，如平面上的力场可表示为 $\boldsymbol{F}(x,y)=P(x,y)\boldsymbol{i}+Q(x,y)\boldsymbol{j}$，空间上的流速场可表示为 $\boldsymbol{v}(x,y,z)=P(x,y,z)\boldsymbol{i}+Q(x,y,z)\boldsymbol{j}+R(x,y,z)\boldsymbol{k}$. 显然，向量值函数的极限存在、连续、可导和可积当且仅当每个坐标函数极限存在、连续、可导和可积. 另外，如果向量值函数 $\boldsymbol{F}$ 的模 $|\boldsymbol{F}|$ 在定义集合上有界，就称 $\boldsymbol{F}$ 为有界向量值函数.

我们知道，若物体在恒力 $\boldsymbol{F}$ 的作用下移动的位移为 $\boldsymbol{r}$，则力 $\boldsymbol{F}$ 所做的功为 $W=\boldsymbol{F}\cdot\boldsymbol{r}$. 在实际中，我们还经常遇到物体移动的路径不是直线而是曲线，且力 $\boldsymbol{F}$ 与路径上点的位置有关，这是一个变力沿曲线做功的问题.

微课：变力沿曲线做功

引例 一质点在 xOy 面内受变力 $\boldsymbol{F}(x,y)=P(x,y)\boldsymbol{i}+Q(x,y)\boldsymbol{j}$ 的作用而沿光滑曲线弧 L 从点 A 移动到点 B，求变力 $\boldsymbol{F}(x,y)$ 所做的功 W，如图 11.2 所示.

在曲线弧 L 上插入点 $A=M_0,M_1,\cdots,M_{n-1},M_n=B$，把曲线弧 L 分成 n 个小弧段，取其中一个有向小弧段 $\overparen{M_{i-1}M_i}$ 来分析. 设点 M_i 的坐标为 $(x_i,y_i)(i=1,2,\cdots,n)$，则有向小弧段 $\overparen{M_{i-1}M_i}$ 在 x 轴与 y 轴上的投影分别为 $\Delta x_i=x_i-x_{i-1}$ 与 $\Delta y_i=y_i-y_{i-1}$. 由于 $\overparen{M_{i-1}M_i}$ 光滑且很短，可以用有向线段 $\Delta \boldsymbol{s}_i=\overrightarrow{M_{i-1}M_i}=\{\Delta x_i,\Delta y_i\}(i=1,2,\cdots,n)$ 来近似代替它，所以 $\boldsymbol{F}(x,y)$ 沿有向小弧段 $\overparen{M_{i-1}M_i}$ 所做的功可以近似为

$$W_i \approx \boldsymbol{F}(\xi_i,\eta_i)\cdot \Delta \boldsymbol{s}_i=P(\xi_i,\eta_i)\Delta x_i+Q(\xi_i,\eta_i)\Delta y_i,$$

其中 (ξ_i,η_i) 为小弧段 $\overparen{M_{i-1}M_i}$ 内任意一点. 于是，变力 $\boldsymbol{F}(x,y)$ 所做的功近似值为

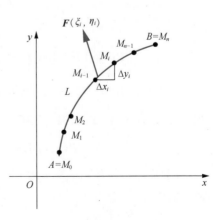

图 11.2

$$W = \sum_{i=1}^{n} W_i \approx \sum_{i=1}^{n} \left[P(\xi_i, \eta_i) \Delta x_i + Q(\xi_i, \eta_i) \Delta y_i \right].$$

曲线弧 L 分割得越细,上式右边的和就越接近精确值. 因此,上式右边在 $\lambda \to 0$(λ 是各小弧段长度的最大值)时的极限就是变力 $\boldsymbol{F}$ 沿曲线弧 L 所做功的精确值,即

$$W = \lim_{\lambda \to 0} \sum_{i=1}^{n} \left[P(\xi_i, \eta_i) \Delta x_i + Q(\xi_i, \eta_i) \Delta y_i \right].$$

在研究很多其他问题时,我们也会遇到同样类型的和式极限,抛开具体的物理含义,我们有如下的定义.

定义 11.2 设 L 是 xOy 面上从点 A 到点 B 的一条光滑有向曲线弧,函数 $P(x,y), Q(x,y)$ 在 L 上有界. 在 L 上沿 L 的方向任意插入一点列 $A = M_0, M_1, \cdots, M_{n-1}, M_n = B$,得到 n 个有向小弧段 $\widehat{M_{i-1}M_i}(i = 1, 2, \cdots, n)$.

设 $\Delta x_i = x_i - x_{i-1}, \Delta y_i = y_i - y_{i-1}$,$(\xi_i, \eta_i)$ 为 $\widehat{M_{i-1}M_i}$ 上任意一点,令 λ 为各小弧段长度的最大值. 若极限

$$\lim_{\lambda \to 0} \sum_{i=1}^{n} \left[P(\xi_i, \eta_i) \Delta x_i + Q(\xi_i, \eta_i) \Delta y_i \right]$$

存在,且极限值与 L 的分法及点 (ξ_i, η_i) 的取值都无关,则此极限值为函数 $P(x,y), Q(x,y)$ 在有向曲线弧 L 上的对坐标的曲线积分或第二类曲线积分,记作

$$\int_L P(x,y) \mathrm{d}x + Q(x,y) \mathrm{d}y. \tag{11.1}$$

若记 $\boldsymbol{F}(x,y) = \{P(x,y), Q(x,y)\}$,$\mathrm{d}\boldsymbol{r} = \mathrm{d}x\boldsymbol{i} + \mathrm{d}y\boldsymbol{j} = \{\mathrm{d}x, \mathrm{d}y\}$,则式(11.1)可写成向量形式

$$\int_L \boldsymbol{F} \cdot \mathrm{d}\boldsymbol{r},$$

其中 $\boldsymbol{F}(x,y) = P(x,y)\boldsymbol{i} + Q(x,y)\boldsymbol{j}$ 为向量值函数,有向曲线弧 L 叫作有向积分曲线,$\mathrm{d}\boldsymbol{r} = \mathrm{d}x\boldsymbol{i} + \mathrm{d}y\boldsymbol{j}$ 叫作有向弧元素.

注 (1)如果 L 是有向闭曲线,则式(11.1)记作

$$\oint_L P(x,y)\mathrm{d}x + Q(x,y)\mathrm{d}y.$$

(2)如果 $\boldsymbol{F}_1(x,y) = P(x,y)\boldsymbol{i}, \boldsymbol{F}_2(x,y) = Q(x,y)\boldsymbol{j}$,则得

$$\int_L \boldsymbol{F}_1 \cdot \mathrm{d}\boldsymbol{r} = \int_L P(x,y)\mathrm{d}x, \int_L \boldsymbol{F}_2 \cdot \mathrm{d}\boldsymbol{r} = \int_L Q(x,y)\mathrm{d}y,$$

即

$$\int_L P(x,y)\mathrm{d}x = \lim_{\lambda \to 0} \sum_{i=1}^{n} P(\xi_i, \eta_i) \Delta x_i, \int_L Q(x,y)\mathrm{d}y = \lim_{\lambda \to 0} \sum_{i=1}^{n} Q(\xi_i, \eta_i) \Delta y_i.$$

积分 $\int_L P(x,y)\mathrm{d}x$ 和 $\int_L Q(x,y)\mathrm{d}y$ 也称为在光滑有向曲线弧 L 上关于坐标 x 和 y 的曲线积分. 因此,根据定义(假设右边两个积分存在),有

$$\int_L P(x,y)\mathrm{d}x + Q(x,y)\mathrm{d}y = \int_L P(x,y)\mathrm{d}x + \int_L Q(x,y)\mathrm{d}y.$$

(3)质点在变力 $\boldsymbol{F}(x,y) = P(x,y)\boldsymbol{i} + Q(x,y)\boldsymbol{j}$ 作用下沿光滑有向曲线弧 L 从点 A 移动到点 B 所做的功为

$$W = \int_L P(x,y)\mathrm{d}x + Q(x,y)\mathrm{d}y.$$

(4)可以证明,若函数 $\boldsymbol{F}(x,y)$ 在光滑或分段光滑有向曲线弧 L 上连续,则 $\boldsymbol{F}(x,y)$ 在曲

线弧 L 上对坐标的曲线积分存在. 以下均设有向积分曲线 L 光滑或分段光滑，$\boldsymbol{F}(x,y)$ 在 L 上连续.

（5）对于三维空间的光滑或分段光滑有向曲线弧 Γ，设三元向量值函数

$$\boldsymbol{F}(x,y,z)=P(x,y,z)\boldsymbol{i}+Q(x,y,z)\boldsymbol{j}+R(x,y,z)\boldsymbol{k}$$

在 Γ 上连续，则 $\boldsymbol{F}(x,y,z)$ 在 Γ 上的第二类曲线积分可定义为

$$\int_\Gamma \boldsymbol{F}\cdot \mathrm{d}\boldsymbol{r}=\int_\Gamma P(x,y,z)\,\mathrm{d}x+Q(x,y,z)\,\mathrm{d}y+R(x,y,z)\,\mathrm{d}z$$

$$=\lim_{\lambda\to 0}\sum_{i=1}^n \left[P(\xi_i,\eta_i,\zeta_i)\Delta x_i+Q(\xi_i,\eta_i,\zeta_i)\Delta y_i+R(\xi_i,\eta_i,\zeta_i)\Delta z_i \right],$$

其中 $\mathrm{d}\boldsymbol{r}=\mathrm{d}x\boldsymbol{i}+\mathrm{d}y\boldsymbol{j}+\mathrm{d}z\boldsymbol{k}$.

根据对坐标的曲线积分的定义，若函数 $\boldsymbol{F}(x,y),\boldsymbol{G}(x,y)$ 在有向光滑曲线弧 L 上可积，则它具有下列性质.

性质 11.4 设 L 是有向曲线弧，L^- 是与 L 方向相反的有向曲线弧，则

$$\int_{L^-} \boldsymbol{F}\cdot \mathrm{d}\boldsymbol{r}=-\int_L \boldsymbol{F}\cdot \mathrm{d}\boldsymbol{r}.$$

此性质表示，当积分弧段的方向改变时，对坐标的曲线积分要改变符号，因此，对于对坐标的曲线积分，我们必须注意积分曲线的方向.

性质 11.5 设 α,β 为任意常数，则

$$\int_L (\alpha\boldsymbol{F}+\beta\boldsymbol{G})\cdot \mathrm{d}\boldsymbol{r}=\alpha\int_L \boldsymbol{F}\cdot \mathrm{d}\boldsymbol{r}+\beta\int_L \boldsymbol{G}\cdot \mathrm{d}\boldsymbol{r}.$$

性质 11.6 如果把有向曲线弧 L 分成 L_1 和 L_2，则

$$\int_L \boldsymbol{F}\cdot \mathrm{d}\boldsymbol{r}=\int_{L_1} \boldsymbol{F}\cdot \mathrm{d}\boldsymbol{r}+\int_{L_2} \boldsymbol{F}\cdot \mathrm{d}\boldsymbol{r}.$$

11.2.2 对坐标的曲线积分的计算法

与求对弧长的曲线积分一样，计算对坐标的曲线积分也是把它化成定积分，我们不加证明地给出以下定理.

定理 11.2 设 $P(x,y),Q(x,y)$ 是定义在光滑有向曲线弧 L 上的连续函数，L 的参数方程为

$$\begin{cases} x=\varphi(t),\\ y=\psi(t). \end{cases}$$

当参数 t 单调地由 α 变到 β 时，点 $M(x,y)$ 从 L 的起点 A 沿 L 方向运动到终点 B，$\varphi(t),\psi(t)$ 在以 α 和 β 为端点的区间上有一阶连续导数，且 $\varphi'^2(t)+\psi'^2(t)\neq 0$，则对坐标的曲线积分 $\int_L P(x,y)\,\mathrm{d}x+Q(x,y)\,\mathrm{d}y$ 存在，且

$$\int_L P\mathrm{d}x+Q\mathrm{d}y=\int_\alpha^\beta \{P[\varphi(t),\psi(t)]\varphi'(t)+Q[\varphi(t),\psi(t)]\psi'(t)\}\mathrm{d}t.$$

这就是计算对坐标的曲线积分的公式. 应用该公式必须注意，定积分中的下限 α 对应于 L 的起点 A，上限 β 对应于 L 的终点 B，下限 α 不一定小于上限 β.

（1）如果有向曲线弧 L 的方程是 $y=\varphi(x)$，则

$$\int_L P(x,y)\,\mathrm{d}x+Q(x,y)\,\mathrm{d}y=\int_\alpha^\beta \{P[x,\varphi(x)]+Q[x,\varphi(x)]\varphi'(x)\}\mathrm{d}x.$$

（2）如果有向曲线弧 L 的方程是 $x = \varphi(y)$，则

$$\int_L P(x,y)\mathrm{d}x + Q(x,y)\mathrm{d}y = \int_\alpha^\beta \{P[\varphi(y),y]\varphi'(y) + Q[\varphi(y),y]\}\mathrm{d}y.$$

（3）如果空间曲线 Γ 的参数方程为

$$x = \varphi(t), y = \psi(t), z = \omega(t),$$

则

$$\int_\Gamma P(x,y,z)\mathrm{d}x + Q(x,y,z)\mathrm{d}y + R(x,y,z)\mathrm{d}z$$

$$= \int_\alpha^\beta \{P[\varphi(t),\psi(t),\omega(t)]\varphi'(t) + Q[\varphi(t),\psi(t),\omega(t)]\psi'(t) + R[\varphi(t),\psi(t),\omega(t)]\omega'(t)\}\mathrm{d}t.$$

其中 α 对应于 Γ 的起点，β 对应于 Γ 的终点.

根据定理 11.2 可知，对坐标的曲线积分的计算步骤如下：

（1）首先确定积分上下限，把对坐标的曲线积分化为定积分；

（2）将积分曲线的参数式代入被积函数；

（3）将 $\mathrm{d}x, \mathrm{d}y$ 分别换为 $\varphi'(t)\mathrm{d}t, \psi'(t)\mathrm{d}t$；

（4）下限 α 对应于 L 的起点，上限 β 对应于 L 的终点，注意 α 不一定小于 β.

【即时提问 11.2】 对坐标的曲线积分，计算时有没有方向要求？

例 11.5 计算曲线积分 $I = \oint_L x\mathrm{d}x + y\mathrm{d}y$，其中 L 是圆周 $x^2 + y^2 = a^2$，取其逆时针方向的一周，如图 11.3 所示.

解 L 的参数方程为 $x = a\cos t, y = a\sin t (0 \leqslant t \leqslant 2\pi)$，其中 $t = 0$ 对应起点 $A(a,0)$，$t = 2\pi$ 对应终点 $B(a,0)$. 于是

$$I = \int_0^{2\pi} [a\cos t \cdot (-a\sin t) + a\sin t \cdot a\cos t]\mathrm{d}t = \int_0^{2\pi} 0\mathrm{d}t = 0.$$

例 11.6 计算 $I = \int_L x\mathrm{d}y - y\mathrm{d}x$，其中 L 分别是连接起点 $O(0,0)$ 和终点 $B(1,1)$ 的下列有向曲线弧，如图 11.4 所示.

（1）$y = x$.　　　　（2）$y = x^2$.　　　　（3）$y = x^3$.

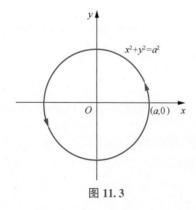

图 11.3

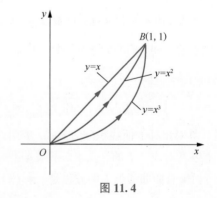

图 11.4

解 (1) 以 x 为参数，L 的方程为 $y=x$，$x:0\to1$，曲线积分可化为

$$I = \int_L x\mathrm{d}y - y\mathrm{d}x = \int_0^1 (x-x)\,\mathrm{d}x = 0.$$

(2) 以 x 为参数，L 的方程为 $y=x^2$，$x:0\to1$，曲线积分可化为

$$I = \int_L x\mathrm{d}y - y\mathrm{d}x = \int_0^1 \left[x\cdot(2x)-x^2\right]\mathrm{d}x = \int_0^1 x^2\mathrm{d}x = \frac{1}{3}.$$

(3) 以 x 为参数，L 的方程为 $y=x^3$，$x:0\to1$，曲线积分可化为

$$I = \int_L x\mathrm{d}y - y\mathrm{d}x = \int_0^1 \left[x\cdot(3x^2)-x^3\right]\mathrm{d}x = 2\int_0^1 x^3\mathrm{d}x = \frac{1}{2}.$$

从例 11.6 中可以看出，第二类曲线积分不仅与被积函数有关，还与积分曲线有关.

例 11.7 计算曲线积分 $\int_L 2xy\mathrm{d}x + x^2\mathrm{d}y$，其中 L 分别是连接起点 $O(0,0)$ 和终点 $A(1,1)$ 的下列有向曲线弧，如图 11.5 所示.

(1) $y=x$.

(2) $y=x^2$.

(3) 折线 OMA，其中点 M 的坐标为 $(1,0)$.

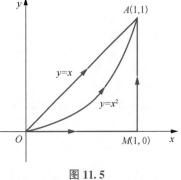

图 11.5

解 (1) 有向线段 $\overrightarrow{OA}$ 的方程为 $y=x$，$x:0\to1$，所以

$$\int_L 2xy\mathrm{d}x + x^2\mathrm{d}y = \int_0^1 (2x\cdot x + x^2\cdot1)\mathrm{d}x = \int_0^1 3x^2\mathrm{d}x = 1.$$

(2) 有向抛物线段 $\overset{\frown}{OA}$ 的方程为 $y=x^2$，$x:0\to1$，故

$$\int_L 2xy\mathrm{d}x + x^2\mathrm{d}y = \int_0^1 (2x\cdot x^2 + x^2\cdot2x)\mathrm{d}x = \int_0^1 4x^3\mathrm{d}x = 1.$$

(3) 有向折线段 $\overrightarrow{OMA} = \overrightarrow{OM}+\overrightarrow{MA}$，其中 $\overrightarrow{OM}$ 的方程为 $y=0$，$x:0\to1$，$\overrightarrow{MA}$ 的方程为 $x=1$，$y:0\to1$，所以

$$\int_L 2xy\mathrm{d}x + x^2\mathrm{d}y = \int_{\overrightarrow{OM}} 2xy\mathrm{d}x + x^2\mathrm{d}y + \int_{\overrightarrow{MA}} 2xy\mathrm{d}x + x^2\mathrm{d}y$$

$$= \int_0^1 (2x\cdot0 + x^2\cdot0)\mathrm{d}x + \int_0^1 (2y\cdot1\cdot0 + 1^2)\mathrm{d}y$$

$$= \int_0^1 0\mathrm{d}x + \int_0^1 \mathrm{d}y = 0+1 = 1.$$

从例 11.7 可以看出，虽然沿不同路径，但有些曲线积分的值可能会相等.

例 11.8 计算曲线积分 $\int_\Gamma yz\mathrm{d}x - x\mathrm{d}y - y\mathrm{d}z$，其中有向曲线 Γ 为圆柱面 $x^2+y^2=1$ 与平面 $x+z=1$ 的交线，并且从 x 轴正向向原点看去，Γ 取顺时针方向，如图 11.6 所示.

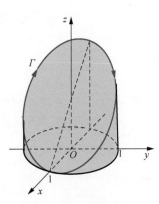

图 11.6

解 有向曲线 Γ 用参数方程可表示为

$$\begin{cases} x=\cos t, \\ y=\sin t, \quad t:2\pi\to0, \\ z=1-\cos t, \end{cases}$$

则

$$\int_{\Gamma} yz\mathrm{d}x - x\mathrm{d}y - y\mathrm{d}z = \int_{2\pi}^{0} \left[\sin t (1-\cos t)\cdot(-\sin t) - \cos^2 t - \sin^2 t \right] \mathrm{d}t$$

$$= \int_{0}^{2\pi} (-\sin^2 t\cos t + \sin^2 t + 1)\,\mathrm{d}t = 3\pi.$$

11.2.3 两类曲线积分之间的关系

尽管两类曲线积分的背景和计算方法均不相同，但它们之间存在密切的联系. 设有向曲线弧 L 的起点为 A，终点为 B，其参数方程为

$$\begin{cases} x = \varphi(t), \\ y = \psi(t), \end{cases}$$

对应的参数 t 单调地由 α 变到 β. 曲线 L 上在点 $(x,y)=(\varphi(t),\psi(t))$ 处的一个切向量为 $\{\varphi'(t),\psi'(t)\}$，它的指向与曲线方向一致，其单位向量记为

$$\boldsymbol{\tau} = \left\{ \frac{\varphi'(t)}{\sqrt{\varphi'^2(t)+\psi'^2(t)}}, \frac{\psi'(t)}{\sqrt{\varphi'^2(t)+\psi'^2(t)}} \right\}$$

$$= \{\cos\alpha, \cos\beta\},$$

$\boldsymbol{\tau}$ 也称为曲线 L 的正向切向量，$\cos\alpha,\cos\beta$ 为点 (x,y) 处曲线正向切向量的方向余弦. 当 $P(x,y)$，$Q(x,y)$ 是 L 上的连续函数，$\varphi(t),\psi(t)$ 在以 α 和 β 为端点的区间上有一阶连续导函数，且 $\varphi'^2(t)+\psi'^2(t) \neq 0$ 时，

$$\int_{L} P\mathrm{d}x + Q\mathrm{d}y = \int_{\alpha}^{\beta} \{ P[\varphi(t),\psi(t)]\varphi'(t) + Q[\varphi(t),\psi(t)]\psi'(t) \}\,\mathrm{d}t$$

$$= \int_{\alpha}^{\beta} \left\{ P[\varphi(t),\psi(t)] \frac{\varphi'(t)}{\sqrt{\varphi'^2(t)+\psi'^2(t)}} + Q[\varphi(t),\psi(t)] \frac{\psi'(t)}{\sqrt{\varphi'^2(t)+\psi'^2(t)}} \right\} \sqrt{\varphi'^2(t)+\psi'^2(t)}\,\mathrm{d}t$$

$$= \int_{\alpha}^{\beta} \{ P[\varphi(t),\psi(t)]\cos\alpha + Q[\varphi(t),\psi(t)]\cos\beta \}\,\mathrm{d}s$$

$$= \int_{L} (P\cos\alpha + Q\cos\beta)\,\mathrm{d}s$$

$$= \int_{L} \{P,Q\}\cdot\boldsymbol{\tau}\mathrm{d}s,$$

即

$$\int_{L} P(x,y)\,\mathrm{d}x + Q(x,y)\,\mathrm{d}y = \int_{L} [P(x,y)\cos\alpha + Q(x,y)\cos\beta]\,\mathrm{d}s,$$

或

$$\int_{L} \boldsymbol{F}\cdot\mathrm{d}\boldsymbol{r} = \int_{L} \boldsymbol{F}\cdot\boldsymbol{\tau}\mathrm{d}s,$$

其中 $\boldsymbol{F}(x,y)=\{P(x,y),Q(x,y)\}$，$\mathrm{d}\boldsymbol{r}=\{\mathrm{d}x,\mathrm{d}y\}$. 这就是平面上两类曲线积分之间的关系.

对于空间曲线情形，类似地有两类曲线积分之间的关系

$$\int_{\Gamma} P(x,y,z)\,\mathrm{d}x + Q(x,y,z)\,\mathrm{d}y + R(x,y,z)\,\mathrm{d}z = \int_{\Gamma} [P(x,y,z)\cos\alpha + Q(x,y,z)\cos\beta + R(x,y,z)\cos\gamma]\,\mathrm{d}s,$$

或

$$\int_{\Gamma} \boldsymbol{F}\cdot\mathrm{d}\boldsymbol{r} = \int_{\Gamma} \boldsymbol{F}\cdot\boldsymbol{\tau}\mathrm{d}s,$$

其中 $\boldsymbol{F}=\{P,Q,R\}$，$\boldsymbol{\tau}=\{\cos\alpha,\cos\beta,\cos\gamma\}$ 为空间有向曲线弧 Γ 上点 (x,y,z) 处与曲线弧正向相同的单位切向量，$\mathrm{d}\boldsymbol{r}=\{\mathrm{d}x,\mathrm{d}y,\mathrm{d}z\}$.

例 11.9 设 Γ 为曲线 $x=t,y=t^2,z=t^3$ 上相应于 t 从 0 变到 1 的曲线弧，把对坐标的曲线积分 $\displaystyle\int_{\Gamma}P\mathrm{d}x+Q\mathrm{d}y+R\mathrm{d}z$ 化成对弧长的曲线积分.

解 由题意，曲线弧 Γ 的切向量为

$$\boldsymbol{T}=\left\{\frac{\mathrm{d}x}{\mathrm{d}t},\frac{\mathrm{d}y}{\mathrm{d}t},\frac{\mathrm{d}z}{\mathrm{d}t}\right\}=\{1,2t,3t^2\}=\{1,2x,3y\}.$$

因为参数 t 由小变到大，因此 Γ 的正向切向量的方向余弦为

$$\cos\alpha=\frac{x'(t)}{\sqrt{x'^2(t)+y'^2(t)+z'^2(t)}}=\frac{1}{\sqrt{1+4x^2+9y^2}};$$

$$\cos\beta=\frac{y'(t)}{\sqrt{x'^2(t)+y'^2(t)+z'^2(t)}}=\frac{2x}{\sqrt{1+4x^2+9y^2}};$$

$$\cos\gamma=\frac{z'(t)}{\sqrt{x'^2(t)+y'^2(t)+z'^2(t)}}=\frac{3y}{\sqrt{1+4x^2+9y^2}}.$$

从而

$$\int_{\Gamma}P\mathrm{d}x+Q\mathrm{d}y+R\mathrm{d}z=\int_{\Gamma}\frac{P+2xQ+3yR}{\sqrt{1+4x^2+9y^2}}\mathrm{d}s.$$

例 11.10 设 $f(x,y)=\dfrac{1}{2}\ln(x^2+y^2)$，有向曲线弧 L 的方程为 $y=x^2$，$x:1\to2$，试计算 $\displaystyle\int_{L}\frac{\partial f}{\partial\boldsymbol{\tau}}\mathrm{d}s$，其中 $\dfrac{\partial f}{\partial\boldsymbol{\tau}}$ 表示函数 $f(x,y)$ 沿 L 的正向单位切向量 $\boldsymbol{\tau}$ 的方向导数.

解

$$\frac{\partial f}{\partial\boldsymbol{\tau}}=f_x\cdot\cos<\boldsymbol{\tau},x>+f_y\cdot\cos<\boldsymbol{\tau},y>$$

$$=\frac{x}{x^2+y^2}\cdot\cos<\boldsymbol{\tau},x>+\frac{y}{x^2+y^2}\cdot\cos<\boldsymbol{\tau},y>,$$

由第一、第二类曲线积分的关系知

$$\int_{L}\frac{\partial f}{\partial\boldsymbol{\tau}}\mathrm{d}s=\int_{L}\frac{x}{x^2+y^2}\mathrm{d}x+\frac{y}{x^2+y^2}\mathrm{d}y=\int_{1}^{2}\frac{x}{x^2+x^4}\mathrm{d}x+\int_{1}^{4}\frac{y}{y+y^2}\mathrm{d}y=\frac{1}{2}\ln10.$$

同步习题 11.2

基础题

1. 计算 $\displaystyle\int_{L}(x^2+2xy)\mathrm{d}x+(x^2+y^4)\mathrm{d}y$，其中 L 为由点 $O(0,0)$ 到点 $A(1,1)$ 的直线段.

2. 计算 $\displaystyle\int_{L}xy\mathrm{d}x$，其中 L 为抛物线 $y^2=x$ 上从点 $A(1,-1)$ 到点 $B(1,1)$ 的一段弧.

3. 计算 $\oint_L \dfrac{(x+y)\mathrm{d}x-(x-y)\mathrm{d}y}{x^2+y^2}$，其中 $L:x^2+y^2=1$（取逆时针方向为正向）.

4. 计算曲线积分 $\int_L y\mathrm{d}x+\mathrm{d}y$，其中 L 分别为下列有向曲线弧.

(1)$L:y=0$, $x:\pi\to0$.   (2)$L:y=\sin x$, $x:\pi\to0$.

5. 计算曲线积分 $\oint_L (y+1)\mathrm{d}x-(x-2)\mathrm{d}y$，其中 L 为上半圆盘 $x^2+y^2\leqslant1(y\geqslant0)$ 的整个边界，取逆时针方向.

6. 计算曲线积分 $\int_L (y^2-x)\mathrm{d}x+(x^2-y)\mathrm{d}y$，其中 L 是下半圆周 $y=-\sqrt{1-x^2}$ 从点 $A(-1,0)$ 到点 $B(1,0)$ 的一段弧.

7. 计算 $\int_L (x+y)\mathrm{d}x+(y-x)\mathrm{d}y$，其中 L 分别为下列有向曲线弧.

(1)抛物线 $y^2=x$ 上从点 $(1,1)$ 到点 $(4,2)$ 的一段弧.

(2)曲线 $x=2t^2+t+1,y=t^2+1$ 上从点 $(1,1)$ 到点 $(4,2)$ 的一段弧.

8. 求曲线积分 $\int_\Gamma x\mathrm{d}x+y\mathrm{d}y+(x+y-1)\mathrm{d}z$，其中 Γ 是从点 $(1,1,1)$ 到点 $(2,3,4)$ 的直线段.

提高题

1. 计算曲线积分 $\int_L \sin2x\mathrm{d}x+2(x^2-1)y\mathrm{d}y$，其中 L 是曲线 $y=\sin x$ 上从点 $(0,0)$ 到点 $(\pi,0)$ 的一段弧.

2. 计算曲线积分 $\int_\Gamma x^2\mathrm{d}x+z\mathrm{d}y-y\mathrm{d}z$，其中 Γ 为曲线 $x=bt,y=a\cos t,z=a\sin t$ 上对应于 t 从 0 变到 π 的一段弧.

3. 已知平面区域 $D=\{(x,y)\,|\,0\leqslant x\leqslant\pi,0\leqslant y\leqslant\pi\}$，$L$ 为 D 的正向边界. 试证:

微课：同步习题 11.2
提高题 3

(1)$\oint_L x\mathrm{e}^{\sin y}\mathrm{d}y-y\mathrm{e}^{-\sin x}\mathrm{d}x=\oint_L x\mathrm{e}^{-\sin y}\mathrm{d}y-y\mathrm{e}^{\sin x}\mathrm{d}x$;

(2)$\oint_L x\mathrm{e}^{\sin y}\mathrm{d}y-y\mathrm{e}^{-\sin x}\mathrm{d}x\geqslant2\pi^2$.

4. 已知曲线 L 的方程为 $y=1-|x|$，$x\in[-1,1]$，起点是 $(-1,0)$，终点是 $(1,0)$，则曲线积分 $\int_L xy\mathrm{d}x+x^2\mathrm{d}y=$ _____.

11.3 格林公式及其应用

格林公式是微积分理论中的重要公式，它建立了平面区域上的二重积分与其边界上的对坐标的曲线积分之间的联系，揭示了定向曲线积分与积分路径无关的条件，在积分理论的发展中起了很大的作用.

11.3.1　格林公式

在介绍格林公式之前，我们先介绍平面单连通区域的概念及平面区域边界曲线正方向的规定.

设 D 为平面区域，如果 D 内任一闭曲线所围的部分都属于 D，则称 D 为平面单连通区域，如图 11.7 所示；否则称为复连通区域（即区域 D 内有"洞"），如图 11.8 所示.

例如，右半平面 $\{(x,y)\mid x>0\}$ 和圆形区域 $\{(x,y)\mid x^2+y^2\leqslant 4\}$ 都是单连通区域；区域 $\left\{(x,y)\ \middle|\ 0<\dfrac{x^2}{2}+\dfrac{y^2}{4}\leqslant 1\right\}$ 和 $\{(x,y)\mid 1\leqslant x^2+y^2\leqslant 25,(x-3)^2+y^2\geqslant 1\}$ 都是复连通区域.

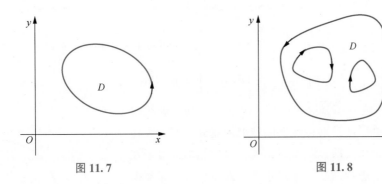

图 11.7　　　　　　　　　　图 11.8

对于平面有界闭区域 D 的边界曲线 ∂D，我们规定 ∂D 的正方向如下：当观察者沿 ∂D 行走时，区域 D 总在他的左边. 相反的方向称为负方向，记为 ∂D^-.

特别地，对单连通区域 D 来说，∂D 的正方向就是逆时针方向，如图 11.7 所示；复连通闭区域 D 的边界曲线 ∂D 的正方向如图 11.8 所示.

定理 11.3　设平面有界闭区域 D 由分段光滑的闭曲线 ∂D 围成，函数 $P(x,y)$ 及 $Q(x,y)$ 在 D 上具有一阶连续偏导数，则有

$$\iint\limits_{D}\left(\frac{\partial Q}{\partial x}-\frac{\partial P}{\partial y}\right)\mathrm{d}x\mathrm{d}y=\oint_{\partial D}P\mathrm{d}x+Q\mathrm{d}y,\tag{11.2}$$

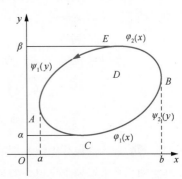

微课：格林公式
的证明

其中 ∂D 是 D 的取正向的边界曲线. 式（11.2）称为格林公式.

证明　根据区域 D 的不同类型，分为 3 种情况进行证明.

（1）若 D 是简单区域，即平行于坐标轴的直线和边界 ∂D 至多交于两点的情形，如图 11.9 所示，则

$$D=\{(x,y)\mid\varphi_1(x)\leqslant y\leqslant\varphi_2(x),a\leqslant x\leqslant b\}$$
$$=\{(x,y)\mid\psi_1(y)\leqslant x\leqslant\psi_2(y),\alpha\leqslant y\leqslant\beta\}.$$

$\dfrac{\partial P}{\partial y}$ 连续，把 D 看作 X 型区域，根据二重积分的计算法有

$$\iint\limits_{D}\frac{\partial P}{\partial y}\mathrm{d}x\mathrm{d}y=\int_a^b\mathrm{d}x\int_{\varphi_1(x)}^{\varphi_2(x)}\frac{\partial P}{\partial y}\mathrm{d}y$$
$$=\int_a^b\{P[x,\varphi_2(x)]-P[x,\varphi_1(x)]\}\mathrm{d}x.$$

图 11.9

由对坐标的曲线积分的性质及计算法有

$$\oint_{\partial D} P \mathrm{d}x = \int_{\overarc{ACB}} P \mathrm{d}x + \int_{\overarc{BEA}} P \mathrm{d}x = \int_a^b P[x, \varphi_1(x)] \mathrm{d}x + \int_b^a P[x, \varphi_2(x)] \mathrm{d}x$$

$$= \int_a^b \{ P[x, \varphi_1(x)] - P[x, \varphi_2(x)] \} \mathrm{d}x.$$

因此

$$-\iint_D \frac{\partial P}{\partial y} \mathrm{d}x\mathrm{d}y = \oint_{\partial D} P \mathrm{d}x.$$

把 D 看作 Y 型区域，类似地可证

$$\iint_D \frac{\partial Q}{\partial x} \mathrm{d}x\mathrm{d}y = \oint_{\partial D} Q \mathrm{d}y.$$

由于 D 既是 X 型区域又是 Y 型区域，因此以上两式同时成立，两式相加即得

$$\iint_D \left(\frac{\partial Q}{\partial x} - \frac{\partial P}{\partial y} \right) \mathrm{d}x\mathrm{d}y = \oint_{\partial D} P \mathrm{d}x + Q \mathrm{d}y.$$

(2)若单连通区域 D 不是简单区域，可通过添加辅助线将其分割为有限个简单区域，则在每个区域上满足式(11.2). 在分割的每一部分上运用式(11.2)所得结果，对应相加，由于在辅助线段上的积分要进行两次，且积分路径方向相反，相互抵消，即得所证. 如对于图11.10中区域，有

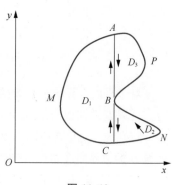

$$\iint_D \left(\frac{\partial Q}{\partial x} - \frac{\partial P}{\partial y} \right) \mathrm{d}x\mathrm{d}y = \sum_{i=1}^3 \iint_{D_i} \left(\frac{\partial Q}{\partial x} - \frac{\partial P}{\partial y} \right) \mathrm{d}x\mathrm{d}y,$$

$$\iint_{D_1} \left(\frac{\partial Q}{\partial x} - \frac{\partial P}{\partial y} \right) \mathrm{d}x\mathrm{d}y = \left(\int_{\overarc{AMC}} + \int_{\overrightarrow{CB}} + \int_{\overrightarrow{BA}} \right) P \mathrm{d}x + Q \mathrm{d}y,$$

$$\iint_{D_2} \left(\frac{\partial Q}{\partial x} - \frac{\partial P}{\partial y} \right) \mathrm{d}x\mathrm{d}y = \left(\int_{\overarc{CNB}} + \int_{\overrightarrow{BC}} \right) P \mathrm{d}x + Q \mathrm{d}y,$$

$$\iint_{D_3} \left(\frac{\partial Q}{\partial x} - \frac{\partial P}{\partial y} \right) \mathrm{d}x\mathrm{d}y = \left(\int_{\overarc{BPA}} + \int_{\overrightarrow{AB}} \right) P \mathrm{d}x + Q \mathrm{d}y.$$

图 11.10

对应相加，又 $\partial D = \overarc{AMC} + \overarc{CNB} + \overarc{BPA}$，由积分的性质即得式(11.2).

(3)若区域 D 为有限个"洞"的复连通区域，我们只证明只有一个洞的情况，如图11.11所示. 在图11.11中可添加辅助线化成图11.10中区域的情形，相加时沿辅助线来回的曲线积分相互抵消，从而满足式(11.2).

$$\iint_D \left(\frac{\partial Q}{\partial x} - \frac{\partial P}{\partial y} \right) \mathrm{d}x\mathrm{d}y = \left(\int_{L_1} + \int_{\overrightarrow{AB}} + \int_{L_2} + \int_{\overrightarrow{BA}} \right) P \mathrm{d}x + Q \mathrm{d}y$$

$$= \left(\int_{L_1} + \int_{L_2} \right) P \mathrm{d}x + Q \mathrm{d}y$$

$$= \oint_{\partial D} P \mathrm{d}x + Q \mathrm{d}y.$$

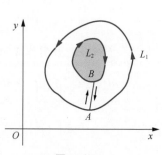

注 (1)格林公式建立了平面区域上的二重积分与其封闭边界曲线上对坐标的曲线积分的联系，给出了计算对坐标的曲线积分的新方法.

图 11.11

（2）在格林公式中，取 $P=-y,Q=x$，得到一个用第二类曲线积分计算平面区域 D 的面积的公式，为

$$A = \iint\limits_{D} \mathrm{d}x\mathrm{d}y = \frac{1}{2}\oint_{\partial D} x\mathrm{d}y - y\mathrm{d}x.$$

例 11.11 设 L 是任意一条分段光滑的闭曲线，L 的方向为规定的正方向. 证明：

$$\oint_{L} 2xy\mathrm{d}x + x^2\mathrm{d}y = 0.$$

证明 设 L 围成的有界闭区域为 D. 令 $P=2xy,Q=x^2$，则 P,Q 及其一阶偏导数在 D 上连续，且

$$\frac{\partial Q}{\partial x} - \frac{\partial P}{\partial y} = 2x - 2x = 0.$$

因此，由格林公式得

$$\oint_{L} 2xy\mathrm{d}x + x^2\mathrm{d}y = \iint\limits_{D} 0\mathrm{d}x\mathrm{d}y = 0.$$

例 11.12 计算曲线积分

$$I = \oint_{L} (5x^4y - 2y)\,\mathrm{d}x + (x^5 - 4x)\,\mathrm{d}y,$$

其中 L 是圆周 $x^2 + y^2 = a^2(a>0)$，取逆时针方向，如图 11.12 所示.

解 令 $P=5x^4y-2y,Q=x^5-4x$，则

$$\frac{\partial Q}{\partial x} - \frac{\partial P}{\partial y} = 5x^4 - 4 - 5x^4 + 2 = -2,$$

由格林公式得

$$I = \oint_{L} (5x^4y - 2y)\mathrm{d}x + (x^5 - 4x)\mathrm{d}y$$

$$= -2\iint\limits_{D} \mathrm{d}x\mathrm{d}y = -2\pi a^2.$$

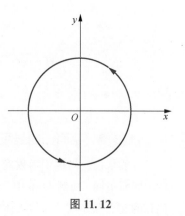

图 11.12

下面应用格林公式来计算平面区域的面积.

例 11.13 求椭圆 $x=a\cos\theta,y=b\sin\theta(a,b>0)$ 所围成图形的面积 A.

解 设 D 是由椭圆 $x=a\cos\theta,y=b\sin\theta$ 所围成的区域. 令 $P=-y,Q=x$，则

$$\frac{\partial Q}{\partial x} - \frac{\partial P}{\partial y} = 2.$$

于是由格林公式，得

$$A = \iint\limits_{D} \mathrm{d}x\mathrm{d}y = \frac{1}{2}\oint_{\partial D} x\mathrm{d}y - y\mathrm{d}x$$

$$= \frac{1}{2}\int_{0}^{2\pi} (ab\sin^2\theta + ab\cos^2\theta)\,\mathrm{d}\theta$$

$$= \frac{1}{2}ab\int_{0}^{2\pi} \mathrm{d}\theta$$

$$= \pi ab.$$

例 11.14　计算 $I = \int_L (e^x\cos y - y + 1)\,dx + (x - e^x\sin y)\,dy$，其中 L 是上半圆周 $x^2 + y^2 = 1\,(y \geqslant 0)$，取逆时针方向，由点 $A(1,0)$ 到点 $B(-1,0)$，如图 11.13 所示.

解　由于 L 不封闭，因此不能直接应用格林公式，而用对坐标的曲线积分计算公式又不容易算出，可考虑补充有向直线段 $\overrightarrow{BA}$，则 L 与 $\overrightarrow{BA}$ 构成封闭曲线，围成有界闭区域 D. 这里

$$P = e^x\cos y - y + 1, \quad Q = x - e^x\sin y,$$

$$\frac{\partial Q}{\partial x} - \frac{\partial P}{\partial y} = 1 - e^x\sin y + e^x\sin y + 1 = 2.$$

图 11.13

延伸微课

而 P, Q 在 D 上满足格林公式条件，则有

$$I = \int_L P\,dx + Q\,dy = \left(\oint_{L + \overrightarrow{BA}} - \int_{\overrightarrow{BA}} \right) P\,dx + Q\,dy$$

$$= 2\iint\limits_D dx\,dy - \int_{\overrightarrow{BA}} (e^x\cos y - y + 1)\,dx + (x - e^x\sin y)\,dy.$$

而

$$2\iint\limits_D dx\,dy = \pi, \quad \overrightarrow{BA}: y = 0 \to dy = 0,$$

$$\int_{\overrightarrow{BA}} (e^x\cos y - y + 1)\,dx + (x - e^x\sin y)\,dy = \int_{-1}^{1} (e^x + 1)\,dx = e - e^{-1} + 2,$$

故

$$I = \pi - e + e^{-1} - 2.$$

11.3.2　平面上曲线积分与路径无关的条件

一般来说，当被积函数确定时，对坐标的曲线积分值会因端点的变化而变化，还会随路径的不同而不同. 如例 11.6 中，曲线积分沿不同的路径，其值不同，但有的曲线积分值只取决于路径的起点和终点，而与具体路径无关，如例 11.7. 我们自然要问，被积函数满足什么条件时，曲线积分与路径无关呢? 下面来探究曲线积分与路径无关的条件. 首先给出曲线积分与路径无关的定义.

设 $\boldsymbol{F}(x,y) = P(x,y)\boldsymbol{i} + Q(x,y)\boldsymbol{j}$ 是区域 $D \subset \mathbf{R}^2$ 上的平面力场，$A, B \in D$，L_{AB} 和 L'_{AB} 是 D 内有相同起点和终点的路径，$\boldsymbol{F}$ 沿 L_{AB} 和 L'_{AB} 做的功一般不同. 如果对于区域 D 内任意指定的两个点 A, B 以及 D 内从点 A 到点 B 的任意两条光滑曲线 L_{AB}, L'_{AB}，都有

$$\int_{L_{AB}} \boldsymbol{F} \cdot d\boldsymbol{r} = \int_{L'_{AB}} \boldsymbol{F} \cdot d\boldsymbol{r} \ \text{或} \int_{L_{AB}} P\,dx + Q\,dy = \int_{L'_{AB}} P\,dx + Q\,dy,$$

就称 $\boldsymbol{F}$ 为保守力场，并称向量值函数 $\boldsymbol{F}$ 在 D 中的对坐标的曲线积分 $\int_L \boldsymbol{F} \cdot d\boldsymbol{r} = \int_L P\,dx + Q\,dy$ 与路径无关，否则称与路径有关. 关于曲线积分与路径无关的判别，有以下定理.

定理 11.4　设区域 D 是一个单连通区域，函数 $P(x,y)$ 及 $Q(x,y)$ 在 D 内具有一阶连续偏导数，则下述 4 个命题等价.

（1）对于 D 内任一简单闭曲线 L（除端点外自身不相交的分段光滑闭曲线），曲线积分

$$\oint_L P\mathrm{d}x+Q\mathrm{d}y=0.$$

（2）曲线积分 $\int_L P\mathrm{d}x+Q\mathrm{d}y$ 在 D 内与路径无关，只与 L 的起点和终点有关.

（3）存在函数 $u(x,y)$，且

$$\mathrm{d}u=P\mathrm{d}x+Q\mathrm{d}y, \forall (x,y)\in D.$$

（4）$\dfrac{\partial Q}{\partial x}=\dfrac{\partial P}{\partial y}, \forall (x,y)\in D.$

计算机可视化

证明 要证 4 个命题等价只需证明 $(1)\Rightarrow(2)\Rightarrow(3)\Rightarrow(4)\Rightarrow(1)$.

$(1)\Rightarrow(2)$ 设 L_1 和 L_2 是 D 中从点 A 到点 B 的任意两条光滑曲线，另取一条从点 B 到点 A 且与 L_1 和 L_2 除端点外都不相交的分段光滑曲线 L_3（取正向为从点 A 到点 B），如图 11.14 所示，则 $L_1+L_3^-$ 和 $L_2+L_3^-$ 形成简单闭曲线，由（1）得

$$\oint_{L_1+L_3^-} P\mathrm{d}x+Q\mathrm{d}y=0, \oint_{L_2+L_3^-} P\mathrm{d}x+Q\mathrm{d}y=0,$$

从而

$$\int_{L_1} P\mathrm{d}x+Q\mathrm{d}y=-\int_{L_3^-} P\mathrm{d}x+Q\mathrm{d}y=\int_{L_2} P\mathrm{d}x+Q\mathrm{d}y.$$

所以，沿任意两条路径 L_1 和 L_2 的曲线积分值相等，这说明曲线积分 $\int_L P\mathrm{d}x+Q\mathrm{d}y$ 在 D 内与路径无关.

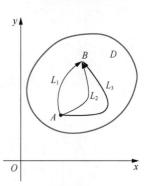

图 11.14

$(2)\Rightarrow(3)$ 由于曲线积分 $\int_L P(x,y)\mathrm{d}x+Q(x,y)\mathrm{d}y$ 在 D 内与路径无关，取 $A(x_0,y_0)$ 为 D 内的一定点，而 $B(x,y)$ 为 D 内任一点，类似变上限积分，可以构造函数

$$u(x,y)=\int_{(x_0,y_0)}^{(x,y)} P\mathrm{d}x+Q\mathrm{d}y,$$

该曲线积分的值由 $A(x_0,y_0)$ 和 $B(x,y)$ 唯一确定，因此 $u(x,y)$ 为定义在区域 D 内的二元函数. 下证 $u(x,y)$ 可微，且 $\mathrm{d}u=P\mathrm{d}x+Q\mathrm{d}y$.

微课：路径无关
性条件（2）$\Rightarrow$（3）

取 Δx 充分小，使 $C(x+\Delta x,y)\in D$，如图 11.15 所示，利用曲线积分计算法，有

$$\begin{aligned}
u(x+\Delta x,y)&=\int_{(x_0,y_0)}^{(x+\Delta x,y)} P\mathrm{d}x+Q\mathrm{d}y=\int_{\widehat{AB}+\overrightarrow{BC}} P\mathrm{d}x+Q\mathrm{d}y\\
&=\int_{(x_0,y_0)}^{(x,y)} P\mathrm{d}x+Q\mathrm{d}y+\int_{(x,y)}^{(x+\Delta x,y)} P\mathrm{d}x+Q\mathrm{d}y\\
&=u(x,y)+\int_{(x,y)}^{(x+\Delta x,y)} P(x,y)\mathrm{d}x+Q(x,y)\mathrm{d}y\\
&=u(x,y)+\int_{x}^{x+\Delta x} P(x,y)\mathrm{d}x.
\end{aligned}$$

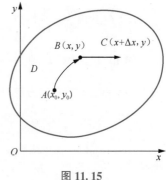

图 11.15

由偏导数定义和定积分中值定理，知

$$\lim_{\Delta x\to 0}\frac{u(x+\Delta x,y)-u(x,y)}{\Delta x}=\lim_{\Delta x\to 0}\frac{\int_x^{x+\Delta x} P(x,y)\mathrm{d}x}{\Delta x}=P(x,y)=\frac{\partial u}{\partial x},$$

其中 $\int_{x}^{x+\Delta x} P(x,y)\,\mathrm{d}x = P(x+\theta\Delta x,y)\,\Delta x, 0<\theta<1$，即 $\dfrac{\partial u}{\partial x}=P$.

同理可证，$\dfrac{\partial u}{\partial y}=Q$. 由于 $P(x,y),Q(x,y)$ 在 D 内具有一阶连续偏导数，从而 $u(x,y)$ 二阶偏导数连续，且

$$\mathrm{d}u=P\mathrm{d}x+Q\mathrm{d}y,\ \forall\,(x,y)\in D.$$

$(3)\Rightarrow(4)$　设 $\mathrm{d}u=P\mathrm{d}x+Q\mathrm{d}y$，则

$$\frac{\partial u}{\partial x}=P,\frac{\partial u}{\partial y}=Q.$$

因此 $\dfrac{\partial P}{\partial y}=\dfrac{\partial^2 u}{\partial x\partial y},\dfrac{\partial Q}{\partial x}=\dfrac{\partial^2 u}{\partial y\partial x}$. 因为 P,Q 在区域 D 内具有一阶连续偏导数，所以 $\dfrac{\partial^2 u}{\partial x\partial y}=\dfrac{\partial^2 u}{\partial y\partial x}$. 从而有 $\dfrac{\partial P}{\partial y}=\dfrac{\partial Q}{\partial x}$.

$(4)\Rightarrow(1)$　设 L 是 D 内任意简单闭曲线，由格林公式得

$$\oint_{L}P\mathrm{d}x+Q\mathrm{d}y = \pm\iint_{D'}\left(\frac{\partial Q}{\partial x}-\frac{\partial P}{\partial y}\right)\mathrm{d}x\mathrm{d}y = 0,$$

此处，D' 是 L 所围区域，且 $D'\subset D$.

注　（1）定理要满足区域 D 是单连通区域，且函数 P 及 Q 在 D 内具有一阶连续偏导数. 如果这两个条件之一不能满足，那么定理的结论不能保证成立. 另外，使函数 P,Q 及一阶偏导数不连续的点称为**奇点**.

（2）判断曲线积分与路径无关，$\dfrac{\partial P}{\partial y}=\dfrac{\partial Q}{\partial x}$ 是比较容易验证的条件.

【即时提问 11.3】　下列 3 个命题是否等价？

（1）曲线积分 $\displaystyle\int_{L}P\mathrm{d}x+Q\mathrm{d}y$ 在 D 内与路径无关.

（2）对 D 内的任意闭曲线 C，曲线积分 $\displaystyle\oint_{C}P\mathrm{d}x+Q\mathrm{d}y=0$.

（3）在 D 内 $\dfrac{\partial P}{\partial y}=\dfrac{\partial Q}{\partial x}$ 恒成立.

例 11.15　计算 $I=\displaystyle\oint_{L}\dfrac{x\mathrm{d}y-y\mathrm{d}x}{x^2+y^2}$，其中 L 为一条分段光滑且不经过原点的连续闭曲线，L 的方向为逆时针方向.

微课：例 11.15

解　令 $P=\dfrac{-y}{x^2+y^2},Q=\dfrac{x}{x^2+y^2}$，则当 $(x,y)\neq(0,0)$ 时，P,Q 及一阶偏导数连续，且 $\dfrac{\partial P}{\partial y}=\dfrac{y^2-x^2}{(x^2+y^2)^2}=\dfrac{\partial Q}{\partial x}$. 设 L 所围成的闭区域为 D.

（1）当 $(0,0)\notin D$ 时，由格林公式得

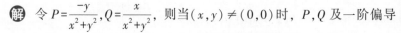

$$\oint_{L}\frac{x\mathrm{d}y-y\mathrm{d}x}{x^2+y^2}=0.$$

（2）当$(0,0) \in D$时，取$r>0$且r充分小，在D内取一圆周$l:x^2+y^2=r^2$，且取逆时针方向为正向，如图 11.16 所示. 由L及l围成了一个复连通区域D_1，应用格林公式得

$$\oint_{L \cup l^-} \frac{x\mathrm{d}y-y\mathrm{d}x}{x^2+y^2} = \oint_L \frac{x\mathrm{d}y-y\mathrm{d}x}{x^2+y^2} - \oint_l \frac{x\mathrm{d}y-y\mathrm{d}x}{x^2+y^2} = 0.$$

又$l:x=r\cos t,y=r\sin t(t:0\to2\pi)$，于是

$$\oint_L \frac{x\mathrm{d}y-y\mathrm{d}x}{x^2+y^2} = \oint_l \frac{x\mathrm{d}y-y\mathrm{d}x}{x^2+y^2}$$

$$= \int_0^{2\pi} \frac{r^2\cos^2 t+r^2\sin^2 t}{r^2}\mathrm{d}t$$

$$= 2\pi.$$

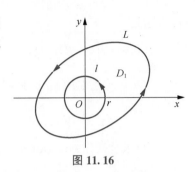

图 11.16

例 11.16 计算$I = \int_L (x\mathrm{e}^y-2y)\mathrm{d}y+(\mathrm{e}^y+x)\mathrm{d}x$，其中：

（1）L是圆周$x^2+y^2=ax(a>0)$，方向取逆时针方向；

（2）L是上半圆周$x^2+y^2=ax(a>0,y\geq0)$，由点$A(a,0)$到点$O(0,0)$.

解 由于$\dfrac{\partial P}{\partial y} = \mathrm{e}^y = \dfrac{\partial Q}{\partial x}$，因此曲线积分与路径无关.

（1）因为L是封闭曲线，且函数$P(x,y),Q(x,y)$在xOy面上具有一阶连续偏导数，所以

$$I = \oint_L (x\mathrm{e}^y-2y)\mathrm{d}y+(\mathrm{e}^y+x)\mathrm{d}x = 0.$$

（2）由于曲线积分与路径无关，我们可取新的积分路径——有向线段$\overrightarrow{AO}$，于是有

$$I = \int_L (x\mathrm{e}^y-2y)\mathrm{d}y+(\mathrm{e}^y+x)\mathrm{d}x$$

$$= \int_{\overrightarrow{AO}} (x\mathrm{e}^y-2y)\mathrm{d}y+(\mathrm{e}^y+x)\mathrm{d}x$$

$$= \int_a^0 (\mathrm{e}^0+x)\mathrm{d}x$$

$$= -a-\frac{a^2}{2}.$$

11.3.3 二元函数的全微分求积

由定理 11.4（2）、（3）知，曲线积分$\displaystyle\int_L P\mathrm{d}x+Q\mathrm{d}y$在$D$内与路径无关，则存在二阶偏导数连续的函数$u(x,y)$，使$\mathrm{d}u=P\mathrm{d}x+Q\mathrm{d}y$. 则有

（1）函数$u(x,y)$称为表达式$P\mathrm{d}x+Q\mathrm{d}y$的原函数，也称为向量场

$$\boldsymbol{F}(x,y) = P(x,y)\boldsymbol{i}+Q(x,y)\boldsymbol{j}$$

的势函数，当向量场有势函数时，向量场为有势场.

（2）当定理 11.4 的条件满足时，为了求出$u(x,y)$，我们可以选择特殊路径来计算曲线积分

$$u(x,y) = \int_{(x_0,y_0)}^{(x,y)} P\mathrm{d}x+Q\mathrm{d}y.$$

如选取平行于坐标轴的折线ACB或AEB，如图 11.17 所示.

于是

$$u(x,y) = \int_{(x_0,y_0)}^{(x,y)} P \mathrm{d}x + Q \mathrm{d}y$$

$$\xdashrightarrow{\overrightarrow{AC}+\overrightarrow{CB}} \int_{x_0}^{x} P(x,y_0)\,\mathrm{d}x + \int_{y_0}^{y} Q(x,y)\,\mathrm{d}y$$

$$\xdashrightarrow{\overrightarrow{AE}+\overrightarrow{EB}} \int_{x_0}^{x} P(x,y)\,\mathrm{d}x + \int_{y_0}^{y} Q(x_0,y)\,\mathrm{d}y.$$

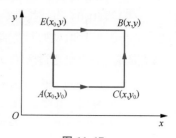

图 11.17

（3）求全微分 $P\mathrm{d}x+Q\mathrm{d}y$ 的原函数 $u(x,y)$ 问题，也称为全微分求积问题. 对于一般的二元函数全微分求积问题，常用解法为曲线积分法和不定积分法.

例 11.17　验证在整个 xOy 面内，

$$(4x^3+10xy^3-3y^4)\,\mathrm{d}x + (15x^2y^2-12xy^3+5y^4)\,\mathrm{d}y$$

是某二元函数的全微分，并求它的原函数.

解　令 $P=4x^3+10xy^3-3y^4$，$Q=15x^2y^2-12xy^3+5y^4$，则

$$\frac{\partial P}{\partial y} = 30xy^2-12y^3 = \frac{\partial Q}{\partial x},$$

在整个 xOy 面内恒成立. 因此

$$(4x^3+10xy^3-3y^4)\,\mathrm{d}x + (15x^2y^2-12xy^3+5y^4)\,\mathrm{d}y$$

是某二元函数的全微分. 下面求全微分的原函数.

方法❶　曲线积分法. 取点 $A(0,0)$，令

$$\varphi(x,y) = \int_{(0,0)}^{(x,y)} (4x^3+10xy^3-3y^4)\,\mathrm{d}x + (15x^2y^2-12xy^3+5y^4)\,\mathrm{d}y,$$

则

$$\varphi(x,y) = \int_{0}^{x} 4x^3\mathrm{d}x + \int_{0}^{y} (15x^2y^2-12xy^3+5y^4)\,\mathrm{d}y$$

$$= x^4+5x^2y^3-3xy^4+y^5.$$

所以原函数

$$u(x,y) = \varphi(x,y) + C = x^4+5x^2y^3-3xy^4+y^5+C.$$

方法❷　不定积分法. 要求的原函数 $u(x,y)$ 满足

$$\frac{\partial u}{\partial x} = P = 4x^3+10xy^3-3y^4,\ \frac{\partial u}{\partial y} = Q = 15x^2y^2-12xy^3+5y^4,$$

因此

$$u(x,y) = \int \frac{\partial u}{\partial x}\mathrm{d}x = \int (4x^3+10xy^3-3y^4)\,\mathrm{d}x$$

$$= x^4+5x^2y^3-3xy^4+\varphi(y),$$

$\varphi(y)$ 是一个关于 y 的待定可导函数. 再由 $\dfrac{\partial u}{\partial y}=Q$，得

$$15x^2y^2-12xy^3+\varphi'(y) = 15x^2y^2-12xy^3+5y^4,$$

从而 $\varphi'(y)=5y^4$，积分得 $\varphi(y)=y^5+C$. 因此

$$u(x,y) = x^4+5x^2y^3-3xy^4+y^5+C.$$

(4)如果一个微分方程写成 $P(x,y)\mathrm{d}x+Q(x,y)\mathrm{d}y=0$ 的形式后,它的左边恰好是某一个函数 $u(x,y)$ 的全微分,那么方程 $P(x,y)\mathrm{d}x+Q(x,y)\mathrm{d}y=0$ 就称为全微分方程.

我们容易知道,如果方程 $P(x,y)\mathrm{d}x+Q(x,y)\mathrm{d}y=0$ 的左边是函数 $u(x,y)$ 的全微分,那么 $u(x,y)=C$ 就是全微分方程的隐式通解,其中 C 是任意常数.

当 $P(x,y)$ 与 $Q(x,y)$ 在单连通区域 G 内具有一阶连续偏导数时,方程 $P(x,y)\mathrm{d}x+Q(x,y)\mathrm{d}y=0$ 为全微分方程的充分必要条件是 $\dfrac{\partial Q}{\partial x}=\dfrac{\partial P}{\partial y}$ 在区域 G 内恒成立,且当此条件满足时,全微分方程 $P(x,y)\mathrm{d}x+Q(x,y)\mathrm{d}y=0$ 的通解为

$$u(x,y)=\int_{(x_0,y_0)}^{(x,y)}P(x,y)\mathrm{d}x+Q(x,y)\mathrm{d}y=C,$$

其中 (x_0,y_0) 是使 $\dfrac{\partial Q}{\partial x}=\dfrac{\partial P}{\partial y}$ 成立的在单连通区域 G 内适当选定的点的坐标.

我们还可以利用不定积分法求解全微分方程.

由 $\mathrm{d}u=P(x,y)\mathrm{d}x+Q(x,y)\mathrm{d}y$ 知 $\dfrac{\partial u}{\partial x}=P(x,y),\dfrac{\partial u}{\partial y}=Q(x,y)$. 在 $\dfrac{\partial u}{\partial x}=P(x,y)$ 的两边对 x 积分,得

$$u(x,y)=\int P(x,y)\mathrm{d}x+\varphi(y),$$

由此得

$$\frac{\partial u}{\partial y}=\frac{\partial\left[\int P(x,y)\mathrm{d}x\right]}{\partial y}+\varphi'(y),$$

因而有

$$\frac{\partial\left[\int P(x,y)\mathrm{d}x\right]}{\partial y}+\varphi'(y)=Q(x,y),$$

故

$$\varphi'(y)=Q(x,y)-\frac{\partial\left[\int P(x,y)\mathrm{d}x\right]}{\partial y},$$

积分即可得到 $\varphi(y)$,从而得原微分方程的通解为 $u(x,y)=C$.

例 11.18 求方程 $(2x+\sin y)\mathrm{d}x+x\cos y\mathrm{d}y=0$ 的通解.

解 **方法❶** 由于

$$\frac{\partial}{\partial y}(2x+\sin y)=\cos y=\frac{\partial}{\partial x}(x\cos y),$$

因此原方程为全微分方程. 取 $(x_0,y_0)=(0,0)$,则通解为

$$\int_0^x 2x\mathrm{d}x+\int_0^y x\cos y\mathrm{d}y=C,$$

即 $x^2+x\sin y=C$.

方法❷ 由 $\dfrac{\partial u}{\partial x}=2x+\sin y$,两边对 x 积分,得 $u(x,y)=x^2+x\sin y+\varphi(y)$,所以

$\dfrac{\partial u}{\partial y} = x\cos y + \varphi'(y)$，故 $\varphi'(y) = 0$. 取 $\varphi(y) = C$，则原方程的通解为

$$x^2 + x\sin y + C = 0.$$

*11.3.4　曲线积分的基本定理

定理 11.5（曲线积分的基本定理）　设 $\boldsymbol{F}(x,y) = P(x,y)\boldsymbol{i} + Q(x,y)\boldsymbol{j}$ 是平面区域 D 内的一个向量场，若 $P(x,y)$ 与 $Q(x,y)$ 都在 D 内连续，且存在一个数量函数 $f(x,y)$，使 $\boldsymbol{F} = \mathbf{grad} f$，则曲线积分 $\displaystyle\int_L \boldsymbol{F} \cdot \mathrm{d}\boldsymbol{r}$ 在 D 内与路径无关，且

$$\int_L \boldsymbol{F} \cdot \mathrm{d}\boldsymbol{r} = f(B) - f(A)$$

或

$$\int_{(x_0,y_0)}^{(x_1,y_1)} P\mathrm{d}x + Q\mathrm{d}y = f(x,y)\ \Big|_{(x_0,y_0)}^{(x_1,y_1)} = f(x_1,y_1) - f(x_0,y_0),$$

其中 L 是位于 D 内起点为 $A(x_0,y_0)$、终点为 $B(x_1,y_1)$ 的任一分段光滑曲线.

定理 11.5 表明，曲线积分 $\displaystyle\int_L \boldsymbol{F} \cdot \mathrm{d}\boldsymbol{r}$ 的值仅依赖于函数 f 在路径 L 的两端的值，而不依赖于两点间的路径，即积分 $\displaystyle\int_L \boldsymbol{F} \cdot \mathrm{d}\boldsymbol{r}$ 在 D 内与路径无关.

公式

$$\int_L \boldsymbol{F} \cdot \mathrm{d}\boldsymbol{r} = f(B) - f(A)$$

是与微积分基本公式 $\displaystyle\int_a^b f(x)\mathrm{d}x = F(b) - F(a)$［其中 $F'(x) = f(x)$］完全类似的向量微积分的相应公式，称为曲线积分的基本公式.

例 11.19　计算曲线积分 $I = \displaystyle\int_{(0,0)}^{(1,1)} (4x^3 + 10xy^3 - 3y^4)\,\mathrm{d}x + (15x^2y^2 - 12xy^3 + 5y^4)\,\mathrm{d}y$.

解　根据定理 11.5 及例 11.17 可得

$$\begin{aligned}
I &= \int_{(0,0)}^{(1,1)} (4x^3 + 10xy^3 - 3y^4)\,\mathrm{d}x + (15x^2y^2 - 12xy^3 + 5y^4)\,\mathrm{d}y \\
&= (x^4 + 5x^2y^3 - 3xy^4 + y^5)\ \Big|_{(0,0)}^{(1,1)} = 4.
\end{aligned}$$

同步习题 11.3

 基础题

1. 计算 $\displaystyle\int_L 2xy\mathrm{d}x + x^2\mathrm{d}y$，其中 L 为圆 $y = \sqrt{2x - x^2}$ 上从点 $O(0,0)$ 到点 $B(1,1)$ 的一段弧.

2. 计算 $\displaystyle\oint_L (x+y)^2\mathrm{d}x - (x^2+y^2)\mathrm{d}y$，其中 L 是以点 $A(1,1)$，$B(3,2)$，$C(2,5)$ 为顶点的三角形的正向边界.

3. 计算 $\displaystyle\int_L (\mathrm{e}^x\sin 2y - y)\mathrm{d}x + (2\mathrm{e}^x\cos 2y - 100)\mathrm{d}y$，其中 L 是单位圆 $x^2 + y^2 = 1$ 从点 $A(1,0)$ 到点 $B(-1,0)$ 的上半圆周.

4. 验证下列曲线积分与路径无关，并求出它们的值.

(1) $\int_{(0,0)}^{(1,1)} (x-y)(\mathrm{d}x-\mathrm{d}y)$.

(2) $\int_{(2,1)}^{(1,2)} \dfrac{y\mathrm{d}x-x\mathrm{d}y}{x^2}$ 沿任何右半平面的路线.

(3) $\int_{(1,0)}^{(2,1)} (2xy-y^4+3)\mathrm{d}x+(x^2-4xy^3)\mathrm{d}y$.

5. 验证下列 $P(x,y)\mathrm{d}x+Q(x,y)\mathrm{d}y$ 在整个 xOy 面内是某一函数的全微分，并求出原函数.

(1) $xy^2\mathrm{d}x+x^2y\mathrm{d}y$.

(2) $2xy\mathrm{d}x+x^2\mathrm{d}y$.

(3) $4\sin x\sin 3y\cos x\mathrm{d}x-3\cos 3y\cos 2x\mathrm{d}y$.

6. 验证向量场 $\boldsymbol{F}=\{4x^3y^3-3y^2+5,3x^4y^2-6xy-4\}$ 为 xOy 面上的保守力场，并计算力场 $\boldsymbol{F}$ 沿以点 $(0,1)$ 为起点、以点 $(1,2)$ 为终点的路径所做的功.

提高题

1. 试确定具有连续导数的函数 $f(x)$，使 $\int_A^B [\mathrm{e}^x+f(x)]y\mathrm{d}x-f(x)\mathrm{d}y$ 与路径无关且 $f(0)=\dfrac{1}{2}$.

2. 计算对坐标的曲线积分 $I=\int_L (1+x\mathrm{e}^{2y})\mathrm{d}x+(x^2\mathrm{e}^{2y}-y)\mathrm{d}y$，其中 L 为以点 $O(0,0)$ 为起点、以点 $A(4,0)$ 为终点的半圆 $(x-2)^2+y^2=4(y\geq 0)$.

3. 设函数 $f(x)$ 在 $(-\infty,+\infty)$ 内具有一阶连续导数，L 是上半平面 $(y>0)$ 内的有向分段光滑曲线，其起点为 (a,b)、终点为 (c,d). 记

$$I=\int_L \frac{1}{y}\left[1+y^2f(xy)\right]\mathrm{d}x+\frac{x}{y^2}\left[y^2f(xy)-1\right]\mathrm{d}y.$$

(1) 证明曲线积分 I 与路径无关.

(2) 当 $ab=cd$ 时，求 I 的值.

11.4 对面积的曲面积分

11.4.1 对面积的曲面积分的概念和性质

在 10.5 节，我们运用微元法的思想，通过二重积分计算了空间光滑曲面的面积. 本节用类似于求解对弧长的曲线积分的方法，通过研究非均匀曲面的质量问题，导出对面积的曲面积分定义.

设空间光滑曲面 Σ 上点 (x,y,z) 处的面密度 $\rho(x,y,z)$ 是连续函数，通过"分割、近似、求和、取极限"的方法，将曲面 Σ 任意分成 n 个小曲面 $\Delta S_i(i=1,2,\cdots,n)$，$\Delta S_i$ 也表示相应小曲面的面积. 对任意 $(\xi_i,\eta_i,\zeta_i)\in\Delta S_i$，曲面 Σ 的质量可表示为

$$M = \lim_{\lambda \to 0} \sum_{i=1}^{n} \rho(\xi_i, \eta_i, \zeta_i) \Delta S_i,$$

其中 λ 为各小曲面直径的最大值.

这个和式的极限，抛开其具体的物理意义，就得到对面积的曲面积分的定义.

定义 11.3 设曲面 Σ 是有界的光滑或分片光滑的曲面，如图 11.18 所示，函数 $f(x,y,z)$ 在 Σ 上有界. 把 Σ 任意分成 n 小块 $\Delta S_1, \Delta S_2, \cdots, \Delta S_n$（$\Delta S_i$ 代表第 i 小块曲面的面积），在 ΔS_i 上任取一点 (ξ_i, η_i, ζ_i)，如果当各小块曲面的直径的最大值 $\lambda \to 0$ 时，和式的极限 $\lim_{\lambda \to 0} \sum_{i=1}^{n} f(\xi_i, \eta_i, \zeta_i) \Delta S_i$ 总存在，且极限值与 Σ 的分法及点 (ξ_i, η_i, ζ_i) 的取法都无关，则称函数 $f(x,y,z)$ 在曲面 Σ 上可积，此极限值为函数 $f(x,y,z)$ 在曲面 Σ 上的对面积的曲面积分或第一类曲面积分，记作 $\iint_{\Sigma} f(x,y,z)\mathrm{d}S$，即

$$\iint_{\Sigma} f(x,y,z)\mathrm{d}S = \lim_{\lambda \to 0} \sum_{i=1}^{n} f(\xi_i, \eta_i, \zeta_i) \Delta S_i,$$

其中 $f(x,y,z)$ 叫作被积函数，Σ 叫作积分曲面，$\mathrm{d}S$ 称为曲面面积元素.

注 （1）当积分曲面 Σ 是封闭曲面时，曲面积分常记为 $\oiint_{\Sigma} f(x,y,z)\mathrm{d}S.$

（2）当 $f(x,y,z)$ 在光滑或分片光滑的曲面 Σ 上连续时，$f(x,y,z)$ 在 Σ 上必可积. 今后总假定 $f(x,y,z)$ 在曲面 Σ 上连续.

（3）对面积的曲面积分的物理意义：面密度为 $\rho(x,y,z)$ 的光滑曲面 Σ，其质量 M 为

$$M = \iint_{\Sigma} \rho(x,y,z)\mathrm{d}S.$$

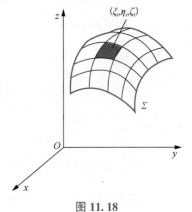

图 11.18

由定义可知，对面积的曲面积分具有类似于对弧长的曲线积分的性质，假设 $f(x,y,z)$, $g(x,y,z)$ 在 Σ 上可积，则有以下性质.

性质 11.7 设 k_1, k_2 为常数，则

$$\iint_{\Sigma} [k_1 f(x,y,z) + k_2 g(x,y,z)]\mathrm{d}S = k_1 \iint_{\Sigma} f(x,y,z)\mathrm{d}S + k_2 \iint_{\Sigma} g(x,y,z)\mathrm{d}S.$$

性质 11.8 若积分曲面 $\Sigma = \Sigma_1 \cup \Sigma_2$，且 Σ_1, Σ_2 除边界外无公共点，则

$$\iint_{\Sigma} f(x,y,z)\mathrm{d}S = \iint_{\Sigma_1} f(x,y,z)\mathrm{d}S + \iint_{\Sigma_2} f(x,y,z)\mathrm{d}S.$$

性质 11.9 当 $f(x,y,z) = 1$ 时，$S = \iint_{\Sigma} \mathrm{d}S$ 表示曲面 Σ 的面积.

11.4.2　对面积的曲面积分的计算法

定理 11.6 设有光滑曲面 $\Sigma: z = z(x,y), (x,y) \in D_{xy}$，$D_{xy}$ 为 Σ 在 xOy 面上的投影，如图 11.19 所示，$f(x,y,z)$ 在曲面 Σ 上为连续函数，则

$$\iint_{\Sigma} f(x,y,z)\mathrm{d}S = \iint_{D_{xy}} f[x,y,z(x,y)]\sqrt{1 + z_x^2(x,y) + z_y^2(x,y)}\,\mathrm{d}x\mathrm{d}y.$$

定理证明从略.

注 (1)设曲面 $\Sigma:z=z(x,y)$，$(x,y)\in D_{xy}$，则曲面 Σ 的面积为

$$S = \iint\limits_{\Sigma}\mathrm{d}S = \iint\limits_{D_{xy}}\sqrt{1+z_x^2(x,y)+z_y^2(x,y)}\,\mathrm{d}x\mathrm{d}y.$$

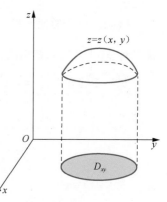

(2)如果曲面 $\Sigma:y=y(x,z)$，$(x,z)\in D_{zx}$，D_{zx} 为 Σ 在 zOx 面上的投影，则

$$\iint\limits_{\Sigma}f(x,y,z)\,\mathrm{d}S = \iint\limits_{D_{zx}}f[x,y(x,z),z]\sqrt{1+y_x^2(x,z)+y_z^2(x,z)}\,\mathrm{d}x\mathrm{d}z.$$

(3)如果曲面 $\Sigma:x=x(y,z)$，$(y,z)\in D_{yz}$，D_{yz} 为 Σ 在 yOz 面上的投影，则

$$\iint\limits_{\Sigma}f(x,y,z)\,\mathrm{d}S = \iint\limits_{D_{yz}}f[x(y,z),y,z]\sqrt{1+x_y^2(y,z)+x_z^2(y,z)}\,\mathrm{d}y\mathrm{d}z.$$

图 11.19

根据定理 11.6，在曲面 $\Sigma:z=z(x,y)$，$(x,y)\in D_{xy}$ 上计算对面积的曲面积分的步骤如下：

(1)将被积函数 $f(x,y,z)$ 中的 z 用 $z=z(x,y)$ 代换，若被积函数中不含 z，则不用代换；

(2)将曲面的面积元素 $\mathrm{d}S$ 换成 $\sqrt{1+z_x^2(x,y)+z_y^2(x,y)}\,\mathrm{d}x\mathrm{d}y$；

(3)将曲面 Σ 投影到 xOy 面得投影区域 D_{xy}；

(4)在 D_{xy} 上计算二重积分

$$\iint\limits_{D_{xy}}f[x,y,z(x,y)]\sqrt{1+z_x^2(x,y)+z_y^2(x,y)}\,\mathrm{d}x\mathrm{d}y.$$

【即时提问 11.4】 对面积的曲面积分的几何意义是什么？

例 11.20 计算 $I = \iint\limits_{\Sigma}(x+y+z)\,\mathrm{d}S$，其中 Σ 是圆锥面 $z=\sqrt{x^2+y^2}$ 被圆柱面 $x^2+y^2=2ax$ 割下的部分，如图 11.20 所示.

微课：例 11.20

解 圆锥面 $z=\sqrt{x^2+y^2}$ 被圆柱面 $x^2+y^2=2ax$ 割下的部分在 xOy 面内的投影区域为 $D_{xy}:x^2+y^2\leqslant 2ax$，圆锥面的面积元素为

$$\mathrm{d}S = \sqrt{1+z_x^2+z_y^2}\,\mathrm{d}x\mathrm{d}y = \sqrt{2}\,\mathrm{d}x\mathrm{d}y,$$

故

$$I = \iint\limits_{\Sigma}(x+y+z)\,\mathrm{d}S = \iint\limits_{D_{xy}}(x+y+\sqrt{x^2+y^2})\sqrt{2}\,\mathrm{d}x\mathrm{d}y$$

$$= \sqrt{2}\iint\limits_{D_{xy}}x\,\mathrm{d}x\mathrm{d}y+\sqrt{2}\iint\limits_{D_{xy}}y\,\mathrm{d}x\mathrm{d}y+\sqrt{2}\iint\limits_{D_{xy}}\sqrt{x^2+y^2}\,\mathrm{d}x\mathrm{d}y.$$

由对称性可知，$\iint\limits_{D_{xy}}y\,\mathrm{d}x\mathrm{d}y = 0$，从而

$$I = \sqrt{2}\iint\limits_{D_{xy}}(x+\sqrt{x^2+y^2})\,\mathrm{d}x\mathrm{d}y = 2\sqrt{2}\int_0^{\frac{\pi}{2}}\mathrm{d}\theta\int_0^{2a\cos\theta}(r^2\cos\theta+r^2)\,\mathrm{d}r$$

$$= 2\sqrt{2}\int_0^{\frac{\pi}{2}}(\cos\theta+1)\,\mathrm{d}\theta\int_0^{2a\cos\theta}r^2\,\mathrm{d}r$$

$$= 2\sqrt{2}\cdot\frac{1}{3}\cdot(2a)^3\int_0^{\frac{\pi}{2}}(\cos\theta+1)\cos^3\theta\,\mathrm{d}\theta = \sqrt{2}\,a^3\left(\pi+\frac{32}{9}\right).$$

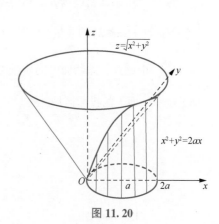

图 11.20

例 11.21 计算曲面积分 $\displaystyle\iint\limits_{\Sigma}\frac{1}{z}\mathrm{d}S$，其中 Σ 是球面 $x^2+y^2+z^2=a^2$ 被平面 $z=h(0<h<a)$ 截出的顶部，如图 11.21 所示.

解 Σ 的方程为 $z=\sqrt{a^2-x^2-y^2}$，$D_{xy}:x^2+y^2\leqslant a^2-h^2$. 因为

$$z_x=\frac{-x}{\sqrt{a^2-x^2-y^2}},z_y=\frac{-y}{\sqrt{a^2-x^2-y^2}},$$

$$\mathrm{d}S=\sqrt{1+z_x^2+z_y^2}\,\mathrm{d}x\mathrm{d}y=\frac{a}{\sqrt{a^2-x^2-y^2}}\mathrm{d}x\mathrm{d}y,$$

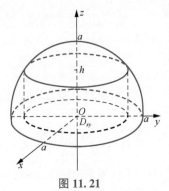

图 11.21

所以

$$\iint\limits_{\Sigma}\frac{1}{z}\mathrm{d}S=\iint\limits_{D_{xy}}\frac{a}{a^2-x^2-y^2}\mathrm{d}x\mathrm{d}y$$

$$=a\int_0^{2\pi}\mathrm{d}\theta\int_0^{\sqrt{a^2-h^2}}\frac{r}{a^2-r^2}\mathrm{d}r$$

$$=2\pi a\left[-\frac{1}{2}\ln(a^2-r^2)\right]\Bigg|_0^{\sqrt{a^2-h^2}}$$

$$=2\pi a\ln\frac{a}{h}.$$

求对面积的曲面积分时，要充分利用被积函数定义在积分曲面上、积分曲面的对称性及被积函数的奇偶性特点简化积分计算.

例 11.22 计算 $\displaystyle\oiint\limits_{\Sigma}(x+y+z)^2\mathrm{d}S$，$\Sigma:x^2+y^2+z^2=R^2$.

解 如图 11.22 所示，根据对称性知

$$I=\oiint\limits_{\Sigma}(x^2+y^2+z^2+2xy+2xz+2yz)\,\mathrm{d}S$$

$$=\oiint\limits_{\Sigma}(x^2+y^2+z^2)\,\mathrm{d}S+2\oiint\limits_{\Sigma}(xy+xz+yz)\,\mathrm{d}S$$

$$=\oiint\limits_{\Sigma}R^2\mathrm{d}S=4\pi R^4.$$

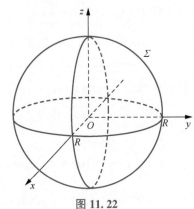

图 11.22

例 11.23 求面密度为 ρ 的均匀抛物面壳 $\Sigma:z=\frac{1}{2}(x^2+y^2)(0\leqslant z\leqslant 2)$ 的质量.

解 由题意，抛物面壳的质量 $M=\displaystyle\iint\limits_{\Sigma}\rho\mathrm{d}S=\rho\iint\limits_{D_{xy}}\sqrt{1+x^2+y^2}\,\mathrm{d}x\mathrm{d}y$，其中 $D_{xy}=\{(x,y)\mid x^2+y^2\leqslant 4\}$ 为 Σ 在 xOy 面上的投影区域. 故

$$M=\rho\int_0^{2\pi}\mathrm{d}\theta\int_0^2\sqrt{1+r^2}\,r\mathrm{d}r$$

$$=\pi\rho\int_0^2\sqrt{1+r^2}\,\mathrm{d}(1+r^2)=\frac{2\rho\pi}{3}(1+r^2)^{\frac{3}{2}}\Bigg|_0^2$$

$$=\frac{2\rho\pi}{3}(5\sqrt{5}-1).$$

同步习题 11.4

 基础题

1. 计算 $\oiint\limits_{\Sigma} xyz\,\mathrm{d}S$，其中 Σ 是平面 $x+y+z=1$ 及 3 个坐标面围成的四面体表面.

2. 计算 $\iint\limits_{\Sigma} z\,\mathrm{d}S$，其中 Σ 是柱面 $x^2+y^2=1$ 夹在两平面 $z=0, z=1+x$ 之间的部分.

3. 计算 $\oiint\limits_{\Sigma} \dfrac{\mathrm{d}S}{(1+x+y)^2}$，其中 Σ 是平面 $x+y+z=1$ 及 3 个坐标面围成的四面体表面.

4. 计算 $\oiint\limits_{\Sigma} (x^2+y^2+z^2)\,\mathrm{d}S$，其中 Σ 是曲面 $x^2+y^2+z^2=R^2$ 及 $x^2+y^2+z^2=2Rz$ 所围成的立体的表面.

5. 计算 $\iint\limits_{\Sigma} (x^2+y^2)\,\mathrm{d}S$，其中 Σ 是锥面 $z^2=3(x^2+y^2)$ 被平面 $z=3$ 所截得的部分.

提高题

1. 设曲面 Σ：$|x|+|y|+|z|=1$，则 $\oiint\limits_{\Sigma} (z+|x|)\,\mathrm{d}S = \underline{\qquad}$.

2. 设 $\Sigma = \{(x,y,z) \mid x+y+z=1, x\geq 0, y\geq 0, z\geq 0\}$，则 $\iint\limits_{\Sigma} y^2\,\mathrm{d}S = \underline{\qquad}$.

■ 11.5 对坐标的曲面积分

11.5.1 对坐标的曲面积分的概念和性质

由对坐标的曲线积分的定义知，其积分曲线是有方向的. 对坐标的曲面积分则与积分曲面的侧有关，因此，我们先来了解有向曲面的概念. 这里总假定曲面是光滑的.

1. 有向曲面及其在坐标面上的有向投影

设 Σ 是空间一片光滑曲面，则 Σ 上除边界点外的每一点 P 处都有切平面，点 P 处的法线有互为相反方向的两个方向向量，一个记为 $\boldsymbol{n}_P$，则另一个为 $\boldsymbol{n}_P^-$. 规定其中一个为 Σ 在点 P 处的正法向量，另一个即为负法向量.

如果对于 Σ 内的每一点 P_0，从点 P_0 出发的点 P 在 Σ 内沿任一条不与 Σ 的边界相交的曲线连续移动而回到点 P_0 时，正法向量 $\boldsymbol{n}_P$ 连续转动回到 $\boldsymbol{n}_{P_0}$，就称 Σ 为一个双侧曲面，如图 11.23 所示. 双侧曲面 Σ 连同其上确定的正法向量 $\boldsymbol{n}_P$ 指向的一侧称为 Σ 的正侧，Σ 连同 $\boldsymbol{n}_{P_0}^-$ 指向的一侧则称为负侧，记为 Σ^-. 规定了正负侧的曲面称为有向曲面. 若曲面非双侧曲面，则称其为单

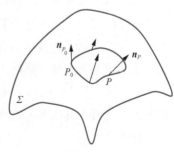

图 11.23

侧曲面，按上述方法是不能定向的，如莫比乌斯带.

在日常生活中，我们遇到的曲面都是双侧的. 光滑或分片光滑的封闭曲面是双侧曲面，有内侧与外侧之分，一般把外侧取为正侧. 由函数 $z=z(x,y),(x,y)\in D$ 定义的光滑曲面是双侧曲面，法向量 $\boldsymbol{n}=\{-z_x,-z_y,1\}$ 与 z 轴正向的夹角为锐角，$\boldsymbol{n}$ 指向的一侧称为上侧，$\boldsymbol{n}^-=\{z_x,z_y,-1\}$ 与 z 轴正向的夹角为钝角，$\boldsymbol{n}^-$ 指向的一侧称为下侧. 一般地，曲面的侧可通过其单位法向量 $\boldsymbol{n}=\{\cos\alpha,\cos\beta,\cos\gamma\}$ 表出.

设 Σ 是有向曲面. 在 Σ 上任取一小块曲面 ΔS，把 ΔS 投影到 xOy 面上得一投影区域，这投影区域的面积记为 $(\Delta\sigma)_{xy}$. 假定 ΔS 上各点处的法向量与 z 轴的夹角 γ 的余弦 $\cos\gamma$ 有相同的符号（即 $\cos\gamma$ 都是正的或都是负的）. 我们规定 ΔS 在 xOy 面上的投影 $(\Delta S)_{xy}$ 为

$$(\Delta S)_{xy}=\begin{cases}(\Delta\sigma)_{xy}, & \cos\gamma>0,\\ 0, & \cos\gamma=0,\\ -(\Delta\sigma)_{xy}, & \cos\gamma<0.\end{cases}$$

$(\Delta S)_{xy}$ 称为 ΔS 在 xOy 面上的有向投影，简称投影.

类似地，我们可以定义 ΔS 在 yOz 面及在 zOx 面上的投影 $(\Delta S)_{yz}$ 及 $(\Delta S)_{zx}$.

2. 对坐标的曲面积分的概念

引例　流体流过曲面一侧的流量

设有稳定流动（即流速不随时间变化）的不可压缩流体（即密度均匀，假定密度为 1）的速度场为

$$\boldsymbol{v}(x,y,z)=P(x,y,z)\boldsymbol{i}+Q(x,y,z)\boldsymbol{j}+R(x,y,z)\boldsymbol{k},$$

其中 $P(x,y,z),Q(x,y,z),R(x,y,z)$ 均为连续函数. Σ 为有向光滑曲面. 求在单位时间内流过 Σ 指定侧的流体的流量 Φ.

如果 Σ 是一面积为 S 的平面，其指定一侧的单位法向量为 $\boldsymbol{n}$，且流体在 Σ 上各点处的流速均为常向量 $\boldsymbol{v}$，如图 11.24 所示，则单位时间内通过 Σ 流向指定一侧的流量 $\Phi=\boldsymbol{v}\cdot\boldsymbol{n}S$，它是以 Σ 为底、以 $|\boldsymbol{v}|$ 为斜高的斜柱体体积.

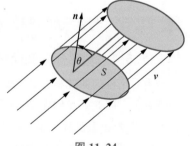

图 11.24

由于 Σ 一般是弯曲的有向曲面，$\boldsymbol{v}(x,y,z)$ 是变速场，因此采用"分割、近似、求和、取极限"的方法，来解决这个问题.

类似于对面积的曲面积分，把曲面 Σ 分成 n 小块：$\Sigma_1,\Sigma_2,\cdots,\Sigma_n$（$\Delta S_i$ 代表第 i 小块曲面的面积）. 因 Σ 光滑，$\boldsymbol{v}$ 连续，只要 $\Sigma_i(i=1,2,\cdots,n)$ 的直径很小，我们就可以用 Σ_i 上任一点 (ξ_i,η_i,ζ_i) 处的常流速

$$\boldsymbol{v}_i=\boldsymbol{v}(\xi_i,\eta_i,\zeta_i)=P(\xi_i,\eta_i,\zeta_i)\boldsymbol{i}+Q(\xi_i,\eta_i,\zeta_i)\boldsymbol{j}+R(\xi_i,\eta_i,\zeta_i)\boldsymbol{k}$$

代替 Σ_i 上其他各点处的流速，以点 (ξ_i,η_i,ζ_i) 处 Σ_i 的正侧单位法向量

$$\boldsymbol{n}_i=\boldsymbol{n}_i(\xi_i,\eta_i,\zeta_i)=\{\cos\alpha_i,\cos\beta_i,\cos\gamma_i\}$$

代替 Σ_i 正侧面上其他各点处的单位法向量，如图 11.25 所示. 从而得到通过 Σ_i 流向指定侧的流量近似值

$$\Delta\Phi_i\approx\boldsymbol{v}(\xi_i,\eta_i,\zeta_i)\cdot\boldsymbol{n}_i\Delta S_i(i=1,2,\cdots,n).$$

于是，通过曲面 Σ 流向指定侧的流量

$$\Phi \approx \sum_{i=1}^{n} \boldsymbol{v}_i \cdot \boldsymbol{n}_i \Delta S_i = \sum_{i=1}^{n} [P(\xi_i,\eta_i,\zeta_i)\cos\alpha_i + Q(\xi_i,\eta_i,\zeta_i)\cos\beta_i + R(\xi_i,\eta_i,\zeta_i)\cos\gamma_i]\Delta S_i,$$

当各小块曲面 Σ_i 的直径最大值 $\lambda \to 0$ 时，取上述和式的极限，就得到流量 Φ 的精确值

$$\Phi = \lim_{\lambda\to 0}\sum_{i=1}^{n} [P(\xi_i,\eta_i,\zeta_i)\cos\alpha_i + Q(\xi_i,\eta_i,\zeta_i)\cos\beta_i + R(\xi_i,\eta_i,\zeta_i)\cos\gamma_i]\Delta S_i,$$

由对面积的曲面积分的定义知，

$$\Phi = \iint_{\Sigma} [P(x,y,z)\cos\alpha + Q(x,y,z)\cos\beta + R(x,y,z)\cos\gamma]\mathrm{d}S,$$

其中 $\cos\alpha,\cos\beta,\cos\gamma$ 是曲面 Σ 在点 (x,y,z) 处的正法向量 $\boldsymbol{n}(x,y,z)$ 的方向余弦.

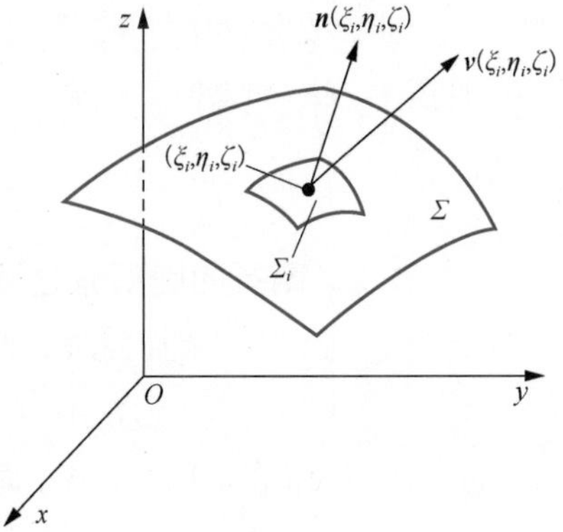

图 11.25

上述对面积的曲面积分显然与曲面 Σ 的方向有关. 我们把这种特殊的对面积的曲面积分称为第二类曲面积分.

定义 11.4 设 Σ 为光滑的有向曲面，$\boldsymbol{n}(x,y,z)=\{\cos\alpha,\cos\beta,\cos\gamma\}$ 为 Σ 上点 (x,y,z) 处正侧的单位法向量，

$$\boldsymbol{F}(x,y,z)=P(x,y,z)\boldsymbol{i}+Q(x,y,z)\boldsymbol{j}+R(x,y,z)\boldsymbol{k}$$

是 Σ 上有界向量值函数，则称对面积的曲面积分

$$\iint_{\Sigma}[P(x,y,z)\cos\alpha + Q(x,y,z)\cos\beta + R(x,y,z)\cos\gamma]\mathrm{d}S = \iint_{\Sigma}\boldsymbol{F}\cdot\boldsymbol{n}\mathrm{d}S$$

为 $\boldsymbol{F}$ 在 Σ 上的对坐标的曲面积分或第二类曲面积分，记为 $\iint_{\Sigma}\boldsymbol{F}\cdot\mathrm{d}\boldsymbol{S}$，即

$$\begin{aligned}\iint_{\Sigma}\boldsymbol{F}\cdot\mathrm{d}\boldsymbol{S} &= \iint_{\Sigma}\boldsymbol{F}\cdot\boldsymbol{n}\mathrm{d}S \\ &= \iint_{\Sigma}[P(x,y,z)\cos\alpha + Q(x,y,z)\cos\beta + R(x,y,z)\cos\gamma]\mathrm{d}S,\end{aligned} \tag{11.3}$$

其中 $\mathrm{d}\boldsymbol{S}=\boldsymbol{n}\mathrm{d}S$ 称为有向面积元素，Σ 为积分曲面.

注 (1) 当 Σ 为封闭曲面时，第二类曲面积分常记为 $\oiint_{\Sigma}\boldsymbol{F}\cdot\mathrm{d}\boldsymbol{S}$.

(2) 如果 Σ 为光滑或者分片光滑曲面，$\boldsymbol{F}$ 在 Σ 上连续，则 $\iint_{\Sigma}\boldsymbol{F}\cdot\mathrm{d}\boldsymbol{S}$ 一定存在. 下面总假定此条件满足.

(3) 第二类曲面积分的物理意义：流体以流速 $\boldsymbol{v}$ 流过 Σ 的流量 Φ 为

$$\Phi = \iint_{\Sigma}\boldsymbol{v}\cdot\mathrm{d}\boldsymbol{S}.$$

另外，当 $\boldsymbol{F}$ 为电场或磁场时，$\iint_{\Sigma}\boldsymbol{F}\cdot\mathrm{d}\boldsymbol{S}$ 也表示电通量或磁通量.

3. 对坐标的曲面积分的性质

设函数 $\boldsymbol{F}$ 和 $\boldsymbol{G}$ 在 Σ 上第二类曲面积分存在. 根据定义 11.4，第二类曲面积分有以下性质.

性质 11.10　设 α,β 为常数，则

$$\iint\limits_{\Sigma}(\alpha\boldsymbol{F}+\beta\boldsymbol{G})\cdot\mathrm{d}\boldsymbol{S}=\alpha\iint\limits_{\Sigma}\boldsymbol{F}\cdot\mathrm{d}\boldsymbol{S}+\beta\iint\limits_{\Sigma}\boldsymbol{G}\cdot\mathrm{d}\boldsymbol{S}.$$

性质 11.11

$$\iint\limits_{\Sigma^-}\boldsymbol{F}\cdot\mathrm{d}\boldsymbol{S}=-\iint\limits_{\Sigma}\boldsymbol{F}\cdot\mathrm{d}\boldsymbol{S},$$

即当积分曲面改变侧时，第二类曲面积分要改变符号.

性质 11.12　如果把 Σ 分成 Σ_1 和 Σ_2，Σ_1 和 Σ_2 除边界点外无公共点，则

$$\iint\limits_{\Sigma}\boldsymbol{F}\cdot\mathrm{d}\boldsymbol{S}=\iint\limits_{\Sigma_1}\boldsymbol{F}\cdot\mathrm{d}\boldsymbol{S}+\iint\limits_{\Sigma_2}\boldsymbol{F}\cdot\mathrm{d}\boldsymbol{S}.$$

11.5.2　两类曲面积分之间的关系

在定义 11.4 中，有向面积元素 $\mathrm{d}\boldsymbol{S}=\boldsymbol{n}\mathrm{d}S=\{\cos\alpha\mathrm{d}S,\cos\beta\mathrm{d}S,\cos\gamma\mathrm{d}S\}$，记

$$\mathrm{d}y\mathrm{d}z=\cos\alpha\mathrm{d}S,\mathrm{d}z\mathrm{d}x=\cos\beta\mathrm{d}S,\mathrm{d}x\mathrm{d}y=\cos\gamma\mathrm{d}S,$$

它们分别称为 $\mathrm{d}\boldsymbol{S}$ 在 yOz,zOx,xOy 面上的投影，从而

$$\mathrm{d}y\mathrm{d}z=\cos\alpha\mathrm{d}S=\begin{cases}\mathrm{d}\sigma_{yz},&\cos\alpha>0,\\0,&\cos\alpha=0,\\-\mathrm{d}\sigma_{yz},&\cos\alpha<0;\end{cases}$$

$$\mathrm{d}z\mathrm{d}x=\cos\beta\mathrm{d}S=\begin{cases}\mathrm{d}\sigma_{zx},&\cos\beta>0,\\0,&\cos\beta=0,\\-\mathrm{d}\sigma_{zx},&\cos\beta<0;\end{cases}$$

$$\mathrm{d}x\mathrm{d}y=\cos\gamma\mathrm{d}S=\begin{cases}\mathrm{d}\sigma_{xy},&\cos\gamma>0,\\0,&\cos\gamma=0,\\-\mathrm{d}\sigma_{xy},&\cos\gamma<0,\end{cases}$$

其中 $\mathrm{d}\sigma_{yz},\mathrm{d}\sigma_{zx},\mathrm{d}\sigma_{xy}$ 分别表示 $\mathrm{d}\boldsymbol{S}$ 在 yOz,zOx,xOy 面上投影区域的面积.

第二类曲面积分式(11.3)又可写为

$$\iint\limits_{\Sigma}\boldsymbol{F}\cdot\mathrm{d}\boldsymbol{S}=\iint\limits_{\Sigma}\left[P(x,y,z)\cos\alpha+Q(x,y,z)\cos\beta+R(x,y,z)\cos\gamma\right]\mathrm{d}S$$

$$=\iint\limits_{\Sigma}P(x,y,z)\mathrm{d}y\mathrm{d}z+Q(x,y,z)\mathrm{d}z\mathrm{d}x+R(x,y,z)\mathrm{d}x\mathrm{d}y. \tag{11.4}$$

式(11.4)也表达了第一类曲面积分与第二类曲面积分之间的关系.

若 $\boldsymbol{F}(x,y,z)=\boldsymbol{F}_1(x,y,z)+\boldsymbol{F}_2(x,y,z)+\boldsymbol{F}_3(x,y,z)$，其中 $\boldsymbol{F}_1(x,y,z)=P(x,y,z)\boldsymbol{i},\boldsymbol{F}_2(x,y,z)=Q(x,y,z)\boldsymbol{j},\boldsymbol{F}_3(x,y,z)=R(x,y,z)\boldsymbol{k}$，则

$$\iint\limits_{\Sigma}\boldsymbol{F}\cdot\mathrm{d}\boldsymbol{S}=\iint\limits_{\Sigma}\boldsymbol{F}_1\cdot\mathrm{d}\boldsymbol{S}+\iint\limits_{\Sigma}\boldsymbol{F}_2\cdot\mathrm{d}\boldsymbol{S}+\iint\limits_{\Sigma}\boldsymbol{F}_3\cdot\mathrm{d}\boldsymbol{S}.$$

这里，$\iint\limits_{\Sigma}\boldsymbol{F}_1\cdot\mathrm{d}\boldsymbol{S}=\iint\limits_{\Sigma}\boldsymbol{F}_1\cos\alpha\mathrm{d}S=\iint\limits_{\Sigma}P(x,y,z)\mathrm{d}y\mathrm{d}z$ 称为 $P(x,y,z)$ 在 Σ 上对坐标 y,z 的曲面积分，$\iint\limits_{\Sigma}\boldsymbol{F}_2\cdot\mathrm{d}\boldsymbol{S}=\iint\limits_{\Sigma}\boldsymbol{F}_2\cos\beta\mathrm{d}S=\iint\limits_{\Sigma}Q(x,y,z)\mathrm{d}z\mathrm{d}x$ 称为 $Q(x,y,z)$ 在 Σ 上对坐标 z,x 的曲面积分，$\iint\limits_{\Sigma}\boldsymbol{F}_3\cdot\mathrm{d}\boldsymbol{S}=\iint\limits_{\Sigma}\boldsymbol{F}_3\cos\gamma\mathrm{d}S=$

$\iint\limits_{\Sigma}R(x,y,z)\mathrm{d}x\mathrm{d}y$ 称为 $R(x,y,z)$ 在 Σ 上对坐标 x,y 的曲面积分. 因此，第二类曲面积分又称为对坐标的曲面积分.

11.5.3 对坐标的曲面积分的计算法

根据对坐标的曲面积分的定义及式(11.4)，可用对面积的曲面积分的计算法来计算对坐标的曲面积分，其基本思想也是化为二重积分进行计算.

定理 11.7 设积分曲面 Σ 由方程 $z=z(x,y)$ 给出，Σ 在 xOy 平面上的投影区域为 D_{xy}，函数 $z=z(x,y)$ 在 D_{xy} 上具有一阶连续偏导数，若函数 $R(x,y,z)$ 在 Σ 上连续，则有

$$\iint\limits_{\Sigma}R(x,y,z)\mathrm{d}x\mathrm{d}y = \pm\iint\limits_{D_{xy}}R[x,y,z(x,y)]\mathrm{d}x\mathrm{d}y.$$

微课：对坐标的曲面积分的计算法

其中，当 Σ 取上侧时，即 $\cos\gamma>0$，积分前取"+"；当 Σ 取下侧时，即 $\cos\gamma<0$，积分前取"−".

证明从略.

注 (1)如果 Σ 由 $x=x(y,z)$ 给出，则有

$$\iint\limits_{\Sigma}P(x,y,z)\mathrm{d}x\mathrm{d}z = \pm\iint\limits_{D_{yz}}P[x(y,z),y,z]\mathrm{d}y\mathrm{d}z.$$

其中，当 Σ 取前侧时，即 $\cos\alpha>0$，积分前取"+"；当 Σ 取后侧时，即 $\cos\alpha<0$，积分前取"−".

(2)如果 Σ 由 $y=y(z,x)$ 给出，则有

$$\iint\limits_{\Sigma}Q(x,y,z)\mathrm{d}x\mathrm{d}y = \pm\iint\limits_{D_{zx}}Q[x,y(z,x),z]\mathrm{d}z\mathrm{d}x.$$

其中，当 Σ 取右侧时，即 $\cos\beta>0$，积分前取"+"；当 Σ 取左侧时，即 $\cos\beta<0$，积分前取"−".

(3)如果有向曲面 Σ 分别在 yOz,zOx,xOy 面上投影区域的面积为零，则计算公式中对应的积分值取零.

【即时提问 11.5】 当有向曲面 Σ 与 xOy 面内的有界闭区域 D 重合时，第二类曲面积分 $\iint\limits_{\Sigma}R(x,y,z)\mathrm{d}x\mathrm{d}y$ 与二重积分 $\iint\limits_{D}R(x,y,0)\mathrm{d}x\mathrm{d}y$ 是什么关系？

例 11.24 计算曲面积分 $I=\iint\limits_{\Sigma}(x^3+y^2+z)\mathrm{d}x\mathrm{d}y$，其中 Σ 是球面 $x^2+y^2+z^2=1(x\geqslant0,y\geqslant0)$ 的外侧，如图 11.26 所示.

解 把有向曲面 Σ 分成以下两部分：

$$\Sigma_1:z=\sqrt{1-x^2-y^2}\ (x\geqslant0,y\geqslant0)，取上侧，$$
$$\Sigma_2:z=-\sqrt{1-x^2-y^2}\ (x\geqslant0,y\geqslant0)，取下侧.$$

Σ_1 和 Σ_2 在 xOy 面上的投影区域都是

$$D_{xy}:x^2+y^2\leqslant1,x\geqslant0,y\geqslant0.$$

于是

$$I = \iint\limits_{\Sigma_1}(x^3+y^2+z)\mathrm{d}x\mathrm{d}y+\iint\limits_{\Sigma_2}(x^3+y^2+z)\mathrm{d}x\mathrm{d}y$$

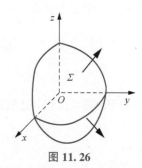

图 11.26

$$= \iint\limits_{D_{xy}} (x^3+y^2+\sqrt{1-x^2-y^2}) \mathrm{d}x\mathrm{d}y - \iint\limits_{D_{xy}} (x^3+y^2-\sqrt{1-x^2-y^2}) \mathrm{d}x\mathrm{d}y$$

$$= 2\iint\limits_{D_{xy}} \sqrt{1-x^2-y^2} \mathrm{d}x\mathrm{d}y = 2\int_0^{\frac{\pi}{2}} \mathrm{d}\theta \int_0^1 \sqrt{1-r^2} r\mathrm{d}r = \frac{\pi}{3}.$$

例 11. 25 计算 $\iint\limits_{\Sigma} z\mathrm{d}x\mathrm{d}y$.

(1) Σ 为锥面 $z=\sqrt{x^2+y^2}$ $(0 \leqslant z \leqslant 1)$ 的下侧，如图 11. 27 所示.

(2) Σ 为锥面 $z=\sqrt{x^2+y^2}$ 与平面 $z=1$ 所围曲面的内侧，如图 11. 28 所示.

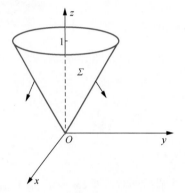
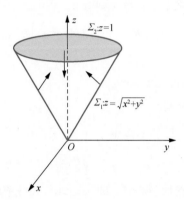

图 11. 27 　　　　　　　　　　　　　　　图 11. 28

解 (1) $\Sigma: z=\sqrt{x^2+y^2}$ $(0 \leqslant z \leqslant 1)$，下侧，$D_{xy}: x^2+y^2 \leqslant 1$，则

$$\iint\limits_{\Sigma} z\mathrm{d}x\mathrm{d}y = -\iint\limits_{D_{xy}} \sqrt{x^2+y^2} \mathrm{d}x\mathrm{d}y = -\int_0^{2\pi} \mathrm{d}\theta \int_0^1 r^2 \mathrm{d}r = -\frac{2}{3}\pi.$$

(2) 设 $\Sigma = \Sigma_1 + \Sigma_2$，取 $\Sigma_1: z=\sqrt{x^2+y^2}$ $(0 \leqslant z \leqslant 1)$，上侧；$\Sigma_2: z=1$ $(x^2+y^2 \leqslant 1)$，下侧. Σ_1 和 Σ_2 在 xOy 平面上的投影区域都是 $D_{xy}: x^2+y^2 \leqslant 1$，则

$$\oiint\limits_{\Sigma} z\mathrm{d}x\mathrm{d}y = \iint\limits_{\Sigma_1} z\mathrm{d}x\mathrm{d}y + \iint\limits_{\Sigma_2} z\mathrm{d}x\mathrm{d}y = \iint\limits_{D_{xy}} \sqrt{x^2+y^2} \mathrm{d}x\mathrm{d}y - \iint\limits_{D_{xy}} \mathrm{d}x\mathrm{d}y$$

$$= \frac{2}{3}\pi - \pi = -\frac{1}{3}\pi.$$

例 11. 26 设某流体的流速为 $\boldsymbol{v}=\{z^2+x, 0, -z\}$，求单位时间内从曲面 Σ 的内部流过曲面的流量，其中 Σ 是曲面 $z=\frac{1}{2}(x^2+y^2)$ 介于平面 $z=0$ 及 $z=2$ 之间部分的下侧.

解 由题意，单位时间内从曲面 Σ 的内部流过曲面的流量为

$$\Phi = \iint\limits_{\Sigma} (z^2+x) \mathrm{d}y\mathrm{d}z - z\mathrm{d}x\mathrm{d}y.$$

利用两类曲面积分之间的关系，可得

$$\iint\limits_{\Sigma} (z^2+x) \mathrm{d}y\mathrm{d}z = \iint\limits_{\Sigma} (z^2+x) \cos\alpha \mathrm{d}S = \iint\limits_{\Sigma} (z^2+x) \frac{\cos\alpha}{\cos\gamma} \mathrm{d}x\mathrm{d}y.$$

在曲面 Σ 上，点 (x,y,z) 处指向向下的法向量为 $\{x,y,-1\}$，则

$$\cos\alpha=\frac{x}{\sqrt{1+x^2+y^2}},\cos\gamma=\frac{-1}{\sqrt{1+x^2+y^2}},\mathrm{d}S=\sqrt{1+x^2+y^2}\,\mathrm{d}x\mathrm{d}y.$$

故

$$
\begin{aligned}
\varPhi &= \iint_\Sigma (z^2+x)\,\mathrm{d}y\mathrm{d}z-z\mathrm{d}x\mathrm{d}y\\
&= \iint_\Sigma \left[(z^2+x)(-x)-z\right]\mathrm{d}x\mathrm{d}y\\
&= -\iint_{x^2+y^2\le4}\left\{\left[\frac{1}{4}(x^2+y^2)^2+x\right]\cdot(-x)-\frac{1}{2}(x^2+y^2)\right\}\mathrm{d}x\mathrm{d}y.
\end{aligned}
$$

根据二重积分的对称性和轮换对称性，得

$$
\begin{aligned}
\varPhi &= \iint_{x^2+y^2\le4}\left[x^2+\frac{1}{2}(x^2+y^2)\right]\mathrm{d}x\mathrm{d}y\\
&= \iint_{x^2+y^2\le4}(x^2+y^2)\,\mathrm{d}x\mathrm{d}y\\
&= \int_0^{2\pi}\mathrm{d}\theta\int_0^2 r^2\cdot r\mathrm{d}r\\
&= 8\pi.
\end{aligned}
$$

同步习题 11.5

 基础题

1. 将下列第二类曲面积分 $\iint_\Sigma P\mathrm{d}y\mathrm{d}z+Q\mathrm{d}z\mathrm{d}x+R\mathrm{d}x\mathrm{d}y$ 化为第一类曲面积分.

(1) Σ 为平面 $3x+2y+z=1$ 位于第一卦限的部分，取上侧.

(2) Σ 为抛物面 $z=1-x^2-\frac{1}{2}y^2$ 在 xOy 面以上部分，取上侧.

2. 计算曲面积分 $\oiint_\Sigma (x+y)\mathrm{d}y\mathrm{d}z+(y+z)\mathrm{d}z\mathrm{d}x+(z+x)\mathrm{d}x\mathrm{d}y$，其中 Σ 是以原点为中心，边长为 a 的正方体的整个表面的外侧.

3. 计算曲面积分 $\iint_\Sigma x^2y^2z\mathrm{d}x\mathrm{d}y$，其中 Σ 是球面 $x^2+y^2+z^2=R^2$ 的下半部分，取下侧.

4. 计算 $\oiint_\Sigma xy\mathrm{d}y\mathrm{d}z+yz\mathrm{d}z\mathrm{d}x+xz\mathrm{d}x\mathrm{d}y$，其中 Σ 为 3 个坐标面与平面 $x+y+z=1$ 所围成的四面体表面的外侧.

5. 计算 $\iint_\Sigma x^3\mathrm{d}y\mathrm{d}z$，其中 Σ 是椭球面 $\frac{x^2}{a^2}+\frac{y^2}{b^2}+\frac{z^2}{c^2}=1$ 上 $x\ge0$ 的部分，取椭球面外侧为正侧.

提高题

1. 计算积分 $\iint\limits_{\Sigma}[f(x,y,z)+x]\mathrm{d}y\mathrm{d}z+[2f(x,y,z)+y]\mathrm{d}z\mathrm{d}x+[f(x,y,z)+$

$z]\mathrm{d}x\mathrm{d}y$，其中 $f(x,y,z)$ 为连续函数，Σ 是平面 $x-y+z=1$ 在第四卦限部分的上侧.

2. 设上半球面 $\Sigma:x^2+y^2+z^2=a^2(z\geqslant0)$，磁场强度为 $\boldsymbol{E}(x,y,z)=\{x^2,$ $y^2,z^2\}$，求从球内通过 Σ 的磁通量.

微课：同步习题 11.5 提高题 1

■ 11.6 高斯公式、*通量和散度

格林公式表达了平面区域上二重积分与其边界曲线上的曲线积分之间的关系，而高斯公式表达了空间区域上三重积分与其边界曲面上的曲面积分之间的关系. 本节除了介绍高斯公式，还将给出沿任意光滑的封闭曲面的曲面积分为零的条件，最后简单介绍通量与散度的概念.

11.6.1 高斯公式

定理 11.8 设空间闭区域 Ω 是由分片光滑的闭曲面 Σ 所围成的，函数 $P(x,y,z)$，$Q(x,y,z)$，$R(x,y,z)$ 在 Ω 上具有一阶连续偏导数，则有

$$\iiint\limits_{\Omega}\left(\frac{\partial P}{\partial x}+\frac{\partial Q}{\partial y}+\frac{\partial R}{\partial z}\right)\mathrm{d}V=\oiint\limits_{\Sigma}P\mathrm{d}y\mathrm{d}z+Q\mathrm{d}z\mathrm{d}x+R\mathrm{d}x\mathrm{d}y, \tag{11.5}$$

或

$$\iiint\limits_{\Omega}\left(\frac{\partial P}{\partial x}+\frac{\partial Q}{\partial y}+\frac{\partial R}{\partial z}\right)\mathrm{d}V=\oiint\limits_{\Sigma}(P\cos\alpha+Q\cos\beta+R\cos\gamma)\mathrm{d}S, \tag{11.6}$$

其中 Σ 取外侧，$\cos\alpha,\cos\beta,\cos\gamma$ 是曲面 Σ 在点 (x,y,z) 处的正法向量 $\boldsymbol{n}(x,y,z)$ 的方向余弦. 式(11.5)和式(11.6)称为高斯公式.

证明 只给出等式 $\iiint\limits_{\Omega}\dfrac{\partial R}{\partial z}\mathrm{d}V=\oiint\limits_{\Sigma}R\mathrm{d}x\mathrm{d}y$ 的证明. 分两种情况.

(1) 若空间区域 Ω 是简单区域，即过 Ω 内部且平行于各坐标轴的直线与曲面 Σ 的交点不多于两个，Ω 在 xOy 平面内的投影区域为 D_{xy}，如图 11.29 所示.

Σ_1 的方程为 $z=z_1(x,y)$，取下侧，Σ_2 的方程为 $z=z_2(x,y)$，取上侧，Σ_3 是以 D_{xy} 的边界曲线为准线而母线平行于 z 轴的柱面上的一部分，取外侧，则 Ω 可表示为

$$\Omega:z_1(x,y)\leqslant z\leqslant z_2(x,y),(x,y)\in D_{xy},\Sigma=\Sigma_1+\Sigma_2+\Sigma_3.$$

一方面，由三重积分计算法，得

$$\iiint\limits_{\Omega}\frac{\partial R}{\partial z}\mathrm{d}V=\iint\limits_{D_{xy}}\left[\int_{z_1(x,y)}^{z_2(x,y)}\frac{\partial R}{\partial z}\mathrm{d}z\right]\mathrm{d}x\mathrm{d}y$$

$$=\iint\limits_{D_{xy}}\{R[x,y,z_2(x,y)]-R[x,y,z_1(x,y)]\}\mathrm{d}x\mathrm{d}y.$$

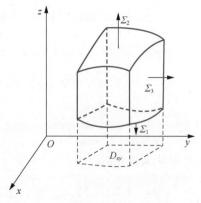

图 11.29

另一方面,根据曲面积分的计算法,得

$$\oiint_{\Sigma} R\mathrm{d}x\mathrm{d}y = \iint_{\Sigma_1} R\mathrm{d}x\mathrm{d}y + \iint_{\Sigma_2} R\mathrm{d}x\mathrm{d}y + \iint_{\Sigma_3} R\mathrm{d}x\mathrm{d}y$$

$$= -\iint_{D_{xy}} R[x,y,z_1(x,y)]\mathrm{d}x\mathrm{d}y + \iint_{D_{xy}} R[x,y,z_2(x,y)]\mathrm{d}x\mathrm{d}y + 0$$

$$= \iint_{D_{xy}} \{R[x,y,z_2(x,y)] - R[x,y,z_1(x,y)]\}\mathrm{d}x\mathrm{d}y.$$

故

$$\iiint_{\Omega} \frac{\partial R}{\partial z}\mathrm{d}V = \oiint_{\Sigma} R\mathrm{d}x\mathrm{d}y.$$

再由穿过 Ω 内部且平行于 x 轴的直线及平行于 y 轴的直线与 Σ 的交点也恰好是两个,类似可得

$$\iiint_{\Omega} \frac{\partial P}{\partial x}\mathrm{d}V = \oiint_{\Sigma} P\mathrm{d}y\mathrm{d}z,$$

$$\iiint_{\Omega} \frac{\partial Q}{\partial y}\mathrm{d}V = \oiint_{\Sigma} Q\mathrm{d}z\mathrm{d}x,$$

由此高斯公式得证.

(2)对于一般区域,可以添加适当的辅助曲面把 Ω 分成有限个子区域,使每一个子区域都满足(1)的条件,在各个子区域上用高斯公式,再把所得的结果相加,利用三重积分的性质和对坐标的曲面积分的性质,仍有高斯公式成立.

注 (1)高斯公式成立的条件:函数 P,Q,R 在封闭区域 Ω 上具有一阶连续偏导数,正向取外侧.

(2)高斯公式建立了空间区域上三重积分与其边界曲面上的曲面积分之间的联系,可通过三重积分计算曲面积分.

(3)在高斯公式中,取 $P=x,Q=y,R=z$,可得利用第二类曲面积分计算空间区域体积的公式

$$V = \iiint_{\Omega} \mathrm{d}V = \frac{1}{3} \oiint_{\Sigma} x\mathrm{d}y\mathrm{d}z + y\mathrm{d}z\mathrm{d}x + z\mathrm{d}x\mathrm{d}y.$$

【即时提问 11.6】 高斯公式的右端用第一类曲面积分表示是什么?

例 11.27 计算曲面积分 $I = \oiint_{\Sigma} x\mathrm{d}y\mathrm{d}z + y\mathrm{d}z\mathrm{d}x + z\mathrm{d}x\mathrm{d}y$,其中 Σ 为球面 $x^2+y^2+z^2=4$ 的外侧,如图 11.30 所示.

解 这里 $P=x,Q=y,R=z$,由高斯公式,得

$$I = \oiint_{\Sigma} x\mathrm{d}y\mathrm{d}z + y\mathrm{d}z\mathrm{d}x + z\mathrm{d}x\mathrm{d}y$$

$$= 3\iiint_{x^2+y^2+z^2\leqslant 4} \mathrm{d}V$$

$$= 3 \cdot \frac{4}{3}\pi \cdot 2^3$$

$$= 32\pi.$$

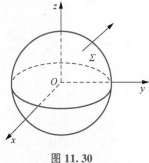

图 11.30

例 11.28 利用高斯公式计算曲面积分 $\iint\limits_{\Sigma} x^2 \mathrm{d}y\mathrm{d}z + y^2 \mathrm{d}z\mathrm{d}x +$

$z^2 \mathrm{d}x\mathrm{d}y$，其中 Σ 为锥面 $x^2 + y^2 = z^2$ 介于平面 $z=0, z=h(h>0)$ 之间部分的下侧，如图 11.31 所示.

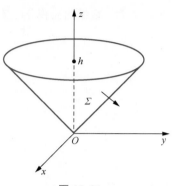

图 11.31

解 曲面不是封闭曲面，因此不能直接用高斯公式. 设 $\Sigma_1 : z=h(x^2 + y^2 \leqslant h^2)$，取上侧，则 Σ 与 Σ_1 一起构成一个取外侧的封闭曲面，设它们围成的空间闭区域为 Ω，其投影区域为 $D_{xy} : x^2 + y^2 \leqslant h^2$. 应用高斯公式，得

$$\oiint\limits_{\Sigma+\Sigma_1} x^2 \mathrm{d}y\mathrm{d}z + y^2 \mathrm{d}z\mathrm{d}x + z^2 \mathrm{d}x\mathrm{d}y = 2\iiint\limits_{\Omega} (x+y+z)\,\mathrm{d}V.$$

由于积分区域 Ω 关于 yOz, zOx 面对称，故 $\iiint\limits_{\Omega}(x+y)\,\mathrm{d}V = 0$.

$$2\iiint\limits_{\Omega} z\mathrm{d}V = 2\iint\limits_{D_{xy}}\mathrm{d}x\mathrm{d}y\int_{\sqrt{x^2+y^2}}^{h} z\mathrm{d}z = \iint\limits_{D_{xy}}(h^2 - x^2 - y^2)\,\mathrm{d}x\mathrm{d}y = \frac{1}{2}\pi h^4,$$

而

$$\iint\limits_{\Sigma_1} x^2 \mathrm{d}y\mathrm{d}z + y^2 \mathrm{d}z\mathrm{d}x + z^2 \mathrm{d}x\mathrm{d}y = \iint\limits_{\Sigma_1} z^2 \mathrm{d}x\mathrm{d}y = \iint\limits_{D_{xy}} h^2 \mathrm{d}x\mathrm{d}y = \pi h^4,$$

因此，

$$\iint\limits_{\Sigma} x^2 \mathrm{d}y\mathrm{d}z + y^2 \mathrm{d}z\mathrm{d}x + z^2 \mathrm{d}x\mathrm{d}y = \frac{1}{2}\pi h^4 - \pi h^4 = -\frac{1}{2}\pi h^4.$$

*11.6.2　沿任意闭曲面的曲面积分为零的条件

11.3 节应用格林公式给出了沿平面内任意闭曲线的曲线积分为零的条件. 同样，应用高斯公式可以给出沿任意闭曲面的曲面积分为零的条件.

下面首先介绍空间二维单连通区域及一维单连通区域的概念. 对于空间区域 G，如果 G 内任一闭曲面所围成的区域全属于 G，则称 G 为空间二维单连通区域. 如果 G 内任一闭曲线总可以张成一片完全属于 G 的曲面，则称 G 为空间一维单连通区域. 如图 11.32 所示，球面所围成的区域 G_1 既是空间二维单连通区域，又是空间一维单连通区域；两个同心球面之间的区域 G_2 是空间一维单连通区域，但不是空间二维单连通区域；环面所围成的区域 G_3 是空间二维单连通区域，但不是空间一维单连通区域.

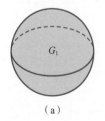
（a）

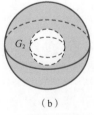
（b）

（c）

图 11.32

对于沿任意闭曲面的曲面积分为零的条件，我们有以下结论.

定理 11.9 设 G 是空间二维单连通区域，若 $P(x,y,z), Q(x,y,z), R(x,y,z)$ 在 G 内具有一

阶连续偏导数，则曲面积分

$$\oiint_{\Sigma} P\mathrm{d}y\mathrm{d}z+Q\mathrm{d}z\mathrm{d}x+R\mathrm{d}x\mathrm{d}y$$

在 G 内与所取曲面 Σ 无关，而只取决于 Σ 的边界曲线（或沿 G 内任一闭曲面的曲面积分为零）的充分必要条件是

$$\frac{\partial P}{\partial x}+\frac{\partial Q}{\partial y}+\frac{\partial R}{\partial z}=0$$

在 G 内恒成立.

例 11.29 计算 $\displaystyle\iint_{\Sigma}(y-x)\mathrm{d}y\mathrm{d}z+(z-y)\mathrm{d}z\mathrm{d}x+(2z-x^2-y^2)\mathrm{d}x\mathrm{d}y$，其中 Σ 为旋转抛物面 $z=1-x^2-y^2$ 被 xOy 面所截下部分的上侧，如图 11.33 所示.

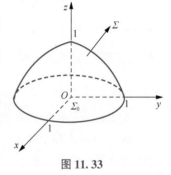

图 11.33

🔑 **解** Σ 的边界曲线是 xOy 面内的单位圆周 L，取平面 $\Sigma_0:z=0$（$x^2+y^2\leqslant 1$），取上侧，则 Σ 与 Σ_0^- 是以 L 为边界曲线的同侧有向曲面.

因为

$$\frac{\partial P}{\partial x}+\frac{\partial Q}{\partial y}+\frac{\partial R}{\partial z}=0$$

在全空间成立，由定理 11.9 知，

$$\oiint_{\Sigma+\Sigma_0^-}(y-x)\mathrm{d}y\mathrm{d}z+(z-y)\mathrm{d}z\mathrm{d}x+(2z-x^2-y^2)\mathrm{d}x\mathrm{d}y=0.$$

从而

$$\iint_{\Sigma}(y-x)\mathrm{d}y\mathrm{d}z+(z-y)\mathrm{d}z\mathrm{d}x+(2z-x^2-y^2)\mathrm{d}x\mathrm{d}y=\iint_{\Sigma_0}(y-x)\mathrm{d}y\mathrm{d}z+(z-y)\mathrm{d}z\mathrm{d}x+(2z-x^2-y^2)\mathrm{d}x\mathrm{d}y$$

$$=\iint_{x^2+y^2\leqslant 1}(-x^2-y^2)\mathrm{d}x\mathrm{d}y=-\iint_{x^2+y^2\leqslant 1}(x^2+y^2)\mathrm{d}x\mathrm{d}y$$

$$=-\frac{\pi}{2}.$$

*11.6.3 通量和散度

由 11.5 节引例可知，流体流量为

$$\Phi=\iint_{\Sigma}P\mathrm{d}y\mathrm{d}z+Q\mathrm{d}z\mathrm{d}x+R\mathrm{d}x\mathrm{d}y=\iint_{\Sigma}\boldsymbol{v}\cdot\boldsymbol{n}\mathrm{d}S=\iint_{\Sigma}v_n\mathrm{d}S,$$

其中 $\boldsymbol{n}=\{\cos\alpha,\cos\beta,\cos\gamma\}$ 是 Σ 在点 (x,y,z) 处的正向单位法向量，v_n 表示流体流速 $\boldsymbol{v}$ 在有向曲面 Σ 法向量上的投影. 高斯公式（11.5）的右端可解释为速度场 $\boldsymbol{v}$ 通过闭曲面 Σ 流向外侧的流量，即流体在单位时间内离开闭区域 Ω 的总质量. 由于流体是不可压缩且稳定流动的，在流体离开 Ω 的同时，Ω 内部必须有一"源头"散发出同样多的流体来补充，所以高斯公式[式（11.5）]左端可解释为分布在 Ω 内的源头在单位时间内产生的流体总质量. 左端被积函数代表源头的强度，称为 $\boldsymbol{v}$ 在 (x,y,z) 处的通量密度或散度，记作 $\operatorname{div}\boldsymbol{v}$，即

$$\operatorname{div}\boldsymbol{v}=\frac{\partial P}{\partial x}+\frac{\partial Q}{\partial y}+\frac{\partial R}{\partial z}.$$

一般地，设某向量场 $A = P(x,y,z)\boldsymbol{i} + Q(x,y,z)\boldsymbol{j} + R(x,y,z)\boldsymbol{k}$，其中 P,Q,R 具有一阶连续偏导数，Σ 是场内的一有向曲面，$\boldsymbol{n}$ 是 Σ 上点 (x,y,z) 处的单位法向量，则称

$$\iint_{\Sigma} \boldsymbol{A} \cdot \boldsymbol{n}\mathrm{d}S = \iint_{\Sigma} A_n\mathrm{d}S$$

为向量场 A 通过曲面 Σ 向着指定侧的通量(或流量). 称

$$\frac{\partial P}{\partial x} + \frac{\partial Q}{\partial y} + \frac{\partial R}{\partial z}$$

为向量场 A 的散度，记作 $\mathrm{div}A$，即

$$\mathrm{div}A = \frac{\partial P}{\partial x} + \frac{\partial Q}{\partial y} + \frac{\partial R}{\partial z}.$$

于是，高斯公式可表示为

$$\iiint_{\Omega} \mathrm{div}A\mathrm{d}V = \oiint_{\Sigma} A_n\mathrm{d}S,$$

其中 $A_n = A \cdot \boldsymbol{n}$ 是向量 A 在曲面 Σ 的外侧法向量上的投影.

例 11.30 求向量场 $A = x\boldsymbol{i} + y\boldsymbol{j} + z\boldsymbol{k}$ 通过闭区域 $\Omega = \{(x,y,z) \mid 0 \leqslant x \leqslant 1, 0 \leqslant y \leqslant 1, 0 \leqslant z \leqslant 1\}$ 的边界曲面流向外侧的通量.

解 设 Ω 的边界曲面为 Σ，则通量为

$$\Phi = \oiint_{\Sigma} \boldsymbol{A} \cdot \boldsymbol{n}\mathrm{d}S = \oiint_{\Sigma} x\mathrm{d}y\mathrm{d}z + y\mathrm{d}z\mathrm{d}x + z\mathrm{d}x\mathrm{d}y$$

$$= \iiint_{\Omega} \left(\frac{\partial x}{\partial x} + \frac{\partial y}{\partial y} + \frac{\partial z}{\partial z}\right)\mathrm{d}V = 3\iiint_{\Omega} \mathrm{d}V = 3 \times 1 = 3.$$

例 11.31 求向量场 $A = xy\boldsymbol{i} + (x+y)\boldsymbol{j} + x^2 z\boldsymbol{k}$ 在点 $M(1,0,1)$ 处的散度.

解 因为 $\mathrm{div}A = \dfrac{\partial}{\partial x}(xy) + \dfrac{\partial}{\partial y}(x+y) + \dfrac{\partial}{\partial z}(x^2 z) = y + 1 + x^2$，所以

$$\mathrm{div}A \Big|_{(1,0,1)} = 2.$$

同步习题 11.6

基础题

1. 利用高斯公式计算下列曲面积分.

(1) $\oiint_{\Sigma} x^2\mathrm{d}y\mathrm{d}z + y^2\mathrm{d}z\mathrm{d}x + z^2\mathrm{d}x\mathrm{d}y$，其中 Σ 是平面 $x=0, y=0, z=0, x=a, y=a, z=a$ 所围成的立体的表面，取外侧.

(2) $\oiint_{\Sigma} x^3\mathrm{d}y\mathrm{d}z + y^3\mathrm{d}z\mathrm{d}x + z^3\mathrm{d}x\mathrm{d}y$，其中 Σ 是球面 $x^2 + y^2 + z^2 = a^2$，取外侧.

(3) $\oiint_{\Sigma} yz\mathrm{d}y\mathrm{d}z + zx\mathrm{d}z\mathrm{d}x + xy\mathrm{d}x\mathrm{d}y$，其中 Σ 是球面 $x^2 + y^2 + z^2 = 1$，取外侧.

(4) $\oiint\limits_{\Sigma} xdydz+ydzdx+zdxdy$，其中 Σ 是介于 $z=0$ 和 $z=3$ 之间的圆柱体 $x^2+y^2\leqslant 9$ 的整个表面，取外侧.

(5) $\iint\limits_{\Sigma} dydz+xdzdx+(z+1)dxdy$，其中 Σ 为曲面 $z=\sqrt{1-x^2-y^2}$，取上侧.

2. 计算曲面积分 $\iint\limits_{\Sigma} xz^2dydz+(x^2y-z^3)dzdx+(2xy+y^2z)dxdy$，其中曲面 Σ 为上半球面 $z=\sqrt{a^2-x^2-y^2}$，取上侧.

3. 求下列向量 A 穿过曲面 Σ 流向指定侧的通量.

(1) $A=(2x-z)i+x^2yj-xz^2k$，Σ 为立方体 $0\leqslant x\leqslant a$，$0\leqslant y\leqslant a$，$0\leqslant z\leqslant a$ 的全表面，流向外侧.

(2) $A=yzi+xzj+xyk$，Σ 为圆柱体 $x^2+y^2\leqslant a^2(0\leqslant z\leqslant h)$ 的全表面，流向外侧.

提高题

设有无穷长导线与 z 轴重合，通以电流 $I_0k(I_0$ 是常数)后，导线周围便产生磁场，在点 $M(x,y,z)$ 处的磁场强度为 $H=\dfrac{1}{2\pi r^2}(-yi+xj)$，其中 $r=\sqrt{x^2+y^2}$，求 $\mathrm{div}\boldsymbol{H}$.

11.7 斯托克斯公式、*环流量与旋度

11.7.1 斯托克斯公式

格林公式建立了平面闭区域上的二重积分与其边界曲线上的曲线积分之间的关系. 与格林公式类似，斯托克斯公式建立了空间曲面上的曲面积分与其边界曲线的曲线积分之间的关系.

设 L 是空间中给定方向的光滑简单闭曲线，Σ 是以 L 为边界的光滑曲面，Σ 称为曲线 L 张成的曲面，如图 11.34 所示. 我们规定张成曲面 Σ 的侧与 L 的正向符合右手法则，即右手四指指向 L 的方向，则大拇指的方向代表曲面 Σ 的法线方向. 这样的曲面 Σ 就是我们选定的以 L 为边界的"区域"，它是由 L 张成的有向曲面.

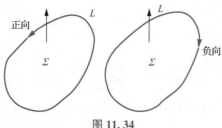

图 11.34

定理 11.10 设 L 为分段光滑的有向闭曲线，Σ 是由 L 张成的光滑有向曲面，L 的正向与 Σ 的侧符合右手法则，函数 $P(x,y,z)$，$Q(x,y,z)$，$R(x,y,z)$ 在曲面 Σ 上具有一阶连续偏导数，

则有

$$\iint\limits_{\Sigma}\left(\frac{\partial R}{\partial y}-\frac{\partial Q}{\partial z}\right)\mathrm{d}y\mathrm{d}z+\left(\frac{\partial P}{\partial z}-\frac{\partial R}{\partial x}\right)\mathrm{d}z\mathrm{d}x+\left(\frac{\partial Q}{\partial x}-\frac{\partial P}{\partial y}\right)\mathrm{d}x\mathrm{d}y=\oint_{L}P\mathrm{d}x+Q\mathrm{d}y+R\mathrm{d}z,$$

$$(11.7)$$

或

$$\iint\limits_{\Sigma}\left[\left(\frac{\partial R}{\partial y}-\frac{\partial Q}{\partial z}\right)\cos\alpha+\left(\frac{\partial P}{\partial z}-\frac{\partial R}{\partial x}\right)\cos\beta+\left(\frac{\partial Q}{\partial x}-\frac{\partial P}{\partial y}\right)\cos\gamma\right]\mathrm{d}S=\oint_{L}(P\cos\lambda+Q\cos\mu+R\cos\nu)\mathrm{d}s.$$

$$(11.8)$$

其中，$\cos\alpha,\cos\beta,\cos\gamma$ 为 Σ 正侧法向量的方向余弦，$\cos\lambda,\cos\mu,\cos\nu$ 为与 L 正向一致的切向量的方向余弦. 式(11.7)和式(11.8)称为斯托克斯公式.

注 (1)当 Σ 是平面区域 D，$\boldsymbol{F}=P\boldsymbol{i}+Q\boldsymbol{j}$ 是平面向量场时，斯托克斯公式就是格林公式，它是格林公式在空间的推广.

(2)斯托克斯公式建立了空间曲面上的曲面积分与其边界曲线的曲线积分之间的关系.

(3)为了便于记忆，式(11.7)和式(11.8)可借助行列式写成

$$\oint_{L}P\mathrm{d}x+Q\mathrm{d}y+R\mathrm{d}z=\iint\limits_{\Sigma}\begin{vmatrix}\mathrm{d}y\mathrm{d}z&\mathrm{d}z\mathrm{d}x&\mathrm{d}x\mathrm{d}y\\[6pt]\dfrac{\partial}{\partial x}&\dfrac{\partial}{\partial y}&\dfrac{\partial}{\partial z}\\[6pt]P&Q&R\end{vmatrix},$$

或

$$\oint_{L}(P\cos\lambda+Q\cos\mu+R\cos\nu)\mathrm{d}s=\iint\limits_{\Sigma}\begin{vmatrix}\cos\alpha&\cos\beta&\cos\gamma\\[6pt]\dfrac{\partial}{\partial x}&\dfrac{\partial}{\partial y}&\dfrac{\partial}{\partial z}\\[6pt]P&Q&R\end{vmatrix}\mathrm{d}S.$$

例 11.32 计算曲线积分 $I=\oint_{\Gamma}(z-y)\mathrm{d}x+(x+2z)\mathrm{d}y+(2y-x)\mathrm{d}z$，其中 Γ 为平面 $x+y+z=1$ 被 3 个坐标面所截得三角形的整个边界，它的正向与这个三角形上侧符合右手法则，如图 11.35 所示.

解 设 Σ 为闭曲线 Γ 所围成的三角形平面，$\Sigma: z=1-x-y, x\geqslant0, y\geqslant0, x+y\leqslant1$，由斯托克斯公式得

$$I=\iint\limits_{\Sigma}\begin{vmatrix}\mathrm{d}y\mathrm{d}z&\mathrm{d}z\mathrm{d}x&\mathrm{d}x\mathrm{d}y\\[6pt]\dfrac{\partial}{\partial x}&\dfrac{\partial}{\partial y}&\dfrac{\partial}{\partial z}\\[6pt]z-y&x+2z&2y-x\end{vmatrix}$$

$$=\iint\limits_{\Sigma}0\mathrm{d}y\mathrm{d}z+2\mathrm{d}z\mathrm{d}x+2\mathrm{d}x\mathrm{d}y$$

$$=\frac{4}{\sqrt{3}}\iint\limits_{\Sigma}\mathrm{d}S=\frac{4}{\sqrt{3}}\cdot\frac{\sqrt{3}}{4}(\sqrt{2})^2$$

$$=2.$$

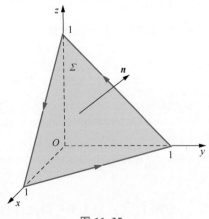

图 11.35

例 11.33 计算曲线积分 $I = \oint_L (y^2-z^2)\mathrm{d}x+(z^2-x^2)\mathrm{d}y+(x^2-y^2)\mathrm{d}z$，其中

L 是用平面 $x+y+z=\dfrac{3}{2}$ 截立方体 $0\leqslant x\leqslant 1,0\leqslant y\leqslant 1,0\leqslant z\leqslant 1$ 的表面所得的截

痕，若从 x 轴的正向看去，取逆时针方向.

微课：例 11.33

解 取 Σ 为平面 $x+y+z=\dfrac{3}{2}$ 的上侧被 L 所围成的部分，Σ 的单位法向

量 $\boldsymbol{n}=\dfrac{1}{\sqrt{3}}\{1,1,1\}$，即 $\cos\alpha=\cos\beta=\cos\gamma=\dfrac{1}{\sqrt{3}}$. 由斯托克斯公式，得

$$I = \iint\limits_{\Sigma} \begin{vmatrix} \dfrac{1}{\sqrt{3}} & \dfrac{1}{\sqrt{3}} & \dfrac{1}{\sqrt{3}} \\ \dfrac{\partial}{\partial x} & \dfrac{\partial}{\partial y} & \dfrac{\partial}{\partial z} \\ y^2-z^2 & z^2-x^2 & x^2-y^2 \end{vmatrix} \mathrm{d}S$$

$$= -\frac{4}{\sqrt{3}} \iint\limits_{\Sigma} (x+y+z)\,\mathrm{d}S$$

$$= -\frac{4}{\sqrt{3}} \cdot \frac{3}{2} \iint\limits_{\Sigma} \mathrm{d}S = -2\sqrt{3} \iint\limits_{\Sigma} \mathrm{d}S = -2\sqrt{3} \iint\limits_{D_{xy}} \sqrt{3}\,\mathrm{d}x\mathrm{d}y,$$

其中 D_{xy} 为 Σ 在 xOy 面上的投影区域，于是

$$I = -6 \iint\limits_{D_{xy}} \mathrm{d}x\mathrm{d}y = -6 \times \frac{3}{4} = -\frac{9}{2}.$$

*11.7.2 空间曲线积分与路径无关的条件

在 11.3 节中，我们利用格林公式推导出平面曲线积分与路径无关的条件. 类似地，利用斯托克斯公式，我们可以推导出空间曲线积分与路径无关的条件.

定理 11.11 设 Ω 为空间一维单连通区域，函数 $P(x,y,z),Q(x,y,z),R(x,y,z)$ 在 Ω 内具有一阶连续偏导数，则曲线积分

$$\oint_L P\mathrm{d}x+Q\mathrm{d}y+R\mathrm{d}z$$

在 Ω 内与路径无关的充分必要条件是

$$\frac{\partial R}{\partial y}=\frac{\partial Q}{\partial z},\frac{\partial P}{\partial z}=\frac{\partial R}{\partial x},\frac{\partial Q}{\partial x}=\frac{\partial P}{\partial y} \tag{11.9}$$

在 Ω 内恒成立.

定理 11.12 设 Ω 为空间一维单连通区域，函数 $P(x,y,z),Q(x,y,z),R(x,y,z)$ 在 Ω 内具有一阶连续偏导数，则 $P\mathrm{d}x+Q\mathrm{d}y+R\mathrm{d}z$ 在 Ω 内为某一函数 $u(x,y,z)$ 的全微分的充分必要条件是式 (11.9) 成立. 当式 (11.9) 成立时，函数 $u(x,y,z)$ 可表示为

$$u(x,y,z) = \int_{(x_0,y_0,z_0)}^{(x,y,z)} P\mathrm{d}x+Q\mathrm{d}y+R\mathrm{d}z$$

$$= \int_{x_0}^{x} P(x,y_0,z_0)\,\mathrm{d}x + \int_{y_0}^{y} Q(x,y,z_0)\,\mathrm{d}y + \int_{z_0}^{z} R(x,y,z)\,\mathrm{d}z,$$

其中 $M_0(x_0,y_0,z_0)$ 为 Ω 内某一定点，$M(x,y,z)$ 为 Ω 内的动点，如图 11.36 所示.

例 11.34 验证 $(y+z)\mathrm{d}x+(z+x)\mathrm{d}y+(x+y)\mathrm{d}z$ 是某三元函数的全微分，并求出其一个原函数.

解 $P=y+z$, $Q=z+x$, $R=x+y$, 由于

$$\frac{\partial R}{\partial y}=\frac{\partial Q}{\partial z}=1, \frac{\partial P}{\partial z}=\frac{\partial R}{\partial x}=1, \frac{\partial Q}{\partial x}=\frac{\partial P}{\partial y}=1$$

在全空间成立，所以存在 $u(x,y,z)$，使

$$\mathrm{d}u=(y+z)\mathrm{d}x+(z+x)\mathrm{d}y+(x+y)\mathrm{d}z.$$

于是，

$$u(x,y,z)=\int_{(0,0,0)}^{(x,y,z)}(y+z)\mathrm{d}x+(z+x)\mathrm{d}y+(x+y)\mathrm{d}z$$

$$=\int_0^x 0\mathrm{d}x+\int_0^y x\mathrm{d}y+\int_0^z (x+y)\mathrm{d}z$$

$$=xy+xz+yz.$$

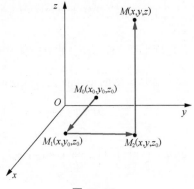

图 11.36

*11.7.3 环流量与旋度

设向量场

$$\boldsymbol{A}=P(x,y,z)\boldsymbol{i}+Q(x,y,z)\boldsymbol{j}+R(x,y,z)\boldsymbol{k},$$

其中函数 P,Q,R 连续，$\varGamma$ 是 $\boldsymbol{A}$ 的定义域内的一条分段光滑的有向闭曲线，$\boldsymbol{\tau}=\{\cos\alpha',\cos\beta',\cos\gamma'\}$ 是 $\varGamma$ 在点 (x,y,z) 处的正向单位切向量，由两类曲线积分的关系，

$$\oint_\varGamma P\mathrm{d}x+Q\mathrm{d}y+R\mathrm{d}z=\oint_\varGamma (P\cos\alpha'+Q\cos\beta'+R\cos\gamma')\mathrm{d}s=\oint_\varGamma \boldsymbol{A}\cdot\boldsymbol{\tau}\mathrm{d}s,$$

$\oint_\varGamma \boldsymbol{A}\cdot\boldsymbol{\tau}\mathrm{d}s$ 称为向量场 $\boldsymbol{A}$ 沿有向闭曲线 $\varGamma$ 的环流量.

设向量场 $\boldsymbol{A}$ 中 P,Q,R 具有一阶连续偏导数，则向量

$$\left(\frac{\partial R}{\partial y}-\frac{\partial Q}{\partial z}\right)\boldsymbol{i}+\left(\frac{\partial P}{\partial z}-\frac{\partial R}{\partial x}\right)\boldsymbol{j}+\left(\frac{\partial Q}{\partial x}-\frac{\partial P}{\partial y}\right)\boldsymbol{k}$$

称为向量场 $\boldsymbol{A}$ 的旋度，记作 **rot A**，即

$$\mathbf{rot}\boldsymbol{A}=\left(\frac{\partial R}{\partial y}-\frac{\partial Q}{\partial z}\right)\boldsymbol{i}+\left(\frac{\partial P}{\partial z}-\frac{\partial R}{\partial x}\right)\boldsymbol{j}+\left(\frac{\partial Q}{\partial x}-\frac{\partial P}{\partial y}\right)\boldsymbol{k}.$$

为了便于记忆，下面将旋度 **rot A** 用行列式表示为

$$\mathbf{rot}\boldsymbol{A}=\begin{vmatrix} \boldsymbol{i} & \boldsymbol{j} & \boldsymbol{k} \\ \dfrac{\partial}{\partial x} & \dfrac{\partial}{\partial y} & \dfrac{\partial}{\partial z} \\ P & Q & R \end{vmatrix}.$$

【即时提问 11.7】 利用旋度，斯托克斯公式可表示成什么？

例 11.35 设一刚体绕过原点 O 的某个轴 l 转动，其角速度为 $\boldsymbol{\omega}=\omega_1\boldsymbol{i}+\omega_2\boldsymbol{j}+\omega_3\boldsymbol{k}$ ($\omega_1,\omega_2,\omega_3$ 是常数)，则刚体上的每一点处都具有线速度 $\boldsymbol{v}$，求该线速度的旋度 **rot v**.

解 如图 11.37 所示，$\boldsymbol{\omega}$ 用轴 l 上的一向量表示，其大小为 $|\boldsymbol{\omega}|$，方向与刚体的转动方向

符合右手法则，则点 $M(x,y,z)$ 处的线速度 v 可表示为 $v=\boldsymbol{\omega}\times\boldsymbol{r}$，其中 $\boldsymbol{r}$ 是 M 点的向径，即

$$\boldsymbol{r}=x\boldsymbol{i}+y\boldsymbol{j}+z\boldsymbol{k}.$$

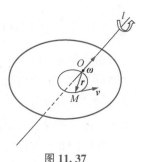

所以

$$v=\begin{vmatrix} \boldsymbol{i} & \boldsymbol{j} & \boldsymbol{k} \\ \omega_1 & \omega_2 & \omega_3 \\ x & y & z \end{vmatrix}=(\omega_2 z-\omega_3 y)\boldsymbol{i}+(\omega_3 x-\omega_1 z)\boldsymbol{j}+(\omega_1 y-\omega_2 x)\boldsymbol{k}.$$

图 11.37

于是

$$\mathbf{rot}v=(\omega_1+\omega_1)\boldsymbol{i}+(\omega_2+\omega_2)\boldsymbol{j}+(\omega_3+\omega_3)\boldsymbol{k}=2\boldsymbol{\omega}.$$

同步习题 11.7

基础题

1. 利用斯托克斯公式计算曲线积分.

(1) $\oint_{\Gamma} 2y\mathrm{d}x+3x\mathrm{d}y-z^2\mathrm{d}z$，其中 Γ 为圆周 $x^2+y^2+z^2=9,z=0$，从 z 轴正向看，Γ 是逆时针方向.

(2) $\int_{\Gamma} x^2y^3\mathrm{d}x+\mathrm{d}y+z\mathrm{d}z$，其中 Γ 为 $y^2+z^2=1$ 与 $x=y$ 的交线，从 z 轴正向看，Γ 是逆时针方向.

(3) $\oint_{\Gamma} y^2\mathrm{d}x+z^2\mathrm{d}y+x^2\mathrm{d}z$，其中 Γ 为以点 $A(1,0,0),B(0,3,0),C(0,0,3)$ 为顶点的三角形的边界，Γ 的正向为 $A\to B\to C\to A$.

*2. 计算曲线积分 $\int_{(0,0,0)}^{(a,b,c)} x^2\mathrm{d}x+y^2\mathrm{d}y+z^2\mathrm{d}z$.

*3. 验证 $(yz-3x^2)\mathrm{d}x+(zx-3y^2)\mathrm{d}y+(xy+3z^2)\mathrm{d}z$ 是某个三元函数的全微分，并求它的一个原函数 $u(x,y,z)$.

4. 求下列向量场 $\boldsymbol{A}(x,y,z)$ 的旋度.

(1) $\boldsymbol{A}=(z-2y)\boldsymbol{i}+(x-3z)\boldsymbol{j}+(-4x+y)\boldsymbol{k}$.

(2) $\boldsymbol{A}=(z+\sin y)\boldsymbol{i}-(z-x\cos y)\boldsymbol{j}$.

提高题

1. 已知 $\boldsymbol{A}=3y\boldsymbol{i}+2z^2\boldsymbol{j}+xy\boldsymbol{k},\boldsymbol{B}=x^2\boldsymbol{i}-4\boldsymbol{k}$，求 $\mathbf{rot}(\boldsymbol{A}\times\boldsymbol{B})$.

2. 求向量场 $\boldsymbol{A}=-y\boldsymbol{i}+x\boldsymbol{j}+c\boldsymbol{k}$（$c$ 为常数）沿闭曲线 Γ 的环流量，其中 Γ 为 $x^2+y^2=1$ 与 $z=0$ 的交线，从 z 轴正向看，Γ 取逆时针方向.

■ 11.8　用 MATLAB 求曲线积分和曲面积分

曲线积分和曲面积分的计算一直是高等数学的一个重点和难点. 由于曲线积分和曲面积分的积分范围一般为空间曲线或曲面，因此我们在计算的时候需要有良好的空间解析几何知识作为基础，并且要进行大量的计算. MATLAB 集数值分析和图形绘制功能于一体，能够快捷有效地解决曲线积分和曲面积分的计算问题.

MATLAB 没有提供可以直接使用的命令来解决曲线积分和曲面积分的计算问题，一般需要把它们化为定积分或二重积分来计算.

11.8.1　计算曲线积分

例 11.36　计算曲线积分 $\int_L (x^2+y^2+z^2)\,\mathrm{d}s$，其中 L 为螺旋线 $x=a\cos t, y=a\sin t, z=kt$ 上相应于 t 从 0 变到 2π 的一段弧.

微课：例 11.36

解　输入以下命令.

```
>> syms x y z k a t
>> x=a*cos(t);
>> y=a*sin(t);
>> z=k*t;
>> dx=diff(x);
>> dy=diff(y);
>> dz=diff(z);
>> int((x^2+y^2+z^2)*sqrt(dx^2+dy^2+dz^2),t,0,2*pi)
```

运算结果如下.

```
ans =
(2*pi*(3*a^2 + 4*pi^2*k^2)*(a^2 + k^2)^(1/2))/3
```

故 $\int_L (x^2+y^2+z^2)\,\mathrm{d}s=\dfrac{2}{3}\pi\sqrt{a^2+k^2}\,(3a^2+4\pi^2k^2)$.

例 11.37　计算曲线积分 $I=\oint_L (xy^2-4y^3)\,\mathrm{d}x+(x^2y+\sin y)\,\mathrm{d}y$，其中 L 为圆周 $x^2+y^2=a^2$，取逆时针方向为正向.

解　取 $a=1$. 输入以下命令，画出积分曲线，输出结果如图 11.38 所示.

```
>> t=0:0.01:2*pi;
>> x=cos(t); y=sin(t);
>> plot(x,y);
>> axis equal
```

所给曲线积分的计算方法有以下两种.

（1）直接计算

```
>> syms x y t a
>> x=a*cos(t);
>> y=a*sin(t);
>> dx=diff(x);
>> dy=diff(y);
```

```
>> int((x*y^2-4*y^3)*dx+(x^2*y+sin(y))*dy,t,0,2*pi);
```

运算结果如下.

```
ans
=3*a^4*pi
```

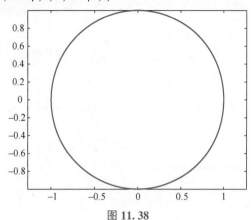

图 11.38

故 $\oint_L (xy^2-4y^3)\,\mathrm{d}x+(x^2y+\sin y)\,\mathrm{d}y=3a^4\pi.$

（2）利用格林公式计算

```
>> syms x y r t a
>> p=x*y^2-4*y^3;
>> q=x^2*y+sin(y);
>> d=diff(q,x)-diff(p,y);
>> u=r*cos(t);
>> v=r*sin(t);
>> g=subs(d,[x y],[u v]);
>> int(int(g*r,t,0,2*pi),r,0,a)
```

运算结果如下.

```
ans
= 3*pi*a^4
```

故 $\oint_L (xy^2-4y^3)\,\mathrm{d}x+(x^2y+\sin y)\,\mathrm{d}y=3a^4\pi.$

11.8.2 计算曲面积分

例 11.38 利用高斯公式计算曲面积分

$$\iint_\Sigma xz^2\mathrm{d}y\mathrm{d}z+(x^2y-z^3)\,\mathrm{d}z\mathrm{d}x+(2xy+y^3z)\,\mathrm{d}x\mathrm{d}y,$$

微课：例 11.38

其中 Σ 为上半球体 $0\leqslant z\leqslant\sqrt{a^2-x^2-y^2}$ 的表面，取外侧.

解 输入以下命令.

```
>> syms x y z u v t a
>> p=x*z^2;
>> q=x^2*y-z^3;
>> r=2*x*y+y^3*z;
>> dpx=diff(p,x);
>> dqy=diff(q,y);
>> drz=diff(r,z);
>> f=dpx+dqy+drz;
>> m=t*sin(u)*cos(v);
>> n=t*sin(u)*sin(v);
>> l=t*cos(u);
>> g=subs(f,[x y z],[m n l]);
>> int(int(int(g*t^2*sin(u),u,0,pi/2),v,0,2*pi),t,0,a)
```

运算结果如下.

```
ans
=(4*pi*a^5)/15
```

故 $\iint_\Sigma xz^2\mathrm{d}y\mathrm{d}z+(x^2y-z^3)\,\mathrm{d}z\mathrm{d}x+(2xy+y^3z)\,\mathrm{d}x\mathrm{d}y=\dfrac{4}{15}\pi a^5.$

第11章思维导图

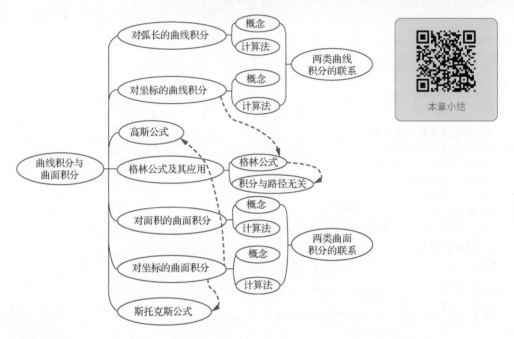

本章小结

中国数学学者

个人成就

数学家，中国科学院院士，曾任中国科学院数学研究所所长. 王元是首位将筛法运用到哥德巴赫猜想中的数学家，与华罗庚创立了"华-王方法"，开创了"极值点集贯"的新方法. 王元将施密特定理推广到任何代数数域，并在丢番图不等式组等方面作出贡献.

王元

第11章总复习题·基础篇

1. 选择题：(1)~(5)小题，每小题4分，共20分. 下列每小题给出的4个选项中，只有一个选项是符合题目要求的.

(1) 设 L 是从点 $A(1,0)$ 到点 $B(-1,2)$ 的一条线段，则曲线积分 $\displaystyle\int_L (x+y)\,\mathrm{d}s = ($　　$)$.

A. $\sqrt{2}$　　　　B. $2\sqrt{2}$　　　　C. 2　　　　D. 0

(2) 设锥面 $z=\sqrt{x^2+y^2}\,(0\leqslant z\leqslant 1)$ 的面密度 $\rho=x^2+y^2$，则锥面的质量为(　　).

A. $\sqrt{2}\pi$　　　B. $\dfrac{\sqrt{2}\pi}{3}$　　　C. $\dfrac{\sqrt{2}\pi}{2}$　　　D. $\dfrac{\pi}{2}$

(3) 设平面曲线 $L: x^2+\dfrac{y^2}{4}=1$，取逆时针方向，则 $I=\displaystyle\oint_L \dfrac{x\mathrm{d}y-y\mathrm{d}x}{x^2+y^2}=$ （　　）.

A. 2π　　　　　　　　B. -2π　　　　　　　　C. π　　　　　　　　D. 0

(4) 曲面积分 $\displaystyle\iint_\Sigma z^2\mathrm{d}x\mathrm{d}y$ 在数值上等于（　　）.

A. 流速场 $v=z^2\boldsymbol{i}$ 穿过曲面 Σ 指定侧的流量

B. 密度为 $\rho=z^2$ 的曲面片 Σ 的质量

C. 向量场 $\boldsymbol{F}=z^2\boldsymbol{k}$ 穿过曲面 Σ 指定侧的通量

D. 向量场 $\boldsymbol{F}=z^2\boldsymbol{k}$ 沿 Σ 边界所做的功

(5) Σ 为柱面 $x^2+y^2=1（0\leqslant z\leqslant 1）$ 的外侧，则 $\displaystyle\iint_\Sigma (x+y+z)\mathrm{d}y\mathrm{d}z=$ （　　）.

A. 0　　　　　　　　B. $\pi+1$　　　　　　　　C. 1　　　　　　　　D. π

2. 填空题：(6)～(10) 小题，每小题 4 分，共 20 分.

(6) 已知曲线 $L: x^2+y^2=1$，则 $\displaystyle\oint_L (x+1)^2\mathrm{d}s=$ _____ .

(7) 全微分方程 $(3x^2y+8xy^2)\mathrm{d}x+(x^3+8x^2y)\mathrm{d}y=0$ 的通解是 _____ .

(8) 若 $\dfrac{(x-y)\mathrm{d}x+(x+y)\mathrm{d}y}{(x^2+y^2)^m}$ 是某二元函数的全微分，则 $m=$ _____ .

(9) 设球面 $\Sigma: x^2+y^2+z^2=a^2$，则 $\displaystyle\oiint_\Sigma \left(\dfrac{x^2}{2}+\dfrac{y^2}{3}+\dfrac{z^2}{4}\right)\mathrm{d}S=$ _____ .

(10) 流速场 $v=x\boldsymbol{i}+y\boldsymbol{j}+z\boldsymbol{k}$ 流过单位球面 $\Sigma: x^2+y^2+z^2=1$（外侧）的流量为 _____ .

3. 解答题：(11)～(16) 小题，每小题 10 分，共 60 分. 解答时应写出文字说明、证明过程或演算步骤.

(11) 计算曲线积分 $\displaystyle\oint_L |x|\mathrm{d}s$，其中 L 为双纽线 $(x^2+y^2)^2=x^2-y^2$.

(12) 证明曲线积分 $\displaystyle\int_{(1,2)}^{(3,4)} (6xy^2-y^3)\mathrm{d}x+(6x^2y-3xy^2)\mathrm{d}y$ 在 xOy 平面内与积分路径无关，并求出被积表达式的原函数，计算曲线积分的值.

(13) 计算 $I=\displaystyle\iint_\Sigma (x+y+z)\mathrm{d}S$，其中 Σ 为曲面 $y+z=5$ 被柱面 $x^2+y^2=25$ 所截下的有限部分.

(14) 计算积分 $I=\displaystyle\int_L (2x^2+4xy)\mathrm{d}x+(2x^2-y^2)\mathrm{d}y$，其中 L 为曲线 $\left(x-\dfrac{3}{2}\right)^2+\left(y-\dfrac{5}{2}\right)^2=\dfrac{5}{2}$ 上从点 $A(1,1)$ 到点 $B(2,4)$ 沿逆时针方向的一段有向弧.

(15) 计算 $I=\displaystyle\oiint_\Sigma yz\mathrm{d}y\mathrm{d}z+y(x^2+z^2)\mathrm{d}z\mathrm{d}x+xy\mathrm{d}x\mathrm{d}y$，$\Sigma$ 是由曲面 $4-y=x^2+z^2$ 与平面 $y=0$ 围成的有界闭区域 Ω 的表面外侧.

(16) 设曲线 L 是圆周 $(x-a)^2+(y-a)^2=1$，取逆时针方向，$\varphi(x)$ 是连续的正函数. 证明：$\oint_L \dfrac{x}{\varphi(y)}\mathrm{d}y - y\varphi(x)\mathrm{d}x \geq 2\pi$.

第 11 章总复习题·提高篇

1. 选择题：(1)~(5) 小题，每小题 4 分，共 20 分. 下列每小题给出的 4 个选项中，只有一个选项是符合题目要求的.

(1)(2013104) 设 $L_1:x^2+y^2=1$, $L_2:x^2+y^2=2$, $L_3:x^2+2y^2=2$, $L_4:2x^2+y^2=2$ 为 4 条逆时针方向的平面曲线，记 $I_i=\oint_{L_i}\left(y+\dfrac{y^3}{6}\right)\mathrm{d}x+\left(2x-\dfrac{x^3}{3}\right)\mathrm{d}y\,(i=1,2,3,4)$，则 $\max\{I_1,I_2,I_3,I_4\}=($ $)$.

A. I_1 B. I_2 C. I_3 D. I_4

(2)(2007104) 设函数 $f(x,y)$ 具有一阶连续偏导数，曲线 $L:f(x,y)=1$ 过第二象限内的点 M 和第四象限内的点 N，Γ 为 L 上从点 M 到点 N 的一段弧，则下列积分小于零的是($ $).

A. $\displaystyle\int_\Gamma f(x,y)\mathrm{d}x$ B. $\displaystyle\int_\Gamma f(x,y)\mathrm{d}y$

C. $\displaystyle\int_\Gamma f(x,y)\mathrm{d}s$ D. $\displaystyle\int_\Gamma f_x(x,y)\mathrm{d}x + f_y(x,y)\mathrm{d}y$

(3)(2000103) 设 $S:x^2+y^2+z^2=a^2(z\geq 0)$，$S_1$ 为 S 在第一卦限的部分，则有($ $).

A. $\displaystyle\iint_S x\mathrm{d}S = 4\iint_{S_1} x\mathrm{d}S$ B. $\displaystyle\iint_S y\mathrm{d}S = 4\iint_{S_1} x\mathrm{d}S$

C. $\displaystyle\iint_S z\mathrm{d}S = 4\iint_{S_1} x\mathrm{d}S$ D. $\displaystyle\iint_S xyz\mathrm{d}S = 4\iint_{S_1} xyz\mathrm{d}S$

(4)(2018104) 设 L 为球面 $x^2+y^2+z^2=1$ 与平面 $x+y+z=0$ 的交线，则 $\oint_L xy\mathrm{d}s = ($ $)$.

A. $\dfrac{\pi}{3}$ B. $\dfrac{\pi}{6}$ C. $-\dfrac{\pi}{6}$ D. $-\dfrac{\pi}{3}$

(5)(2008104 改编) 设曲面 Σ 的方程为 $z=\sqrt{4-x^2-y^2}$，取上侧为正向，则 $\displaystyle\iint_\Sigma xy\mathrm{d}y\mathrm{d}z + xz\mathrm{d}z\mathrm{d}x + x^2\mathrm{d}x\mathrm{d}y = ($ $)$.

A. π B. 2π C. $\dfrac{3\pi}{2}$ D. 4π

2. 填空题：(6)~(10) 小题，每小题 4 分，共 20 分.

(6)(2004104) 设 L 为正向圆周 $x^2+y^2=2$ 在第一象限的部分，则曲线积分 $\displaystyle\int_L x\mathrm{d}y - 2y\mathrm{d}x = $ _____.

(7)(2009104) 已知曲线 $L:y=x^2(0\leq x\leq\sqrt{2})$，则 $\displaystyle\int_L x\mathrm{d}s = $ _____.

(8)(2011104)设 L 是柱面 $x^2+y^2=1$ 与平面 $z=x+y$ 的交线,从 z 轴正向往 z 轴负向看去为逆时针方向,则曲线积分 $\oint_L xz\mathrm{d}x+x\mathrm{d}y+\dfrac{y^2}{2}\mathrm{d}z=$_____.

(9)(2007104)设曲面 Σ:$|x|+|y|+|z|=1$,则 $\oiint_\Sigma (x+|y|)\mathrm{d}S=$_____.

(10)(2005104)设 Ω 是由锥面 $z=\sqrt{x^2+y^2}$ 与半球面 $z=\sqrt{R^2-x^2-y^2}$ 围成的空间区域,Σ 是 Ω 的整个边界的外侧,则 $\oiint_\Sigma x\mathrm{d}y\mathrm{d}z+y\mathrm{d}z\mathrm{d}x+z\mathrm{d}x\mathrm{d}y=$_____.

3. 解答题:(11)~(16)小题,每小题 10 分,共 60 分. 解答时应写出文字说明、证明过程或演算步骤.

(11)(2008109)计算曲线积分 $\int_L \sin 2x\mathrm{d}x+2(x^2-1)y\mathrm{d}y$,其中 L 是曲线 $y=\sin x$ 上从点 $(0,0)$ 到点 $(\pi,0)$ 的一段.

(12)(2012110)已知 L 是第一象限中从点 $(0,0)$ 沿圆周 $x^2+y^2=2x$ 到点 $(2,0)$,再沿圆周 $x^2+y^2=4$ 到点 $(0,2)$ 的曲线段,计算曲线积分 $\int_L 3x^2y\mathrm{d}x+(x^3+x-2y)\mathrm{d}y$.

微课:第 11 章
总复习题·提高篇(11)

(13)(2001107)计算 $I=\oint_L (y^2-z^2)\mathrm{d}x+(2z^2-x^2)\mathrm{d}y+(3x^2-y^2)\mathrm{d}z$,其中 L 是平面 $x+y+z=2$ 与柱面 $|x|+|y|=1$ 的交线,从 z 轴正向看去,L 为逆时针方向.

(14)(2007110)计算曲面积分 $I=\iint_\Sigma xz\mathrm{d}y\mathrm{d}z+2zy\mathrm{d}z\mathrm{d}x+3xy\mathrm{d}x\mathrm{d}y$,其中 Σ 为曲面 $z=1-x^2-\dfrac{y^2}{4}(0\leqslant z\leqslant 1)$ 的上侧.

微课:第 11 章
总复习题·提高篇(14)

(15)(2009110)计算曲面积分 $I=\oiint_\Sigma \dfrac{x\mathrm{d}y\mathrm{d}z+y\mathrm{d}z\mathrm{d}x+z\mathrm{d}x\mathrm{d}y}{(x^2+y^2+z^2)^{\frac{3}{2}}}$,其中 Σ 是曲面 $2x^2+2y^2+z^2=4$ 的外侧.

(16)(2004112)计算曲面积分 $I=\iint_\Sigma 2x^3\mathrm{d}y\mathrm{d}z+2y^3\mathrm{d}z\mathrm{d}x+3(z^2-1)\mathrm{d}x\mathrm{d}y$,其中 Σ 是曲面 $z=1-x^2-y^2(z\geqslant 0)$ 的上侧.

本章即时提问答案

本章同步习题答案

本章总复习题答案

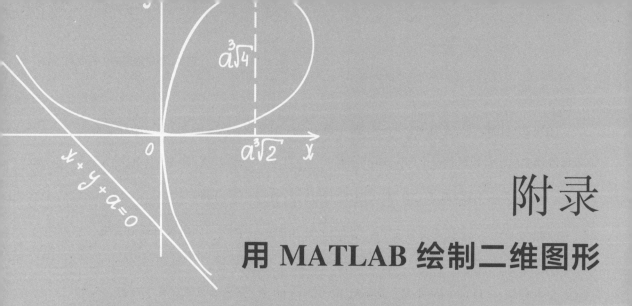

附录

用 MATLAB 绘制二维图形

强大的绘图功能是 MATLAB 的特点之一，MATLAB 提供了一系列的绘图函数，用户不需要过多地考虑绘图的细节，只需要给出一些基本参数就能得到所需图形．本附录只介绍二维图形的绘制方法．二维图形的绘制是其他绘图操作的基础．下面我们学习一些常用的绘图命令．

1. "plot"命令

"plot"命令的调用格式：plot(x,y,s)．

功能：当 x,y 是同维向量时，绘出以 x 为横坐标、以 y 为纵坐标的曲线．s 为用单引号标记的字符串，用来设置所画数据点的类型、大小、颜色以及数据点之间连线的类型、粗细、颜色等．s 可以省略．

例1 在 $[0,2\pi]$ 内画出正弦函数 $y=2\mathrm{e}^{-\frac{1}{2}x}\sin2\pi x$ 的图形．

解 输入以下命令．

```
>> x = 0:pi/100:2 * pi;
>> y = 2 * exp( -0.5 * x) . * sin( 2 * pi * x) ;
>>plot(x,y)
```

按"Enter"键，即可得附录图 1 所示的结果．

说明

①"x = 0:pi/100:2 * pi;"定义的是区间 $[0,2\pi]$ 和步长 $\dfrac{\pi}{100}$．

②指数函数与正弦函数之间用". *"，意即点乘，因为二者是向量．

在附录图 1 中，我们发现函数曲线的线形不够光滑准确，这是因为"plot"命令是依据我们给定的数据点来作图的．人们所选取的数据点可能会遗漏真实函数的某些重要特性，这会给科研工作带来不可估计的损失，为此，MATLAB 提供了专门绘制一元函数图形的"fplot"命令．"fplot"命令可以通过其内部自适应算法，自动调节数据点的疏密性，使线形更光滑准确．

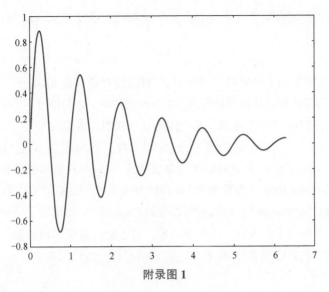

附录图 1

2. "fplot" 命令

"fplot" 命令的主要调用格式：fplot('fun',[a,b]).

功能：绘出函数"fun"在区间 [a,b] 上的函数图形.

例 2　分别用"plot"命令与"fplot"命令绘制 $y = \sin \dfrac{1}{x}, x \in (0.01, 0.02)$ 的图形.

解　输入以下命令.

```
>> x = linspace(0.01, 0.02, 50);
>> y = sin(1./x);
>> subplot(2,1,1), plot(x,y)
>> subplot(2,1,2), fplot(@(x)sin(1./x), [0.01, 0.02])
```

按"Enter"键，即可得附录图 2 所示的结果.

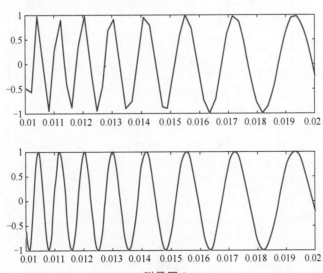

附录图 2

从附录图 2 可以很明显地看出用"fplot"命令绘制的图形要比用"plot"命令绘制的图形更光滑准确.

说明

①"y＝sin(1./x)"中的 1 必须用"1."表示，以保持跟"x"维度相同.

②"subplot"命令的作用是将窗口分割出所需要的视图来，它的调用格式是"subplot(m,n,p)"，意即：将当前窗口分割成 $m \times n$ 个视图，并指定第 p 个视图为当前视图.

③"y＝@(x)sin(1./x)"定义的是一个匿名函数，其标准格式是"fhandle＝@(arglist)express". 其中，"express"是一个 MATLAB 变量表达式，"arglist"是参数列表，"@"是创建函数句柄的操作符，表示创建由输入参数列表"arglist"和表达式"express"确定的函数句柄，并把这个函数句柄返回给变量"fhandle"，以后就可以通过"fhandle"来调用定义好的函数了.

高等数学中的函数除了显函数，还有隐函数，对于隐函数图形的绘制，用以上两种命令就无法解决了，为此，我们还要学习 MATLAB 中"ezplot"命令的使用方法.

3. "ezplot"命令

对于符号函数，MATLAB 提供了一个专门的绘图命令——"ezplot"命令. 利用这个命令可以很容易地将一个符号函数图形化.

"ezplot"命令的主要调用格式：ezplot('fun',[a,b]).

功能：绘出函数"fun"在区间 $[a,b]$ 上的函数图形，默认区间为 $(-2\pi,2\pi)$.

它可以绘出隐函数图形，隐函数图形是指形如 $f(x,y)=0$ 的函数的图形.

例 3　绘出函数 $x^2+y^2+2x-2\sqrt{x^2+y^2}=0$ 的图形.

解　输入以下命令.

>> ezplot('x^2+y^2+2*x-2*sqrt(x^2+y^2)=0')

按"Enter"键，即可得附录图 3 所示的结果.

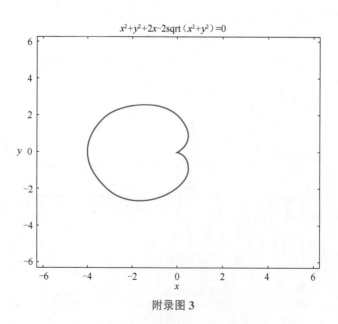

附录图 3

　　对于以上我们所学习的"plot""fplot""ezplot"3 种绘图命令，它们的区别如下.

　　"plot"命令用来绘制二维图形，并且 x,y 的表达式是已知的或者是形如 $y=f(x)$ 这样确切的表达式. 而"ezplot"命令用来绘制隐函数图形，即形如 $f(x,y)=0$ 的函数的图形.

　　"plot"和"fplot"都是图形绘制命令，所不同的是，"plot"命令针对任意变量 x 和 y 都可以绘制，而"fplot"命令需要实现定义函数，用"function"命令定义函数，然后在"fplot"命令中引用函数的名字.